JN091273

本書の構成

◎本書は、令和5年から過去10年間に実施された乙種第4類の危険物取扱者試験の問題とそのテキスト及び解説をまとめたものです。

◎収録されている問題は、出題頻度の高いもの、または今後出題される可能性が高いと考えられるものを選んで収録しています。本書では、過去の出題頻度に応じて、問題に以下の★印をつけました。

★★★ …よく出題　　★★ …ときどき出題　　★ …たまに出題

さらに、よく出題されている項目には、目次に✿印をつけました。★印と併せて、勉強する際の参考にしてください。

また、類似問題をまとめた一部の問題や、法改正により内容に一部手を加えた問題には［編］をいれています。

◎令和6年版の収録問題数は542問で、前年版から約100問の問題を入れ替えています。

◎乙種第4類に限らず、危険物取扱者試験の問題は公表されていません。小社では、複数の受験者に依頼して過去問題を組み立てました。従って、実際の試験問題と内容が一部異なっている可能性もあります。

◎各項目のはじめに、その項目に分類される過去問題を解くために知っておくべき必要最低限の内容を**テキスト**としてまとめてあります。

◎また、過去問題の後に**解説**として、その問題文がなぜ誤っている内容であるのか等をまとめました。

◎過去問題は、実際の試験科目と同様に大きく3つの章に分け、更に細かく項目を分けました。具体的には次のとおりです。

　①第1章　危険物に関する法令……………………………… 40項目
　②第2章　基礎的な物理学・化学…………………………… 31項目
　③第3章　危険物の性質・火災予防・消火の方法………… 12項目

◎項目ごとにまとめているので頭の中で整理しやすく、「覚える」→「問題を解く」→「正解・解説を確認する」→「覚える」を繰り返すことで、意識せずに覚え、解くことができます。また、何度もチャレンジすることで、試験合格が可能となります。

◎過去問題ごとに、チェックマーク（☑）をつけています。その問題を理解できているか、記憶できているか、その確認にご利用ください。

◎危険物取扱者試験は、多くが過去に出題された問題から繰り返し出題されています。その理由として、大きな法令改正がなく、火災予防を中心とした化学等の内容も変更がないためです。

◎一方で、全く新しい問題も出題されています。しかし、新問はわずかであり、過去問題を効率よく解いてその内容を覚えることが、試験合格への近道だと私たちは考えています。

令和5年（2023年）11月　公論出版 編集部

受験の手引き

■乙種第４類危険物取扱者

◎消防法により、一定数量以上の危険物を貯蔵し、または取り扱う化学工場、ガソリンスタンド、石油貯蔵タンク、タンクローリー等の施設には、危険物を取り扱うために必ず危険物取扱者を配置しなくてはなりません。

◎危険物取扱者の免状は、貯蔵し、または取り扱うことができる危険物の種類によって、甲種、乙種、丙種に分かれています。

◎このうち乙種第４類は、ガソリン、軽油、灯油、オイルなどの第４類危険物（引火性液体）を貯蔵し、または取り扱うことができます。

◎乙種の受験にあたり、資格は必要ありません。

■試験科目と合格基準

◎試験は、次の３科目について一括して行われます。試験の制限時間は２時間です。

試　験　科　目	出題数
危険物に関する法令	15 問
基礎的な物理学及び基礎的な化学	10 問
危険物の性質並びにその火災予防及び消火の方法	10 問

◎乙種第４類の１回分の試験問題は、全 35 問です。合格基準は、試験科目ごとの成績が、それぞれ 60％以上としています。従って、「危険物に関する法令」は９問以上、「基礎的な物理学及び基礎的な化学」と「危険物の性質並びにその火災予防及び消火の方法」はそれぞれ６問以上正解しなくてはなりません。従って、法令の正解が８問である場合、その他の科目がそれぞれ 10 点満点であっても不合格となります。

■試験の手続き

◎危険物取扱者試験は、一般財団法人　消防試験研究センターが実施します。ただし、受験願書の受付や試験会場の運営等は、各都道府県の支部が担当します。

◎試験の申請は書面によるほか、インターネットから行う電子申請が利用できます。

◎電子申請は、一般財団法人　消防試験研究センターのホームページにアクセスして行います。

◎書面による申請は、消防試験研究センター各都道府県支部及び関係機関・各消防本部などで願書を配布（無料）しているので、それを入手して行います。

◎その他、試験の詳細や実施時期等については消防試験研究センターの HP をご確認ください。

第1章　危険物に関する法令

- ☑ 1. 消防法の法体系 ……………………………………… 5
- ✿ ☑ 2. 消防法で規定する危険物 ………………………… 6
- ✿ ☑ 3. 第4類危険物 ………………………………………… 10
- ✿ ☑ 4. 危険物の指定数量 ………………………………… 14
- ✿ ☑ 5. 製造所・貯蔵所・取扱所の区分 ……………… 18
- ✿ ☑ 6. 製造所等の設置と変更の許可 ………………… 22
- ✿ ☑ 7. 変更の届出 …………………………………………… 29
- ☑ 8. 仮貯蔵と仮取扱い ………………………………… 32
- ✿ ☑ 9. 危険物取扱者の制度 ……………………………… 35
- ✿ ☑ 10. 免状の交付・書換え・再交付 ………………… 39
- ✿ ☑ 11. 保安講習 ……………………………………………… 43
- ✿ ☑ 12. 危険物保安監督者 ………………………………… 48
- ☑ 13. 危険物保安統括管理者 …………………………… 53
- ☑ 14. 危険物施設保安員 ………………………………… 55
- ✿ ☑ 15. 予防規程 ……………………………………………… 58
- ☑ 16. 予防規程に定めるべき事項 …………………… 62
- ☑ 17. 危険物施設の維持・管理 ……………………… 64
- ✿ ☑ 18. 定期点検 ……………………………………………… 66
- ✿ ☑ 19. 保安検査 ……………………………………………… 72
- ☑ 20. 保安距離 ……………………………………………… 74
- ✿ ☑ 21. 保有空地 ……………………………………………… 78
- ✿ ☑ 22. 製造所の基準 ……………………………………… 81
- ✿ ☑ 23. 屋内貯蔵所の基準 ………………………………… 85
- ✿ ☑ 24. 屋外タンク貯蔵所の基準 ……………………… 88
- ☑ 25. 屋内タンク貯蔵所の基準 ……………………… 91
- ☑ 26. 地下タンク貯蔵所の基準 ……………………… 94
- ☑ 27. 簡易タンク貯蔵所の基準 ……………………… 98
- ✿ ☑ 28. 移動タンク貯蔵所(タンクローリー等)の基準 100
- ✿ ☑ 29. 屋外貯蔵所の基準 ………………………………… 109
- ✿ ☑ 30. 給油取扱所の基準 ………………………………… 112
- ✿ ☑ 31. セルフ型の給油取扱所の基準 ………………… 120
- ☑ 32. 販売取扱所の基準 ………………………………… 125
- ☑ 33. 標識・掲示板 ……………………………………… 129

✿ ☑ 34. 共通の基準［1］ ……………………………………………………… 132
✿ ☑ 35. 共通の基準［2］ ……………………………………………………… 137
✿ ☑ 36. 運搬の基準 …………………………………………………………… 143
✿ ☑ 37. 消火設備と設置基準 ………………………………………………… 153
　 ☑ 38. 警報設備 ……………………………………………………………… 163
✿ ☑ 39. 措置命令・許可の取消・使用停止命令 ……… 165
　 ☑ 40. 事故発生時の応急措置 …………………………… 172
　 ■ 参考　第1章のまとめ ……………………………………………… 174

※試験によく出題されている項目に✿印をつけています。
　★印の問題と併せて、勉強する際の参考にしてください。

出題頻度に合わせて、問題に以下の★印をつけています。
　★★★ …よく出題　　　★★ …ときどき出題　　　★ …たまに出題

---

1 消防法の法体系

■法律と政令・規則の関係

◎法律は国会で制定されるものである。一方、政令はその法律を実施するための細かい規則や法律の委任に基づく規定をまとめたもので、内閣が制定する。省令は法律及び政令の更に細かい規則や委任事項をまとめたもので、各省の大臣が制定する。

◎消防法は昭和23年に制定された法律である。消防法の下に「危険物の規制に関する政令」と「危険物の規制に関する規則」が制定されている。

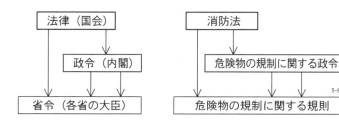

5-609

◎危険物の規制に関し「法令」といった場合、「消防法」、「危険物の規制に関する政令」及び「危険物の規制に関する規則」のすべてを表す。また、単に「法」、「政令」、「規則」といった場合、それぞれ「消防法」、「危険物の規制に関する政令」、「危険物の規制に関する規則」を指す。

◎「危険物の規制に関する規則」は、総理府令として制定されたものであるが、現在は政令も含めて総務省がその事務を担当している。従って、規則そのもの及び改正は総務省令として制定されている。

〔法・政令・規則の例〕

> **法第13条の2第3項（免状の交付）**
>
> 　　危険物取扱者免状は、危険物取扱者試験に合格した者に対し、都道府県知事が交付する。
>
> **政令第32条（免状の交付の申請）**
>
> 　　法第13条の2第3項の危険物取扱者免状の交付を受けようとする者は、申請書に総務省令で定める書類を添えて、当該免状に係る危険物取扱者試験を行った都道府県知事に提出しなければならない。
>
> **規則第50条第2項（免状交付申請書の添付書類）**
>
> 　　政令第32条の総務省令で定める書類は、次のとおりとする。
>
> 　1．危険物取扱者試験に合格したことを証明する書類
>
> 　2．現に交付を受けている免状（「既得免状」という。）

※上記は例であり、暗記する必要はない（編集部）。

2　消防法で規定する危険物

■危険物の分類

◎消防法で規定する「危険物」とは、火災や爆発の危険性がある物質のうち、**法別表第1の品名欄に掲げる物品**で、同表に定める区分に応じ同表の**性質欄に掲げる性状を有するもの**をいう。更に、法別表第1では危険物を**第1類**から**第6類**に分類している。

◎危険物はすべて固体または液体であり、**気体は含まない**。従って、メタンガス、アセチレン、**プロパンガス**、**液化石油ガス**、液体酸素ガス、液体水素ガス等は常温（20℃）・常圧（1気圧）では気体であるため、消防法で定める危険物に該当しない。

〔法別表第1〕（品名は代表的なもののみ掲載。特徴は編集部のまとめ）

類別	性　質	品　名	特　徴
第1類	酸化性固体	塩素酸塩類 過マンガン酸塩類 硝酸塩類	物質そのものは不燃性だが、他の物質を強く酸化させる性質をもつ。可燃物と混ぜて衝撃・熱・摩擦を加えると激しい燃焼が起こるもの。
第2類	可燃性固体	硫化りん、赤りん 硫黄、金属粉 マグネシウム 鉄粉、引火性固体	火炎で着火しやすいもの、または比較的低温（40℃未満）で引火しやすいもの。
第3類	自然発火性物質及び禁水性物質 （固体・液体）	カリウム ナトリウム アルキルリチウム 黄りん	空気にさらされると自然発火するおそれのあるもの、または水と接触すると発火または可燃性ガスを発生するもの。
第4類	引火性液体	特殊引火物 第1～4石油類 アルコール類 動植物油類	引火性があり、蒸気を発生させ引火や爆発のおそれのあるもの。
第5類	自己反応性物質 （固体・液体）	有機過酸化物 ニトロ化合物	比較的低温で加熱分解等の自己反応を起こし、爆発や多量の熱を発生させるもの、または爆発的に反応が進行するもの。
第6類	酸化性液体	過塩素酸 過酸化水素 硝酸	物質そのものは不燃性だが、他の物質を強く酸化させる性質をもつ。可燃物と混ぜると燃焼を促進させるもの。

※第2類の鉄粉や金属粉などは、規定の目開きの網ふるいを通過しないものの割合や形状（棒状・塊状）、サイズによって、危険物に該当しないものがある。

※第2類の引火性固体とは、固形アルコールその他1気圧において引火点が40℃未満のものをいう。

※この表の性質欄に掲げる性状の2以上を有する物品の品名は、**総務省令で定める**。

※参考：酸化性の物質は、相手物質に酸素を提供して酸化させるはたらきがある。

　　　　禁水性物質とは、水と接触して発火し、もしくは可燃性ガスを発生するもの。

〔消防法での固体・気体・液体の定義〕

固体	・液体・気体以外のもの	気体	・1気圧・20℃で気体状のもの
液体	・1気圧・20℃で液状のもの ・20℃を超え40℃以下の間で液状となるもの		

■政令で定める類ごとの試験（法別表第1　備考、政令第1条の3〜第1条の8）

◎危険物であるか否かは、**危険物の類ごとにその類に該当する危険性を有しているか**どうかの試験を行うことにより判定する。

　例：第2類⇒火炎による着火の危険性／引火の危険性を判断する試験
　　　第4類⇒引火の危険性を判断する試験

■指定可燃物（政令第1条の12、別表第4）

◎指定可燃物とは、火災が発生した場合にその拡大が速やかであり、また、消火活動が著しく困難となるものとして、政令（危）別表第4の品名欄に掲げる物品で、同表の数量欄に定める数量以上のものをいう。なお、**不燃性または難燃性のもの**は、当該品名欄に掲げる物品に該当しない。

　例：綿花類200kg、わら類・ぼろ及び紙くず1,000kg、合成樹脂類の天然ゴムや合成ゴム等3,000kg、合成樹脂類の発泡スチロールや断熱材等20m^{3}など。

■複数性状物品の属する品名

◎法別表第1の性質欄に掲げる性状の2以上を有する物品（複数性状物品）の属する品名は、次の各号に掲げる区分に応じ、当該各号に掲げる品名とする。

1．複数性状物品が酸化性固体（**第1類**）の性状及び可燃性固体（**第2類**）の性状を有する場合 ⇒ 法別表第1第**2類**の項第8号に掲げる品名
2．複数性状物品が酸化性固体（**第1類**）の性状及び自己反応性物質（**第5類**）の性状を有する場合 ⇒ 法別表第1第**5類**の項第11号に掲げる品名
3．複数性状物品が可燃性固体（**第2類**）の性状並びに自然発火性物質及び禁水性物質（**第3類**）の性状を有する場合 ⇒ 法別表第1第**3類**の項第12号に掲げる品名
4．複数性状物品が自然発火性物質及び禁水性物質（**第3類**）の性状並びに引火性液体（**第4類**）の性状を有する場合 ⇒ 法別表第1第**3類**の項第12号に掲げる品名
5．複数性状物品が引火性液体（**第4類**）の性状及び自己反応性物質（**第5類**）の性状を有する場合 ⇒ 法別表第1第**5類**の項第11号に掲げる品名

【問1】法別表第1に危険物の品名として掲げられていないものは、次のうちどれか。

[★]

☑ 1．過酸化水素　　　2．硫黄　　　　3．赤りん
　　4．ナトリウム　　　5．プロパン

【問2】法別表第1に掲げる危険物の類別と性質の組み合わせとして、次のうち正しいものはどれか。

☑
1．	第1類	酸化性液体
2．	第2類	可燃性固体
3．	第3類	酸化性固体
4．	第5類	自然発火性物質
5．	第6類	引火性液体

【問3】法令上、危険物に関する記述について、次のうち誤っているものはどれか。

☑ 1．法別表第1の品名欄に掲げる物品で、同表に定める区分に応じ、同表の性質欄に掲げる性状を有するものをいう。
　　2．指定数量とは、危険物の危険性を勘案して政令で定める数量である。
　　3．引火の危険性を判断するための政令で定める試験において引火性を示すもので、第1類から第6類まで区分されている。
　　4．危険物を含有する物質であっても、政令で定める試験において政令で定める性状を示さない場合、危険物には該当しない。
　　5．1気圧、20℃において、気体状のものは危険物に該当しない。

【問4】法令上、危険物に関する説明として、次のうち正しいものはどれか。

☑ 1．危険物とは、1気圧 20℃において、気体又は液体である。
　　2．危険物は、火災の危険性だけでなく、人体に対する毒性を判断する試験によって判定されている。
　　3．指定数量とは、危険物の危険性を勘案して政令で定める数量である。
　　4．危険物は、法別表第1の品名欄に掲げる物品の他に、市町村条例で定められた物品もある。
　　5．難燃性でない合成樹脂類も危険物である。

【問5】法令上、次の文の（　）内に当てはまる語句として、正しいものはどれか。

「法別表第1の性質欄に掲げる性状の2以上を有する物品（複数性状物品）の属する品名は、規則で定められている。複数性状物品が、酸化性固体の性状及び自己反応性物質の性状を有する場合は、法別表第1（　　）の項第11号に掲げる品名とされる。」

☑　1．第1類　　　2．第2類　　　3．第3類　　　4．第5類　　　5．第6類

▶解　説

〔問1〕正解…5

 5．法別表第1に定める危険物は固体と液体のみである。気体のプロパンは消防法で定める危険物に該当しない。過酸化水素：第6類、硫黄と赤りん：第2類、ナトリウム：第3類。

〔問2〕正解…2

 1．第1類……酸化性固体

 3．第3類……自然発火性物質及び禁水性物質

 4．第5類……自己反応性物質

 5．第6類……酸化性液体

〔問3〕正解…3

 2．「4．危険物の指定数量」14P 参照。

 3．「引火の危険性を判断するための政令で定める試験」において引火性を示すものは、第2類危険物の可燃性固体および第4類危険物の引火性液体に区分される。

〔問4〕正解…3

 1．危険物は、1気圧20℃において固体または液体である。

 2．危険物の類ごとにその類に該当する危険性を有しているかどうかの試験を行い、一定以上の危険性を示すものが危険物と判定される。

 3．「4．危険物の指定数量」14P 参照。

 4．危険物とは、法別表第1の品名欄に掲げる物品で、同表に定める区分に応じ同表の性質欄に掲げる性状を有するものをいう。市町村条例では、指定数量未満の危険物の貯蔵・取扱いについて基準を定めている。「4．危険物の指定数量」14P 参照。

 5．難燃性でない合成樹脂類は危険物ではなく、その数量に応じて「指定可燃物」に該当する場合がある。指定可燃物とは、わら製品、木毛その他の物品で火災が発生した場合にその拡大が速やかであり、又は消火の活動が著しく困難となるものとして政令で定めるものをいう。

〔問5〕正解…4

3 第４類危険物

■第４類危険物の分類（法別表第１）

品　名		代表的な危険物の物品名	定　義
特殊引火物		• **ジエチルエーテル** • **二硫化炭素** • アセトアルデヒド • 酸化プロピレン	1 気圧において発火点が 100℃以下のもの、または引火点が−20℃以下で沸点が 40℃以下のもの
第１石油類	非水溶性	• **ガソリン**　• ベンゼン • トルエン　• 酢酸エチル • エチルメチルケトン	1 気圧において引火点が 21℃未満のもの
	水溶性	• **アセトン**　• ピリジン	
アルコール類		• メチルアルコール 　（メタノール） • エチルアルコール 　（エタノール）	1 分子を構成する炭素の原子の数が**1 個から 3 個までの飽和 1 価アルコール**。ただし、この飽和 1 価アルコールの含有量が **60%未満の水溶液は除く**
第２石油類	非水溶性	• **灯油**　　• **軽油** • キシレン　• スチレン • クロロベンゼン	1 気圧において引火点が **21℃以上 70℃未満のもの**
	水溶性	• 酢酸　　• プロピオン酸 • アクリル酸	
第３石油類	非水溶性	• **重油**　　• **クレオソート油** • **アニリン**　• ニトロベンゼン	1 気圧において引火点が **70℃以上 200℃未満のもの**
	水溶性	• グリセリン • エチレングリコール	
第４石油類		• **ギヤー油**　• **シリンダー油** • タービン油　• モーター油 • マシン油　　• 可塑剤	潤滑油・可塑剤などで、1 気圧において常温（20℃）で液状であり、引火点が **200℃以上 250℃未満のもの**
動植物油類		• ナタネ油　　• ヤシ油 • オリーブ油　• ニシン油 • アマニ油	動物の脂肉または植物の種子等から抽出した油で、1 気圧において引火点が **250℃未満のもの**

※ 定義は、法別表第 1 の備考 11 ～ 17 から抜粋。

※「水溶性」「非水溶性」の区分は指定数量を前提とした法令上の区分。単純に「水に溶ける」「水に溶けない」という意味とは異なる。

※「可塑剤」とは、ある材料に柔軟性を与えたり、加工をしやすくするために添加する物質のことをいう。主要なフタル酸系の他、数多くの種類があり、20 ～ 30 種類の可塑剤が一般的に使われている。

■発火点と引火点

◎発火点とは、物質を空気中で加熱したとき、火炎や火花などの火源を近づけなくても自らの発熱反応によって温度が上昇し、その後、発火する最低温度をいう。

◎引火点とは、液体に空気中で点火したとき、燃焼を開始するのに十分な濃度の蒸気を液面上に発生する最低温度をいう。

◎自動車用ガソリンは、発火点が約300℃で、引火点が−40℃である。従って、20℃前後の常温では自然に発火する危険はないが、電気火花などの火源があると引火する危険性が高い。

◎軽油は、発火点が約220℃で、引火点が45℃以上である。従って、ガソリンよりも発火しやすい特性がある。また、20℃前後の常温では引火しにくいが、密閉され温度が高い状態では、引火の危険性が高まる。

◎引火点が100℃以上の第4類の危険物を「高引火点危険物」という。これを取り扱う製造所等には、基準に特例が設けられている。

▶▶▶ 過去問題 ◀◀◀

【問1】法別表第1備考に掲げる危険物の品名について、次のうち誤っているものはどれか。

☑　1．ジエチルエーテル、二硫化炭素は、特殊引火物に該当する。

2．アセトン、ガソリンは、第1石油類に該当する。

3．灯油、軽油は、第2石油類に該当する。

4．重油、動物の脂肉等からの抽出油は、第3石油類に該当する。

5．ギヤー油、シリンダー油は、第4石油類に該当する。

【問2】消防法に定められている品名として、次のうち正しいものはどれか。

☑　1．特殊引火物………二硫化炭素　　　2．第1石油類………クレオソート油

3．第2石油類………ガソリン　　　4．第3石油類………軽油

5．第4石油類………重油

【問3】法令上、次の文の（　）内に当てはまる語句はどれか。[★]

「特殊引火物とは、ジエチルエーテル、二硫化炭素その他1気圧において、発火点が100℃以下のもの又は（　）のものをいう。」

☑　1．引火点が−40℃以下　　　2．引火点が−40℃以下で沸点が40℃以下

3．引火点が−20℃以下　　　4．引火点が−20℃以下で沸点が40℃以下

5．沸点が40℃以下

【問4】法令上、次の文の（　）内に当てはまる語句はどれか。

「第1石油類とは、アセトン、ガソリンその他1気圧において、引火点が（　）のものをいう。」

☑ 1．0℃以上　　　　2．20℃を超え50℃未満　　　3．21℃未満

　　4．21℃以上70℃未満　　　5．40℃以下

【問5】法別表第1で定める動植物油類について、次の文の（　）内のA及びBに当てはまる語句の組み合わせとして、正しいものはどれか。

「動植物油類とは、動物の脂肉等又は植物の種子若しくは果肉から抽出したものであって、1気圧において（A）が（B）未満のものをいい、総務省令で定めるところにより貯蔵保管されているものを除く。」

		A	B
☑	1．	引火点	200℃
	2．	引火点	250℃
	3．	引火点	300℃
	4．	発火点	250℃
	5．	発火点	300℃

【問6】法別表第1備考に掲げる品名の説明として、次のうち正しいものはどれか。

[★]

☑ 1．特殊引火物とは、ジエチルエーテル、二硫化炭素その他1気圧において、発火点が100℃以下のもの又は引火点が−20℃以下で沸点が40℃以下のものをいう。

　　2．第1石油類とは、ガソリン、軽油その他1気圧において引火点が21℃未満のものをいう。

　　3．第2石油類とは、灯油、アセトンその他1気圧において引火点が21℃以上70℃未満のものをいう。

　　4．第3石油類とは、重油、シリンダー油その他1気圧において引火点が70℃以上200℃未満のものをいう。

　　5．第4石油類とは、ギヤー油、クレオソート油その他1気圧において引火点が200℃以上250℃未満のものをいう。

【問7】 屋外貯蔵タンクに第4類の危険物が貯蔵されている。この危険物の性状は、非水溶性液体、1気圧において引火点24.5℃、沸点136.2℃、発火点432℃である。法令上、この危険物に該当する品名は次のうちどれか。

☑ 1．特殊引火物   2．第1石油類   3．アルコール類

     4．第2石油類   5．第3石油類

▶ 解 説

〔問1〕正解…4

4．重油は第3石油類に該当するが、動物の脂肉等からの抽出油は「動植物油類」に該当する。

〔問2〕正解…1

2＆5．クレオソート油・重油……第3石油類

3．ガソリン…………………………第1石油類

4．軽油…………………………………第2石油類

〔問3〕正解…4

「特殊引火物とは、ジエチルエーテル、二硫化炭素その他1気圧において、発火点が100℃以下のもの又は〈引火点が－20℃以下で沸点が40℃以下〉のものをいう。」

・ジエチルエーテル…発火点160℃ ／ 引火点－45℃   ／ 沸点35℃

・二硫化炭素…………発火点 90℃ ／ 引火点－30℃以下 ／ 沸点46℃

〔問4〕正解…3

「第1石油類とは、アセトン、ガソリンその他1気圧において、引火点が〈21℃未満〉のものをいう。」

〔問5〕正解…2

「動植物油類とは、動物の脂肉等又は植物の種子若しくは果肉から抽出したものであって、1気圧において〈Ⓐ 引火点〉が〈Ⓑ 250℃〉未満のものをいい、総務省で定めるところにより貯蔵保管されているものを除く。」

〔問6〕正解…1

2．軽油…………………第2石油類。

3．アセトン……………第1石油類。

4．シリンダー油………第4石油類。

5．クレオソート油……第3石油類。

〔問7〕正解…4

第4類の危険物で「非水溶性液体」「引火点24.5℃」であることから、第2石油類（1気圧において引火点が21℃以上70℃未満）である。

■指定数量とは

◎指定数量とは、危険物の危険性を勘案して政令で定める数量であり、法令において各種の規制をする上で、その危険性を算定する基準となるものである。指定数量は全国同一である。

◎指定数量は、危険性が高いものほど量が少なく定められている。具体的には、特殊引火物に該当するジエチルエーテルは50Lに設定されているのに対し、危険性が低い動植物油類は10,000Lに設定されている。

◎指定数量以上の危険物は、**消防法**で定められた危険物施設（製造所・貯蔵所・取扱所）以外で貯蔵し、または取り扱ってはならない。

◎指定数量未満の危険物については、それぞれの市町村の**火災予防条例**で貯蔵・取扱いの基準が定められている。

〔第4類 危険物の指定数量〕（政令別表第3）

品 名		指定数量	代表的な物品名
特殊引火物		50L	・ジエチルエーテル　・二硫化炭素 ・アセトアルデヒド　・酸化プロピレン
第1 石油類	非水溶性	200L	・ガソリン　・ベンゼン　・トルエン ・酢酸エチル　・エチルメチルケトン
	水溶性	400L	・アセトン　・ピリジン
アルコール類		400L	・メタノール（メチルアルコール） ・エタノール（エチルアルコール）
第2 石油類	非水溶性	1,000L	・灯油　・軽油　・キシレン　・スチレン ・1-ブタノール　・クロロベンゼン
	水溶性	2,000L	・酢酸　・アクリル酸　・プロピオン酸
第3 石油類	非水溶性	2,000L	・重油　・クレオソート油 ・アニリン　・ニトロベンゼン
	水溶性	4,000L	・グリセリン　・エチレングリコール
第4石油類		6,000L	・ギヤー油　・シリンダー油　・タービン油 ・モーター油　・マシン油 ・フタル酸ジオクチル　・リン酸トリクレジル
動植物油類		10,000L	・アマニ油　・イワシ油　・ナタネ油 ・ヤシ油　・オリーブ油　・ニシン油

※ドラム缶の容積が200Lであるため、ドラム缶を基準にして、1・2・5・10・20・30・50で覚えるとよい（編集部）。

■指定数量の倍数

◎指定数量の倍数とは、実際に貯蔵し、または取り扱う危険物の数量をその危険物の指定数量で割って得た値をいう。

同一場所で危険物1種類を貯蔵し、または取り扱う場合	同一場所で危険物 A・B の2種類を貯蔵し、または取り扱う場合
指定数量の倍数 $= \dfrac{貯蔵量}{指定数量}$	指定数量の倍数 $= \dfrac{A 貯蔵量}{A 指定数量} + \dfrac{B 貯蔵量}{B 指定数量}$

◎複数の危険物を貯蔵し、または取り扱う場合、個々の危険物が指定数量未満でも、全体の貯蔵量が指定数量の1倍以上になると、「指定数量以上の危険物を貯蔵し、または取り扱っている」とみなされ、法令の規制対象となる。

▶▶▶ 過去問題 ◀◀◀

【問1】 指定数量の倍数の計算方法として、次のうち正しいものはどれか。

☑ 1. $\dfrac{A 貯蔵量 + B 貯蔵量 + C 貯蔵量}{A 指定数量 + B 指定数量 + C 指定数量}$

2. $\dfrac{A 貯蔵量 + B 貯蔵量 + C 貯蔵量}{A 指定数量 \times B 指定数量 \times C 指定数量}$

3. $\dfrac{A 指定数量}{A 貯蔵量} + \dfrac{B 指定数量}{B 貯蔵量} + \dfrac{C 指定数量}{C 貯蔵量}$

4. $\dfrac{A 貯蔵量}{A 指定数量} + \dfrac{B 貯蔵量}{B 指定数量} + \dfrac{C 貯蔵量}{C 指定数量}$

5. $\dfrac{A 貯蔵量}{A 指定数量} \times \dfrac{B 貯蔵量}{B 指定数量} \times \dfrac{C 貯蔵量}{C 指定数量}$

【問2】 法令上、次の品名・性状の危険物 6,000L と指定数量の倍数の組合せとして、正しいものはどれか。

	品名	指定数量の倍数
☑ 1.	特殊引火物	30
2.	第1石油類 非水溶性	15
3.	第2石油類 非水溶性	3
4.	第3石油類 非水溶性	1.5
5.	第4石油類	1

【問3】現在、灯油18L入りの金属缶10缶を貯蔵している。さらに次の危険物を同一の場所で貯蔵した場合、法令上、指定数量の倍数以上となるものは次のうちどれか。

☑ 1．軽油が入っている200L入りの金属製ドラム4本
2．エタノールが入っている18L入りの金属缶10缶
3．クレオソート油が入っている200L入りの金属製ドラム8本
4．ベンゼンが入っている18L入りの金属缶15缶
5．グリセリンが入っている200L入りの金属製ドラム9本

....

【問4】屋内貯蔵所において、次の第4類危険物A及びBを貯蔵する場合、法令上、指定数量の倍数として、正しいものは次のうちどれか。

☑ 1．2
2．3
3．5
4．6
5．18

危険物	A	B
性状	非水溶性	水溶性
1気圧における発火点	220℃	370℃
1気圧における引火点	45℃	177℃
貯蔵量	3,000L	8,000L

....

【問5】法令上、次の危険物を同一場所で貯蔵する場合、指定数量の倍数以上となる組合せはどれか。

☑ 1．| ガソリン | 100L | 灯油 | 400L |
2．| 灯油 | 500L | 軽油 | 400L |
3．| 軽油 | 400L | 重油 | 1,000L |
4．| メタノール | 200L | ガソリン | 100L |
5．| エタノール | 200L | 灯油 | 400L |

....

【問6】法令上、屋内貯蔵所においてベンゼン400Lとエタノール800Lを貯蔵している。これらと同時に貯蔵したとき、指定数量の倍数が10となるものは、次のうちどれか。

☑ 1．| アセトン | 1,200L |
2．| 酢酸エチル | 1,200L |
3．| ガソリン | 1,400L |
4．| 軽油 | 2,400L |
5．| 灯油 | 12,000L |

〔問1〕正解…4

〔問2〕正解…5

　　1．特殊引火物の指定数量は 50L ⇒ 6,000L ÷ 50 = 120

　　2．第1石油類 非水溶性の指定数量は 200L ⇒ 6,000L ÷ 200 = 30

　　3．第2石油類 非水溶性の指定数量は 1,000L ⇒ 6,000L ÷ 1,000 = 6

　　4．第3石油類 非水溶性の指定数量は 2,000L ⇒ 6,000L ÷ 2,000 = 3

　　5．第4石油類の指定数量は 6,000L ⇒ 6,000L ÷ 6,000 = 1

〔問3〕正解…4

　　灯油の指定数量の倍数は、（貯蔵量 18L × 10）÷ 1,000L = 0.18

　　1．軽油　　　　　（200L × 4）÷ 1,000L = 0.8　　⇒ 0.8 + 0.18 = 0.98

　　2．エタノール　　（18L × 10）÷　　400L = 0.45　⇒ 0.45 + 0.18 = 0.63

　　3．クレオソート油（200L × 8）÷ 2,000L = 0.8　　⇒ 0.8 + 0.18 = 0.98

　　4．ベンゼン　　　（18L × 15）÷　　200L = 1.35　⇒ 1.35 + 0.18 = 1.53

　　5．グリセリン　　（200L × 9）÷ 4,000L = 0.45　⇒ 0.45 + 0.18 = 0.63

〔問4〕正解…3

　　危険物Aは、1気圧における引火点が45℃のため、第2石油類（1気圧において引火点が21℃以上70℃未満）の非水溶性液体に該当する。指定数量は 1,000L。

　　危険物Bは、1気圧における引火点が177℃のため、第3石油類（1気圧において引火点が70℃以上200℃未満）の水溶性液体に該当する。指定数量は 4,000L。

　　（危険物A 3,000L ÷ 1,000）+（危険物B 8,000L ÷ 4,000）= 3 + 2 = 5

〔問5〕正解…4

　　1．ガソリン（100L ÷ 200L）+ 灯油（400L ÷ 1,000L）= 0.9

　　2．灯油（500L ÷ 1,000L）+ 軽油（400L ÷ 1,000L）= 0.9

　　3．軽油（400L ÷ 1,000L）+ 重油（1,000L ÷ 2,000L）= 0.9

　　4．メタノール（200L ÷ 400L）+ ガソリン（100L ÷ 200L）= 1.0

　　5．エタノール（200L ÷ 400L）+ 灯油（400L ÷ 1,000L）= 0.9

〔問6〕正解…2

　　ベンゼン 400L とエタノール 800L の指定数量の倍数は、

　　（400L ÷ 200L）+（800L ÷ 400L）= 2 + 2 = 4

　　1．アセトン　　　1,200L ÷　　400L = 3　　⇒ 4 + 3 = 7

　　2．酢酸エチル　　1,200L ÷　　200L = 6　　⇒ 4 + 6 = 10

　　3．ガソリン　　　1,400L ÷　　200L = 7　　⇒ 4 + 7 = 11

　　4．軽油　　　　　2,400L ÷ 1,000L = 2.4　⇒ 4 + 2.4 = 6.4

　　5．灯油　　　　　12,000L ÷ 1,000L = 12　⇒ 4 + 12 = 16

■製造所等の区分

◎指定数量以上の危険物を貯蔵し、または取り扱う施設は、製造所、貯蔵所、取扱所の3種類に区分される。法令では、これら3つの施設を「**製造所等**」という。

※以下、「製造所、貯蔵所、取扱所」を「**製造所等**」という。

① **製造所**…危険物を製造（合成・分解）する施設。

② **貯蔵所**…危険物をタンクやドラム缶などに入れて貯蔵する施設。

屋内貯蔵所	屋内の場所において、容器（ドラム缶等）入りの危険物を貯蔵し、または取り扱う貯蔵所
屋外タンク貯蔵所	屋外にあるタンク（地下タンク貯蔵所、簡易タンク貯蔵所、移動タンク貯蔵所を除く）において危険物を貯蔵し、または取り扱う貯蔵所
屋内タンク貯蔵所	屋内にあるタンク（地下タンク貯蔵所、簡易タンク貯蔵所、移動タンク貯蔵所を除く）において危険物を貯蔵し、または取り扱う貯蔵所
地下タンク貯蔵所	地盤面下に埋没されているタンク（簡易タンク貯蔵所を除く）において危険物を貯蔵し、または取り扱う貯蔵所
簡易タンク貯蔵所	簡易タンク（600L以下）において危険物を貯蔵し、または取り扱う貯蔵所
移動タンク貯蔵所	**車両**に固定されたタンクにおいて危険物を貯蔵し、または取り扱う貯蔵所。タンクローリーが該当
屋外貯蔵所	屋外の場所（タンクを除く）において第2類の危険物のうち硫黄もしくは引火性固体（引火点が0℃以上のものに限る）または第4類の危険物のうち第1石油類（引火点が0℃以上のものに限る）、アルコール類、第2石油類、第3石油類、第4石油類、動植物油類を貯蔵し、または取り扱う貯蔵所

③ **取扱所**…製造目的以外で、危険物を取り扱う（給油、販売、移送などのため、他の容器に移し替える）施設。

給油取扱所		固定した給油設備によって自動車等の**燃料タンクに直接給油する**ための危険物を取り扱う取扱所（当該取扱所において、併せて灯油もしくは軽油を容器に詰め替え、または車両に固定された容量4,000L以下のタンクに注入するため、固定した注油設備によって危険物を取り扱う取扱所を含む）。**ガソリンスタンド**が該当
販売取扱所		店舗において容器入りのままで販売するため危険物を取り扱う取扱所
	第一種	指定数量の倍数が**15以下のもの** 塗料やシンナーを取り扱う塗料小売店等が該当
	第二種	指定数量の倍数が**15を超え40以下のもの**

移送取扱所	配管及びパイプ並びにこれらに付属する設備によって危険物の移送の取り扱いを行う取扱所。地下に埋め込んであるパイプ、地上に配置してあるパイプ及びそのポンプなどが該当 ※移送…他の場所へ移し送ること（編集部）
一般取扱所	給油取扱所、販売取扱所、移送取扱所以外で危険物の取り扱いをする取扱所。燃料に大量の重油等を使用する**ボイラー施設**などが該当

▶▶▶ 過去問題 ◀◀◀

【問1】法令上、製造所等の区分の一般的説明として、次のうち正しいものはどれか。
[★]

☑ 1．屋外貯蔵所 …………… 屋外で特殊引火物及びナトリウムを貯蔵し、又は取り扱う貯蔵所

2．給油取扱所 …………… 自動車の燃料タンク又は鋼板製ドラム等の運搬容器にガソリンを給油する取扱所

3．移動タンク貯蔵所 …… 鉄道の車両に固定されたタンクにおいて危険物を貯蔵し、又は取り扱う貯蔵所

4．地下タンク貯蔵所 …… 地盤面下に埋没されているタンクにおいて危険物を貯蔵し、又は取り扱う貯蔵所

5．屋内貯蔵所 …………… 屋内にあるタンクにおいて危険物を貯蔵し、又は取り扱う貯蔵所

....

【問2】法令上、貯蔵所及び取扱所の区分について、次のA〜Dのうち、正しいものの組合せはどれか。

> A．第二種販売取扱所とは、店舗において容器入りのままで販売するため危険物を取り扱う取扱所で、指定数量の倍数が15を超え40以下のものをいう。
> B．移動タンク貯蔵所とは、車両、鉄道の貨車又は船舶に固定されたタンクにおいて危険物を貯蔵し、又は取り扱う。
> C．給油取扱所とは、金属製ドラム等に直接給油するためガソリンを取り扱う施設。
> D．屋内タンク貯蔵所とは、屋内にあるタンクにおいて危険物を貯蔵し、又は取り扱う貯蔵所をいう。

☑ 1．A、B 　　2．A、C 　　3．A、D 　　4．B、C 　　5．B、D

....

【問3】法令上、製造所等の区分について、次のうち誤っているものはどれか。

☑ 1．簡易タンク貯蔵所とは、簡易タンクにおいて危険物を貯蔵し、または取り扱う貯蔵所をいう。

2．屋内貯蔵所とは、屋内の場所において容器入りの危険物を貯蔵し、又は取り扱う貯蔵所をいう。

3．一般取扱所とは、店舗において容器入りのままで販売するため危険物を取り扱う取扱所をいう。

4．移動タンク貯蔵所とは、車両に固定されたタンクにおいて危険物を貯蔵し、又は取り扱う貯蔵所をいう。

5．地下タンク貯蔵所とは、地盤面下に埋没されているタンクにおいて危険物を貯蔵し、又は取り扱う貯蔵所をいう。

- -

【問4】法令上、貯蔵所及び取扱所の区分について、次のうち誤っているものはどれか。[★]

☑ 1．屋内貯蔵所とは、屋内の場所において危険物を貯蔵し、又は取り扱う貯蔵所をいう。

2．屋内タンク貯蔵所とは、屋内にあるタンクにおいて危険物を貯蔵し、又は取り扱う貯蔵所をいう。

3．屋外タンク貯蔵所とは、屋外にあるタンクにおいて危険物を貯蔵し、又は取り扱う貯蔵所をいう。

4．第二種販売取扱所とは、店舗において容器入りのままで販売するため危険物を取り扱う取扱所で、指定数量の倍数が 15 を超え 40 以下のものをいう。

5．一般取扱所とは、配管及びポンプ並びにこれらに付属する設備によって危険物の移送の取扱いを行う取扱所をいう。

- -

【問5】法令上、製造所等の区分について、次のうち正しいものはどれか。[★]

☑ 1．屋外にあるタンクで危険物を貯蔵し、又は取り扱う貯蔵所を屋外貯蔵所という。

2．屋内にあるタンクで危険物を貯蔵し、又は取り扱う貯蔵所を屋内貯蔵所という。

3．店舗において容器入りのままで販売するため、指定数量の倍数が 15 以下の危険物を取り扱う取扱所を第一種販売取扱所という。

4．ボイラーで重油等を消費する施設を製造所という。

5．金属製ドラム等に直接給油するためガソリンを取り扱う施設を給油取扱所という。

20

〔問1〕 正解…4

　1．屋外貯蔵所では、特殊引火物やナトリウム（第3類の禁水性物質）を貯蔵できない。

　2．給油取扱所は、固定給油設備を使用して自動車等の燃料タンクに直接ガソリンまたは軽油を給油する取扱所。原則、鋼板製のドラム等へのガソリンの給油は行ってはならない。

　3．移動タンク貯蔵所は、車両に固定されたタンクで危険物を貯蔵し、または取り扱う貯蔵所。タンクローリーが該当する。鉄道車両のタンクは対象外。

　5．屋内貯蔵所は、容器に入った危険物を屋内で貯蔵し、または取り扱う貯蔵所。設問の内容は屋内タンク貯蔵所。

〔問2〕 正解…3（A、D）

　B．移動タンク貯蔵所は、車両に固定されたタンクで危険物を貯蔵し、または取り扱う貯蔵所。タンクローリーが該当する。鉄道貨車や船舶のタンクは対象外。

　C．給油取扱所は、固定給油設備を使用して自動車等の燃料タンクに直接ガソリンまたは軽油を給油する取扱所。原則、金属製のドラム等へのガソリンの給油は行ってはならない。

〔問3〕 正解…3

　3．設問の内容は販売取扱所。一般取扱所とは、給油取扱所、販売取扱所、移送取扱所以外で危険物の取り扱いをする取扱所。ボイラー施設等が該当する。

〔問4〕 正解…5

　5．設問の内容は移送取扱所。一般取扱所は、給油取扱所、販売取扱所、移送取扱所以外で危険物の取扱いをする取扱所。ボイラー施設等が該当する。

〔問5〕 正解…3

　1．設問の内容は屋外タンク貯蔵所。

　2．設問の内容は屋内タンク貯蔵所。

　3．第一種販売取扱所は指定数量の倍数が15以下で、第二種販売取扱所は指定数量の倍数が15超40以下。

　4．設問の内容は一般取扱所。

　5．給油取扱所は、固定給油設備を使用して自動車等の燃料タンクに直接ガソリンまたは軽油を給油する取扱所。原則、金属製のドラム等へのガソリンの給油は行ってはならない。

6 製造所等の設置と変更の許可

■設置と変更の許可

◎製造所等を設置しようとする者は、製造所等ごとに、その区分に応じて、**市町村長等**に申請し、**許可**を受けなくてはならない。また、製造所等の**位置、構造または設備**を変更しようとする者も、同様の**許可**を受けなくてはならない。

※危険物の取扱い数量の増量に伴い、保有空地が増大する場合などが該当する。

◎**市町村長等**は、申請のあった製造所等の**位置、構造及び設備**が技術上の基準に適合し、かつ、当該製造所等においてする危険物の貯蔵または取扱いが公共の安全の維持または災害の発生の防止に支障を及ぼすおそれがないものであるときは、**許可**を与えなければならない。

◎申請先及び許可を与える「市町村長等」とは、**市町村長、都道府県知事、総務大臣**のいずれかで、製造所等の設置場所により異なる。

〔製造所等の設置・変更の申請先〕

	施設の設置・変更	申請先
製造所等	消防本部及び消防署を設置している市町村の区域（移送取扱所を除く）	当該 **市町村長**
	消防本部及び消防署を設置していない市町村の区域（移送取扱所を除く）	当該区域を管轄する **都道府県知事**
移送取扱所	消防本部及び消防署を設置している1つの市町村の区域	当該 **市町村長**
	消防本部及び消防署を設置していない市町村の区域、または2つ以上の市町村にまたがる区域	当該区域を管轄する **都道府県知事**
	2つ以上の都道府県にまたがる区域	**総務大臣**

◎変更許可を申請する場合、**変更の内容に関する図面**、その他規則で定める書類を添付すること。

■完成検査と仮使用承認

◎設置または変更の許可を受けた者は、製造所等を設置したとき、または製造所等の位置、構造または設備を変更したときは、**市町村長等が行う完成検査**を受け、これらが技術上の基準に適合していると認められた後でなければ、これを使用してはならない。

◎ただし、製造所等の位置、構造または設備を変更する場合において、当該変更の工事に係る部分以外の部分の全部または一部について、**市町村長等の承認**を受けたときは、完成検査を受ける前においても、**仮使用承認を受けた部分**を使用することができる。

※仮使用の承認を受けることによって、危険物施設の変更工事中であっても、工事部分以外で営業を続けることができる。

◎市町村長等は、完成検査を行った結果、製造所等がそれぞれ定める技術上の基準に適合していると認めたときは、当該完成検査の申請をした者に**完成検査済証を交付**するものとする。

◎変更許可申請と仮使用承認申請は、**同時に申請をすることが可能**である。

■完成検査前検査

◎**液体の危険物**を貯蔵し、または取り扱う**タンク**（以下「液体危険物タンク」という）を設置または変更する場合、製造所等の全体の**完成検査を受ける前**に、市町村長等が行う**完成検査前検査を受け**なければならない。

※完成検査前検査では、**工事が完了してしまうと検査できなくなるタンク内部を検査**する。また、塗装や配管など取り付けた後では検査できない。

対象施設 （液体危険物タンク）	・製造所及び一般取扱所 （共に指定数量未満の液体危険物タンクは対象外） ・屋内タンク貯蔵所　・屋外タンク貯蔵所　・簡易タンク貯蔵所 ・地下タンク貯蔵所　・移動タンク貯蔵所　・給油取扱所
検査の 種類	・液体危険物タンク ⇒ 水張検査または水圧検査 ・液体危険物タンクのうち **1,000kL 以上の屋外タンク貯蔵所** 　　⇒ ①水張検査または水圧検査、②基礎・地盤検査、 　　③タンク本体の溶接部の検査

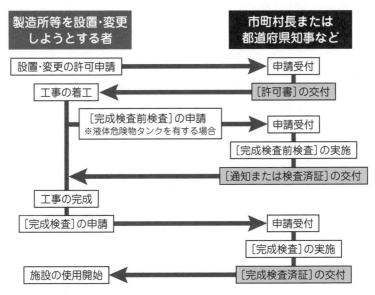

◎完成検査前検査において適合していると認められた事項については、**完成検査を受けることを要しない**。

▶設置・変更の手続き、各種手続き

【問1】法令上、製造所等を設置する場合の手続きとして、次のうち正しいものはどれか。

- ☑ 1．市町村長等に届け出る。
  2．市町村長等の許可を受ける。
  3．消防長又は消防署長の許可を受ける。
  4．消防長又は消防署長に届け出る。
  5．都道府県知事に届け出る。

....

【問2】法令上、次の文の（ ）内のA〜Cに当てはまる語句の組合せとして、正しいものはどれか。［★★★］

「製造所等（移送取扱所を除く。）を設置するためには、消防本部及び消防署を置く市町村の区域では当該（A）、その他の区域では当該区域を管轄する（B）の許可を受けなければならない。また、工事完了後には許可内容どおり設置されているかどうか（C）を受けなければならない。」

		A	B	C
☑	1．	消防長又は消防署長	市町村長	機能検査
	2．	市町村長	都道府県知事	完成検査
	3．	市町村長	都道府県知事	機能検査
	4．	消防長	市町村長	完成検査
	5．	消防署長	都道府県知事	機能検査

....

【問3】法令上、製造所の設置等について、次のうち誤っているものはどれか。

- ☑ 1．製造所の保有空地を変更するため、市町村長等の許可を受けた。
  2．製造所を設置する際に、液体の危険物を貯蔵するタンクの完成検査前検査を行ったのち、完成検査の申請を行った。
  3．製造所の設置工事が完了し、市町村長等から完成検査済証の交付を受けたので、製造所を使用した。
  4．市町村長等に製造所の変更の許可申請をしたので、申請と同時に変更の工事に着手した。
  5．製造所の変更許可を市町村長等に申請する際に、変更の内容に関する図面その他政令で定める書類を添付した。

....

【問4】 法令上、製造所等を設置する場合の設置場所と許可権者の組合せとして、次のうち誤っているものはどれか。

		製造所等と設置場所	許可権者
☑	1.	消防本部及び消防署を設置している市町村の区域に設置される製造所等（移送取扱所を除く。）	当該市町村長
	2.	消防本部及び消防署を設置していない市町村の区域に設置される製造所等（移送取扱所を除く。）	当該区域を管轄する都道府県知事
	3.	消防本部及び消防署を設置している1の市町村の区域内に設置される移送取扱所	当該市町村長
	4.	2以上の市町村の区域にわたって設置される移送取扱所	消防庁長官
	5.	2以上の都道府県の区域にわたって設置される移送取扱所	総務大臣

▶変更部分以外の仮使用

【問5】 法令上、製造所等の仮使用について、次のうち正しいものはどれか。[★★★]

☑　1. 市町村長等の承認を受ける前に、貯蔵し、又は取り扱う危険物の品名、数量又は指定数量の倍数を変更し、仮に使用すること。

　　2. 製造所等を変更する場合に、変更工事が終了した一部について、順次、市町村長等の承認を受けて、仮に使用すること。

　　3. 製造所等を変更する場合に、変更工事に係る部分以外の部分で、指定数量以上の危険物を10日以内の期間、仮に使用すること。

　　4. 製造所等を変更する場合に、変更工事に係る部分以外の部分の全部又は一部について市町村長等の承認を受け、完成検査を受ける前に、仮に使用すること。

　　5. 製造所等の譲渡又は引渡しがある場合に、市町村長等の承認を受ける前に、仮に使用すること。

【問6】法令上、製造所等の位置、構造又は設備を変更する場合について述べた次の文中の下線部分A～Eのうち、誤っているものはどれか。

「製造所等の位置、構造又は設備を (A) 変更する場合において、当該製造所等のうち当該変更の (B) 工事に係る部分以外の部分の全部又は一部について (C) 市町村長等の承認を受けたときは、(D) 完成検査を受ける前においても、仮に使用することができる。変更の許可と仮使用は (E) 同時に申請することはできない。」

☑   1．A   2．B   3．C   4．D   5．E

⋯⋯⋯⋯⋯⋯⋯⋯⋯⋯⋯⋯⋯⋯⋯⋯⋯⋯⋯⋯⋯⋯⋯⋯⋯⋯⋯⋯⋯⋯⋯⋯⋯⋯⋯⋯⋯

▶完成検査前検査

【問7】法令上、製造所等の位置、構造又は設備を変更する場合の手続きについて、次のうち誤っているものはどれか。

☑   1．製造所等の変更工事を行うためには、政令に定める事項を記載した申請書に図面等を添付し、市町村長等に提出しなければならない。
    2．変更許可を受けなければ、変更工事に着手することができない。
    3．市町村長等の承認を受けることで、変更工事部分以外の部分を使用することができる。
    4．すべての製造所等は、完成検査を受ける前に市町村長等が行う完成検査前検査を受けなければならない。
    5．変更工事終了後、製造所等を使用する前に市町村長等が行う完成検査を受けなければならない。

⋯⋯⋯⋯⋯⋯⋯⋯⋯⋯⋯⋯⋯⋯⋯⋯⋯⋯⋯⋯⋯⋯⋯⋯⋯⋯⋯⋯⋯⋯⋯⋯⋯⋯⋯⋯⋯

【問8】法令上、製造所の設置等について、次のうち誤っているものはどれか。

☑   1．製造所の保有空地を変更するときは、市町村長等の変更の許可が必要である。
    2．製造所を設置するときは、工事期間の中間で、完成検査時に目視できない地下埋設配管の完成検査前検査を行った後でなければ、完成検査は実施できない。
    3．製造所の構造を変更するときは、市町村長等の変更の許可を受けなければ、工事に着手できない。
    4．設置工事が終了し、市町村長等から完成検査済証を交付された場合は、製造所を使用できる。
    5．市町村長等に変更の許可を申請する場合は、変更の内容に関する図面その他規則で定める書類を添付しなければならない。

⋯⋯⋯⋯⋯⋯⋯⋯⋯⋯⋯⋯⋯⋯⋯⋯⋯⋯⋯⋯⋯⋯⋯⋯⋯⋯⋯⋯⋯⋯⋯⋯⋯⋯⋯⋯⋯

【問9】法令上、次のA～Dの完成検査前検査に関する記述のうち、誤っているもの
のみをすべて掲げているものはどれか。

> A．完成検査前検査を受けようとする者は、検査の区分に応じた工事の工程が完
> 了してから市町村長等に申請しなければならない。
> B．引火点が40℃以上の第4類の危険物のみを貯蔵し、又は取り扱う屋外タン
> ク貯蔵所は、完成検査前検査を受けることを要しない。
> C．完成検査前検査において適合していると認められた事項については、完成検
> 査を受けることを要しない。
> D．容量が1,000kL未満の屋外タンク貯蔵所の液体危険物タンクは、完成検査前
> 検査のうち、基礎及び地盤に関する検査並びに溶接部検査を受けることを要し
> ない。

☑ 1．A 　2．A、B 　3．C、D 　4．A、C、D 　5．B、C、D

▶ 解 説

〔問1〕正解…2

　　2．製造所等（移送取扱所を除く。）を設置するためには、消防本部及び消防署を置
　　く市町村の区域では当該市町村長、その他の区域では当該区域を管轄する都道府県
　　知事の許可を受けなければならない。

〔問2〕正解…2

　　「製造所等（移送取扱所を除く。）を設置するためには、消防本部及び消防署を置く市
　　町村の区域では当該〈Ⓐ 市町村長〉、その他の区域では当該区域を管轄する〈Ⓑ 都
　　道府県知事〉の許可を受けなければならない。また、工事完了後には許可内容どお
　　り設置されているかどうか〈Ⓒ 完成検査〉を受けなければならない。」

〔問3〕正解…4

　　1．例えば、製造所で取り扱う危険物の種類や数量の変更にともない、保有空地が増
　　大する場合は、市町村長等の変更の許可が必要となる。

　　4．変更の許可申請を行ったあと、許可書の交付を受けてから工事に着手する。

〔問4〕正解…4

　　4．2以上の市町村の区域にわたって設置される移送取扱所の場合、当該区域を管轄
　　する都道府県知事が許可権者となる。

〔問5〕正解…4

1. 貯蔵し、または取り扱う危険物の品名、数量、指定数量の倍数を変更する場合、変更しようとする日の10日前までに市町村長等に届け出なければならない。次項「7. 変更の届出」参照。

2. 変更工事に係る部分は、完成検査に合格し、完成検査済証を交付されるまで使用することはできない。

3. 指定数量以上の危険物を10日以内の期間、仮に貯蔵・取り扱う場合、所轄の消防長又は消防署長から、仮貯蔵または仮取扱いの承認を受けなければならない。「8. 仮貯蔵と仮取扱い」32P参照。

5. 製造所等の譲渡または引渡しがある場合、譲渡または引渡しを受けた者は事後、遅滞なく、市町村長等に届け出なければならない。次項「7. 変更の届出」参照。

〔問6〕正解…5（E）

「製造所等の位置、構造又は設備を〈Ⓐ 変更する場合〉において、当該製造所等のうち当該変更の〈Ⓑ 工事に係る部分以外の部分の全部又は一部〉について〈Ⓒ 市町村長等の承認〉を受けたときは、〈Ⓓ 完成検査を受ける前〉においても、仮に使用することができる。変更の許可と仮使用は〈Ⓔ 同時に申請することができる。〉」

仮使用承認申請と変更許可申請は同時に受け付けることを原則としている市町村もあることから、同時に申請することができる。

〔問7〕正解…4

4. 液体危険物タンクを設置または変更する場合は、全体の完成検査を受ける前に市町村長等が行う完成検査前検査を受けなければならない。

〔問8〕正解…2

2. 完成検査前検査では、工事が完了してしまうと検査ができなくなるタンク内部の検査を行う。

〔問9〕正解…2（A、B）

A. 完成検査前検査は、検査の区分に応じた工事の工程ごとに市町村長等に申請を行い、市町村長等が行う検査を受けなければならない。工事が完了した状態ではできないタンクの検査を行う。

B. 屋外タンク貯蔵所に設置される液体危険物タンクの場合、危険物の引火点や指定数量に関係なく、完成検査前検査（水張検査または水圧検査等）を受けなければならない。

D. 完成検査前検査において、液体危険物タンクで1,000kL以上の屋外タンク貯蔵所は、①水張検査または水圧検査、②基礎・地盤検査、③溶接部の検査、を行わなければならないが、1,000kL未満の液体危険物タンクは①水張検査または水圧検査のみを行う。

7 変更の届出

■届出が必要な変更事項

◎危険物の製造所等において、次の変更が生じた場合、**市町村長等**に届け出なければならない。

項　目	内　容	申請期限	申請先
危険物の品名・数量・指定数量の倍数の変更	貯蔵し、または取り扱う危険物の品名・数量・指定数量の倍数を変更する者は、変更しようとする日の**10日前までに、その旨を届け出る。**	事前（10日前）	市町村長等
製造所等の譲渡・引渡し	製造所等の譲渡・引渡しがあったときは、**譲受人または引渡しを受けた者**はその地位を承継し、遅滞なくその旨を届け出る。	事後（遅滞なく）	
製造所等の廃止	製造所等を所有・管理・占有する者は、当該製造所等の用途を廃止したときは、**遅滞なくその旨を届け出る。**		
危険物保安統括管理者の選任・解任	同一事業所において特定の製造所等を所有・管理・占有する者は、危険物保安統括管理者を定めたときは、遅滞なくその旨を届け出る。解任した場合も同様とする。		
危険物保安監督者の選任・解任	製造所等を所有・管理・占有する者は、危険物保安監督者を定めたときは、遅滞なくその旨を届け出る。解任した場合も同様とする。		

※ 法別表第1に掲げられている危険物で、**同類＋同品名＋数量または指定数量が同数の場合、取り扱う危険物の物品名を変更しても届出は必要ない。**例えば、第4類危険物である特殊引火物のジエチルエーテルを貯蔵・取り扱う製造所等が、同類（第4類）・同品名（特殊引火物）である二硫化炭素（物品名）に変更した場合、数量または指定数量が同数であれば、変更の届出の必要はない。

※ 「**譲渡**」とは、権利・財産などをゆずり渡すこと。「**引渡し**」とは、動産の占有を移転すること。「**遅滞**」とは、とどこおること。

【問1】法令上、製造所等に関する届出の事由及びその時期の組合せとして、正しいものはどれか。

		届出の事由	時期
☑	1.	製造所等の譲渡又は引渡しがあるとき	譲渡又は引渡しがある日の10日前まで
	2.	危険物の品名、数量又は指定数量の倍数を変更するとき	変更後、遅滞なく
	3.	製造所等の用途を廃止するとき	廃止後、遅滞なく
	4.	危険物保安監督者を選任するとき、又は解任するとき	選任又は解任する日の10日前まで
	5.	危険物施設保安員を選任するとき、又は解任するとき	選任又は解任した後、遅滞なく

【問2】法令上、製造所等の位置、構造及び設備を変更しないで、製造所等で貯蔵し、または取り扱う危険物の品名、数量を変更する場合、次のうち正しいものはどれか。

☑ 1. 変更しようとする日の7日前までに所轄消防長又は消防署長に認可を受けなければならない。
2. 変更しようとする日の10日前までに市町村長等に届け出なければならない。
3. 変更後10日以内に市町村長等に届け出なければならない。
4. 変更後7日以内に所轄消防長又は消防署長に許諾を受けなければならない。
5. 変更する前日までに市町村長等の許可を受けなければならない。

【問3】法令上、製造所等の譲渡、引渡しについての記述の下線部A～Cのうち、誤っているもののみを掲げたものはどれか。[★]
「製造所等の譲渡又は引渡があったときは、譲受人又は引渡を受けた者は、製造所等の設置の許可を受けた者又は位置、構造又は設備の変更の許可を受けた者の地位を承継する。この場合において、許可を受けた者の地位を承継した者は、(A) 10日以内にその旨を (B) 所轄の消防長又は消防署長に (C) 届け出なければならない。」

☑ 1. A　　　2. C　　　3. A、B
4. B、C　　5. A、B、C

【問4】法令上、製造所等の所有者等があらかじめ市町村長等に届出をしなければならないのは、次のうちどれか。[★]

☑　1．製造所等の譲渡又は引渡しを受ける場合
　　2．製造所等の位置、構造又は設備を変更しないで、製造所等で貯蔵し、又は取り扱う危険物の品名、数量を変更する場合
　　3．製造所等を廃止する場合
　　4．危険物保安監督者を定めなければならない製造所等において、危険物保安監督者を定める場合
　　5．危険物施設保安員を定めなければならない製造所等において、危険物施設保安員を定める場合

【問5】法令上、製造所等の所有者等が市町村長等に届け出なければならない場合として、次のうち誤っているものはどれか。[★★]

☑　1．製造所等の譲渡又は引渡しがあったとき。
　　2．製造所等の定期点検を実施したとき。
　　3．危険物保安統括管理者を定めたとき。
　　4．危険物保安監督者を解任したとき。
　　5．製造所等の用途を廃止したとき。

【問6】法令上、製造所等の用途を廃止するときの手続きとして、次のうち正しいものはどれか。

☑　1．製造所等の用途を廃止するときは、10日前までに市町村長等に届け出なければならない。
　　2．製造所等の用途を廃止するときは、10日前までに消防長又は消防署長に届け出なければならない。
　　3．製造所等の用途を廃止したときは、10日以内に市町村長等に届け出なければならない。
　　4．製造所等の用途を廃止したときは、遅滞なく市町村長等に届け出なければならない。
　　5．製造所等の用途を廃止したときは、遅滞なく消防長又は消防署長に届け出なければならない。

〔問1〕正解…3

  1＆4．事後に遅滞なく、その旨を届け出る。

  2．取り扱う危険物の品名、数量又は指定数量の倍数を変更するときは、変更しよう
    とする日の10日前までに届け出る。

  5．危険物施設保安員の選任・解任は届出の必要がない。「14．危険物施設保安員」
    55P参照。

〔問2〕正解…2

〔問3〕正解…3（A、B）

  「製造所等の譲渡又は引渡があったときは、譲受人又は引渡を受けた者は、製造所等
  の設置の許可を受けた者又は位置、構造又は設備の変更の許可を受けた者の地位を
  承継する。この場合において、許可を受けた者の地位を承継した者は、〈Ⓐ 遅滞なく〉
  その旨を〈Ⓑ 市町村長等〉に〈Ⓒ 届け出〉なければならない。」

〔問4〕正解…2

  1＆3＆4．事後に遅滞なく届け出る。

  2．製造所等の位置、構造及び設備を変更しないで、製造所等で貯蔵し、または取り
    扱う危険物の品名、数量を変更する場合は、変更しようとする日の10日前までに
    市町村長等に届け出る。

  5．危険物施設保安員の選任は届出の必要がない。「14．危険物施設保安員」55P
    参照。

〔問5〕正解…2

  2．定期点検の実施については、届出の必要がない。

〔問6〕正解…4

8 仮貯蔵と仮取扱い

■仮貯蔵等の手続き

◎指定数量以上の危険物を貯蔵し、または取り扱う場合、製造所等以外の場所でこれ
を貯蔵し、または取り扱ってはならない。

◎ただし、所轄の**消防長または消防署長**の承認を受けて指定数量以上の危険物を**10**
日以内の期間、仮に貯蔵し、または取り扱う場合は、この限りでない。

  ※「この限りでない」という言い方は、法令独自の表現である。この場合、「一定の条件
    に従えば、製造所等以外の場所で仮に貯蔵し、または取り扱ってもよい」という意味
    になる。

【問1】法令上、次の文の（　）内のA～Cに当てはまる語句の組合せとして、正しいものはどれか。

「指定数量以上の危険物は、貯蔵所以外の場所でこれを貯蔵し、又は製造所等以外の場所でこれを取り扱ってはならない。ただし、（A）の（B）を受けて指定数量以上の危険物を、（C）以内の期間、仮に貯蔵し、又は取り扱う場合は、この限りでない。」

	A	B	C
☑ 1.	市町村長等	承認	10日
2.	市町村長等	許可	10日
3.	市町村長等	許可	14日
4.	所轄消防長又は消防署長	承認	10日
5.	所轄消防長又は消防署長	許可	14日

【問2】法令上、製造所等以外の場所において、指定数量以上の危険物を仮に貯蔵する場合の基準について、次のうち正しいものはどれか。[★]

☑ 1. 貯蔵する期間は20日以内としなければならない。
2. 貯蔵しようとする日から10日以内に市町村長等に申し出なければならない。
3. 市町村条例で定める基準に従って、貯蔵しなければならない。
4. 貯蔵する危険物の量は、指定数量の倍数が2以下としなければならない。
5. 貯蔵する場合、所轄消防長または消防署長の承認を得なければならない。

【問3】法令上、製造所等以外の場所において、指定数量以上の危険物を仮に貯蔵する場合の基準について、次のA～Dのうち正しいものの組合せはどれか。

A. 貯蔵する場合、所轄消防長または消防署長の承認を得なければならない。
B. 貯蔵する危険物の量は、指定数量の10倍以下としなければならない。
C. 危険物保安監督者を定めなければならない。
D. 貯蔵する期間は10日以内としなければならない。

☑ 1. AとB　　　　2. AとC
3. AとD　　　　4. BとC
5. CとD

【問4】 法令上、指定数量以上の危険物は、製造所、貯蔵所及び取扱所以外の場所で
これを貯蔵し、又は取り扱ってはならないが、製造所等以外の場所において、
指定数量以上の危険物を期間を定めて仮に貯蔵し、又は取り扱うことができる
場合として、次のうち正しいものはどれか。

☑ 1. 都道府県知事に届け出た場合
 2. 市町村長等に届け出た場合
 3. 消防本部に届け出た場合
 4. 危険物保安統括管理者の許可を受けた場合
 5. 所轄消防長又は消防署長の承認を受けた場合

....

【問5】 法令上、製造所等以外の場所において、灯油 2,500L を 10 日以内の期間、仮
に貯蔵し、又は取り扱う場合の手続きとして、次のうち正しいものはどれか。

［★］

☑ 1. 安全な場所であれば手続きは必要ない。
 2. 所轄消防長又は消防署長に届け出る。
 3. 当該区域を所轄する都道府県知事に申請し許可を受ける。
 4. 所轄消防長又は消防署長に申請し承認を受ける。
 5. 当該区域を所轄する市町村長に届け出る。

▶ **解 説**

〔問1〕 正解…4

「指定数量以上の危険物は、貯蔵所以外の場所でこれを貯蔵し、又は製造所等以外の
場所でこれを取り扱ってはならない。ただし、〈Ⓐ 所轄消防長又は消防署長〉の〈Ⓑ
承認〉を受けて指定数量以上の危険物を、〈Ⓒ 10 日〉以内の期間、仮に貯蔵し、又
は取り扱う場合は、この限りでない。」

〔問2〕 正解…5

1. 仮貯蔵または仮取扱いができる期間は 10 日以内である。
2. 事前に所轄消防長または消防署長から、仮貯蔵の承認を受けなければならない。
3. 指定数量以上の危険物を仮貯蔵する場合、位置、構造及び設備の技術上の基準は
　消防法で規定されている。
4. 仮貯蔵する危険物の数量は、規定されていない。

〔問3〕 正解…3（ⒶとⒹ）

Ⓑ. 仮貯蔵する危険物の数量は、規定されていない。
Ⓒ. 製造所等以外で仮貯蔵する場合は、危険物保安監督者を選任する必要はない。

〔問4〕 正解…5

〔問5〕 正解…4

4. 製造所等以外の場所で指定数量（灯油の指定数量は 1,000L）以上の危険物を貯
　蔵し、または取り扱う場合、10 日以内であれば消防署長等の承認を受けて、仮貯蔵・
　仮取扱いが可能となる。

⑨ 危険物取扱者の制度

■危険物取扱者の責務

◎製造所等における危険物の取扱作業は、**危険物取扱者**が行う。

◎危険物取扱者は、危険物の取扱作業に従事するときは、法令で定める**貯蔵または取扱いの技術上の基準**を遵守するとともに、当該危険物の**保安の確保**について細心の注意を払わなければならない。

◎危険物取扱者以外の者は、**甲種**危険物取扱者または**乙種**危険物取扱者が立ち会わなければ、危険物の取扱作業を行ってはならない。

◎甲種危険物取扱者または乙種危険物取扱者は、危険物の取扱作業の**立会い**をする場合は、取扱作業に従事する者が法令で定める貯蔵または取扱いの技術上の**基準**を遵守するように**監督**するとともに、必要に応じてこれらの者に**指示**を与えなければならない。

■免状の区分

◎**危険物取扱者**とは、危険物取扱者試験に合格し、**免状の交付を受けている者**をいう。危険物取扱者の免状は、次の3種類に区分される。

◎**乙種**は取り扱うことができる危険物の種類により、更に第1類〜第6類に細分化され、取扱いができる危険物の種類が**免状に指定**される。例えば、乙種第4類の免状を取得した者は、第4類の危険物に限り取扱い及び立会いができる。

〔危険物取扱者の免状の区分〕

区分	取扱いできる危険物	立会い
甲種	**すべての危険物**	すべての危険物の取扱作業に立ち会える
乙種	指定された類（第1類〜第6類）の危険物のみ	**指定された類**の危険物の取扱作業に立ち会える
丙種	指定された危険物のみ（※）	**立会いはできない**

※ガソリン、灯油、軽油、第3石油類（重油、潤滑油及び引火点130℃以上のものに限る。）、第4石油類及び動植物油類が、**丙種**の危険物取扱者が取扱いできる指定された危険物である。

〔指定数量未満の危険物の取扱い〕

製造所等での取扱作業	①甲種・乙種（取得した免状の類に限る）・丙種の危険物取扱者
	②甲種・乙種（取得した免状の類に限る）の危険物取扱者の立会いを受けた者
製造所等以外での取扱作業	危険物取扱者である必要はなし。（例自宅のストーブに灯油を補充をする等）

【問1】法令上、危険物取扱者の責務に関する次の条文について、次の文の（　）内のA、Bに当てはまる語句の組合せとして、正しいものはどれか。[★]

「危険物取扱者は、危険物の取扱作業に従事するときは、法第10条第3項の（A）の技術上の基準を遵守するとともに、当該危険物の（B）について細心の注意を払わなければならない。」

	A	B
☑ 1.	位置、構造及び設備	保安の確保
2.	位置、構造及び設備	安全の確保
3.	貯蔵または取扱い	貯蔵や取扱い
4.	位置、構造及び設備	貯蔵や取扱い
5.	貯蔵または取扱い	保安の確保

【問2】法令上、次のA〜Eのうち正しいものはいくつあるか。

A. 乙種危険物取扱者が免状に指定された類以外の危険物を取り扱う場合は、甲種危険物取扱者又は当該危険物を取り扱うことができる乙種危険物取扱者が立ち会わなければならない。

B. 丙種危険物取扱者が取り扱える危険物は、ガソリン、灯油、軽油、第3石油類（重油、潤滑油及び引火点130℃以上のものに限る。）、第4石油類及び動植物油類である。

C. 危険物取扱者以外の者は、甲種、乙種及び丙種の免状を有している者の立会いを受ければ、危険物を取り扱うことができる。

D. 製造所等の所有者等の指示があった場合は、危険物取扱者以外の者でも、危険物取扱者の立会いなしに、危険物を取り扱うことができる。

E. 危険物保安監督者に選任された危険物取扱者は、すべての類の危険物を取り扱うことができる。

☑　1. 1つ　　　2. 2つ　　　3. 3つ　　　4. 4つ　　　5. 5つ

【問3】法令上、危険物取扱者について、次のうち正しいものはどれか。

☑ 1．甲種危険物取扱者のみが、危険物保安監督者になることができる。

2．乙種危険物取扱者は、危険物施設保安員になることはできない。

3．丙種危険物取扱者は、特定の危険物に限り、危険物取扱者以外の者が行う危険物の取扱作業に立ち会うことができる。

4．すべての危険物取扱者は、一定の期間内に危険物の取扱作業の保安に関する講習を受けなければならない。

5．危険物取扱者以外の者が製造所等において危険物を取り扱う場合、指定数量未満であっても甲種危険物取扱者又は当該危険物を取り扱うことができる乙種危険物取扱者の立会いが必要である。

【問4】法令上、危険物取扱者について、次のうち正しいものはどれか。

☑ 1．給油取扱所において、乙種危険物取扱者が急用のため不在となったとき、業務内容に詳しい丙種危険物取扱者が立会いをし、免状を有していない従業員に給油を行わせた。

2．重油を貯蔵している屋外タンク貯蔵所において、危険物保安監督者が退職したので、丙種危険物取扱者を危険物保安監督者に選任した。

3．丙種危険物取扱者を移動タンク貯蔵所に乗車させて、エタノールを移送させた。

4．屋内貯蔵所で、貯蔵する危険物をガソリンからアセトンに変更したが、法別表第1の品名は同じため、従前のまま丙種危険物取扱者に取り扱いをさせた。

5．一般取扱所で、丙種危険物取扱者に灯油を容器に詰め替えさせた。

【問5】法令上、製造所等において危険物を取り扱う場合の危険物取扱者の立会いについて、次のうち正しいものはどれか。

☑ 1．製造所等の従業員が危険物を取り扱う場合、管理者の指示があれば、すべて立会いを必要としない。

2．製造所等の所有者が自ら危険物を取り扱う場合、すべて立会いを必要としない。

3．危険物施設保安員が危険物を取り扱う場合、すべて立会いを必要としない。

4．危険物取扱者が、取り扱うことができる類又は品名の危険物を自ら取り扱う場合、すべて立会いを必要としない。

5．乙種及び丙種危険物取扱者は、取り扱うことができる類又は品名の危険物取扱作業に立ち会うことができる。

〔問1〕正解…5

「危険物取扱者は、危険物の取扱作業に従事するときは、法第 10 条第 3 項の〈Ⓐ 貯蔵または取扱い〉の技術上の基準を遵守するとともに、当該危険物の〈Ⓑ 保安の確保〉について細心の注意を払わなければならない。」

〔問2〕正解…2（A、B）

C．丙種危険物取扱者は、立会いが認められていない。

D．製造所等において危険物の取扱作業を行う場合、①当該危険物を取り扱うことができる危険物取扱者、②甲種または当該危険物を取り扱うことができる乙種危険物取扱者の立会いがある者、が行わなければならない。

E．危険物取扱者が取り扱うことができる危険物は、免状に記載されているものに限られる。危険物保安監督者に選任されていても、甲種危険物取扱者でない限りは、すべての危険物を取り扱うことはできない。「12．危険物保安監督者」48P 参照。

〔問3〕正解…5

1．甲種または乙種危険物取扱者が危険物保安監督者になることができる。「12．危険物保安監督者」48P 参照。

2．危険物施設保安員は、資格及び実務経験が必要ないため、資格の有無に関係なく、なることができる。「14．危険物施設保安員」55P 参照。

3．丙種危険物取扱者は、立会いが認められていない。

4．現に製造所等で作業に従事していない有資格者は、保安講習の受講義務はない。「11．保安講習」43P 参照。

〔問4〕正解…5

1．丙種危険物取扱者は、立会いが認められていない。

2．丙種危険物取扱者は、危険物保安監督者に選任できない。「12．危険物保安監督者」48P 参照。

3．丙種危険物取扱者はエタノールの取扱いができない。この場合、危険物取扱者として移動タンク貯蔵所に同乗できるのは、甲種又は乙種4類の危険物取扱者である。

4＆5．丙種危険物取扱者は第4類危険物のうち、ガソリン、灯油、軽油、第3石油類（重油、潤滑油及び引火点 130℃以上のもの）、第4石油類、動植物油類に限り取扱作業ができる。アセトンは取り扱いができない。

〔問5〕正解…4

1～3．製造所等において危険物の取扱作業ができるのは、①当該危険物を取り扱うことができる危険物取扱者、②甲種または当該危険物を取り扱うことができる乙種危険物取扱者の立会いがある者、である。免状のない従業員・所有者・危険物施設保安員が危険物の取扱作業を行う場合、立会いが必要となる。

5．丙種危険物取扱者は、立会いが認められていない。

10 免状の交付・書換え・再交付

■免状の諸手続

◎危険物取扱者の免状の交付・書換え・再交付の手続きは、いずれも**都道府県知事**に申請し、都道府県知事が交付・書換え・再交付を行う。

◎これらの諸手続のうち書換え申請について、免状の**記載事項**に**変更**が生じたときは、**遅滞なく**、その申請を行わなければならない。

◎**免状**は、それを取得した都道府県の区域内だけでなく、**全国で有効**である。

手続	申請事由	申請先	添付するもの
交付	試験に合格	試験を行った都道府県知事	合格を証明する書類等
書換え	氏名・**本籍地**の変更、**免状の写真が撮影から10年経過**	免状を**交付**した都道府県知事、または**居住地**もしくは**勤務地**の都道府県知事	戸籍謄本等・6か月以内に撮影した写真
再交付	亡失・滅失・汚損・破損	免状の**交付・書換え**を受けた都道府県知事	**汚損・破損の場合はその免状を添える**
再交付	**亡失した免状を発見**	再交付を受けた都道府県知事	発見した免状を**10日以内に提出**

※「**滅失**」とは、滅びうせること、なくなること。　※「**亡失**」とは、失いなくすこと。

※ 免状に「**本籍地**」の記載はあるが、「居住地・住所」の記載はない。従って、引越し等で住所が変わっても、本籍地に変更がない場合、免状の書換えは必要ない。

■免状の記載事項

◎免状の記載事項には以下のものがある。

①氏名・生年月日	②本籍地の属する都道府県
③免状の交付年月日・交付番号	④交付・書換えをした都道府県知事
⑤取得した免状の種類	⑥免状番号
⑦過去10年以内に撮影した写真	

■免状の返納

◎免状を交付した**都道府県知事**は、危険物取扱者が消防法または消防法に基づく命令の規定に**違反**しているときは、**免状の返納**を命ずることができる。

◎都道府県知事から免状の**返納**を命じられた者は、直ちに危険物取扱者の資格を失う。

■免状の不交付

◎都道府県知事は、危険物取扱者試験に合格した者でも、次のいずれかに該当する者に対しては、免状の交付を行わないことができる。

> ①都道府県知事から**免状の返納を命じられ**、その日から起算して**1年を経過しない者**。
>
> ②消防法または消防法に基づく命令の規定に違反して**罰金以上の刑**に処せられた者で、その執行が終わり、または執行を受けなくなった日から起算して**2年を経過しない者**。

▶▶▶ 過去問題 ◀◀◀

▶免状の諸手続

【問1】免状の書換えを行わなければならないものは、次のうちどれか。[★★]

☑　1．住所が変わったとき。
　　2．免状の写真がその撮影した日から10年経過したとき。
　　3．危険物の取り扱い作業の保安に関する講習を受けたとき。
　　4．勤務先が変わったとき。
　　5．危険物保安監督者になったとき。

【問2】法令上、免状の再交付を申請する都道府県知事（以下、知事とする）として、次のうち正しい組合せはどれか。

☑　1．AとB
　　2．AとC
　　3．AとD
　　4．BとC
　　5．CとD

| A．交付した知事 |
| B．書換えをした知事 |
| C．居住地を管轄している知事 |
| D．勤務地を管轄している知事 |

【問3】法令上、危険物取扱者免状の記載事項として、次のうち誤っているものはどれか。

☑　1．氏名・生年月日　　　　2．過去10年以内に撮影した写真
　　3．取得した免状の種類　　4．居住地の属する都道府県
　　5．交付年月日・交付番号

【問4】法令上、免状の返納を命じることができるのは、次のうちどれか。[★★]

☑　1．消防長　　　2．都道府県知事　　　3．消防庁長官
　　4．消防署長　　5．市町村長

【問5】法令上、免状の交付、書換え又は再交付の手続きについて、次のうち誤っているものはどれか。

☑ 1. 危険物取扱者試験に合格したので、試験を行った都道府県知事に免状の交付を申請した。
2. 免状を亡失して、その再交付を受けた者は、亡失した免状を発見した場合は、これを 10 日以内に免状の再交付を受けた都道府県知事に提出しなければならない。
3. 免状の書換えを、免状を交付した都道府県知事又は居住地若しくは勤務地を管轄する都道府県知事に申請した。
4. 都道府県知事から免状の返納を命じられ、その日から起算して 6 か月が経過したので免状の交付を申請をした。
5. 免状の写真がその撮影した日から 10 年経過したため、免状の書換えを申請した。

【問6】法令上、次の文の（　）内のA～Cに当てはまる語句の組合せとして、正しいものはどれか。

「免状の再交付は、当該免状の（A）をした都道府県知事に申請することができる。免状を亡失し、その再交付を受けた者は、亡失した免状を発見した場合は、これを（B）以内に免状の（C）を受けた都道府県知事に提出しなければならない。」

	A	B	C
☑ 1.	交付	20 日	再交付
2.	交付または書換え	7 日	交付
3.	交付	14 日	再交付
4.	交付または書換え	10 日	再交付
5.	交付または書換え	10 日	交付

【問7】法令上、免状の書換えを申請しなければならない事由について、次のA～Fのうち誤っているものはいくつあるか。［編］

☑ 1. 1つ
2. 2つ
3. 3つ
4. 4つ
5. 5つ

A. 保安講習を受けたとき。
B. 氏名が変わったとき。
C. 現住所を変更したとき。
D. 本籍地が変わったとき。
E. 免状の写真が撮影から 10 年を経過したとき。
F. 勤務している製造所等が移転し製造所等の所在地が変わったとき。

▶免状の不交付

【問8】 法令上、免状の交付について、次の文の（　）内のA～Cに該当する語句の組合せとして、正しいものはどれか。

「法令に違反して（A）から免状の返納を命じられた者は、（B）から起算して（C）が経過しないと免状の交付を受けることができない。」

		A	B	C
☑	1.	市町村長	返納を命ぜられた日	2年
	2.	市町村長	返納した日	2年
	3.	都道府県知事	返納を命ぜられた日	1年
	4.	都道府県知事	返納を命ぜられた日	2年
	5.	都道府県知事	返納した日	1年

▶ 解 説

〔問1〕正解…2

　　1＆4．本籍地を変更した場合は、書換えが必要であるが、住所及び勤務先が変更した場合は、書換えの必要はない。

　　2．免状に貼ってある写真は10年以内に撮影されたものでなければならない。従って、現在の免状が交付から10年を経過する前に免状の書換えが必要になる。

　　3＆5．いずれも免状の書換え事由に該当しない。

〔問2〕正解…1（AとB）

　　再交付とは、免状を亡失・滅失・汚損・破損した場合に行う手続きである。この場合、申請先は「免状の交付・書換えを受けた都道府県知事」に限定される。

〔問3〕正解…4

　　4．免状には、本籍地の属する都道府県が記載されている。免状にはその他、交付または書換えをした都道府県知事、免状番号などが記載されている。

〔問4〕正解…2

　　免状を交付した都道府県知事は、危険物取扱者が消防法または消防法に基づく命令の規定に違反しているときは、免状の返納を命ずることができる。

〔問5〕正解…4

　　4．免状の返納を命じられた者は、その日から起算して1年を経過しないと、新たに危険物取扱者試験に合格しても免状の交付を受けられない。

〔問6〕正解…4

〔問7〕正解…3（A、C、F）

　　A．保安講習の受講は、免状の書換えの事由にはならない。

　　C．現住所は免状に記載がないため、書換えの事由にはならない

　　F．免状に勤務地についての記載はないため、書換えの事由にはならない。

〔問8〕正解…3

11 保安講習

■講習の受講義務

◎製造所等で危険物の取扱作業に従事する**危険物取扱者**（甲種・乙種・丙種のいずれかの免状を有している者）は、都道府県知事が行う保安に関する講習（**保安講習**）を**定期的に受講**しなければならない。

◎期間内に保安講習を受講しない場合、消防法の規定により都道府県知事より**免状の返納を命じられる**ことがある。

◎ただし、免状の交付は受けていても危険物の取扱作業に従事していない危険物取扱者及び指定数量未満の危険物を貯蔵し、または取り扱う施設の危険物取扱者は、受講の義務がない。

◎保安講習は、全国どこの都道府県であっても**受講できる**。

■講習の受講期限

◎危険物取扱者の免状を受けている者で、現に製造所等において危険物の取扱作業に従事している場合、当該免状の「交付日」または講習の「受講日」以降における、最初の4月1日から3年以内に保安講習を受講しなければならない。

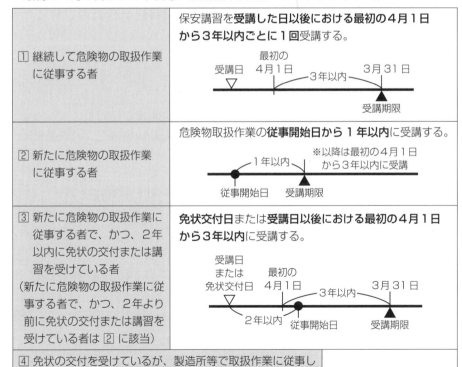

① 継続して危険物の取扱作業に従事する者	保安講習を**受講した日以後における最初の4月1日から3年以内ごとに1回**受講する。 最初の 受講日　4月1日　　　　　　3月31日 ▽　　　｜　━3年以内━　　▲ 　　　　　　　　　　　　受講期限
② 新たに危険物の取扱作業に従事する者	危険物取扱作業の**従事開始日から1年以内**に受講する。 　　　　　　　　　　　※以降は最初の4月1日 　━1年以内━　　　　　から3年以内に受講 ●　　　　　　▲ 従事開始日　受講期限
③ 新たに危険物の取扱作業に従事する者で、かつ、2年以内に免状の交付または講習を受けている者 （新たに危険物の取扱作業に従事する者で、かつ、2年より前に免状の交付または講習を受けている者は ② に該当）	**免状交付日**または**受講日以後における最初の4月1日から3年以内**に受講する。 受講日 または　　　　最初の 免状交付日　　4月1日　　　　3年以内　　3月31日 ▽　　　　　　｜　●　　　　　　　　▲ 　　　━2年以内━　従事開始日　　　　受講期限
④ 免状の交付を受けているが、製造所等で取扱作業に従事していない者。または指定数量未満の危険物を貯蔵・取り扱う施設で取扱作業を行う危険物取扱者	保安講習の受講義務なし。

▶受講義務

【問1】法令上、危険物の取扱作業の保安に関する講習（以下「講習」という。）について、次のうち誤っているものはどれか。[★★★]

☑ 1．講習を受けようとする者は、いずれの都道府県でも講習を受けることができる。

2．製造所等の所有者であるが、免状を所有していない者は、講習を受ける必要がない。

3．危険物保安監督者は5年に1回、講習を受けなければならない。

4．製造所等で危険物の取扱作業に従事している丙種危険物取扱者は、講習を受けなければならない。

5．講習を受けなければならない危険物取扱者が受講しなかった場合は、免状の返納を命ぜられることがある。

. . . .

【問2】法令上、危険物の取扱作業の保安に関する講習（以下「講習」という。）について、次のうち正しいものはどれか。[★]

☑ 1．危険物取扱者は、すべて3年に1回この講習を受けなければならない。

2．現に危険物の取扱作業に従事していない危険物取扱者は、この講習の受講義務はない。

3．危険物の取扱作業に現に従事している者のうち、法令に違反した者のみが、この講習を受けなければならない。

4．危険物施設保安員は、必ずこの講習を受けなければならない。

5．危険物保安監督者に選任されている危険物取扱者のみが、この講習を受けなければならない。

. . . .

【問3】法令上、危険物の取扱作業の保安に関する講習（以下「講習」という。）について、次のうち正しいものはどれか。

☑ 1．甲種危険物取扱者と乙種危険物取扱者のみが、この講習を受けなければならない。

2．危険物保安監督者に選任された危険物取扱者のみが、この講習を受けなければならない。

3．危険物取扱者であっても、現に製造所等において危険物の取扱作業に従事していない者は、この講習を受ける必要はない。

4．現に製造所等において危険物の取扱作業に従事している危険物取扱者は、10年に1回免状の更新の際に受講しなければならない。

5．危険物の取扱作業に従事している危険物取扱者は、1年に1回受講すること。

【問4】 法令上、危険物の取扱作業の保安に関する講習について、次のA～Eのうち、誤っているものの組合せはどれか。[★★]

> A. 受講する場所は、免状の交付を受けた都道府県に限定されず、どこの都道府県でもよい。
> B. 受講義務者には、危険物保安統括管理者として定められた者で、免状を有しない者は含まれない。
> C. 受講義務者は、受講した日から5年以内ごとに次回の講習を受けなければならない。
> D. 受講義務者には、危険物保安監督者として定められた者は含まれない。
> E. 受講義務者が、受講を怠ったときは、免状の交付を受けた都道府県知事から免状の返納を命ぜられることがある。

☑ 1. AとB   2. BとC   3. CとD   4. DとE   5. AとE

▶受講期限

【問5】 法令上、危険物の取扱作業の保安に関する講習について、次の文の（ ）内に当てはまる語句として、正しいものはどれか。ただし、5年前に免状の交付を受けたが、これまで危険物の取扱作業に従事しておらず、1度も講習を受けていない危険物取扱者が製造所等において取扱作業に従事するものとする。[★]

「製造所等において危険物の取扱作業に従事する危険物取扱者は、当該取扱作業に従事する（ ）に講習を受けなければならない。」

☑ 1. こととなった日の前
2. こととなった日以後の最初の誕生日まで
3. こととなった日から1年以内
4. こととなった日以後の最初の4月1日から1年以内
5. こととなった日以後の最初の1月1日から1年以内

【問6】法令上、危険物の取扱作業の保安に関する講習（以下「講習」という。）を受けなければならない期限が過ぎている危険物取扱者は、次のうちどれか。[★]

☑ 1．5年前から製造所等において危険物保安監督者に選任されている者
2．1年6か月前に免状の交付を受け、1年前から製造所等において危険物の取扱作業に従事している者
3．5年前から製造所等において危険物の取扱作業に従事しているが、2年6か月前に免状の交付を受けた者
4．5年前に免状の交付を受けたが、製造所等において危険物の取扱作業に従事していない者
5．1年6か月前に講習を受け、1年前から製造所等において危険物の取扱作業に従事している者

【問7】法令上、危険物の取扱作業の保安に関する講習について、次のうち誤っているものはどれか。

☑ 1．受講する場所は、免状の交付を受けた都道府県に限定されず、どこの都道府県でもよい。
2．危険物取扱者であっても、現に製造所等において危険物の取扱作業に従事していない者は、この講習を受ける必要はない。
3．危険物保安統括管理者で免状を有していない者には受講義務はない。
4．受講義務者は、受講した日から5年以内ごとに次回の講習を受けなければならない。
5．受講義務者が、受講を怠ったときは、免状の交付を受けた都道府県知事から免状の返納を命ぜられることがある。

〔問1〕正解…3

　3．危険物保安監督者は危険物取扱者の資格が必要であるため、免状交付日または講習受講日以降最初の４月１日から３年以内に受講しなければならない。

〔問2〕正解…2

　1＆2．製造所等において現に危険物の取扱作業に従事していない危険物取扱者は受講義務がない。

　3．保安に関する講習（保安講習）は、法令違反者が受講するものではない。

　4．危険物取扱者の免状を有していない危険物施設保安員は、受講義務がない。

　5．保安講習は、製造所等で危険物の取扱作業に従事しているすべての危険物取扱者に受講が義務づけられている。危険物保安監督者のみの義務ではない。

〔問3〕正解…3

　1＆2．甲種・乙種・丙種危険物取扱者で、製造所等において現に危険物の取扱作業に従事している場合、受講対象となる。危険物保安監督者のみの義務ではない。

　4．免状交付後10年に１回行うのは免状の更新ではなく書換えであり、写真を更新する。その際、保安講習の受講義務はない。

　5．製造所等において、引き続き危険物の取扱作業に従事している危険物取扱者は、講習を受けた日以後における最初の４月１日から３年以内に受講しなければならない。

〔問4〕正解…3（CとD）

　C．受講義務者は、講習受講日以降最初の４月１日から３年以内ごとに受講しなければならない。

　D．危険物保安監督者は丙種を除く危険物取扱者の中から選任される。従って、危険物保安監督者として定められた者は、受講義務者に含まれる。

〔問5〕正解…3

「製造所等において危険物の取扱作業に従事する危険物取扱者は、当該取扱作業に従事する〈こととなった日から１年以内〉に講習を受けなければならない。」

〔問6〕正解…1

　1．製造所等において、引き続き危険物の取扱作業に従事している危険物取扱者は、講習を受けた日以後における最初の４月１日から３年以内に受講しなければならない。

〔問7〕正解…4

　3．「13．危険物保安統括管理者」53P 参照。

　4．受講義務者は、講習受講日以降最初の４月１日から３年以内ごとに受講しなければならない。

12 危険物保安監督者

■概　要

◎法令で定める製造所等の所有者等は、**危険物保安監督者**を定め、その者が取り扱うことができる危険物の取扱作業に関し、**保安の監督**をさせなくてはならない。

◎製造所等の所有者等は、危険物保安監督者を**選任**したとき、または**解任**したときは、遅滞なくその旨を**市町村長等に届け**出なければならない。

◎危険物保安監督者になるためには、**甲種または乙種**危険物取扱者で、製造所等において**6か月以上の実務経験**を有するものでなければならない。ただし、乙種危険物取扱者について、保安を監督できるのは**免状で指定された類の危険物のみ**とする。

> 6か月以上の実務経験について
>
> ①製造所等における実務経験に限る。
>
> ②**免状の交付を受けた後における実務経験のみに限定されるものではない。**
>
> ③複数の製造所等での経験が**合計で6か月以上**あれば差し支えない。
>
> （その場合は、それぞれの製造所等による「実務経験証明書」が必要になる。）

◎危険物保安監督者は、危険物の取扱作業に関して保安の監督をする場合は、**誠実に**その職務を行わなければならない。

■危険物保安監督者の選任を必要とする製造所等

◎危険物の品名、指定数量の倍数等にかかわらず、危険物保安監督者を定めなければならない製造所等は以下の①・②・④・⑤の施設である。屋外貯蔵所は指定数量の倍数が30倍を超える場合、危険物保安監督者を定めなければならない。

①製造所	②屋外タンク貯蔵所	③屋外貯蔵所(**指定数量30倍を超える**)
④**給油取扱所**	⑤**移送取扱所**	⑥一般取扱所 (一部除く)

※上記以外の製造所等は、危険物の品名、指定数量等により選任の要・不要が細かく区分されている。⑳ 販売取扱所や屋内タンク貯蔵所では、「引火点が40℃未満の第4類危険物」または「第4類以外の危険物」を貯蔵し、または取り扱う場合、危険物保安監督者を定めなければならない。

◎**移動タンク貯蔵所**は、危険物保安監督者を定める必要がない。

■危険物保安監督者の業務

◎危険物の取扱作業の実施に際し、当該作業が**法第10条第3項の技術上の基準**、及び**予防規程等の保安に関する規定**に適合するように、**作業者に対し必要な指示を与えること**（規則第48条）。

※製造所等においてする**危険物の貯蔵または取扱いは、政令で定める技術上の基準に従っ**てこれをしなければならない（法第10条第3項）。

◎火災等の災害が発生した場合は、作業者を指揮して**応急の措置を講ずる**とともに、直ちに消防機関その他関係のある者に連絡すること。

◎危険物施設保安員を置く製造所等にあっては、**危険物施設保安員へ必要な指示を与える**こと。危険物施設保安員を置いていない製造所等にあっては、法令で定める**危険物施設保安員の業務を代わりに行う**こと（例：施設の定期・臨時の点検の実施等）。

◎火災等の災害の防止に関し、隣接する製造所等その他の**関連する施設の関係者**との間に**連絡を保つ**こと。

▶▶▶ 過去問題 ◀◀◀

▶概　要

【問1】法令上、危険物保安監督者に関する説明として、次のA〜Dのうち、正しいものの組合せはどれか。

A．危険物保安監督者は、火災等の災害が発生した場合は、作業者を指揮して応急の措置を講じるとともに、直ちに消防機関等に連絡しなければならない。

B．危険物取扱者であれば、免状の種類に関係なく危険物保安監督者に選任される資格を有している。

C．給油取扱所の所有者等は、危険物保安監督者を選任しなければならない。

D．危険物保安監督者は、危険物施設保安員を定めている製造所等にあっては、危険物施設保安員の指示に従って保安の監督をしなければならない。

☐　1．AとB　　　2．AとD　　　3．CとD　　　4．AとC　　　5．BとD

....

【問2】法令上、危険物保安監督者に関する説明で、次のうち誤っているものはどれか。［★★］

☐　1．危険物保安監督者は、危険物の取扱作業の実施に際し、当該作業が法令の基準及び予防規程の保安に関する規定に適合するように作業者に対し、必要な指示を与えなければならない。

2．危険物保安監督者は、危険物の取扱作業に関して保安の監督をする場合は、誠実にその職務を行わなければならない。

3．製造所等において、危険物取扱者以外の者は、危険物保安監督者が立ち会わなければ、危険物を取り扱うことはできない。

4．危険物施設保安員を置かなくてもよい製造所等の危険物保安監督者は、規則で定める危険物施設保安員の業務を行わなければならない。

5．選任の要件である6か月以上の実務経験は、製造所等における実務経験に限定されるものである。

【問3】法令上、危険物保安監督者について、次のうち誤っているものはどれか。

☑ 1. 製造所は貯蔵し、又は取り扱う危険物の品名、指定数量の倍数等にかかわりなく、危険物保安監督者を定めなければならない。

2. 製造所等の所有者等は、危険物保安監督者を選任又は解任したときは、市町村長等に届け出なければならない。

3. 火災等の災害が発生した場合は、作業者を指揮して応急の措置を講ずるとともに、直ちに消防機関等へ連絡する。

4. 危険物保安監督者は製造所等の所有者等が選任する。

5. 特定の危険物のみを貯蔵し、又は取り扱う製造所等においては、所有者等が許可した場合に限り、丙種危険物取扱者を危険物保安監督者に定めることができる。

【問4】法令上、危険物保安監督者の選任について、次のうち誤っているものはどれか。

☑ 1. 第5類の危険物を取り扱う実務経験1年の乙種危険物取扱者（第5類）を第5類の危険物を取り扱う施設の危険物保安監督者に選任する。

2. 第4類の危険物を取り扱う実務経験2年の者が、乙種免状（第4類）の交付を受けたので第4類の危険物を取り扱う施設の危険物保安監督者に選任する。

3. 丙種危険物取扱者は危険物を取り扱う実務経験が5年であっても危険物保安監督者に選任することはできない。

4. 第4類の危険物を取り扱う実務経験4ヶ月の者が、乙種免状（第4類）の交付を受けた。その後、同類の危険物の取り扱いの実務経験2ヶ月が経過したので、第4類の危険物を取り扱う施設の危険物保安監督者に選任する。

5. 第4類の危険物を取り扱う実務経験4ヶ月の甲種危険物取扱者を第3類の危険物を取り扱う施設の危険物保安監督者に選任する。

▶選任を必要とする製造所等

【問5】法令上、貯蔵し、又は取り扱う危険物の品名、指定数量の倍数等に関係なく、危険物保安監督者を定める必要のない製造所等は、次のうちどれか。

☑ 1. 指定数量の倍数が40の第二種販売取扱所

2. 指定数量の倍数が80の移動タンク貯蔵所

3. 指定数量の倍数が40の屋内タンク貯蔵所

4. 指定数量の倍数が15の第一販売種取扱所

5. 指定数量の倍数が50の屋外タンク貯蔵所

【問6】法令上、貯蔵し、又は取り扱う危険物の品名、指定数量の倍数等に関係なく、危険物保安監督者を定めなければならない製造所等は、次のうちどれか。

☑ 1．屋内タンク貯蔵所　　　2．販売取扱所　　　3．屋外貯蔵所
　　4．屋外タンク貯蔵所　　　5．屋内貯蔵所

▶危険物保安監督者の業務

【問7】法令上、危険物保安監督者の業務について、次のうち誤っているものはどれか。

☑ 1．危険物の取扱作業の実施に際し、危険物の貯蔵及び取扱いの技術上の基準に適合するよう、危険物取扱者を除く作業者に対して、必要な指示を与えること。
　　2．火災等の災害の防止に関し、当該製造所等に隣接する製造所等その他関連する施設の関係者との間に連絡を保つこと。
　　3．危険物施設保安員を置く必要のない製造所等にあっては、構造及び設備に異常を発見した場合は、関係ある者に連絡するとともに、状況を判断して適切な措置を講ずること。
　　4．危険物施設保安員を置く必要のない製造所等にあっては、構造、設備の技術上の基準に適合するよう維持するため、施設の定期及び臨時点検の実施、記録及び保存をする。
　　5．危険物施設保安員を置く必要のある製造所等にあっては、危険物施設保安員へ必要な指示を与えること。

【問8】法令上、危険物保安監督者に関する記述について、次のうち誤っているものはどれか。

☑ 1．危険物保安監督者は、危険物の取扱作業の実施に際し、当該作業が法令の基準及び予防規程の保安に関する規定に適合するように作業者に対し必要な指示を与えなければならない。
　　2．危険物保安監督者は、危険物の取扱作業に関して保安の監督をする場合は、誠実にその職務を行わなければならない。
　　3．移送取扱所は危険物保安監督者を定めなければならない。
　　4．危険物施設保安員を置く製造所等にあっては、危険物施設保安員の指示に従わなければならない。
　　5．危険物保安監督者は、火災等の災害が発生した場合は、作業者を指揮して応急の措置を講じるとともに、直ちに消防機関等に連絡しなければならない。

▶ 解 説

〔問1〕正解…4（AとC）

B．丙種危険物取扱者は、危険物保安監督者に選任できない。

C．危険物の品名、指定数量の倍数にかかわらず、必ず危険物保安監督者を定めなければならない製造所等は、製造所、屋外タンク貯蔵所、給油取扱所、移送取扱所である。

D．危険物施設保安員を定めている製造所等の危険物保安監督者は、危険物施設保安員へ必要な指示を与えなければならない。また、危険物施設保安員は危険物保安監督者の下で、保安のための業務を行う。

〔問2〕正解…3

3．製造所等において、危険物取扱者以外の者は、甲種または乙種危険物取扱者が立ち会えば、危険物を取り扱うことができる。

〔問3〕正解…5

1．危険物の品名、指定数量の倍数にかかわらず、必ず危険物保安監督者を定めなければならない製造所等は、製造所、屋外タンク貯蔵所、給油取扱所、移送取扱所である。

5．危険物保安監督者の選任要件は〔甲種または乙種危険物取扱者〕＋6か月以上の実務経験。従って、丙種危険物取扱者は、危険物保安監督者になることができない。

〔問4〕正解…5

5．危険物保安監督者の選任要件は〔甲種または乙種危険物取扱者〕＋6か月以上の実務経験。従って、実務経験6ヶ月以下は、危険物保安監督者になることができない。また、乙種危険物取扱者については、免状で指定された類の危険物のみ保安を監督することができる。

〔問5〕正解…2

2．移動タンク貯蔵所は、取り扱う危険物の性状・数量に関係なく、危険物保安監督者を定める必要はない。

〔問6〕正解…4

4．危険物の品名、指定数量の倍数にかかわらず、必ず危険物保安監督者を定めなければならない製造所等は、製造所、屋外タンク貯蔵所、給油取扱所、移送取扱所である。

〔問7〕正解…1

1．危険物の取扱作業の実施に際し、危険物の貯蔵及び取扱いの技術上の基準に適合するよう必要な指示を与える作業者には、危険物取扱者も含まれる。

3＆4．「14．危険物施設保安員」55P 参照。

〔問8〕正解…4

4．危険物施設保安員を定めている製造所等の危険物保安監督者は、危険物施設保安員へ必要な指示を与えなければならない。また、危険物施設保安員は危険物保安監督者の下で、保安のための業務を行う。

13 危険物保安統括管理者

■概 要

◎同一事業所において複数の製造所等を所有し、大量の第4類危険物を貯蔵し、または取り扱う製造所等の所有者等は、**危険物保安統括管理者**を定め、事業所における危険物の保安に関する業務を**統括管理**させなければならない。

◎製造所等の所有者等は、危険物保安統括管理者を**定めたとき**、または**解任したとき**は、遅滞なく**市町村長等に届け**出なければならない。

◎危険物保安統括管理者になるための**資格は、規定されていない**。しかし、「事業所において事業の実施を統括管理する者」でなければならないことから、一般には工場長などが選任される。

■危険物保安統括管理者の選任を必要とする製造所等

◎危険物保安統括管理者を定めなければならない製造所等は、次のとおりとする。

対象となる製造所等	貯蔵し、または取り扱う第4類危険物の数量
製造所	指定数量の倍数が3,000以上
一般取扱所	
移送取扱所	指定数量以上

■自衛消防組織

◎危険物保安統括管理者を定めなければならない製造所等の所有者等は、当該事業所に**自衛消防組織**を置かなければならない。

◎自衛消防組織は、事業所の規模に応じ、法令で定める数以上の人員及び化学消防自動車をもって編成しなければならない。

▶▶▶ 過去問題 ◀◀◀

【問1】法令上、危険物保安統括管理者の選任・解任について、次のうち誤っているものはどれか。

- ☐　1．丙種危険物取扱者を選任することはできない。
- 　　2．選任・解任した場合の届出は、市町村長等に対して行う。
- 　　3．選任・解任した場合は、遅滞なく届出をすること。
- 　　4．指定数量の倍数が3,000のガソリンを貯蔵する屋外タンク貯蔵所の場合、危険物保安統括管理者の選任は必要ない。
- 　　5．選任・解任した場合は、製造所等の所有者等が届け出を行う。

【問2】法令上、次のA～Dの危険物保安統括管理者に関する記述のうち、正しいもののみをすべて掲げているものはどれか。

> A．危険物保安統括管理者は、免状の交付を受けていなくとも、製造所等において、危険物取扱者の立会いなしに危険物を取り扱うことができる。
> B．危険物施設保安員が50人を超える事業所にあっては、危険物保安統括管理者を選任しなければならない。
> C．危険物保安統括管理者を定めなければならない製造所等において、危険物保安統括管理者を定めていない場合は、市町村長等から施設の使用停止命令を受けることがある。
> D．危険物保安統括管理者は、事業所においてその事業の実施を統括管理する者をもって充てなければならない。

☑　1．A　　　2．A、B　　　3．C、D　　　4．A、C、D　　　5．B、C、D

....

【問3】法令上、一定数量以上の第4類の危険物を貯蔵し、又は取り扱う製造所等で、危険物保安統括管理者を選任しなければならない旨の規定が設けられているものは、次のうちどれか。[★★]

☑　1．製造所　　　　　　　2．給油取扱所　　　　　　3．屋外タンク貯蔵所
　　4．第二種販売取扱所　　5．屋内貯蔵所

▶ 解 説

〔問1〕正解…1
　1．危険物保安統括管理者に、危険物取扱者の資格は必要ない。所有者等に選任されると危険物保安統括管理者になる。
　4．危険物保安統括管理者を選任しなければならないのは、「指定数量の倍数が3,000以上の第4類危険物を貯蔵し、または取り扱う製造所と一般取扱所」及び「指定数量以上の第4類危険物を貯蔵し、または取り扱う移送取扱所」である。

〔問2〕正解…3（C、D）
　A．危険物取扱者の免状の交付を受けていない危険物保安統括管理者の場合、危険物取扱者の立会いがないと危険物を取り扱うことはできない。
　B．危険物保安統括管理者を選任しなければならないのは、「指定数量の倍数が3,000以上の第4類危険物を貯蔵し、または取り扱う製造所と一般取扱所」及び「指定数量以上の第4類危険物を貯蔵し、または取り扱う移送取扱所」である。危険物施設保安員の人数は関係ない。
　C．「39．措置命令・許可の取消・使用停止命令」165P 参照。

〔問3〕正解…1
　1．危険物保安統括管理者を選任しなければならないのは、「指定数量の倍数が3,000以上の第4類危険物を貯蔵し、または取り扱う製造所と一般取扱所」及び「指定数量以上の第4類危険物を貯蔵し、または取り扱う移送取扱所」である。

14 危険物施設保安員

■概　要
◎法令で定める製造所等の所有者等は、**危険物施設保安員**を定め、製造所等の**構造及び設備に係る保安**のための業務を行わせなければならない。
◎危険物施設保安員は、**危険物保安監督者**の下で保安のための業務を行う。

■危険物施設保安員の選任を必要とする製造所等
◎危険物施設保安員を定めなければならない製造所等は、次のとおりとする。

対象となる製造所等	貯蔵し、または取り扱う危険物の数量等
製造所	指定数量の倍数が 100 以上
一般取扱所	
移送取扱所	指定数量に関係なく、**すべてにおいて定める**

※鉱山保安法（鉱山労働者に対する危害の防止と鉱害を防止することなどを目的とした法律）などの適用を受ける製造所、移送取扱所、一般取扱所は除く。

◎危険物施設保安員になるための資格は、規定されていない。従って、**危険物取扱者以外の者及び実務経験のない者**を定めることができる。
◎危険物施設保安員を定めたとき、または解任したときの届け出は、規定されていない。従って、**届け出の必要はない**。
◎危険物保安統括管理者、危険物保安監督者及び危険物施設保安員について、工場に当てはめると、危険物保安統括管理者：工場長、危険物保安監督者：課長、危険物施設保安員：主任、と例えることができる（編集部）。

■危険物施設保安員の業務
◎製造所等の所有者等は、危険物施設保安員に次の業務を行わせなければならない。
◎製造所等の構造及び設備を技術上の基準に適合するように維持するため、**定期及び臨時の点検**を行うこと。
◎定期及び臨時の点検を実施したときは、**点検**を行った場所の状況及び保安のために行った措置を記録し、**保存**すること。
◎製造所等の構造及び設備に異常を発見した場合は、危険物保安監督者その他関係のある者に**連絡**するとともに、状況を判断して適当な措置を講ずること。
◎**火災が発生**したとき、または火災発生の危険性が著しいときは、危険物保安監督者と協力して、**応急の措置**を講ずること。
◎製造所等の計測装置、制御装置、**安全装置等の機能**が適正に保持されるように、これを保安管理すること。
◎その他、製造所等の**構造・設備の保安**に関し、必要な業務を行う。

▶概　要

【問1】法令上、危険物施設保安員、危険物保安監督者及び危険物保安統括管理者の選任について、次のうち誤っているものはどれか。[★]

1．危険物施設保安員は、危険物取扱者でなくてもよい。
2．危険物保安監督者は、甲種危険物取扱者又は乙種危険物取扱者でなければならない。
3．危険物保安統括管理者は、危険物取扱者でなくてもよい。
4．危険物保安監督者は、製造所等において、6か月以上の危険物取扱いの実務経験が必要である。
5．危険物施設保安員は、製造所等において、6か月以上の危険物取扱いの実務経験が必要である。

【問2】法令上、危険物施設保安員に関する記述について、次のうち正しいものはどれか。

1．すべての製造所等において、危険物施設保安員を選任しなければならない。
2．危険物施設保安員を選任したときは、市町村長等に届出をしなければならない。
3．所有者等は危険物施設保安員に、製造所等の構造及び設備を技術上の基準に適合するように維持するため、定期及び臨時の点検を行わせなければならない。
4．すべての危険物施設保安員は、定期的に保安講習を受講しなければならない。
5．火災が発生したとき又は火災発生の危険性が著しいときは、危険物保安監督者に指示して、応急の措置を講じさせること。

【問3】法令上、製造所等の所有者等が市町村長等に届け出る必要のないものは、次のうちどれか。

1．危険物保安統括管理者の選任
2．危険物保安監督者の選任
3．危険物施設保安員の選任
4．製造所等を廃止したとき
5．製造所等の譲渡を受けたとき

▶危険物施設保安員の業務

【問4】 法令上、危険物施設保安員の業務として、次のうち定められていないものは
どれか。

☑ 1．危険物の取扱作業の実施に際し、予防規程の保安に関する規程に適合する
ように、作業者に対し必要な指示を与えること。

2．製造所等の構造及び設備に異常を発見した場合は、危険物保安監督者その
他関係のある者に連絡するとともに、状況を判断して適当な措置を講ずるこ
と。

3．製造所等の計測装置、制御装置、安全装置等の機能が適正に保持されるよ
うに、保安の管理をすること。

4．定期及び臨時の点検を実施したときは、点検を行った場所の状況及び保安
のために行った措置を記録し、保存すること。

5．火災が発生したとき又は火災発生の危険性が著しいときは、危険物保安監
督者と協力して、応急の措置を講ずること。

▶ **解 説**

〔問1〕正解…5

1＆5．危険物施設保安員は、資格及び実務経験が必要ない。

2＆4．「12．危険物保安監督者」48P 参照。

3．「13．危険物保安統括管理者」53P 参照。

〔問2〕正解…3

1．危険物施設保安員を定めなければならないのは、「指定数量の倍数が100以上の
製造所と一般取扱所」及び「すべての移送取扱所」である。

2．危険物施設保安員の選任・解任の届出は必要ない。

4．危険物取扱者の免状を有していない危険物施設保安員は、受講義務がない。

5．火災が発生したとき又は火災発生の危険性が著しいときは、危険物保安監督者と
協力して、応急の措置を講じなければならない。

〔問3〕正解…3

1＆2＆4＆5．遅滞なく市町村長等に届け出る。

3．危険物施設保安員の選任・解任の届け出は必要ない。

〔問4〕正解…1

1．製造所等における危険物の取扱作業に関し、必要に応じて作業者に保安上の指示
を与えるのは危険物取扱者や危険物保安監督者である。危険物施設保安員は、危険
物保安監督者の下で保安のための業務を行う。

15 予防規程

■予防規程とは

◎法令で定める製造所等の**所有者等**は、当該製造所等の**火災を予防**するため、**予防規程を定めなければならない。**

◎予防規程は、製造所等のそれぞれの実情に沿った**火災予防のための自主保安**に関する規程である。

◎製造所等の**所有者等及びその従業員**は、この予防規程を守らなければならない。

■認可と変更命令

◎製造所等の**所有者等**は、予防規程を定めたときは**市町村長等の認可**を受けなければならない。これを変更するときも、同様とする。

※「認可」とは、ある人の法律上の行為が公の機関（行政庁）の同意を得なければ有効に成立しない場合、これに同意を与えてその効果を完成させる行政行為。

※「許可」とは、一般に禁止されている行為について、特定人に対しまたは特定の事件に関して禁止を解除する行政行為（以上、広辞苑より）。

◎予防規程を定めなければならない製造所等において、市町村長等の認可を受けずに危険物を貯蔵し、または取り扱った場合は、6月以下の懲役または50万円以下の罰金に処する。

◎**市町村長等**は、火災の予防のため必要があるときは、予防規程の**変更を命ずる**ことができる。

■予防規程を定めなければならない製造所等

◎予防規程を定めなければならない製造所等は、次のとおりとする。

対象となる製造所等	貯蔵し、または取り扱う危険物の数量
製造所	指定数量の倍数が**10以上**のもの
屋内貯蔵所	指定数量の倍数が**150以上**のもの
屋外タンク貯蔵所	指定数量の倍数が**200以上**のもの
屋外貯蔵所	指定数量の倍数が**100以上**のもの
給油取扱所	**すべて**（屋外の自家用給油取扱所を除く）
移送取扱所	**すべて**
一般取扱所	指定数量の倍数が**10以上**のもの

※以下は予防規程を定めなければならない製造所等の**対象から除く。**

①**火薬類取締法**の規定による危害予防規程を定めている製造所等

②**鉱山保安法**の規定による保安規程を定めている製造所等

【問1】 法令上、製造所等の所有者等が市町村長等の認可を受けなければならないものとして、次のうち正しいものはどれか。

☑ 1. 製造所等の位置、構造又は設備を変更しないで、危険物の品名、数量または指定数量の倍数を変更しようとするとき。

2. 製造所等の危険物保安統括管理者を定めたとき。

3. 製造所等の予防規程を定めたとき。

4. 製造所等において、許可もしくは届出に係る品名以外の危険物を、10日以内の期間で貯蔵し、または取り扱うとき。

5. 製造所等の用途を廃止したとき。

【問2】 法令上、予防規程を定めなければならない製造所等として、定められているものは次のうちどれか。ただし、鉱山保安法による保安規程又は火薬類取締法による危害予防規程を定めているものを除く。

☑ 1. 指定数量の倍数が100の屋内貯蔵所

2. 指定数量の倍数が100の屋外貯蔵所

3. 指定数量の倍数が100の屋外タンク貯蔵所

4. 指定数量の倍数が5の製造所

5. 屋外の自家用の給油取扱所

【問3】 法令上、次のA～Eに掲げる製造所等のうち、指定数量の倍数により予防規程を定めなければならないものの組合せはどれか。

☑ 1. AとB

2. BとC

3. CとD

4. DとE

5. AとE

A. 製造所
B. 地下タンク貯蔵所
C. 移動タンク貯蔵所
D. 販売取扱所
E. 屋外タンク貯蔵所

【問4】法令上、製造所等において貯蔵又は取り扱う危険物の指定数量の倍数に関係なく予防規程を定めなければならない施設は、次のうちどれか。

☑ 1．製造所

2．屋内貯蔵所

3．給油取扱所（屋外の自家用給油取扱所を除く）

4．地下タンク貯蔵所

5．一般取扱所

【問5】法令上、製造所等において定めなければならない予防規程について、次のうち誤っているものはどれか。[★★★]

☑ 1．予防規程を定める場合及び変更する場合は、市町村長等の認可を受けなければならない。

2．予防規程は、当該製造所等の危険物保安監督者が作成し、認可を受けなければならない。

3．予防規程に関して、火災予防のため必要があるときは、市町村長等から変更を命ぜられることがある。

4．予防規程には、地震発生時における施設又は設備に対する点検、応急措置等に関することを定めなければならない。

5．予防規程には、災害その他の非常の場合に取るべき措置に関することを定めなければならない。

【問6】法令上、予防規程について、次のうち誤っているものはどれか。

☑ 1．予防規程を定めたときは、市町村長等の認可を受けなければならない。

2．予防規程を定めなければならない製造所等において、これを定めずに危険物を貯蔵し、又は取り扱った場合は、罰せられることがある。

3．予防規程は、指定数量の倍数が100以上の製造所等において定めなければならない。

4．予防規程を変更したときは、市町村長等の認可を受けなければならない。

5．予防規程は、製造所等の火災予防のために所有者等が定める保安基準で、自主的な意義を有する。

〔問1〕正解…3

1. 変更しようとする日の10日前までにその旨を市町村長等に届け出る。「7. 変更の届出」29P 参照。

2 & 5. 遅滞なく（事後速やかに）市町村長等に届け出る。「7. 変更の届出」29P 参照。

4. 所轄の消防長または消防署長の承認を受けなければならない。「8. 仮貯蔵と仮取扱い」32P 参照。

〔問2〕正解…2

予防規程を定めなければならない製造所等は以下の通り。

1. 屋内貯蔵所は、指定数量の倍数が150以上。

3. 屋外タンク貯蔵所は、指定数量の倍数が200以上。

4. 製造所は、指定数量の倍数が10以上。

5. 給油取扱所は指定数量の倍数に関係なく、すべて予防規程を定めなければならない。ただし、屋外の自家用給油取扱所は対象外となる。物流施設やバス会社などの敷地内に設置されることが多い。

〔問3〕正解…5（AとE）

指定数量の倍数により予防規程を定めなければならないのは、製造所・屋外タンク貯蔵所・屋外貯蔵所・屋内貯蔵所・一般取扱所の5施設。指定数量の倍数に関係なく必ず予防規程を定めなければならないのは、給油取扱所（屋外の自家用給油取扱所を除く）・移送取扱所の2施設。

〔問4〕正解…3

3. 指定数量の倍数に関係なく必ず予防規程を定めなければならないのは、給油取扱所（屋外の自家用給油取扱所を除く）・移送取扱所の2施設。指定数量の倍数により予防規程を定めなければならないのは、製造所・屋外タンク貯蔵所・屋外貯蔵所・屋内貯蔵所・一般取扱所の5施設。

〔問5〕正解…2

2. 予防規程は当該製造所等の所有者等が作成し、市町村長等の認可を受けなければならない。

4 & 5. 「16. 予防規程に定めるべき事項」62P 参照。

〔問6〕正解…3

2. 予防規程の作成認可の規定違反（6ヶ月以下の懲役又は50万円以下の罰金）となる。

3. 予防規程を定めなければならない製造所等は、製造所等の種類と指定数量の倍数によってそれぞれ異なる。

■予防規程の内容

◎予防規程に定めるべき主な事項は、次のとおりとする。

予防規程に定める主な事項
①危険物の保安に関する業務を**管理する者の職務及び組織**に関すること。
②**危険物保安監督者**が、旅行、疾病その他の事故によって**その職務**を行うことができない場合に**その職務を代行する者**に関すること。 ※危険物保安監督者の業務を代行する者は、原則的に、一定の資格（甲種または乙種の危険物取扱者の免状）を有し、危険物保安監督者相応の能力及び権限を有する等、業務に必要な一定の要件を満たしている必要がある。
③**化学消防自動車**の設置その他**自衛の消防組織**に関すること。
④危険物の保安に係る作業に従事する者に対する**保安教育**に関すること。
⑤危険物の保安のための**巡視、点検及び検査**に関すること。
⑥危険物施設の**運転**または**操作**に関すること。
⑦危険物の**取扱作業の基準**に関すること。
⑧**補修等の方法**に関すること。
⑨**施設の工事における**火気の使用もしくは取扱いの管理、または危険物等の管理等、**安全管理**に関すること。
⑩顧客に自ら給油等をさせる給油取扱所（**セルフスタンド**）にあっては、**顧客に対する監視**その他**保安のための措置**に関すること。
⑪災害その他の**非常の場合に取るべき措置**に関すること。
⑫**地震発生時**における施設及び設備に対する**点検、応急措置**等に関すること。
⑬危険物の保安に関する記録に関すること。
⑭製造所等の**位置、構造及び設備**を明示した書類及び図面の整備に関すること。

▶▶▶ 過去問題 ◀◀◀

【問1】法令上、営業用給油取扱所の予防規程のうち、顧客に自ら給油等をさせる給油取扱所のみが定めなければならない事項は、次のうちどれか。

☑ 1．顧客に対する従業員の接遇教育に関すること。
2．顧客の車両に対する誘導に関すること。
3．顧客に対する価格の表示に関すること。
4．顧客に対する監視その他保安のための措置に関すること。
5．顧客の車両に対する点検、検査に関すること。

【問2】法令上、予防規程に定めなければならない事項に該当しないものは次のうちどれか。

☑ 1．危険物施設の運転又は操作に関すること。
2．危険物の取扱作業の基準に関すること。
3．補修等の方法に関すること。
4．地震発生時における施設及び設備に対する点検、応急措置等に関すること。
5．製造所等において火災が発生した場合、当該施設が火災及び消火で受けた損害調査に関すること。

【問3】法令上、予防規程に定めなければならない事項として、該当しないものは次のうちどれか。

☑ 1．危険物の在庫の管理と発注に関すること。
2．危険物の保安に関する業務を管理する者の職務及び組織に関すること。
3．危険物の取扱い作業の基準に関すること。
4．災害その他の非常の場合に取るべき措置に関すること。
5．危険物の保安に係る作業に従事する者に対する保安教育に関すること。

▶ 解 説

〔問1〕正解…4
1〜3＆5．予防規程とは、火災予防のための自主保安に関する規程であり、従業員の接遇教育、顧客の車両の誘導、価格の表示、顧客の車両の点検・検査に関することは、予防規程に定めるべき事項に含まれていない。

〔問2〕正解…5
5．火災等のために受けた損害調査に関することは、予防規程に定めるべき事項に含まれていない。

〔問3〕正解…1
1．在庫の管理と発注に関することは、予防規程に定めるべき事項に含まれない。

■所有者等の義務

◎すべての製造所等の**所有者等**は、製造所等の位置、構造及び設備が技術上の基準に**適合するように維持**しなければならない。

◎**市町村長等**は、製造所等の位置、構造及び設備が技術上の基準に適合していないと認めるときは、その**所有者等**に対し、技術上の基準に適合するように、これらを**修理し、改造し、または移転すべきことを命ずる**ことができる。

※施設の「所有者、管理者、占有者で権原を有する者」を「所有者等」という。

▶▶▶ 過去問題 ◀◀◀

【問1】法令上、次の下線部（A）〜（D）のうち、誤っているもののみをすべて掲げているものはどれか。

「製造所等の (A) 所有者等は、製造所等の位置、構造及び設備が技術上の基準に適合するように維持しなければならない。(B) 市町村長等は、製造所等の位置、構造及び設備が技術上の基準に適合していないと認めるときは、製造所等の (C) 危険物取扱者免状を有する者に対し、技術上の基準に適合するように、これらを (D) 修理し、改造し、又は移転すべきことを命ずることができる。」

☑ 1．A　　2．B　　3．C　　4．A、B　　5．B、D

....

【問2】法令上、製造所等の区分及び貯蔵し、又は取り扱う危険物の品名、数量に関係なく、すべての製造所等の所有者等に共通して義務づけられているものは、次のうちどれか。[★★]

☑ 1．製造所等に危険物保安監督者を定めなければならない。
　　2．製造所等に自衛消防組織を置かなければならない。
　　3．製造所等の位置、構造及び設備を技術上の基準に適合するよう維持しなければならない。
　　4．製造所等の火災を予防するため、予防規程を定めなければならない。
　　5．製造所等に危険物施設保安員を定めなければならない。

▶ 解 説

〔問1〕正解…3（C）

　「製造所等の〈Ⓐ 所有者等〉は、製造所等の位置、構造及び設備が技術上の基準に適
　合するように維持しなければならない。〈Ⓑ 市町村長等〉は、製造所等の位置、構造
　及び設備が技術上の基準に適合していないと認めるときは、製造所等の〈Ⓒ 所有者
　等〉に対し、技術上の基準に適合するように、これらを〈Ⓓ 修理し、改造し、又は
　移転すべきこと〉を命ずることができる。」

〔問2〕正解…3

　1．製造所・屋外タンク貯蔵所・給油取扱所・移送取扱所の4施設は、危険物保安監
　　督者を必ず選任しなければならない。それ以外の製造所等では、貯蔵し、または取
　　り扱う危険物の指定数量の倍数や引火点で選任義務が異なる。また、移動タンク貯
　　蔵所は選任の必要がない。「12．危険物保安監督者」48P 参照。

　2．自衛消防組織の設置が必要なのは、製造所・一般取扱所（共に指定数量の倍数が
　　3,000 以上の場合）と移送取扱所（指定数量以上の場合）の3施設。「13．危険物
　　保安統括管理者」53P 参照。

　4．予防規程を定めなければならないのは、貯蔵し、または取り扱う危険物の指定数
　　量の倍数が一定以上の5施設（製造所・屋内貯蔵所・屋外タンク貯蔵所・屋外貯蔵
　　所・一般取扱所）と、指定数量に係わらず定めなければならない2施設（給油取扱
　　所（屋外の自家用給油取扱所を除く）・移送取扱所）。「15．予防規程」58P 参照。

　5．危険物施設保安員の選任が必要なのは、製造所・一般取扱所（共に指定数量の倍
　　数が 100 以上の場合）と移送取扱所の3施設。「14．危険物施設保安員」55P 参
　　照。

18 定期点検

■定期点検とは
◎法令で定める製造所等の**所有者等**は、これらの製造所等について**定期に点検**し、その点検記録を作成し、これを保存しなくてはならない。
◎定期点検は、製造所等の位置、構造及び設備が**技術上の基準に適合**しているかどうかについて行う。

■定期点検の実施者
◎定期点検は、**危険物取扱者**（甲種・乙種・丙種）または**危険物施設保安員**が行わなければならない。ただし、危険物取扱者（甲種・乙種・丙種）の**立会い**を受けた場合は、危険物取扱者以外の者でも点検を行うことができる。

　※「定期点検の立会い」と「危険物の取扱作業の立会い」を混同しない。危険物の取扱作業の立会いができるのは甲種・乙種の危険物取扱者。

◎地下貯蔵タンク・地下埋設配管・移動貯蔵タンク等の漏れの点検は、点検の方法に関し、知識及び技能を有する者が行わなければならない。また、**固定式の泡消火設備に関する点検**は、泡の発泡機構、泡消火剤の性状及び性能の確認等に関する知識及び技能を有する者が行わなければならない。

■定期点検の対象施設
◎定期に点検をしなければならない製造所等は、次に掲げるものとする。

対象施設	貯蔵し、または取り扱う危険物の数量
製造所	指定数量の倍数が **10 以上**、または**地下タンクを有するもの**
屋内貯蔵所	指定数量の倍数が 150 以上のもの
屋外タンク貯蔵所	指定数量の倍数が 200 以上のもの
屋外貯蔵所	指定数量の倍数が 100 以上のもの
地下タンク貯蔵所	**すべて**
移動タンク貯蔵所	**すべて**
給油取扱所	**地下タンクを有するもの**
移送取扱所	**すべて**
一般取扱所	指定数量の倍数が 10 以上、または**地下タンクを有するもの**

　※地下タンクは目視しにくいため、すべてのタンクが定期点検の対象となっている。また、移動タンクは走行中に絶えず振動と負荷が加わっているため、やはり定期点検の対象となっている（編集部）。
　※以下は**定期点検の対象から除く**。
　　①火薬類取締法の規定による危害予防規程を定めている製造所等
　　②鉱山保安法の規定による保安規程を定めている製造所等
　　③指定数量の倍数が 30 以下、かつ、引火点 40℃以上の第 4 類の危険物のみを容器に詰め替える一般取扱所（地下タンクを有するものを除く）

◎定期に点検をしなくてもよい製造所等は、次に掲げるものとする。

| ①屋内タンク貯蔵所 | ②簡易タンク貯蔵所 | ③販売取扱所 |

■定期点検の時期と記録の保存

◎定期点検は、1年に1回以上行わなければならない。

◎定期点検のうち、**タンクや配管の漏れの有無を確認する点検**については、次のとおり点検の期間が別に定められている。

▪ **地下貯蔵タンク**の漏れの点検	▪ **地下埋設配管**の漏れの点検
設置の完成検査済証（または変更の許可）の交付を受けた日、または前回の漏れの点検を行った日から、**1年**を経過する日の属する月の末日までの間に1回以上	
▪ **移動貯蔵タンク**の漏れの点検	
設置の完成検査済証（または変更の許可）の交付を受けた日、または前回の漏れの点検を行った日から、**5年**を経過する日の属する月の末日までの間に1回以上	

◎定期点検の記録は、**3年間保存**しなければならない。ただし、移動タンク貯蔵所の漏れの点検の記録は**10年間保存**すること。

◎定期点検の記録は、市町村長等や消防機関へ**届け出る義務はない**が、資料の提出を求められることがある。

〔定期点検のまとめ〕

	定 期 点 検	
	一般の点検	漏れの点検（地下貯蔵タンク・地下埋設配管・移動貯蔵タンク）
点検の実施者	① 危険物取扱者（甲乙丙） ② 危険物施設保安員 ③ ①の立会いのある者	① 危険物取扱者（甲乙丙）で [※1] ② 危険物施設保安員で [※1] ③ 危険物取扱者の立会いのある [※1]
実施回数	1年に1回以上	1年に1回以上（5年に1回以上 [※2]）
記録保存	3年間	3年間（10年間 [※2]）

[※1] 漏れの点検の方法に関し、知識及び技能を有する者　　　[※2] 移動貯蔵タンク

■点検記録の記載事項

◎点検記録には、次に掲げる事項を記載しなければならない。

①点検をした製造所等の名称	②点検の方法及び結果	③点検年月日
④点検を行った危険物取扱者もしくは危険物施設保安員、または点検に立会った危険物取扱者の氏名		

▶ 定期点検の対象施設

【問1】法令上、次のA～Eの製造所等のうち、定期点検を義務づけられているもののみをすべて掲げているものはどれか。ただし、鉱山保安法による保安規程または火薬類取締法による危害予防規程を定めている製造所等を除く。

☑ 1．AとB
2．AとC
3．BとC
4．CとD
5．DとE

A．指定数量の倍数 100 のエタノールを貯蔵する屋内貯蔵所
B．指定数量の倍数 30 の灯油を容器に詰め替える一般取扱所
C．指定数量の倍数 100 の重油を貯蔵する屋外タンク貯蔵所
D．指定数量の倍数 10 のアセトンを製造する製造所
E．指定数量の倍数 100 の軽油を貯蔵する屋外貯蔵所

┄┄

【問2】法令上、次のA～Eの製造所等のうち、定期点検を行わなければならないもののみを掲げているものはどれか。[★★]

☑ 1．A、B、E
2．A、C、D
3．A、D、E
4．B、C、D
5．B、C、E

A．指定数量の倍数が 10 以上の製造所
B．屋内タンク貯蔵所
C．移動タンク貯蔵所
D．地下タンクを有する給油取扱所
E．簡易タンク貯蔵所

┄┄

【問3】法令上、定期点検を義務づけられていない製造所等は、次のうちどれか。

☑ 1．指定数量の倍数が 200 以上の屋外タンク貯蔵所
2．移動タンク貯蔵所　　　　　　　　3．地下タンク貯蔵所
4．簡易タンク貯蔵所　　　　　　　　5．地下タンクを有する給油取扱所

┄┄

【問4】法令上、製造所等の定期点検について、次のうち正しいものはどれか。

☑ 1．地下タンクを有する給油取扱所は、定期点検の実施対象である。
2．定期点検を実施することができるのは、危険物取扱者のみである。
3．定期点検の実施が義務付けられているのは、危険物保安統括管理者である。
4．定期点検の実施後、遅滞なく、点検記録を市町村長等に提出しなければならない。
5．定期点検は、製造所等における危険物の貯蔵または取扱いが技術上の基準に適合しているかどうかについて行う。

【問5】法令上、定期点検の実施者として、次のうち適切でないものはどれか。ただし、規則で定める漏れの点検及び固定式の泡消火設備に関する点検を除く。

☑ 1．免状の交付を受けていない所有者

2．免状の交付を受けていない危険物施設保安員

3．甲種危険物取扱者の立会いを受けた、免状の交付を受けていない者

4．乙種危険物取扱者の立会いを受けた、免状の交付を受けていない者

5．丙種危険物取扱者の立会いを受けた、免状の交付を受けていない者

【問6】法令上、移動タンク貯蔵所の定期点検について、次のうち正しいものはどれか。ただし、規則で定める漏れに関する点検を除く。[★★]

☑ 1．指定数量の倍数が10未満の移動タンク貯蔵所は、定期点検を行う必要はない。

2．重油を貯蔵し、又は取り扱う移動タンク貯蔵所は、定期点検を行う必要はない。

3．丙種危険物取扱者は定期点検を行うことができる。

4．所有者等であれば、免状の交付を受けていなくても、危険物取扱者の立会いなしに定期点検を行うことができる。

5．定期点検は3年に1回行わなければならない。

▶タンクの漏れの点検

【問7】法令上、規則で定められた移動貯蔵タンクの漏れの点検について、次のうち誤っているものはどれか。[編]

☑ 1．漏れ点検の時期は、設置の完成検査済証の交付を受けた日または前回の漏れ点検を行った日から5年経過する日の属する月の末日までの間に1回以上実施する。

2．点検記録の保存期間は10年間である。

3．危険物取扱者の立会いがあれば、点検の方法に関する知識及び技能を有していない者でも、漏れ点検を実施することができる。

4．点検は製造所等の位置、構造及び設備が技術上の基準に適合しているかどうかについて行う。

5．点検記録には、点検をした製造所等の名称、点検の方法及び結果、点検年月日、点検を行った者の氏名を記載すること。

【問8】法令上、製造所等において規則で定める地下貯蔵タンクの漏れの点検について、次のA〜Dのうち正しいもののみを掲げているものはどれか。[★]

☑ 1．AとB
2．AとC
3．BとC
4．BとD
5．CとD

A．危険物取扱者又は危険物施設保安員で、漏れの点検方法に関する知識及び技能を有する者は、点検を行うことができる。
B．点検は、タンク容量が 10,000 L 以上のものについて行わなければならない。
C．点検記録は、製造所等の名称、点検年月日、点検方法、結果及び実施者等を記載しなければならない。
D．点検結果は、市町村長等に報告しなければならない。

【問9】法令上、製造所等の定期点検に関する記述ついて、次のうち誤っているものはどれか。

☑ 1．地下貯蔵タンク、地下埋設配管及び移動貯蔵タンクの漏れの有無を確認する点検は、危険物取扱者の立会いがあれば、誰でも点検を行うことができる。
2．定期点検は、製造所等の位置、構造及び設備が技術上の基準に適合しているかどうかについて行う。
3．規則で定める漏れの点検を除き、定期点検は、原則として 1 年に 1 回以上行わなければならない。
4．製造所等の所有者等は、点検の記録を作成し、これを一定期間保存しなければならない。
5．点検記録には、点検を行った危険物取扱者、危険物施設保安員、点検に立会った危険物取扱者の氏名を記載しなければならない。

▶ 解 説

〔問1〕正解…5（DとE）
A．指定数量の倍数が 150 以上の屋内貯蔵所が対象となる。⇒ 不要
B．指定数量の倍数が 30 以下で、かつ、引火点が 40℃以上の第四類の危険物のみを容器に詰め替える一般取扱所。⇒不要
C．指定数量の倍数が 200 以上の屋外タンク貯蔵所が対象となる。⇒ 不要
D．指定数量の倍数が 10 以上、または地下タンクを有する製造所が対象となる。
E．指定数量の倍数が 100 以上の屋外貯蔵所が対象となる。

〔問2〕正解…2（A、C、D）
定期点検が義務づけられているのは、①製造所（指定数量の倍数が 10 以上または地下タンクを有するもの）、②屋内貯蔵所（指定数量 150 倍以上）、③屋外タンク貯蔵所（指定数量 200 倍以上）、④屋外貯蔵所（指定数量 100 倍以上）、⑤地下タンク貯蔵所、⑥移動タンク貯蔵所、⑦給油取扱所（地下タンクを有するもの）、⑧移送取扱所、⑨一般取扱所（指定数量 10 倍以上または地下タンクを有するもの）である。

〔問3〕正解…4

　　簡易タンク貯蔵所、屋内タンク貯蔵所、販売取扱所は定期点検の対象外。

〔問4〕正解…1

　　2．定期点検を実施できるのは、危険物取扱者の他に、危険物取扱者の立会いを受け
　　　　た者と危険物施設保安員である。

　　3．定期点検の実施が義務付けられているのは、製造所等の所有者等である。

　　4．点検結果を報告する義務はない。ただし、市町村長等や消防機関から求められた
　　　　場合は、点検記録等を提出しなければならない。

　　5．定期点検は、製造所等の位置、構造及び設備が技術上の基準に適合しているかど
　　　　うかについて行う。

〔問5〕正解…1

　　1．危険物取扱者、危険物施設保安員、危険物取扱者の立会いを受けた者が定期点検
　　　　を行うことができる。これらの者以外は、所有者等であっても定期点検はできない。

〔問6〕正解…3

　　1＆2．貯蔵し、または取り扱う危険物の品名や指定数量の倍数に関係なく、すべて
　　　　の移動タンク貯蔵所は定期点検を行わなければならない。

　　3．丙種も含め、危険物取扱者は定期点検を行うことができる。

　　4．定期点検ができるのは、危険物取扱者、危険物施設保安員、危険物取扱者の立会
　　　　いがある者。これらの者以外は、所有者等であっても定期点検はできない。

　　5．定期点検は1年に1回以上行わなければならない。

〔問7〕正解…3

　　3．漏れの点検の実施者は、「漏れの点検の方法に関する知識及び技能を有する者」
　　　　でなければならない。規則で定める漏れの点検を行うことができる者は次のとおり。
　　　　①危険物取扱者で漏れの点検の方法に関する知識及び技能を有する者、②危険物施
　　　　設保安員で漏れの点検の方法に関する知識及び技能を有する者、③無資格だが漏れ
　　　　の点検の方法に関する知識及び技能を有する者で危険物取扱者の立会いがある者。

〔問8〕正解…2（AとC）

　　A．規則で定める漏れの点検を行うことができる者は次のとおり。
　　　　①危険物取扱者で漏れの点検の方法に関する知識及び技能を有する者、②危険物施
　　　　設保安員で漏れの点検の方法に関する知識及び技能を有する者、③無資格だが漏れ
　　　　の点検の方法に関する知識及び技能を有する者で危険物取扱者の立会いがある者。

　　B．地下貯蔵タンクは、危険物の数量やタンクの容量に関係なく、定期点検（漏れの
　　　　点検を含む）が義務づけられている。

　　D．点検結果を報告する義務はない。ただし、市町村長等や消防機関から求められた
　　　　場合は、点検記録等を提出しなければならない。

〔問9〕正解…1

　　1．漏れの点検の実施者は、「漏れの点検の方法に関する知識及び技能を有する者」
　　　　でなければならない。

■保安検査の対象

◎政令で定める**屋外タンク貯蔵所**または**移送取扱所**の所有者等は、政令で定める**時期**ごとに、当該屋外タンク貯蔵所または移送取扱所に係る構造及び設備に関する事項で政令で定めるものが技術上の基準に従って維持されているかどうかについて、**市町村長等が行う保安に関する検査**を受けなければならない。

※特にこの検査を「**定期保安検査**」という。

◎政令で定める**屋外タンク貯蔵所**の所有者等は、当該屋外タンク貯蔵所について、**不等沈下**その他の政令で定める事由が生じた場合には、当該屋外タンク貯蔵所に係る構造及び設備に関する事項で政令で定めるものが技術上の基準に従って維持されているかどうかについて、市町村長等が行う保安に関する検査を受けなければならない。

※特にこの検査を「**臨時保安検査**」という。

■保安検査の概要

◎保安検査の対象、検査時期及び検査事項は次のとおりとする。

	定期保安検査（※1）		臨時保安検査
	屋外タンク貯蔵所	移送取扱所	屋外タンク貯蔵所
保安検査の対象	**特定屋外タンク貯蔵所**（容量 10,000kL 以上のもの）	**特定移送取扱所**（配管の延長が 15km 超のもの）（配管の最大常用圧力が 0.95MPa 以上で延長が 7〜15km 以下のもの）	**特定屋外タンク貯蔵所**（容量 1,000kL 以上のもの）
検査時期／事由	原則として8年に1回（※2）	原則として1年に1回	不等沈下の数値がタンクの直径の1%以上
検査事項	液体危険物タンクの底部の**板の厚さ**及び液体危険物タンクの**溶接部**	移送取扱所の構造及び設備	液体危険物タンクの底部の**板の厚さ**及び液体危険物タンクの**溶接部**

※1：定期保安検査の検査時期については、危険物の貯蔵及び取扱いが**休止**されたことにより、市町村長等が検査期間が適当でないと認められるときは、所有者等の申請に基づき、市町村長等が別に定める時期とすることができる。

※2：特定屋外タンク貯蔵所のうち、総務省令で定める保安のための措置を講じているものは、当該措置に応じ総務省令で定めるところにより市町村長等が定める 10 年または 13 年のいずれかの期間とすることができる。

【問1】法令上、市町村長等が行う保安に関する検査の対象となる製造所等として、次のうち正しいものはどれか。

☑ 1．貯蔵する液体の危険物の最大数量が 100kL の屋外タンク貯蔵所
　　2．危険物を移送するための配管の延長が 20km の移送取扱所
　　3．指定数量の倍数が 100 の製造所
　　4．指定数量の倍数が 100 の屋外貯蔵所
　　5．指定数量の倍数が 3000 の一般取扱所

【問2】法令上、市町村長等が行う保安に関する検査の対象となる製造所等として、次のうち正しいものはどれか。

☑ 1．すべての移動タンク貯蔵所
　　2．貯蔵する液体の危険物の最大数量が 10,000kL 以上の特定屋外タンク貯蔵所
　　3．指定数量の倍数が 100 以上の製造所
　　4．指定数量の倍数が 100 以上の屋外貯蔵所
　　5．すべての移送取扱所

▶ 解 説

〔問1〕正解…2

　　保安検査の対象となるのは、特定屋外タンク貯蔵所（容量 10,000kL 以上）と特定移送取扱所（配管の延長が 15km 超のもの等）である。

〔問2〕正解…2

■建築物等からの保安距離

◎製造所等は、次に掲げる建築物等から製造所等の外壁またはこれに相当する工作物の外側までの間に、それぞれについて定める距離（**保安距離**）を保つこと。ただし、当該建築物等との間に防火上有効な塀はないものとし、特例基準が適用されるものを除く。

◎保安距離は、製造所等に火災や爆発等の災害が発生したとき、周囲の建築物等に被害を及ぼさないようにするとともに、**延焼防止、避難等**のために確保する距離である。

建築物等	保安距離
特別高圧架空電線（7,000V 超～ 35,000V 以下）	**3m 以上（水平距離）**
特別高圧架空電線（35,000V を超えるもの）	5m 以上（水平距離）
製造所等の敷地外にある住居	10m 以上
高圧ガス・液化石油ガスの施設	**20m 以上**
学校※・病院・劇場・公会堂等、多人数を収容する施設	**30m 以上**
重要文化財・重要有形民俗文化財等の建造物	**50m 以上**

※対象となる学校は、幼稚園（保育園）から高校まで。また、**社会福祉施設**（児童福祉施設、老人福祉施設など）も同じく対象となる。

■保安距離が必要な製造所等

◎保安距離が必要な製造所等は、次のとおりとする。従って、屋外タンク貯蔵所以外のタンク貯蔵所、給油取扱所、販売取扱所は保安距離が必要ないことになる。

①製造所	②屋内貯蔵所	③屋外貯蔵所
④屋外タンク貯蔵所	⑤一般取扱所	

※給油取扱所と販売取扱所は、市街地に設置される場合が多い。また、屋外タンク貯蔵所以外のタンク貯蔵所は、貯蔵する危険物の数量が少ない場合が多い（編集部）。

◎ ②屋内貯蔵所は、原則として「Ⓐ 平家建の独立専用の屋内貯蔵所」としなければならないが、貯蔵及び取り扱う危険物とその指定数量によっては、「Ⓑ 平家建以外の独立専用の屋内貯蔵所」「Ⓒ 他用途を有する建築物（ビル等）内の部分に設置する屋内貯蔵所」が認められている。Ⓒの場合は保安距離を必要としない。

▶建築物等からの保安距離

【問1】法令上、建築物等から製造所等の外壁又はこれに相当する工作物の外側までの間に定められた距離（保安距離）を保たなければならなが、その建築物等と製造所等の組み合わせとして、次のうち正しいものはどれか。ただし、防火上有効な塀はないものとする。

☑ 1．屋内貯蔵所…………使用電圧 66,000V の特別高圧架空電線
2．給油取扱所…………小学校
3．販売取扱所…………病院
4．屋外貯蔵所…………同一敷地内に存する住居
5．移動タンク貯蔵所……重要文化財として指定された建造物

【問2】製造所の位置は、学校、病院等の建築物等から、当該製造所の外壁又はこれに相当する工作物の外側までの間に、それぞれ定められた距離（保安距離）を保たなければならないが、その距離として、次のうち法令に適合するものはどれか。ただし、当該建築物等との間に防火上有効な塀はないものとし、特例基準が適用されるものを除く。

☑ 1．25 人を収容する児童福祉施設から 20m
2．重要文化財として指定された建造物から 40m
3．使用電圧 66,000V の特別高圧架空電線から水平距離 4 m
4．病院から 30m
5．高圧ガス保安法により都道府県知事の許可を受けた貯蔵所から 15m

▶保安距離が必要な製造所等

【問3】法令上、製造所等の中には、特定の建築物等から一定の距離（保安距離）を保たなければならないものがあるが、その建築物等として次のうち正しいものはどれか。[★★★]

☑ 1．大学、短期大学
2．病院
3．使用電圧が 7,000V の特別高圧埋設電線
4．重要文化財である絵画を保管する倉庫
5．製造所等の存する敷地と同一の敷地内に存する住居

【問4】法令上、製造所等の中には特定の建築物等から一定の距離（保安距離）を保たなくてはならないものがあるが、その建築物等として次のうち誤っているものはどれか。

☑ 1．住居（製造所等の在する敷地と同一の敷地内に在するものを除く。）
2．小学校
3．重要文化財として指定された建造物
4．公会堂
5．使用電圧が 5,000V の高圧架空電線

【問5】法令上、学校、病院等指定された建築物等から、外壁又はこれに相当する工作物の外側までの間に、それぞれ定められた距離を保たなければならない製造所等として、次のA〜Eのうち、該当しないものの組合せはどれか。
　　　ただし、防火上有効な塀等はないものとし、特例基準が適用されるものを除く。

[★★]

☑ 1．AとC
2．AとD
3．BとD
4．BとE
5．CとE

| A．屋外タンク貯蔵所 |
| B．販売取扱所 |
| C．屋外貯蔵所 |
| D．一般取扱所 |
| E．給油取扱所 |

【問6】法令上、製造所等の外壁又はこれに相当する工作物の外側から、学校、病院等の建築物等までの間に、それぞれ定められた距離（保安距離）を保たなければならない製造所等は、次のうちどれか。ただし、当該建築物等との間に防火上有効な塀はないものとする。

☑ 1．1,000kL 以上の液体の危険物を貯蔵する屋外タンク貯蔵所
2．メタノール等を取り扱う屋外給油取扱所
3．引火点が 40℃以上の第 4 類の危険物のみを貯蔵し、又は取り扱うもので、タンク専用室を平家建以外の建築物に設ける屋内タンク貯蔵所
4．屋内貯蔵所の用に供する部分以外の部分を有する建築物に設ける指定数量の倍数が 20 以下の危険物を貯蔵する屋内貯蔵所
5．指定数量の倍数が 30 の危険物を取り扱う第二種販売取扱所

〔問1〕正解…1

　　保安距離が必要となるのは、製造所、屋内貯蔵所、屋外貯蔵所、屋外タンク貯蔵所、一般取扱所の5施設。また、同一敷地内に存する住居は対象外。

　1．屋内貯蔵所と使用電圧66,000Vの特別高圧架空電線の場合、水平距離5m以上の保安距離が必要となる。

〔問2〕正解…4

　1．社会福祉施設等からは30m以上……………………………………………… ×
　2．重要文化財の建造物からは50m以上………………………………………… ×
　3．特別高圧架空電線で35,000Vを超える場合は水平距離で5m以上…… ×
　4．病院・劇場等からは30m以上………………………………………………… ○
　5．高圧ガスまたは液化石油ガスの施設からは20m以上…………………… ×

〔問3〕正解…2

　1．対象となる学校は幼稚園、保育園～高校まで。
　2．学校や病院・劇場の保安距離は30m以上。
　3．使用電圧が7,000Vを超える特別高圧架空電線は対象となるが、電圧が7,000Vの埋設電線は対象外。
　4．対象は重要文化財等の建造物であり、重要文化財の絵画を保管する倉庫は対象外となる。また、絵画を展示する美術館などは多数の人数を収容する施設なので保安距離の対象（30m以上）となる。
　5．製造所等の敷地内に存する住居は対象外。

〔問4〕正解…5

　5．使用電圧が7,000Vを超える特別高圧架空電線は対象となるが、電圧が5000Vの高圧架空電線は対象外である。特別高圧架空電線は主に大規模工場や施設に使用され、高圧架空電線は中・小規模工場で使用されることが多い。
　　〔用語〕特別高圧：電圧が7,000Vを超えるもの。
　　　　　　高圧：電圧が交流では、600V～7,000V以下。直流では、750V～7,000V以下のもの。

〔問5〕正解…4（BとE）

〔問6〕正解…1

　2～3＆5．保安距離が必要となるのは、製造所、屋内貯蔵所、屋外貯蔵所、屋外タンク貯蔵所、一般取扱所の5施設。
　4．「他用途を有する建築物内の部分に設置する屋内貯蔵所」に該当するため、保安距離を必要としない。

■保有空地の幅と必要な製造所等（※抜粋）

◎危険物を取り扱う製造所等の周囲には、次の表に掲げる区分に応じ、それぞれに定める幅の空地（保有空地）を保有すること。ただし、規則で定めるところにより、**防火上有効な隔壁**を設けたときは、この限りでない。保有空地は、**消防活動及び延焼防止**のため、製造所等の周囲に保有する空地である。

◎保有空地を必要とする製造所等は、次のとおりとする。ただし、保有空地の幅は、危険物施設の種類、貯蔵し、または取り扱う危険物の**指定数量の倍数**などにより細かく規定されている。

◎保有空地には、**物品等を置いてはならない。**

製造所／	指定数量の倍数 **10 以下**	保有空地の幅 **3m 以上**
一般取扱所	指定数量の倍数 **10 を超える**	保有空地の幅 **5m 以上**
屋内貯蔵所	**指定数量の倍数、建築構造**（耐火構造または不燃材料）に応じて保有空地の幅は異なる 例）指定数量の倍数5以下 ⇒ 0.5m 以上 例）指定数量の倍数5超 10 以下で耐火構造 ⇒ 1m 以上 例）指定数量の倍数5超 10 以下で不燃材料 ⇒ 1.5m 以上	
屋外タンク貯蔵所	指定数量の倍数 **4,000 以下** ：**指定数量の倍数**に応じて保有空地の幅は異なる 例）指定数量の倍数 500 以下 ⇒ 3m 以上 例）指定数量の倍数 500 を超え 1,000 以下 ⇒ 5m 以上	
	指定数量の倍数 **4,000 超** ：タンク最大直径またはタンク高さのうち大きい方に等しい距離を保有空地とする。ただし、15m 以上であること	
屋外貯蔵所	柵の周囲に**指定数量の倍数**に応じた幅の空地 例）指定数量の倍数 **10 以下** ⇒ 柵等の周囲に**3m 以上**	
屋外に設ける 簡易タンク貯蔵所	指定数量の倍数に関係なく、タンク周囲に **1m 以上**	

※保安距離が必要な施設 ＋「屋外に設ける簡易タンク貯蔵所」である。

※**耐火構造**とは、建築基準法令で定める火災に関する性能基準よって区分化された「建築構造」の一つで、他に準耐火構造と防火構造がある。
　燃えにくさは、耐火構造＞準耐火構造＞防火構造、の順となる。

※**不燃材料**とは、建築基準法令で定める「防火材料」の一つで、他に準不燃材料と難燃材料が定められている。
　燃えにくさは、不燃材料＞準不燃材料＞難燃材料、の順となる。

【問1】法令上、危険物を貯蔵し、又は取り扱う建築物等や工作物の周囲に、一定の空地を保有しなければならない旨の規定が設けられている製造所等は、次のうちいくつあるか。[★][編]

☑ 1. 1つ
2. 2つ
3. 3つ
4. 4つ
5. 5つ

A. 屋内タンク貯蔵所	B. 屋外タンク貯蔵所
C. 地下タンク貯蔵所	D. 移動タンク貯蔵所
E. 製造所	F. 屋外貯蔵所
G. 第二種販売取扱所	H. 第一種販売取扱所
I. 給油取扱所	
J. 簡易タンク貯蔵所(屋外に設けるもの)	

【問2】法令上、製造所において、次のA〜Eの指定数量の倍数に応じて、必要な空地の幅を満たしているものの組合せはどれか。ただし、高引火点危険物のみを取り扱うもの及び規則で定める防火上有効な隔壁を設けたものを除く。

☑ 1. AとC
2. AとD
3. BとD
4. BとE
5. CとE

	指定数量の倍数	空地の幅
A	3	1 m
B	5	2 m
C	7	3 m
D	11	3 m
E	15	5 m

【問3】法令上、製造所等において、危険物を貯蔵し、又は取り扱う建築物等の周囲に保有しなければならない空地(以下「保有空地」という。)について、次のうち誤っているものはどれか。ただし、特例基準が適用されるものを除く。

☑ 1. 屋外タンク貯蔵所は、指定数量の倍数に応じた保有空地が必要である。
2. 給油取扱所は、保有空地を必要としない。
3. 簡易タンク貯蔵所は、簡易貯蔵タンクを屋内に設置する場合、保有空地を必要としない。
4. 移動タンク貯蔵所は、保有空地を必要としない。
5. 屋内貯蔵所は、床面積に応じた保有空地が必要である。

【問4】法令上、製造所等において、危険物を貯蔵し、又は取り扱う建築物等の周囲に保有しなければならない空地の幅について、次のうち正しいものはどれか。

☑ 1. 屋内貯蔵所は、空地を保有しなければならない。
　2. 屋内タンク貯蔵所は、空地を保有しなければならない。
　3. 給油取扱所は、空地を保有しなければならない。
　4. 取り扱う危険物の指定数量の倍数に関係なく、空地の幅は一定である。
　5. 取り扱う危険物の品名によって、空地の幅は異なる。

【問5】法令上、特定の建築物等から一定の距離（保安距離）を保たなければならない製造所等、または、周囲に一定の空地（保有空地）を保有しなければならない旨の規定が設けられている製造所等のどちらにも当てはまらないものは、次のうちどれか。［★］

☑ 1. 一般取扱所　　　　　　　2. 給油取扱所
　3. 屋内貯蔵所　　　　　　　4. 屋外タンク貯蔵所
　5. 屋外貯蔵所

▶ 解 説

〔問1〕正解…4（B、E、F、J）
　保有空地が必要なのは、製造所、屋内貯蔵所、屋外貯蔵所、屋外タンク貯蔵所、一般取扱所及び屋外に設ける簡易タンク貯蔵所の6施設。

〔問2〕正解…5（CとE）
　指定数量の倍数は「10」を境にしている。「10以下」は10を含み、「10を超える」は10を含まない。この設問の場合、指定数量の倍数が3・5・7のときに必要な空地の幅は3m以上となる。また、指定数量の倍数が11・15のときに必要な空地の幅は5m以上となる。

〔問3〕正解…5
　5. 屋内貯蔵所は、指定数量の倍数または建築構造に応じた保有空地が必要である。

〔問4〕正解…1
　1～3. 保有空地が必要なのは、製造所、屋内貯蔵所、屋外貯蔵所、屋外タンク貯蔵所、一般取扱所、屋外に設ける簡易タンク貯蔵所の6施設。
　4＆5. 保有空地の幅は、危険物施設の種類や建築構造、貯蔵・取り扱う危険物の指定数量の倍数などにより細かく規定されている。

〔問5〕正解…2
　保安距離が必要となる製造所等は、保有空地も必要となる。

■構　造

◎危険物を取り扱う建築物は、**地階を有しないもの**であること。

◎危険物を取り扱う建築物は、**壁、柱、床、はり及び階段を不燃材料**で造るとともに、延焼のおそれのある外壁を、出入口以外の開口部を有しない耐火構造の壁とすること。

◎危険物を取り扱う建築物は、**屋根を不燃材料**で造るとともに、**金属板その他の軽量な不燃材料でふく**こと。

◎危険物を取り扱う建築物の窓及び出入口には、防火設備を設けるとともに、延焼のおそれのある外壁に設ける出入口には、**随時開けることができる自動閉鎖の特定防火設備を設ける**こと。

◎危険物を取り扱う建築物の窓または出入口にガラスを用いる場合は、**網入りガラス**とすること。

◎液状の危険物を取り扱う建築物の床は、危険物が浸透しない構造とするとともに、適当な傾斜を付け、かつ、漏れた危険物を一時的に貯留する設備（貯留設備）を設けること。

■設　備

◎危険物を取り扱う建築物には、危険物を取り扱うために必要な**採光、照明及び換気の設備を設ける**とともに、可燃性蒸気等が滞留するおそれのある建築物には、その**可燃性蒸気を屋外の高所に排出する設備**を設けなければならない。

◎危険物を取り扱う機械器具その他の設備は、危険物の漏れ、あふれ、飛散を防止することができる構造としなければならない。

◎危険物を加熱、または冷却する等の温度変化が起こる設備には、**温度測定装置**を設けなければならない。

◎危険物を加熱、または乾燥する設備は、原則として**直火を用いない構造**とすること。

◎危険物を加圧する設備またはその取り扱う危険物の圧力が上昇するおそれのある設備には、**圧力計及び安全装置**を設けること。

◎電気設備が点火源となり爆発するおそれがある場所（粉じん、可燃性ガス、危険物等）に施設する電気設備は、**防爆構造**としなければならない。

※電気設備とは、電気配線、電熱体（ヒータ）、照明器具、電動機（モータ）、変圧器、開閉器（スイッチ）、継電器（リレー）などである。防爆構造については、第2章「4. 引火と発火　■防爆構造」195P 参照。

◎危険物を取り扱うにあたって静電気が発生するおそれのある設備には、当該設備に蓄積される**静電気を有効に除去する装置**を設けること。

◎指定数量の倍数が 10 以上の製造所には、原則として**避雷設備**を設けること。
避雷設備が必要な施設は以下のとおり。

指定数量の倍数が 10 以上の場合、避雷設備を設ける
⇒ **製造所、屋内貯蔵所、屋外タンク貯蔵所、一般取扱所**の4施設
原則、避雷設備を設ける ⇒ 移送取扱所（配管部分を除く）

◎危険物を取り扱う**配管**の位置、構造及び設備の基準は、次のとおりとする。

①設置される条件及び使用される状況に照らして**十分な強度**を有し、当該配管に係る**最大常用圧力の 1.5 倍以上の圧力**で水圧試験を行ったとき、漏えいその他の異常がないものであること。
②取り扱う**危険物**や火災等による**熱**によって、**容易に劣化するおそれのないもの**。ただし、当該配管が地下その他の火災等による**熱により悪影響を受けるおそれのない場所**に設置される場合にあっては、この限りでない。
③**外面の腐食を防止する措置**を講ずること。ただし、当該配管が設置される条件の下で**腐食するおそれのないものである場合**にあっては、この限りでない。 ・地上に設置する場合：地盤面に接しないようにするとともに、**外面の腐食防止のための塗装**を行う。 ・地下に設置する場合：塗覆装またはコーティングを行う。 ・地下の電気的腐食のおそれのある場所に設置する場合 ：**塗覆装またはコーティング及び電気防食**を行う。
④地下に設置する場合は、配管の接合部分からの危険物の漏えいを点検することができる措置を講ずること（溶接その他危険物の漏えいのおそれがないと認められる方法により接合されたものを除く）。また、その**上部の地盤面にかかる重量が当該配管にかからないよう保護**しなければならない。
⑤配管に加熱または保温のための設備を設ける場合は、火災予防上安全な構造としなければならない。
⑥地上に設置する場合、地震、風圧、地盤沈下、温度変化による伸縮等に対し、安全な構造の支持物（鉄筋コンクリート造またはこれと同等以上の耐火性を有するもの）により支持しなければならない。

◎**電動機**及び危険物を取り扱う設備の**ポンプ、弁、接手**等は、火災の予防上支障のない位置に取り付けること。

▶ ▶ ▶ 過去問題 ◀ ◀ ◀

【問1】法令上、製造所の位置、構造又は設備の技術上の基準について、次のうち誤っているものはどれか。

☐ 1．延焼のおそれのある外壁に設ける出入口には、随時閉じておくことができる手動閉鎖の特定防火設備を設けること。

2．危険物を取り扱う建築物は、屋根を不燃材料で造るとともに、金属板その他の軽量な不燃材料でふくこと。

3．危険物を取り扱う建築物には、危険物を取り扱うために必要な採光、照明及び換気の設備を設けること。

4．可燃性蒸気等が滞留するおそれのある建築物には、その可燃性蒸気を屋外の高所に排出する設備を設けること。

5．液状の危険物を取り扱う建築物の床は、危険物が浸透しない構造とするとともに、適当な傾斜をつけ、かつ、貯留設備を設けること。

【問2】法令上、製造所の位置、構造及び設備の技術上の基準について、次のうち正しいものはどれか。ただし、特例基準が適用されるものを除く。[★★]

☑ 1．危険物を取り扱う建築物は、地階を有することができる。

2．危険物を取り扱う建築物の延焼のおそれのある部分以外の窓にガラスを用いる場合は、網入りガラスにしないことができる。

3．指定数量の倍数が5以上の製造所には、周囲の状況によって安全上支障がない場合を除き、規則で定める避雷設備を設けなければならない。

4．危険物を取り扱う建築物の壁及び屋根は、耐火構造とするとともに、天井を設けなければならない。

5．電動機及び危険物を取り扱う設備のポンプ、弁、接手等は、火災の予防上支障のない位置に取り付けなければならない。

【問3】法令上、製造所の危険物を取り扱う配管について、位置、構造及び設備の技術上の基準に定められていないものは、次のうちどれか。[★]

☑ 1．配管は、その設置される条件及び使用される状況に照らして十分な強度を有するものとし、かつ、当該配管に係る最大常用圧力の1.5倍以上の圧力で水圧試験を行ったとき、漏えいその他の異常がないものでなければならない。

2．配管を地上に設置する場合には、地盤面に接しないようにするとともに、外面の腐食を防止するための塗装を行わなければならない。

3．配管は、取り扱う危険物により容易に劣化するおそれのないものでなければならない。

4．配管を地下に設置する場合には、その上部の地盤面を車両等が通行しない位置としなければならない。

5．地下の電気的腐食のおそれのある場所に設置する配管にあっては、外面の腐食を防止するための塗覆装またはコーティング及び電気防食を行わなければならない。

【問4】 法令上、製造所において危険物を取り扱う配管の位置、構造及び設備の基準として、次のうち誤っているものはどれか。

  ☑   1. 配管を地下に設置する場合には、配管は接合部分のない構造とすること。

        2. 配管は、火災等による熱によって容易に変形するおそれのないものであること。ただし、当該配管が地下その他の火災等による熱により悪影響を受けるおそれのない場所に設置される場合にあっては、この限りでない。

        3. 配管は、その設置される条件及び使用される状況に照らして十分な強度を有するものであること。

        4. 配管には、外面の腐食を防止するための措置を講ずること。ただし、当該配管が設置される条件の下で腐食するおそれのないものである場合にあっては、この限りでない。

        5. 配管は、取り扱う危険物により容易に劣化するおそれのないものであること。

▶ 解 説

〔問1〕 正解…1
1. 延焼のおそれのある外壁に設ける出入口には、随時開けることができる自動閉鎖の特定防火設備を設けること。

〔問2〕 正解…5
1. 地階を有しないものであること。
2. 危険物を取り扱う建築物の窓や出入口にガラスを用いる場合は、すべて網入りガラスとしなければならない。
3. 指定数量の倍数が10以上の製造所には、原則として避雷設備を設けること。
4. 壁及び屋根は不燃材料で造ること。また、製造所の天井については、設置の有無に関する規定がない。

〔問3〕 正解…4
4. 配管を地下に設置する場合には、その上部の地盤面にかかる重量が当該配管にかからないように保護すること。

〔問4〕 正解…1
1. 配管を地下に設置する場合には、配管の接合部分（溶接その他危険物の漏えいのおそれがないと認められる方法により接合されたものを除く。）からの危険物の漏えいを点検することができる措置を講ずること。

23 屋内貯蔵所の基準

■構造・設備

◎貯蔵倉庫の形態の違いにより下表のⒶ～Ⓒに大別され、それぞれ、位置、構造及び設備の技術上の基準が定められている。

屋内貯蔵所の種類	建築物	取扱いできる危険物の種類と数量、保安距離等
独立専用の屋内貯蔵所	Ⓐ 平家建 軒高6m 未満 または 軒高6m 以上 20m 未満 • 床面積1,000m² 以下 • 軒高6m 以上 20m 未満のものは高層タイプ	• すべての危険物（高層のものは第2類または第4類のみ） • 数量制限無し（一部除く） • 保安距離、保有空地 ⇒要
	Ⓑ 平家建以外 階高6m 未満 / 階高6m 未満 / 階高6m 未満 • 各階の床面積の合計は 1,000m² 以下	• 第2類または第4類（引火性固体及び引火点が70℃未満の危険物を除く） • 数量制限無し • 保安距離 ⇒要（＊） • 保有空地 ⇒要
Ⓒ他用途を有する建築物（ビル等）内の部分に設置する屋内貯蔵所	階高6m 未満 / 階高6m 未満 • 床面積75m² 以下 • 耐火構造である建築物の1階又は2階のいずれか一の階に設置する	• すべての危険物（例外あり） • 指定数量の倍数が20以下 • 保安距離、保有空地 ⇒**不要**

（＊）高引火点危険物のみを指定数量の倍数20以下で貯蔵する場合、保安距離は不要となる。「高引火点危険物」とは、引火点が100℃以上の第4類の危険物をいう。

※上記区分の他に、特例基準が適用される「特定屋内貯蔵所」がある。

※軒高とは、柱の上部と連結して屋根を支える部材（敷げた）の上までの高さをいい、階高とは、ある階の床面からすぐ上の階の床面までの高さをいう（編集部）。

85

〔Ⓐ 独立専用・平家建の屋内貯蔵所（高層タイプを除く）〕

◎一部の例外（表のⒸ）を除き、独立した専用の建築物とする。

◎地盤面から軒までの高さ（軒高）が6m未満の平家建とし、かつ、その床を地盤面以上に設けること。

◎貯蔵倉庫の床面積は、1,000m²を超えないこと。

◎貯蔵倉庫は、壁、柱、及び床を耐火構造とし、かつ、はりを不燃材料で造ること。

◎貯蔵倉庫は、屋根を不燃材料で造るとともに、金属板その他の軽量な不燃材料でふき、かつ、天井を設けないこと。

◎貯蔵倉庫の窓及び出入口には、防火設備を設けること。

◎貯蔵倉庫の窓または出入口にガラスを用いる場合は、網入りガラスとすること。

◎液状の危険物の貯蔵倉庫の床は、危険物が浸透しない構造とするとともに、適当な傾斜をつけ、かつ、貯留設備を設けること。

◎貯蔵倉庫に架台を設ける場合には、不燃材料で造るとともに、堅固な基礎に固定すること（「架台」とは、危険物を収納した容器を収納するための強固な台をいう）。

◎貯蔵倉庫には、採光、照明及び換気の設備を設けるとともに、引火点70℃未満の危険物の貯蔵倉庫にあっては、内部に滞留した可燃性の蒸気を屋根上に排出する設備を設けること。

◎電気設備が点火源となり爆発するおそれがある場所（粉じん、可燃性ガス、危険物等）に施設する電気設備は、防爆構造としなければならない。

◎指定数量の倍数が10以上の屋内貯蔵所には、原則として避雷設備を設けること。

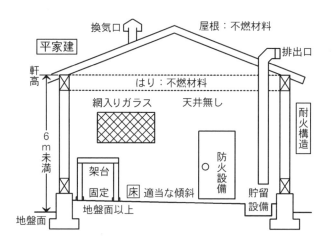

【問1】引火点が70℃未満の第4類の危険物を貯蔵する、屋内貯蔵所（独立平家建）の基準として、次のうち誤っているものはどれか。

☑ 1．「屋内貯蔵所」と記載した標識と、「火気厳禁」と記載した注意事項の掲示板を、それぞれ見やすい箇所に掲げなければならない。

2．壁、柱及び床を耐火構造とし、はりを不燃材料でつくること。

3．窓、出入口にガラスを用いる場合は、網入りガラスとすること。

4．貯蔵倉庫には、採光、照明及び換気の設備を設けるとともに、滞留した可燃性蒸気を床下に排出する装置を設けること。

5．貯蔵倉庫の床は、危険物が浸透しない構造とするとともに、適当な傾斜をつけ、かつ、貯留設備を設けること。

･･･

【問2】指定数量の倍数が50を超えるガソリンを貯蔵する屋内貯蔵所（高層タイプを除く）の位置、構造及び設備の技術上の基準について、法令上、誤っているものは次のうちどれか。

☑ 1．地盤面から軒までの高さが10m未満の平家建とし、床は地盤面より低くしなければならない。

2．壁、柱及び床を耐火構造とし、かつ、はりを不燃材料で造らなければならない。

3．架台を設ける場合には、不燃材料で造るとともに、堅固な基礎に固定しなければならない。

4．床は、危険物が浸透しない構造とし、適当な傾斜を付け、かつ、貯留設備を設けなければならない。

5．屋根を不燃材料で造るとともに、金属板等の軽量な不燃材料でふき、かつ、天井を設けてはならない。

▶ 解 説

〔問1〕正解…4

1．「33．標識・掲示板」129P 参照。

4．貯蔵倉庫には、採光、照明及び換気の設備を設けるとともに、滞留した可燃性蒸気を「屋根上」に排出する設備を設けること。

〔問2〕正解…1

1．地盤面から軒までの高さが6m未満の平家建とし、床は地盤面より高くしなければならない。

24 屋外タンク貯蔵所の基準

■位 置
◎屋外タンク貯蔵所のみに「敷地内距離」が義務
づけられている。これは、火災による隣接敷地
への延焼防止を目的としている。
◎屋外貯蔵タンクの区分ごとに貯蔵する危険物の
引火点の区分に応じて敷地内距離（タンクの側
板から敷地境界線まで確保しなければならない
距離）が定められている。

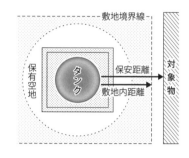

■構造・設備
◎屋外貯蔵タンクのうち、以下の①・②の屋外貯蔵タンクは、基礎及び地盤、更に各
種試験において特に厳しい基準が適用される。

> **①特定屋外貯蔵タンク**
> … 貯蔵・取扱う液体危険物の**最大数量 1,000kL 以上**のもの
>
> **②準特定屋外貯蔵タンク**
> … 貯蔵・取扱う液体危険物の**最大数量 500kL 以上 1,000kL 未満**のもの

◎屋外貯蔵タンクのうち、圧力タンク以外のタンクにあっては**通気管**を、圧力タンク
にあっては安全装置をそれぞれ設けること。
◎通気管の先端は、水平より下に45°以上曲げ、雨水の浸入を防ぐ構造とすること。
◎液体の危険物（二硫化炭素を除く）の屋外貯蔵タンクの周囲には、危険物が漏れた
場合にその流出を防止するための**防油堤**を設けること。
◎防油堤の容量は、**タンク容量の 110％以上**（非引火性のものにあっては100％以上）
とし、2以上のタンクがある場合は、**最大であるタンクの容量の 110％以上**とする
こと。（例：2,000L のタンク A と 1,500L のタンク B がある場合、容量の大きいタ
ンク A の容量に 1.1 をかけて算出する⇒［タンク A の容量］2,000L × 1.1 = 2,200L）
◎防油堤の高さは **0.5m 以上**で、面積は 80,000m² 以下であること。
◎防油堤は、**鉄筋コンクリートまたは土**で造り、かつ、その中に収納された危険物が
防油堤の外に流出しない構造であること。
◎ガソリン、ベンゼンその他静電気による災害が発生するおそれのある液体の危険物
のタンクの注入口付近には、静電気を有効に除去するための**接地電極**を設けなけれ
ばならない。
◎防油堤には、その内部の滞水を外部に排水するための**水抜口を設ける**とともに、こ
れを開閉する弁等を防油堤の外部に設けること。

◎高さが 1 m を超える防油堤等には、おおむね 30m ごとに堤内に出入りするための階段を設置し、または土砂の盛り上げ等を行うこと。

◎指定数量の倍数が 10 以上の屋外タンク貯蔵所には、原則として避雷設備を設けること。

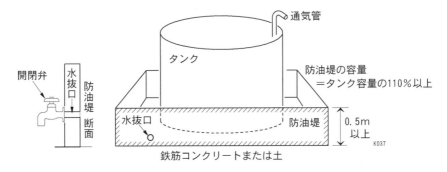

通気管

タンク

防油堤の容量
＝タンク容量の110％以上

開閉弁

水抜口

防油堤 断面

水抜口

防油堤

0.5m 以上

鉄筋コンクリートまたは土

K037

▶ ▶ ▶ 過去問題 ◀ ◀ ◀

【問１】法令上、灯油、軽油を貯蔵している3基の屋外貯蔵タンクで、それぞれの容量が 10,000L、30,000L、60,000L のものを同一敷地内に隣接して設置し、この3基が共用の防油堤を造る場合、この防油堤の最低限必要な容量として、次のうち正しいものはどれか。

☑　1．10,000L　　　2．30,000L　　　3．60,000L
　　4．66,000L　　　5．90,000L

【問２】法令上、製造所等において次の4基の屋外タンクを屋外の防油堤に一箇所にまとめて貯蔵する場合、必要最小限の容量は次のうちどれか。[★]

☑　1．100kL
　　2．500kL
　　3．550kL
　　4．800kL
　　5．1,100kL

・1号タンク：重油………300kL
・2号タンク：軽油………500kL
・3号タンク：ガソリン…100kL
・4号タンク：灯油………200kL

【問3】屋外タンク貯蔵所に防油堤を設けなければならないものは、次のうちどれか。

[★]

☑ 1. 液体の危険物（二硫化炭素を除く）を貯蔵するすべての屋外タンク貯蔵所。

2. 第4類の危険物のみを貯蔵する屋外タンク貯蔵所。

3. 引火点を有する危険物のみを貯蔵する屋外タンク貯蔵所。

4. 第4類の危険物で、引火点の低い危険物のみを貯蔵する屋外タンク貯蔵所。

5. 引火点を有しない危険物のみを貯蔵する屋外タンク貯蔵所。

....

【問4】法令上、液体の危険物（二硫化炭素を除く。）を貯蔵する屋外タンク貯蔵所の防油堤の基準について、次のうち誤っているものはどれか。

☑ 1. 防油堤の高さは、0.5m以上としなければならない。

2. 防油堤は、鉄筋コンクリート又は土で造り、かつ、その中に収納された危険物が当該防油堤の外に流出しない構造としなければならない。

3. 防油堤の容量は、当該タンク容量の100％以上とし、2以上の屋外貯蔵タンクの周囲に設ける防油堤の容量は、屋外貯蔵タンクの容量の合計の110％以上としなければならない。

4. 防油堤には、その内部の滞水を外部に排出するための水抜口を設けなければならない。

5. 高さが1mを超える防油堤には、おおむね30mごとに堤内に出入りするための階段を設置し、又は土砂の盛上げ等を行わなければならない。

▶ 解 説

〔問1〕正解…4

同一の防油堤内に複数のタンクを設置する場合、防油堤の容量は「最大であるタンクの容量の110％以上」としなければならない。

従ってこの防油堤に求められる容量は、最大タンク容量60,000L × 1.1 = 66,000L。

〔問2〕正解…3

同一の防油堤内に複数のタンクを設置する場合、防油堤の容量は「最大であるタンクの容量の110％以上」としなければならない。

従って、この防油堤に求められる容量は、最大タンク容量500kL × 1.1 = 550kL。

〔問3〕正解…1

1. 液体の危険物（二硫化炭素を除く）の屋外タンク貯蔵所の周囲には、危険物が漏れた場合にその流出を防止するための防油堤を設けなければならない。

〔問4〕正解…3

3. 防油堤の容量は、当該タンク容量の110％以上（非引火性のものにあっては100％以上）とし、2以上のタンクがある場合は、最大であるタンクの容量の110％以上とすること。

25 屋内タンク貯蔵所の基準

■構造・設備

◎屋内貯蔵タンクは、**平家建の建築物に設けられたタンク専用室に設置する**こと。

◎屋内貯蔵タンクの外面には、**さびどめのための塗装**をすること。

◎屋内貯蔵タンクの容量は、**指定数量の倍数が40以下**であること。ただし、第4類危険物（第4石油類及び動植物油類を除く）にあっては、**20,000L以下**であること。

◎屋内貯蔵タンクのうち、圧力タンク以外のタンクにあっては**無弁通気管**を、圧力タンクにあっては安全装置をそれぞれ設けること。

　※無弁通気管は、管内に弁（バルブ）が設けられていないもので、通気管は常に「開」状態にある。これに対し、タンク内と大気間の圧力差で作動する弁を内蔵している通気管もある（編集部）。

◎無弁通気管の**先端**は、屋外にあって**地上4m以上**の高さとし、かつ、建築物の窓、出入口等の開口部から**1m以上**離すものとする。また、引火点が40℃未満の危険物のタンクに設ける通気管にあっては、敷地境界線から**1.5m以上**離すこと。

◎液体の危険物の屋内貯蔵タンクには、**危険物の量を自動的に表示する装置**を設けること。

◎ガソリン、ベンゼンその他静電気による災害が発生するおそれのある液体の危険物のタンクの注入口付近には、静電気を有効に除去するための**接地電極**を設けなければならない。

◎タンク専用室は、**壁、柱及び床を耐火構造**とし、かつ、**はりを不燃材料**で造ること。ただし、引火点70℃以上の第4類の危険物のみを貯蔵する場合は、延焼のおそれのない**外壁、柱、床を不燃材料**で造ることができる。

◎タンク専用室の窓及び出入口には防火設備（延焼のおそれのある外壁に設ける出入口は自閉式の特定防火設備）を設けること。

◎タンク専用室は、**屋根を不燃材料で造り**、かつ、**天井を設けない**こと。

◎タンク専用室の窓または出入口にガラスを用いる場合は、**網入りガラス**とすること。

◎液体の危険物の屋内貯蔵タンクを設置するタンク専用室の床は、危険物が**浸透しない構造**で、**適当な傾斜**をつけ、**貯留設備**を設けること。

◎タンク専用室の出入口のしきいの高さは、床面から**0.2m以上**とすること。

【問1】法令上、平家建としなければならない屋内タンク貯蔵所の位置、構造及び設備の技術上の基準について、次のうち正しいものはどれか。[★]

☑ 1．タンク専用室の窓又は出入口にガラスを用いる場合は、網入りガラスにしなければならない。

2．屋内貯蔵タンクには、容量制限が定められていない。

3．屋内貯蔵タンクは建物内に設置されるため、タンクの外面にはさびどめのための塗装をしないことができる。

4．タンク専用室の出入口のしきいは、床面と段差が生じないように設けなければならない。

5．第2石油類の危険物を貯蔵するタンク専用室には、不燃材料で造った天井を設けることができる。

【問2】法令上、タンク専用室が平家建の建築物に設けられた屋内タンク貯蔵所の位置、構造及び設備の基準について、次のうち誤っているものはどれか。ただし、特例基準が適用されるものを除く。

☑ 1．屋内貯蔵タンク容量は、指定数量の30倍以下とし、第4石油類及び動植物油類以外の第4類の危険物については30,000L以下としなければならない。

2．タンク専用室の窓又は出入口にガラスを用いる場合は、網入りガラスとしなければならない。

3．液状の危険物の屋内貯蔵タンクを設置するタンク専用室の床は、危険物が浸透しない構造とし、適当な傾斜を付け、かつ、貯留設備を設けなければならない。

4．液体の危険物の屋内貯蔵タンクには、危険物の量を自動的に表示する装置を設けなければならない。

5．引火点70℃以上の第4類の危険物のみを貯蔵する場合を除き、タンク専用室は、壁、柱及び床を耐火構造とし、かつ、はりを不燃材料で造らなければならない。

【問3】法令上、危険物を貯蔵し、又は取り扱うタンクの容量制限について、次のうち正しいものはどれか。

☑ 1．第2石油類を貯蔵する屋内タンク貯蔵所の屋内貯蔵タンクの容量制限は、20,000L 以下である。

2．第3石油類を貯蔵する地下タンク貯蔵所の地下貯蔵タンクの容量制限は、50,000L 以下である。

3．第2石油類を貯蔵する簡易タンク貯蔵所の簡易貯蔵タンクの容量制限は、1,000L 以下である。

4．第1石油類を貯蔵する屋外タンク貯蔵所の屋外貯蔵タンクの容量制限は、10,000L 以下である。

5．アルコール類を貯蔵する移動タンク貯蔵所の移動貯蔵タンクの容量制限は、6,000L 以下である。

▶ 解 説

〔問1〕正解…1

2．屋内貯蔵タンクの容量は、指定数量の40倍以下であること。ただし第4類危険物（第4石油類及び動植物油類を除く）にあっては 20,000L 以下であること。

3．タンクの外面には、さびどめのための塗装をしなければならない。

4．出入口のしきいは、床面より 0.2m 以上高くしなければならない。

5．タンク専用室には、天井を設けないこと。

〔問2〕正解…1

1．屋内貯蔵タンクの容量は、指定数量の40倍以下であること。ただし、第4類危険物（第4石油類及び動植物油類を除く）にあっては 20,000L 以下であること。

〔問3〕正解…1

1．屋内貯蔵タンク…指定数量の40倍以下。ただし、第4類危険物（第4石油類及び動植物油類を除く）にあっては 20,000L 以下であること。

2．地下貯蔵タンク…容量制限なし。次項「26．地下タンク貯蔵所の基準」参照。

3．簡易貯蔵タンク…1基 600L 以下で3基まで。ただし、同一品質の危険物は2基以上設置できない。「27．簡易タンク貯蔵所の基準」98P 参照。

4．屋外貯蔵タンク…容量制限なし。「24．屋外タンク貯蔵所の基準」88P 参照。

5．移動貯蔵タンク…30,000L 以下。「28．移動タンク貯蔵所（タンクローリー等）の基準」100P 参照。

■構造・設備

◎地下貯蔵タンクは、タンクの種類や設置方法により基準が異なる。

地盤面下の タンク室に設置	二重殻タンク以外：鋼製タンク…………………………………Ⓐ
	二重殻タンク（SSタンク、SFタンク、FFタンク）……Ⓑ
地盤面下に直接埋設	二重殻タンク（SSタンク、SFタンク、FFタンク）……Ⓒ
漏れ防止構造によるタンク（**コンクリートで被覆したタンクを直接埋設**）……Ⓓ	

※ SS ⇒ STEEL & STEEL（鋼製二重殻）、SF ⇒ STEEL & FRP（鋼製強化プラスチック製二重殻）、FF ⇒ FRP & FRP（強化プラスチック製二重殻）

〔Ⓐ 地盤面下のタンク室に設置する二重殻タンク以外の地下貯蔵タンク〕

◎地下貯蔵タンクは、**地盤面下に設けられたタンク室**に設置すること。

◎地下貯蔵タンクとタンク室の内側との間は、0.1m以上の間隔を保つものとし、かつ、タンクの周囲に乾燥砂を詰めること。

◎地下貯蔵タンクの頂部は、**0.6m以上地盤面から下**にあること。

◎地下貯蔵タンクを2以上隣接して設置する場合は、その相互間に1m（容量の総和が指定数量の倍数が100以下であるときは0.5m）以上の間隔を保つこと。

◎地下タンク貯蔵所には、法令で定めるところにより、見やすい箇所に地下タンク貯蔵所である旨を表示した**標識**及び防火に関し、**必要な事項**を掲示した**掲示板**を設けること。

◎地下貯蔵タンクの外面は、規則に定める保護（タンクの種類や設置方法によって異なる）をしなければならない。

※外面保護の基準は、タンクの種類等により保護材と厚さが細かく規定されている。

◎地下貯蔵タンクには、法令で定めるところにより、**通気管または安全装置**を設けること。ただし、通気管の先端は、屋外にあって**地上4m以上**の高さとすること。

◎地下貯蔵タンクまたはその周囲には、当該タンクからの液体の危険物の漏れを検知する設備を設けること。

- 地下貯蔵タンクの周囲には、液体の危険物の漏れを検知する**漏えい検査管を4ヶ所以上設ける**。（Ⓐ Ⓓのタンクに設ける）
- 漏えい検査装置は、漏えいした危険物または可燃性蒸気を自動的に検知し、その事態を直ちに警報できるものであること。（Ⓑ Ⓒのタンクに設ける）

タンク
（上から見た図）

漏えい検査管×4本

◎液体の危険物の地下貯蔵タンクには、**危険物の量を自動的に表示する装置**（計量装置）を設けること。

◎液体の危険物の地下貯蔵タンクの**注入口は屋外**に設けること。また、注入口は注入ホース、または注入管と結合することができ、危険物が漏れないものであること。更に注入口には、弁またはふたを設けること。

◎ガソリン、ベンゼンその他静電気による災害が発生するおそれのある液体の危険物のタンクの注入口付近には、**静電気を有効に除去するための接地電極**を設けなければならない。

◎地下貯蔵タンクの配管は、**当該タンクの頂部**に取り付けること。

◎地下貯蔵タンクには、**第5種消火設備を2個以上**設置すること。

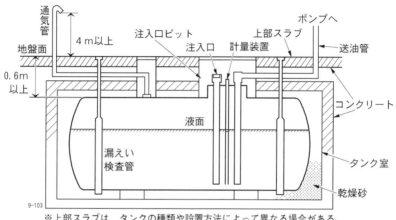

※上部スラブは、タンクの種類や設置方法によって異なる場合がある。

参考 点検項目（「製造所等の定期点検に関する指導指針の整備について 別記5」より抜粋）

点検項目	点検内容	点検方法
上部スラブ	亀裂・崩没・不等沈下の有無	目視
タンク本体	漏えいの有無	ガス、液体等による加圧
通気管	腐食・損傷の有無、目詰まりの有無	目視
各計測装置	損傷の有無、作動状況、計量口のふた	目視
漏えい検査管	変形・損傷・土砂等の堆積の有無	検査棒等により確認するとともに、併せて漏えいの有無についても確認する
注入口	変形・損傷の有無	目視
注入口ピット	亀裂・損傷・滞油・滞水・土砂等の堆積の有無	目視
標識・掲示板	取付状況、記載事項の適否、損傷・汚損の有無	目視
消火器	位置・設置数・外観的機能の適否	目視

※その他、配管・バルブ等、ポンプ設備、電気設備、警報装置についても点検項目が定められているが、ここでは省略する。

【問1】法令上、地下タンク貯蔵所の位置、構造及び設備の技術上の基準について、次のうち正しいものはどれか。

☑ 1．地下貯蔵タンクは、容量を30,000L以下としなければならない。

2．地下貯蔵タンクには、規則で定めるところにより通気管又は安全装置を設けなければならない。

3．引火点が100℃以上の第4類の危険物を貯蔵し、又は取り扱う地下貯蔵タンクには、危険物の量を自動的に表示する装置を設けないことができる。

4．引火点が70℃以上の第4類の危険物を貯蔵し、又は取り扱う地下貯蔵タンクの注入口は、屋内に設けることができる。

5．地下貯蔵タンクの配管は、危険物の種類により当該タンクの頂部以外の部分に取り付けなければならない。

....

【問2】法令上、地下タンク貯蔵所の位置、構造及び設備の技術上の基準について、次のうち誤っているものはどれか。

☑ 1．地下タンク貯蔵所には規則で定めるところにより、見やすい箇所に地下タンク貯蔵所である旨を表示した標識及び防火に関し必要な事項を掲示した掲示板を設けなければならない。

2．地下貯蔵タンクには、規則で定めるところにより、通気管又は安全装置を設けなければならない。

3．液体の危険物の地下貯蔵タンクには、危険物の量を自動的に表示する装置を設けなければならない。

4．地下貯蔵タンクの配管は、当該タンクの頂部以外に取り付けなければならない。

5．液体の危険物の地下貯蔵タンクの注入口は、屋外に設けなければならない。

....

【問3】法令上、地下タンク貯蔵所の位置、構造及び設備の技術上の基準について、次のうち誤っているものはどれか。

☑ 1．地下貯蔵タンク（二重殻タンクを除く。）又はその周囲には、当該タンクからの液体の危険物の漏れを検知する設備を設けなければならない。

2．地下貯蔵タンクは、外面にさびどめのための塗装をして、地盤面下に直接埋没しなければならない。

3．液体の危険物の地下貯蔵タンクの注入口は、屋外に設けなければならない。

4．地下貯蔵タンクには、通気管又は安全装置を設けなければならない。

5．地下タンク貯蔵所には、見やすい箇所に、地下タンク貯蔵所である旨を表示した標識及び防火に関し、必要な事項を掲示した掲示板を設けなければならない。

〔問1〕 正解…2

　1．地下貯蔵タンクと屋外貯蔵タンクは、容量制限が設けられていない。

　3．液体の危険物を貯蔵し、または取り扱う地下貯蔵タンクには、引火点にかかわらず危険物の量を自動的に表示する装置（計量装置）を設けなければならない。

　4．貯蔵し、または取り扱う危険物の引火点にかかわらず、注入口は屋外に設けなければならない。

　5．地下貯蔵タンクの配管は、当該タンクの頂部に取り付けること。

〔問2〕 正解…4

　4．地下貯蔵タンクの配管は、当該タンクの頂部に取り付けること。

〔問3〕 正解…2

　2．地下貯蔵タンクはその形態から、①鋼製または鋼製と同等以上の材料のもの（タンク室に設置）、②鋼製二重殻・鋼製強化プラスチック製二重殻・強化プラスチック製二重殻のもの（タンク室に設置、直接埋設）、③コンクリート被覆（漏れ防止構造）のもの（直接埋設）に大別される。

　　地下貯蔵タンクは、設置方法によって、更に外面保護が必要となる。外面保護の基準は、タンクの種類等により厚さと保護材が細かく定められている。そもそも、直接埋設する場合は、コンクリートでタンクを被覆したものか、二重殻タンクでなければならない。

27 簡易タンク貯蔵所の基準

■構造・設備

◎簡易貯蔵タンクの1基の容量は、600L以下であること。

◎ひとつの簡易タンク貯蔵所に設置する簡易貯蔵タンクは、その数を3基までとし、かつ、**同一品質の危険物の簡易貯蔵タンクは2基以上設置しない**こと。

3基以内

容量600
リットル以下

9-103

◎簡易貯蔵タンクを屋外に設置する場合は、タンクの周囲に1m以上の幅の空地を保有し、専用室内にタンクを設置する場合にあっては、タンクと専用室の壁との間に0.5m以上の間隔を保つこと。

◎簡易貯蔵タンクは、**容易に移動しないように地盤面、架台等に固定**すること。

◎簡易貯蔵タンクには、**通気管を設ける**こと。

◎第4類の簡易貯蔵タンクのうち、**圧力タンク以外のタンクに設ける通気管は無弁通気管**とすること。

◎簡易貯蔵タンクは、**厚さ3.2mm以上の鋼板で気密に造り、70kPaの圧力で10分間行う水圧試験**で、漏れや変形のないものであること。

◎簡易貯蔵タンクの外面にさびどめを塗布すること。

▶▶▶ 過去問題 ◀◀◀

【問1】法令上、簡易タンク貯蔵所の位置、構造及び設備の技術上の基準について、次のうち誤っているものはどれか。

▢　1．1つの簡易タンク貯蔵所には、同一品質の危険物の簡易貯蔵タンクを3基まで設けることができる。

　　2．屋外に簡易貯蔵タンクを設ける場合は、当該タンクの周囲に1m以上の幅の空地を保有しなければならない。

　　3．簡易貯蔵タンクの容量は、600L以下としなければならない。

　　4．簡易貯蔵タンクは、厚さ3.2mm以上の鋼板で気密に造るとともに、70kPaの圧力で10分間行う水圧試験において、漏れや変形がないものでなければならない。

　　5．簡易貯蔵タンクには、外面にさびどめの塗装をし、通気管を設けなければならない。

【問2】 法令上、危険物の貯蔵の技術上の基準について、次のうち誤っているものは
どれか。

☑ 1. 屋外貯蔵タンクに設けてある防油堤の水抜口は、通常は閉鎖しておかなけ
ればならない。

2. 屋外貯蔵タンクの元弁は、危険物を入れ、又は出すとき以外は、閉鎖して
おかなければならない。

3. 地下貯蔵タンクの計量口は、計量するとき以外は閉鎖しておかなければな
らない。

4. 簡易貯蔵タンクの通気管は、危険物を入れ、又は出すとき以外は閉鎖して
おかなければならない。

5. 移動貯蔵タンクの底弁は、使用時以外は閉鎖しておかなければならない。

....

【問3】 法令上、簡易タンク貯蔵所の位置、構造及び設備の技術上の基準について、
次のうち誤っているものはどれか。

☑ 1. 簡易貯蔵タンクは、容易な移動を防ぐため、地盤面、架台等に固定すると
ともに、タンク専用室に設ける場合は、タンクと専用室の壁との間に 0.5 m
以上の間隔を保たなければならない。

2. ひとつの簡易タンク貯蔵所に設置する簡易貯蔵タンクは、3基までとし、
同一品質の危険物は2基以上設置してはならない。

3. 簡易貯蔵タンクは、さびを防ぐためその表面を塗装しなければならない。

4. 簡易タンク貯蔵所は、簡易タンク貯蔵所である旨を表示した標識及び防火
に関する必要な事項を掲示した掲示板を設置しなければならない。

5. 第4類の危険物を貯蔵した簡易貯蔵タンクのうち、圧力タンク以外の屋外
に設置した簡易貯蔵タンクには、通気管を設ける必要はない。

▶ 解 説

〔問1〕正解…1
　1. 1つの簡易タンク貯蔵所に設置する簡易貯蔵タンクの数は3基までであるが、同
一品質の危険物の簡易貯蔵タンクは2基以上設置してはならない。

〔問2〕正解…4
　4. 通気管は、タンク内の圧力変化を防ぐためのものである。タンク内が増圧したと
きは、通気管を通して大気にタンク内のガスを排出する。タンク内が減圧したとき
は、通気管を通して大気をタンク内に吸入する。従って、通気管は常に開けておか
なくてはならない。「25. 屋内タンク貯蔵所の基準　※無弁通気管…」91P 参照。

〔問3〕正解…5
　5. 第4類の危険物を貯蔵した簡易貯蔵タンクのうち、圧力タンク以外のタンクに設
ける通気管は、無弁通気管を設けること。

28 移動タンク貯蔵所（タンクローリー等）の基準

■位　置

◎消防法における移動タンク貯蔵所とは、車両に固定されたタンクで危険物を貯蔵し、取り扱う貯蔵所をいい、代表的なものにタンクローリーがある。

◎移動タンク貯蔵所の種類には、以下のものがある。

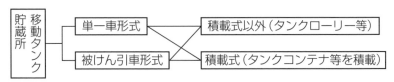

◎移動タンク貯蔵所は、屋外の防火上安全な場所、または壁、床、はり及び屋根を耐火構造とし、もしくは不燃材料で造った**建築物の1階に常置**すること。

※この場合の「常置する」とは、駐車するということ（編集部）。

※常置場所を変更する場合、**変更許可**が必要となる。

■構　造

◎危険物を貯蔵し、または取り扱う車両に固定されたタンク（以下、「移動貯蔵タンク」）は、厚さ 3.2mm 以上の鋼板またはこれと同等以上の機械的性質を有する材料で気密に造ること。

◎移動貯蔵タンクは、圧力タンク以外のタンクにあっては 70kPa の圧力で、圧力タンクにあっては**最大常用圧力の 1.5 倍の圧力**で、それぞれ **10 分間行う水圧試験**において、漏れ、または変形しないものであること。

※ Pa（パスカル）は圧力の単位。乗用車用タイヤの空気圧は約 200 〜 250kPa である（編集部）。

◎移動貯蔵タンクの容量は **30,000L 以下**（アルキルアルミニウム等の一部危険物を除く）とし、かつ、その内部に **4,000L 以下ごとに完全な間仕切**を設けること。

※ガソリンの比重：0.75 ⇒ガソリン 30,000L の重量は 22.5t ということになる。

◎間仕切により仕切られた部分には、それぞれマンホール及び安全装置を設けるとともに、容量が 2,000L 以上のタンク室には**防波板**を設けること。

※防波板：車両走行時の遠心力等により、タンク内の液体が片寄るのを防ぐための板。通常、間仕切板はタンクを輪切りにするように設置し、防波板は縦方向に取り付ける。

◎移動貯蔵タンクには**安全装置**を設けるとともに保護するための**防護枠**、側面枠を設け、外面にはさびどめのための**塗装**をすること。

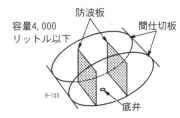

容量4,000 リットル以下　防波板　間仕切板　底弁

9-103

【タンク内の1区間】

100

■設　備

◎移動貯蔵タンクの下部に排出口を設ける場合は、**排出口に底弁を設ける**とともに、非常の場合に直ちに底弁を閉鎖することができる**手動閉鎖装置及び自動閉鎖装置**を設けること。

◎手動閉鎖装置には、レバーを設け、かつ、その直近にその旨を表示すること。また、**手動閉鎖装置のレバーは、手前に引き倒すことにより閉鎖装置を作動**させるもので、長さは 15cm 以上であること。

◎移動貯蔵タンクの配管は、**先端部に弁等を設ける**こと。

◎移動貯蔵タンク及び付属装置の電気設備で、可燃性蒸気が滞留するおそれのある場所に設けるものは、可燃性蒸気に引火しない構造とすること。

◎ガソリン、ベンゼンその他静電気による災害が発生するおそれのある液体の危険物の移動貯蔵タンクには、**接地導線を設ける**こと。

◎移動貯蔵タンクには、そのタンクが貯蔵し、または取り扱う危険物の類、品名及び最大数量を表示する設備を見やすい箇所に設けるとともに、法令で定めるところにより標識を掲げること。

◎移動貯蔵タンクの標識は、地が黒色の板に黄色の反射塗料等で「危」と表示し、車両の前後の見やすい箇所に掲げなければならない。

◎移動タンク貯蔵所には、**自動車用消火器のうち粉末消火器（充てん量 3.5kg 以上のもの）**またはその他の消火器を２個以上設置すること。

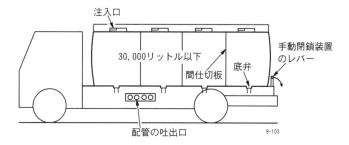

注入口
30,000リットル以下
間仕切板
底弁
手動閉鎖装置のレバー
配管の吐出口
9-103

■貯蔵の基準

◎移動貯蔵タンク及びその安全装置、配管は、さけめ、結合不良、極端な変形、注入ホースの切損等による漏れが起こらないようにするとともに、タンクの**底弁**は、使用時以外は**完全に閉鎖**しておくこと。

◎積載式移動タンク貯蔵所以外の移動タンク貯蔵所は、危険物を貯蔵した状態でタンクの積替えを行わないこと。

◎移動タンク貯蔵所には、次の書類を備え付けること。

①完成検査済証	②定期点検記録	③譲渡・引渡の届出書
④品名・数量または指定数量の倍数の変更の届出書		

■取扱いの基準

◎移動貯蔵タンクから危険物を貯蔵し、または取り扱うタンクに危険物を注入する際は、注入ホースを注入口に緊結すること。

※緊結：留め具などでしっかりと結合すること。

◎移動貯蔵タンクから液体の危険物を容器に詰め替えないこと。ただし、安全な注油に支障がない範囲の注油速度で、注入ホースの先端部に手動開閉装置を備えた注入ノズル（手動開閉装置を開放の状態で固定する装置を備えたものを除く）により、技術上の基準に定める運搬容器に引火点が 40℃以上の第4類の危険物を詰め替えるときは、この限りでない。

※上記の法令をまとめると次のとおり。

移動貯蔵タンクから液体の危険物を容器へ直接詰め替えてはならないが、次に掲げるすべての条件に適合していれば、詰め替えることができる。

> 条件①…安全な注油に支障がない範囲の注油速度であること。
> 条件②…注入ホース先端部に手動開閉装置を備えた注入ノズル（手動開閉装置を開放の状態で固定する装置を備えたものを除く）により詰め替えること。
> 条件③…詰め替える容器は、運搬容器の技術上の基準に適合する容器であること（「36. 運搬の基準」143P 参照）。
> 条件④…詰め替える危険物は、第4類で引火点が 40℃以上であること。

◎ガソリン、ベンゼンその他静電気による災害が発生するおそれのある液体の危険物を移動貯蔵タンクに入れ、又は出すときは、当該移動貯蔵タンクを接地すること。また、導線により移動貯蔵タンクと受入れタンク側に設置された接地電極等との間を緊結して行わなければならない。

◎移動貯蔵タンクから引火点 40℃未満の危険物を他のタンクに注入するときは、移動タンク貯蔵所のエンジンを停止させること。

◎ガソリン、ベンゼン、その他静電気による災害が発生するおそれのある液体の危険物を移動貯蔵タンクにその上部から注入するときは、注入管を用いるとともに、注入管の先端を底部に着けること。

◎ガソリンを貯蔵していた移動貯蔵タンクに灯油または軽油を注入するとき、灯油または軽油を貯蔵していた移動貯蔵タンクにガソリンを注入するときは、静電気等による災害を防止するための措置を講ずること。

◎荷卸しの際は、受け入れ側の事業者と移動タンク貯蔵所の両方の危険物取扱者が立会い、受け入れタンクの油種、注入口の確認、残油量（タンク内の空間容量）の確認を行う。

■移送の基準

◎**移送**とは、移動タンク貯蔵所（タンクローリー）により危険物を運ぶ行為をいう。移送に対し、ドラム缶等の容器に入れて危険物を自動車で運ぶ行為を**運搬**という。

◎移動タンク貯蔵所による危険物の移送は、移送する危険物を取り扱うことができる**危険物取扱者を乗車**させなくてはならない。

※指定数量未満の危険物を移送する場合でも、危険物取扱者の乗車義務がある。

※空の移動タンク貯蔵所を運行する場合、危険物取扱者の乗車を必要としない。

◎危険物取扱者は、危険物の移送をする移動タンク貯蔵所に乗車しているときは、危険物取扱者**免状を携帯**していなければならない。

◎危険物を移送する者は、**移送の開始前**に、移動貯蔵タンクの底弁その他の弁、マンホール及び注入口のふた、消火器等の点検を十分に行うこと。

◎危険物を移送する者は、長時間にわたるおそれがある移送であるときは、**2名以上の運転要員を確保**すること。長時間にわたるおそれがある移送とは、連続運転時間が**4時間を超える移送**、または1日当たりの運転時間が**9時間を超える移送**をいう。

◎危険物を移送する者は、移動タンク貯蔵所を休憩、故障等のため一時停止させるときは、**安全な場所**を選ぶこと。

◎危険物を移送する者は、移動タンク貯蔵所から危険物が著しく漏れる等災害が発生するおそれのある場合には、災害を防止するための応急措置を講じるとともに、**消防機関等**に通報すること。

◎危険物を移送する者は、法令で定める危険物（アルキルアルミニウム等）を移送する場合には、**移送の経路等を記載した書面**を関係消防機関に送付するとともに、書面の**写しを携帯**し、書面に記載された内容に従うこと。

◎**消防吏員**または**警察官**は、危険物の移送に伴う火災の防止のため特に必要があると認める場合には、走行中の**移動タンク貯蔵所を停止**させ、乗車している危険物取扱者に対し、危険物取扱者免状の提示を求めることができる。

※吏員：公共団体の職員。地方公務員。

▶位置・構造・設備

【問1】法令上、移動タンク貯蔵所の位置、構造及び設備の技術上の基準について、次のうち誤っているものはどれか。ただし、特例基準が適用されるものを除く。

[★★]

☑ 1．移動貯蔵タンクの容量は、30,000L以下にしなければならない。

2．移動タンク貯蔵所を常置する場所は、病院、学校等から一定の距離（保安距離）を保有しなければならない。

3．移動貯蔵タンクは、圧力タンク以外のものであっても、定められた水圧試験において、漏れ、又は変形しないものでなければならない。

4．静電気による災害が発生するおそれのある液体の危険物の移動貯蔵タンクには、接地導線を設けなければならない。

5．移動貯蔵タンクの配管は、先端部に弁等を設けなければならない。

【問2】法令上、移動タンク貯蔵所の位置、構造及び設備について、次のうち誤っているものはどれか。

☑ 1．常置場所は壁、床、はり及び屋根を耐火構造とし、若しくは不燃材料で造った建物の1階又は、屋外の防火上安全な場所とすること。

2．移送する者は、移送の開始前に移動貯蔵タンクの底弁、マンホール及び注入口のふた、消火器等の点検を行うこと。

3．移動貯蔵タンクの底弁手動閉鎖装置のレバーは、手前に引き倒すことにより閉鎖装置を作動させるものであること。

4．移動貯蔵タンクの配管は、先端部に弁等を設けること。

5．積載型以外の移動貯蔵タンクの容量は10,000L以下とすること。

▶貯蔵・取扱いの基準

【問3】法令上、移動タンク貯蔵所に備え付けておかなければならない書類は、次のA～Eのうちいくつあるか。[★]

☑ 1．1つ
2．2つ
3．3つ
4．4つ
5．5つ

A．完成検査済証
B．予防規程
C．製造所等の譲渡引渡届出書
D．危険物施設保安員選任・解任届出書
E．貯蔵する危険物の品名、数量又は指定数量の倍数の変更の届出書

【問4】法令上、移動タンク貯蔵所によるガソリンの移送、貯蔵及び取扱いについて、次のうち誤っているものはどれか。

☑ 1．移動貯蔵タンクからガソリンを容器に詰め替えてはならない。

2．移動貯蔵タンクには、接地導線を設けなければならない。

3．移動貯蔵タンクから、貯蔵し、又は取り扱うタンクに注入するときは、当該タンクの注入口に移動貯蔵タンクの注入ホースを緊結しなければならない。

4．ガソリンを移動貯蔵タンクに入れ、又は移動貯蔵タンクから出すときは、当該移動貯蔵タンクを接地しなければならない。

5．移動タンク貯蔵所には、設置許可書及び始業時、終業時の点検記録を備え付けておかなければならない。

....

【問5】法令上、移動タンク貯蔵所による危険物の貯蔵及び取扱いについて、次のうち誤っているものはどれか。

☑ 1．移動貯蔵タンクから、危険物を貯蔵し、又は取り扱うタンクにガソリンを注入するときは、当該タンクの注入口に移動貯蔵タンクの注入ホースを緊結しなければならない。

2．静電気による災害が発生するおそれのある液体の危険物を移動貯蔵タンクに入れ、又は移動貯蔵タンクから出すときは、当該移動貯蔵タンクを接地しなければならない。

3．移動貯蔵タンクから専用タンクに危険物を注入するときは、注入口に誤りがないこと及び注入するタンクの残油量を確認してから行うこと。

4．給油取扱所の専用タンクに危険物を注入しながら、そのタンクに接続された固定給油設備を使用して給油するときは、自動車の原動機を停止させなければならない。

5．専用タンクの計量口は、計量するとき以外は閉鎖を徹底する。

....

【問6】危険物の取扱いの技術上の基準について、次の文の（　）内に当てはまる法令に定められている温度はどれか。［★★］

「移動貯蔵タンクから危険物を貯蔵し、又は取り扱うタンクに引火点が（　）の危険物を注入するときは、移動タンク貯蔵所の原動機を停止させること。」

☑ 1．30℃未満　　　2．35℃未満　　　3．40℃未満

4．45℃未満　　　5．50℃未満

....

【問7】法令上、移動タンク貯蔵所によるガソリンの移送、貯蔵及び取扱いについて、次のうち誤っているものはどれか。

☑ 1. 移動貯蔵タンクから危険物を貯蔵し、または取り扱うタンクに危険物を注入するときは、注入ホースを注入口に緊結すること。
2. 移動貯蔵タンクから直接容器に詰め替えてはならない。
3. 移動貯蔵タンクから、危険物を貯蔵し、又は取り扱うタンクに注入するときは、移動タンク貯蔵所の原動機を停止しなければならない。
4. 移動貯蔵タンクにその上部から注入する場合、注入管を用いるとともに、当該注入管の先端を移動貯蔵タンクの上部のマンホールに固定しなければならない。
5. 静電気による災害が発生するおそれのある液体の危険物を移動貯蔵タンクに入れ、又は移動貯蔵タンクから出すときは、当該移動貯蔵タンクを接地しなければならない。

･･

▶移送の基準

【問8】法令上、移動タンク貯蔵所による危険物の貯蔵・取扱い及び移送について、次のうち正しいものはどれか。

☑ 1. 移動タンク貯蔵所には、完成検査済証、点検記録等を備え付けておかなければならない。
2. 移動タンク貯蔵所で危険物を移送する場合は、事前に移送経路その他必要な事項を出発地の消防署に送付しなければならない。
3. 移動タンク貯蔵所で危険物を移送する危険物取扱者で市町村長等の許可を受けた者は、乗車する際に免状を携帯しなくてもよい。
4. 移動タンク貯蔵所で指定数量未満の危険物を移送する場合、乗車する危険物取扱者は免状を携帯しなくてもよい。
5. 移送する者は、移送終了後、移動貯蔵タンクの底弁、マンホール及び注入口のふたの点検を行うこと。

･･

【問9】法令上、危険物取扱者が免状の携帯を義務づけられている場合は、次のうちどれか。

☑ 1. 地下タンク貯蔵所の定期点検を行うとき
2. 指定数量以上の危険物を車両で運搬するとき
3. 移動タンク貯蔵所で危険物を移送するとき
4. 製造所等において、引火点以上の温度の危険物を取り扱うとき
5. 製造所等以外の場所で、指定数量以上の危険物を所轄消防長又は消防署長の承認を受けて、仮に貯蔵または取り扱うとき

....

【問10】 法令上、移動タンク貯蔵所による危険物の移送の基準に定められていないものは、次のうちどれか。

☑ 1．危険物を移送するために乗車している危険物取扱者は、免状を携帯していなければならない。

2．移動タンク貯蔵所には、完成検査済証を備え付けておかなければならない。

3．危険物を移送するには、移送する危険物を取り扱うことができる危険物取扱者が乗車していなければならない。

4．定期的に危険物を移送する場合は、移送経路その他必要な事項を出発地の消防署に届け出なければならない。

5．消防吏員は、走行中の移動タンク貯蔵所を停止させ、乗車している危険物取扱者に対し、免状の提示を求めることができる。

▶ **解 説**

〔問1〕正解…2

2．移動タンク貯蔵所を常置する場所は、屋外の場合は防火上安全な場所、屋内の場合は耐火構造または不燃材料で造った建物の1階でなければならない。ただし、保安距離の規定はない。

〔問2〕正解…5

5．積載型・積載型以外に関わらず、移動貯蔵タンクの容量は30,000L以下とすること（アルキルアルミニウム等一部危険物を除く）。

〔問3〕正解…3（A、C、E）

移動タンク貯蔵所に備え付ける書類は、完成検査済証、定期点検記録、製造所等の譲渡・引渡の届出書、品名・数量又は指定数量の倍数の変更の届出書の4つ。

〔問4〕正解…5

1．以下の条件がそろえば移動貯蔵タンクから容器に詰め替えることができる。

①安全な注油に支障がない範囲の注油速度、②注入ホースの先端部に手動開閉装置を備えた注入ノズル（手動開閉装置を開放の状態で固定する装置を備えたものを除く）、③運搬容器の技術上の基準に適合する容器、④第4類で引火点40℃以上の危険物（灯油・軽油・重油など）。ただし、ガソリンは引火点が−40℃以下のため適用されない。

5．移動タンク貯蔵所に備え付ける書類は、完成検査済証、定期点検記録、製造所等の譲渡・引渡の届出書、品名・数量又は指定数量の倍数の変更の届出書の4つ。設置許可書及び点検記録は備え付けておく必要がない。

〔問5〕正解…4

4．専用タンクに危険物を注入するときは、タンクに接続する固定給油設備の使用
を中止し、自動車等をタンクの注入口に近づけないこと。「30．給油取扱所の基準
■取扱いの基準」115P 参照。

5．専用タンク（地下貯蔵タンクまたは簡易貯蔵タンク）の計量口は、計量するとき
以外は閉鎖しておく。「35．共通の基準〔2〕」137P 参照。

〔問6〕正解…3

「移動貯蔵タンクから危険物を貯蔵し、又は取り扱うタンクに引火点が〈40℃未満〉
の危険物を注入するときは、移動タンク貯蔵所の原動機を停止させること。」

〔問7〕正解…4

3．移動貯蔵タンクから引火点 40℃未満の危険物を他のタンクに注入するときは、
移動タンク貯蔵所の原動機を停止しなければならない。ガソリンは引火点が－40℃
以下のため適用される。

4．移動貯蔵タンクにその上部から注入する場合、注入管を用いるとともに、当該注
入管の先端を底部に着けること。

〔問8〕正解…1

2．一般の危険物を移送する場合は、消防署への届出は必要ない。ただし、アルキル
アルミニウム等を移送する場合は、移送経路等の書面を関係消防機関に送付し、そ
の書面の写しを携帯しなければならない。

3＆4．移動タンク貯蔵所に乗車する危険物取扱者は、必ず免状を携帯する義務があ
る。

5．危険物を移送する者は、移送の開始前に、移動貯蔵タンクの底弁その他の弁、マ
ンホール及び注入口のふた、消火器等の点検を十分に行うこと。

〔問9〕正解…3

3．移動タンク貯蔵所に乗車する危険物取扱者は、必ず免状を携帯する義務がある。

〔問10〕正解…4

4．移動タンク貯蔵所による危険物の移送は、移送経路も含めて届出の必要がない。
ただし、アルキルアルミニウム等を移送する場合は、移送経路等の書面を関係消防
機関に送付し、その書面の写しを携帯しなければならない。

■構造・設備

◎湿潤でなく、かつ排水のよい場所に設置すること。

◎危険物を貯蔵し、または取り扱う場所の周囲には、**柵や盛土等**を設けて明確に区画することと。

◎架台(危険物を収納した容器を貯蔵する台)を設ける場合は、**不燃材料で造る**こと。また、堅固な地盤面に固定すること。

◎架台は、当該架台及びその附属設備の自重、**貯蔵する危険物の重量、風荷重、地震の影響等の荷重によって生ずる応力に対して安全なもの**であること。

◎架台の高さは、**6m未満**とすること。

◎架台には、危険物を収納した容器が**容易に落下しない措置**を講ずること。

■貯蔵できる危険物

◎屋外貯蔵所に貯蔵できる危険物は、次のとおりとする。

第2類の危険物	**硫黄**または硫黄のみを含有するもの	
	引火性固体(引火点が0℃以上のもの)	
第4類の危険物	第1石油類(**引火点が0℃以上のもの**)	
	アルコール類	
	第2石油類	第3石油類
	第4石油類	動植物油類

◎第2類危険物の引火性固体とは、固形アルコールその他1気圧において引火点が40℃未満のものをいい、ゴムのりやラッカーパテなども引火性固体になる。

■貯蔵できない危険物

◎第4類危険物のうち、**特殊引火物**と第1石油類の**ガソリン**(引火点−40℃以下)は、貯蔵できない。

【問1】法令上、軽油を貯蔵し、又は取り扱う屋外貯蔵所の位置、構造又は設備の技術上の基準について、次のうち正しいものはどれか。

☑ 1．架台を設ける場合は、架台の高さは6m未満としなければならない。
2．屋根を設ける場合は、不燃材料で造るとともに、柱を強固な地盤面に固定しなければならない。
3．周囲の状況によって安全上支障がない場合を除き、指定数量の倍数が10以上のものには避雷設備を設けなければならない。
4．危険物を貯蔵し、又は取り扱う場所の周囲は、地盤面を白色又は黄色の線で明示しなければならない。
5．指定数量の倍数に関係なく、第5種の消火設備を2個以上設けなければならない。

【問2】法令上、第4類アルコール類の危険物のみを貯蔵し、又は取り扱う屋外貯蔵所の位置、構造及び設備の技術上の基準について、次のうち誤っているものはどれか。

☑ 1．架台を設ける場合は、不燃材料で造るとともに、堅固な地盤面に固定すること。
2．屋外貯蔵所は、湿潤でなく、かつ、排水のよい場所に設置すること。
3．架台は、当該架台及びその付属設備の自重、貯蔵する危険物の重量、地震の影響等の荷重によって生ずる応力に対して安全なものであること。
4．屋外貯蔵所のさく等の周囲には、指定数量の倍数にかかわらず、2mの幅の空地（保有空地）を保有すること。
5．架台には、危険物を収納した容器が容易に落下しない措置を講ずること。

【問3】法令上、屋外貯蔵所で貯蔵又は取り扱うことができる危険物のみの組み合わせとして、次のうち正しいものはどれか。

☑ 1．鉄粉、灯油、炭化カルシウム
2．硫黄、軽油、重油
3．ギヤー油、アセトン、エタノール
4．黄リン、カリウム、シリンダー油
5．赤リン、過酸化水素、クレオソート油

【問4】法令上、屋外貯蔵所で貯蔵できない危険物は次のうちどれか。

☑ 1．硫黄　　　　　　　　　　　　　2．アルコール類
3．引火性固体（引火点が0℃以上のもの）　4．第2石油類
5．黄リン

【問5】 法令上、次の危険物A～Eのうち、屋外貯蔵所で貯蔵し、又は取り扱うことができるもののみの組合せはどれか。

A. 硫黄	B. 硫化りん	C. 赤りん
D. マグネシウム	E. 引火性固体（引火点が0℃以上のものに限る。）	

☑　1. AとB　　　2. BとC　　　3. CとD　　　4. DとE　　　5. AとE

▶ 解　説

〔問1〕**正解…1**

　2. 屋根を設ける＝建築物内となり、屋外貯蔵所の定義から外れる。

　3. 屋外貯蔵所に避雷設備の設置義務はない。製造所、屋内貯蔵所、屋外タンク貯蔵所、一般取扱所の4施設は、貯蔵・取扱う危険物の指定数量の倍数が10以上の場合、避雷設備を設けなければならない。「22．製造所の基準」81P 参照。

　4. 危険物を貯蔵・取り扱う場所の周囲には、柵等を設けて明確に区画すること。

　5. 製造所等に設置しなければならない消火設備は製造所等の区分・規模・危険物の品名や最大数量等によって異なる。屋外貯蔵所は外壁を耐火構造とし、水平最大面積を建坪とする建物とみなして算出する。第5種の消火設備を2個以上設けなければならないのは地下タンク貯蔵所である。「37．消火設備と設置基準」153P 参照。

〔問2〕**正解…4**

　4. 屋外貯蔵所は、指定数量の倍数に応じて柵の周囲に必要な保有空地が定められている。「21．保有空地」78P 参照。

〔問3〕**正解…2**

　屋外貯蔵所で貯蔵できるのは、①硫黄と引火点が0℃以上の引火性固体（ともに第2類）と、②第4類の危険物（特殊引火物と引火点が0℃未満の第1石油類を除く）。

　1. 鉄粉（第2類）　　　　灯油（第4類）　　　　炭化カルシウム（第3類）
　2. 硫黄（第2類）　　　　軽油（第4類）　　　　重油（第4類）
　3. ギヤー油（第4類）　　アセトン（第4類）　　エタノール（第4類）
　4. 黄リン（第3類）　　　カリウム（第3類）　　シリンダー油（第4類）
　5. 赤リン（第2類）　　　過酸化水素（第6類）　クレオソート油（第4類）

　上記のうち、鉄粉と赤リンは第2類危険物だが引火性固体ではないため貯蔵できない。
　また、アセトンは第4類危険物だが引火点が−20℃のため貯蔵できない。

〔問4〕**正解…5**

　5. 第3類危険物の黄リンは貯蔵できない。

〔問5〕**正解…5（AとE）**

　屋外貯蔵所で貯蔵できるのは、①硫黄と引火点が0℃以上の引火性固体（ともに第2類）と、②第4類の危険物（特殊引火物と引火点が0℃未満の第1石油類を除く）。
　硫化りん、赤りん、マグネシウムは、第2類の可燃性固体である。

30 給油取扱所の基準

■構造・設備

◎給油取扱所の固定給油設備は、自動車等に直接給油するための固定された給油設備とし、ポンプ機器及びホース機器から構成される。地上部分に設置された固定式と、天井から吊り下げる懸垂式がある。

◎固定給油設備のうちホース機器の周囲（懸垂式の固定給油設備にあってはホース機器の下方）には、自動車等に直接給油し、及び給油を受ける自動車等が出入りするための、間口10m以上、奥行6m以上で、次に掲げる要件に適合する空地（給油空地）を保有すること。

> ①自動車等が安全かつ円滑に出入りすることができる幅で、道路に面していること。
>
> ②自動車等が当該空地からはみ出さずに、安全かつ円滑に通行することができる広さを有すること。
>
> ③自動車等が当該空地からはみ出さずに、安全かつ円滑に給油を受けることができる広さを有すること。

◎固定注油設備は、灯油もしくは軽油を容器に詰め替え、または車両に固定された容量4,000L以下のタンクに注入するための固定された注油設備とし、ポンプ機器及びホース機器から構成される。地上部分に設置された固定式と、天井から吊り下げる懸垂式がある。

◎固定注油設備のホース機器の周囲（懸垂式の固定注油設備にあってはホース機器の下方）には、灯油もしくは軽油を容器に詰め替え、または車両に固定されたタンクに注入するための空地（注油空地）を給油空地以外の場所に保有すること。

◎給油空地及び注油空地は、漏れた危険物が浸透しないようにするため、次に掲げる要件に適合する舗装をすること。

> ①漏れた危険物が浸透し、または当該危険物によって劣化し、もしくは変形するおそれがないものであること。
>
> ②給油取扱所において、想定される自動車等の荷重により損傷するおそれがないものであること。
>
> ③耐火性を有するものであること。

◎給油空地及び注油空地には、漏れた危険物及び可燃性の蒸気が滞留せず、かつ、当該危険物その他の液体が当該給油空地及び注油空地以外の部分に流出しないような措置（排水溝及び油分離装置等）を講ずること。

◎給油取扱所には、固定給油設備もしくは固定注油設備に接続する**専用タンク**、または**容量 10,000L 以下の廃油タンク等を地盤面下に埋没して設ける**ことができる。

※地盤面下に埋没して設ける固定給油設備もしくは固定注油設備に接続する専用タンクの場合、容量の制限はない。

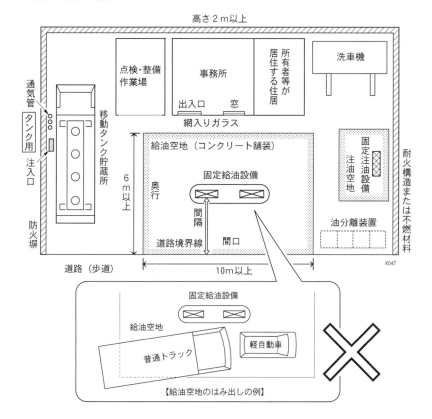

【給油空地のはみ出しの例】

◎固定給油設備及び固定注油設備には、先端に弁を設けた**全長5m以下の給油ホース**または注油ホース、及びこれらの先端に蓄積される静電気を有効に除去する装置を設けること。

◎給油取扱所の建築物（事務所を含む）は、**壁、柱、床、はり及び屋根を耐火構造**または**不燃材料で造り、窓や出入口に防火設備を設ける**こと。

◎固定給油設備は、**道路境界線**等から法令で定める**間隔を保つ**こと。

※間隔は、懸垂式の固定給油設備が4m以上、その他の固定給油設備はホースの長さに応じて4m～6m以上に規定されている。

◎給油取扱所の周囲には、自動車等の出入りする側を除き、火災による被害の拡大を防止するための**高さ2m以上の塀または壁**であって、耐火構造のものまたは不燃材料で造られたものを設けること。この場合において、塀または壁は、開口部を有していないものであること。

◎ポンプ室その他の危険物を取り扱う室（**ポンプ室等**）を設ける場合にあっては、ポンプ室等は、床を危険物が**浸透しない構造**とするとともに、漏れた危険物及び可燃性蒸気が滞留しないように適当な**傾斜**を付け、かつ、**貯留設備**を設けること。

◎給油取扱所には、**給油に支障がある**と認められる設備を設けないこと。

■給油取扱所に設置できる建築物の用途

◎給油取扱所には、給油またはこれに附帯する業務のため、次に定める用途に供する建築物を設けることができる。

設置できる建築物の用途
①給油または灯油もしくは軽油の詰め替えのための作業場
②給油取扱所の業務を行うための事務所
③給油、灯油もしくは軽油の詰め替え、または自動車等の点検・整備もしくは洗浄のために給油取扱所に出入りする者を対象とした**店舗（コンビニ）、飲食店（喫茶店）**または**展示場**
④自動車等の**点検・整備を行う作業場**
⑤自動車等の洗浄を行う作業場
⑥給油取扱所の**所有者等が居住する住居**、またはこれらの者に係る**他の給油取扱所**の業務を行うための事務所
⑦屋外での物品販売場等（火災予防上の支障がない場合、建築物の周囲の空地において、物品販売、車の実車展示・販売、宅配ボックスの設置などの業務を行うことができる）

◎給油取扱所には、次に定める建築物その他の工作物を設けないこと。

設置できない建築物の用途
①**ガソリンの詰め替え**のための作業場（規制が一部緩和）
②自動車の**吹付塗装**を行うための設備
③給油取扱所に出入りする者を対象とした以下の施設 … **カラオケボックス／ゲームセンター／立体駐車場／診療所／宿泊施設**

■給油取扱所の付随設備

◎給油取扱所の業務を行うことについて必要な付随設備は、次に掲げるものとする。

必要な付随設備
①自動車等の洗浄を行う設備（**蒸気洗浄機及び洗車機**）
②自動車等の点検・整備を行う設備
③**混合燃料油調合器**

■取扱いの基準

◎自動車等に給油するときは、固定給油設備を使用し、**直接給油**すること。

◎自動車等に給油するときは、自動車等の**原動機（エンジン）を停止**させること。

◎自動車等の一部または全部が**給油空地からはみ出たままで**給油しないこと。

◎固定注油設備から灯油もしくは軽油を容器に詰め替え、または車両に固定されたタンクに注入するときは、容器または車両が所定の空地からはみ出たままで灯油もしくは軽油を容器に詰め替え、または車両に固定されたタンクに注入しないこと。

◎移動貯蔵タンクから専用タンク等に危険物を注入するときは、**移動タンク貯蔵所**を専用タンク等の注入口の付近に停車させること。

◎給油取扱所の専用タンクまたは簡易タンクに危険物を注入するときは、タンクに接続する**固定給油設備**または固定注油設備の**使用を中止**するとともに、自動車等をタンクの注入口に近づけないこと。

◎自動車等に給油するときは、固定給油設備または専用タンクの注入口もしくは通気管の周囲の法令で定める部分においては、**他の自動車等が駐車することを禁止する**とともに、自動車等の点検もしくは整備または洗浄を行わないこと。

◎屋内給油取扱所の通風、避難等のための空地には、自動車等が駐車または停車することを禁止するとともに、避難上支障となる物件を置かないこと。

◎自動車等の洗浄を行う場合は、**引火点を有する液体の洗剤を使用しない**こと。

◎物品の販売等の業務は、原則として**建築物の１階のみ**で行うこと。

◎給油の業務外のときは、係員以外の者を出入りさせないための措置を講ずること。

■ガソリンの容器詰替え販売時における本人確認等

◎ガソリンを販売するため容器に詰め替えるときは、①顧客の本人確認、②使用目的の確認、及び③当該販売に関する記録の作成、をしなければならない。

①顧客の**本人確認**
▪ 運転免許証、マイナンバーカードなど公的機関が発行する写真付きの証明書（以下「身分証等」という。）によって行う。
▪ ただし、身分証等で本人確認が行われている顧客の場合や、顧客と継続的な取引があり、当該事業所において氏名や住所を把握している等の場合、身分証等の提示を省略することができる。
②**使用目的**の確認
▪「農業機械器具用の燃料」、「発電機用の燃料」等の具体的な内容を確認する。
③販売記録の作成
▪ 販売記録には、販売日、顧客の氏名、住所及び本人確認の方法、使用目的、販売数量を記入し、１年を目安としてこれを保存すること。

※給油取扱所（セルフ含む）において、自動車の燃料タンク以外の容器（携行缶等）に
ガソリンまたは軽油の詰め替え作業を行う場合、**必ず従業員が行わなければならない**
（自主保安基準によりガソリンまたは軽油の詰め替え販売に対応していない事業所等も
ある）。
〈参考〉プラスチック製のガソリン用携行容器の最大容積は 10L。

■屋内給油取扱所（一部抜粋）

◎給油取扱所は、その用途、構造、設備等によって、区分される。以下は構造による
区分である。

〔給油取扱所の構造による区分〕

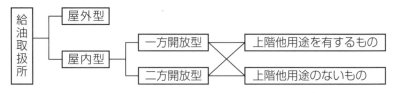

◎屋内給油取扱所は、消防法施行令別表第1（6）項に掲げる用途に供する部分を有
しない建築物に設置すること。

〔防火対象物の用途区分（消防法施行令別表第1）〕

項　別		防火対象物の用途等
（6）	イ	病院、診療所または助産所
	ロ	老人短期入所施設、養護老人ホーム、特別養護老人ホーム等
	ハ	老人デイサービスセンター、軽費老人ホーム、老人福祉センター等
	ニ	幼稚園または特別支援学校

▶▶▶ 過去問題 ◀◀◀

▶構造・設備

【問1】法令上、給油取扱所の給油空地について、次のうち誤っているものはどれか。
ただし、特例基準が適用されるものを除く。［★］

☑　1．自動車等が安全かつ円滑に出入りすることができる幅で道路に面していな
　　ければならない。

　　2．自動車等が当該空地からはみ出さずに安全かつ円滑に通行することができ
　　る広さを有していなければならない。

　　3．自動車等が当該空地からはみ出さずに安全かつ円滑に給油を受けることが
　　できる広さを有していなければならない。

　　4．漏れた危険物が流出しないよう、浸透性のあるもので舗装しなければなら
　　ない。

　　5．耐火性を有するもので舗装しなければならない。

【問2】法令上、給油取扱所の「給油空地」に関する説明として、次のうち正しいものはどれか。[★]

☑ 1. 給油取扱所の専用タンクに移動貯蔵タンクから危険物を注入するとき、移動タンク貯蔵所が停車するために設けられた空地のことである。

2. 懸垂式の固定給油設備と道路境界線との間に設けられた幅4m以上の空地のことである。

3. 固定給油設備のうちホース機器の周囲に設けられた、自動車等に直接給油し、及び給油を受ける自動車等が出入りするための、間口10m以上、奥行6m以上の空地のことである。

4. 消防活動及び延焼防止のため、給油取扱所の敷地の周囲に設けられた幅3m以上の空地のことである。

5. 固定注油設備のうちホース機器の周囲に設けられた、4m²以上の空地のことである。

【問3】法令上、給油取扱所の位置、構造及び設備の技術上の基準について、次のうち誤っているものはどれか。

☑ 1. 給油取扱所には、給油に支障があると認められる設備を設けてはならない。

2. 給油取扱所は、学校、病院等から30m以上離して設置しなければならない。

3. 給油取扱所の地盤面下に埋没して設ける専用タンクの容量制限はない。

4. 「給油中エンジン停止」の掲示板を設けなければならない。

5. 事務所等の窓又は出入口には、防火設備を設けなければならない。

▶併設できる建築物・設備
【問4】給油に附帯する業務のための用途として、法令上、給油取扱所に設けることができないものは、次のうちどれか。

☑ 1. 給油のために出入りする者を対象とした宿泊施設。

2. 給油のために出入りする者を対象とした物品販売場。

3. 自動車等の点検・整備を行う作業場。

4. 給油のために出入りする者を対象とした飲食店。

5. 給油取扱所の管理者が居住する住居。

【問5】次のA～Eのうち、給油に附帯する業務のための用途として、法令上、給油取扱所に設けることができないもののみの組合せはどれか。

> A．灯油又は軽油の詰替えのために出入りする者を対象とした店舗
> B．給油のために出入りする者を対象とした展示場
> C．灯油又は軽油の詰替えのために出入りする者を対象としたゲームセンター
> D．自動車の点検・整備のために出入りする者を対象とした立体駐車場
> E．自動車の洗浄のために出入りする者を対象としたレストラン

☑ 1．AとB　　2．BとC　　3．CとD　　4．DとE　　5．AとE

▶取扱いの基準

【問6】法令上、給油取扱所における危険物の取り扱い等について、次のうち正しいものはどれか。

☑ 1．最大容積18Lのプラスチック製の容器に、ガソリンを詰め替えて販売することができる。
　2．顧客に自ら給油等をさせる給油取扱所（セルフスタンド）において、顧客自らガソリンを詰め替えるときは、法令に適合する容器でなければならない。
　3．ガソリンを容器に詰め替えて販売するときは、顧客用固定注油設備を使用しなければならない。
　4．ガソリンを容器に詰め替えて販売するときは、使用目的を確認しなければならない。
　5．軽油を容器に詰め替えて販売するときは、顧客の本人確認をしなければならない。

【問7】法令上、給油取扱所（航空機、船舶及び鉄道給油取扱所を除く。）における危険物の取扱いの技術上の基準に適合しないものは、次のうちどれか。

☑ 1．自動車に給油するときは、自動車の原動機を停止させなければならない。
　2．油分離装置にたまった油は、あふれないように随時くみ上げなければならない。
　3．自動車に給油するときは、固定給油設備を使用して直接給油しなければならない。
　4．自動車の一部が給油空地からはみ出たままで給油するときは、防火上の細心の注意を払わなければならない。
　5．自動車の洗浄を行う場合は、引火点を有する液体の洗剤を使用してはならない。

〔問1〕**正解…4**

　4．給油空地は、漏れた危険物が浸透しない舗装でなければならない。

〔問2〕**正解…3**

　2．懸垂式の固定給油設備の給油空地は、ホース機器の下方にある、自動車等に直接
　　給油し、及び給油を受ける自動車等が出入りするための、間口10m以上、奥行6m
　　以上の空地をいう。

　4．「21．保有空地」78P 参照。

〔問3〕**正解…2**

　2．給油取扱所は保安距離を設ける必要はない。「20．保安距離」74P 参照。

　4．「33．標識・掲示板」129P 参照。

〔問4〕**正解…1**

　1．宿泊施設は設置できない。

　2．火災予防上の支障がない場合には、建築物の周囲の空地において物品販売等の業
　　務を行うことができる。

〔問5〕**正解…3（CとD）**

　C．ゲームセンターなどの遊技場は設置できない。

　D．立体駐車場は設置できない。この他、自動車の吹付塗装をする設備、ガソリンの
　　詰替えのための作業場（軽油・灯油は可）も設置できない。

〔問6〕**正解…4**

　1．ガソリン用携行容器は一般に金属製のものが多いが、ガソリンに対応したプラス
　　チック製（高密度ポリエチレン）のものも市販されている。ただし、プラスチック
　　製のものの最大容積は10L。

　2＆3．給油取扱所（セルフ含む）において、自動車の燃料タンク以外の容器にガソ
　　リンまたは軽油の詰め替え作業を行う場合、必ず従業員が行わなければならない。

　5．ガソリンを容器に詰め替えて販売する場合に、顧客の本人確認をしなければなら
　　ない。軽油は適用外。

〔問7〕**正解…4**

　2．「34．共通の基準〔1〕」132P 参照。

　4．自動車等の一部または全部が給油空地からはみ出たままで給油してはならない。

■構造・設備

◎顧客に自ら給油等をさせる給油取扱所（セルフ型スタンド）には、給油取扱所へ進入する際見やすい箇所に、**顧客が自ら給油等を行うことができる給油取扱所である**旨を表示すること。

◎顧客用固定給油設備は、顧客に自ら**自動車等**に**給油**させるための固定給油設備をいい、構造及び設備は次による。

顧客用固定給油設備の構造及び設備
①給油ノズルは、自動車等の**燃料タンクが満量**となったときに給油を**自動的に停止**する構造のものとすること。
②給油ホースは、著しい引張力が加わったときに**安全に分離し、分離した部分から漏えいを防止**する構造の給油ホースであること。
③ガソリン及び軽油相互の**誤給油を有効に防止**することができる構造のものとすること。
④**1回の連続した給油量及び給油時間の上限をあらかじめ設定**できる構造のものとすること。
⑤**地震時に危険物の供給を自動的に停止**できる構造であること。

◎固定給油設備及び固定注油設備並びに簡易タンクには、自動車等の衝突を防止するための措置を講ずること。

◎顧客用固定注油設備は、顧客に自ら灯油または軽油を容器に詰め替えさせるための固定注油設備をいう。

◎顧客用固定給油設備及び顧客用固定注油設備には、それぞれ**顧客が自ら自動車等に給油する**ことができる固定給油設備、または顧客が自ら危険物を容器に詰め替えることができる固定注油設備である旨を**見やすい箇所に表示する**とともに、その周囲の地盤面等に**自動車等の停止位置**または容器の置き場所等を**表示**すること。

◎顧客用固定給油設備及び顧客用固定注油設備にあっては、その給油ホース等の直近その他の見やすい箇所に、**ホース機器等の使用方法**及び**危険物の品目**を表示すること。この場合において、危険物の品目の表示は、次の表に定める文字及び彩色とすること。

「ハイオクガソリン」または「ハイオク」 …黄	「軽油」…緑
「レギュラーガソリン」または「レギュラー」…赤	「灯油」…青

◎顧客用固定給油設備及び顧客用固定注油設備以外の固定給油設備及び固定注油設備を設置する場合にあっては、**顧客が自ら用いることができない旨**を見やすい箇所に**表示**すること。

◎顧客自らによる給油作業または容器への詰替え作業（以下「顧客の給油作業等」という。）を監視し、及び制御し、並びに顧客に対し必要な指示を行うための制御卓（コントロールブース）その他の設備を設けること。ただし、制御卓は全ての顧客用固定給油設備及び顧客用固定注油設備における使用状況を、直接視認できる位置に設置すること。

◎顧客の給油作業等を制御するための可搬式の制御機器（タブレット端末等）を設ける場合にあっては「危険物の供給開始及び停止するための制御装置」、「危険物の供給を一斉に停止するための制御装置」を設けること。

◎顧客に自ら自動車等に給油させるための給油取扱所には、第3種泡消火設備を設置しなければならない。

■取扱いの基準

◎顧客用固定給油設備及び顧客用固定注油設備以外の固定給油設備または固定注油設備を使用して、顧客自らによる給油または容器への詰め替えを行わないこと。

◎顧客用固定給油設備の1回の給油量及び給油時間の上限を、顧客の1回当たりの給油量及び給油時間を勘案し、**適正な数値に設定**すること。

◎**制御卓**（コントロールブース）において、次に定めるところにより顧客自らによる給油作業または容器への詰め替え作業（顧客の給油作業等）を**監視**し、及び制御し、並びに顧客に対し必要な**指示**を行うこと。

制御卓（コントロールブース）での主な作業
①顧客の給油作業等を**直視等**により**適切に監視**すること。
②顧客の給油作業等が**開始**されるときは、**火気のないこと**、その他安全上支障のないことを確認した上で、制御装置を用いてホース機器への危険物の供給を開始し、顧客の**給油作業等が行える状態**にすること。
③顧客の給油作業等が**終了**したときは、制御装置を用いてホース機器への危険物の供給を停止し、顧客が**給油作業等を行えない状態**にすること。
④非常時その他安全上支障があると認められる場合は、**すべて**の固定給油設備及び固定注油設備のホース機器への**危険物の供給を一斉に停止**すること。
⑤制御卓には、顧客と容易に会話することができる装置を設けるとともに、給油取扱所内のすべての**顧客に対し必要な指示**を行うための放送機器を設けること。

▶構造・設備

【問1】 法令上、顧客に自ら自動車等に給油させる給油取扱所の位置、構造及び設備の技術上の基準について、次のうち誤っているものはどれか。[★★]

☑ 1．当該給油取扱所へ進入する際、見やすい箇所に顧客が自ら給油等を行うことができる旨の表示をしなければならない。

2．顧客用固定給油設備は、ガソリン及び軽油相互の誤給油を有効に防止することができる構造としなければならない。

3．顧客用固定給油設備の給油ノズルは、自動車等の燃料タンクが満量となったときに給油を自動的に停止する構造としなければならない。

4．顧客用固定給油設備には、顧客の運転する自動車等が衝突することを防止するための対策を施さねばならない。

5．当該給油取扱所は、建築物内に設置してはならない。

. . . .

【問2】 法令上、顧客に自ら給油等をさせる給油取扱所に表示しなければならない事項として、次のうち該当しないものはどれか。

☑ 1．顧客が自ら給油等を行うことができる給油取扱所である旨の表示

2．自動車等の進入路の表示

3．ホース機器等の使用方法の表示

4．危険物の品目の表示

5．顧客用固定給油設備以外の給油設備には、顧客が自ら用いることができない旨の表示

. . . .

▶取扱いの基準

【問3】 給油取扱所の用語の説明で、次のうち正しいものはどれか。

☑ 1．顧客用固定給油設備… 顧客に自ら自動車等に給油させるための固定給油設備をいう。

2．顧客用固定注油設備… 顧客に自ら灯油のみを容器に詰め替えさせるための固定注油設備をいう。

3．注油空地……………… ホース機器の周囲に設けられた、自動車等に直接給油し、及び給油を受ける自動車等が出入りするための、間口10m以上の空地をいう。

4．廃油タンク等………… 容量30,000L以下の廃油タンクその他の総務省令で定めるタンクをいう。

5．ポンプ室等…………… ポンプ室その他危険物を取り扱わない室をいう。

【問4】法令上、顧客に自ら給油等をさせる給油取扱所の取扱いの技術上の基準について、次のうち誤っているものはどれか。[★]

☑ 1. 顧客用固定給油設備を使用して、顧客に自ら自動車等に給油させることができる。

2. 顧客用固定給油設備を使用して、ガソリンを運搬容器に詰め替えさせることはできない。

3. 顧客用固定注油設備を使用して、移動貯蔵タンクに軽油を注入させることはできない。

4. 顧客用固定給油設備以外の固定給油設備を使用して、顧客に自ら自動車等に給油させることはできない。

5. 顧客用固定給油設備を用いた顧客の給油作業に対し、監視及び必要な指示を行う必要はない。

【問5】法令上、顧客に自ら自動車等に給油等をさせる給油取扱所における取扱いの技術上の基準について、次のうち誤っているものはどれか。[★]

☑ 1. 顧客用固定給油設備以外の固定給油設備を使用して、顧客自らによる給油を行わせることができる。

2. 顧客用固定給油設備の1回の給油量及び給油時間の上限を、それぞれ顧客の1回あたりの給油量及び給油時間を勘案して、適正な数値を設定しなければならない。

3. 顧客の給油作業が開始されるときは、火気のないこと、その他安全上支障のないことを確認した上で、制御装置を用いてホース機器への危険物の供給を開始し、顧客の給油作業が行える状態にしなければならない。

4. 制御卓で、顧客の給油作業を直視等により、適切に監視しなければならない。

5. 顧客の給油作業が終了したときは、制御装置を用いてホース機器への危険物の供給を停止し、顧客が給油作業を行えない状態にしなければならない。

〔問1〕 **正解…5**

　5．セルフ型スタンドを建築物内に設置してはならない、という規定はない。

〔問2〕 **正解…2**

　2．自動車等の進入路は表示しなくてもよい。ただし、顧客用固定給油設備の周囲の地盤面等には、自動車等の停止位置を表示する必要がある。また、給油ホース等の直近にホース機器等の使用方法及び危険物の品目（「レギュラー」「軽油」など）を表示すること。

〔問3〕 **正解…1**

　2．顧客に自ら灯油または軽油を容器に詰め替えさせるための固定注油設備をいう。

　3．設問は、給油空地についての説明である。注油空地は、ホース機器の周囲に設けられた、灯油もしくは軽油を容器に詰め替え、または車両に固定されたタンクに注入するための空地をいう。「30．給油取扱所の基準」112P 参照。

　4．廃油タンク等は、容量 10,000L 以下の廃油タンクその他の総務省令で定めるタンクをいう。「30．給油取扱所の基準」112P 参照。

　5．ポンプ室等は、ポンプ室その他危険物を取り扱う室をいう。「30．給油取扱所の基準」112P 参照。

〔問4〕 **正解…5**

　5．制御卓（コントロールブース）において、顧客自らによる給油作業または容器への詰め替え作業（顧客の給油作業等）を監視し、及び制御し、並びに顧客に対し必要な指示を行わなければならない。

〔問5〕 **正解…1**

　1．顧客用固定給油設備以外の固定給油設備を使用して、顧客自らによる給油を行わせてはならない。

32 販売取扱所の基準

■構造・設備

◎販売取扱所は、指定数量の倍数が 15 以下のものを**第一種**とし、指定数量の倍数が 15 を超え 40 以下のものを**第二種**と区分する。

◎構造及び設備の基準は、次のとおりとする。

共通	①第一種及び第二種販売取扱所（店舗）は、**建築物の1階**に設置すること。
	②窓または出入口にガラスを用いる場合は、**網入りガラス**とすること。
	③店舗部分の電気設備で、可燃性ガス等が滞留するおそれのある場所に設置する機器は**防爆構造**としなければならない。
第一種	①店舗部分や配合室の壁は**準耐火構造**とし、また、店舗部分（配合室含む）とその他の部分との**隔壁は耐火構造**とすること。
	②店舗部分の**はりは不燃材料**で造り、天井を設ける場合は、**天井も不燃材料**で造ること。
	③店舗部分に上階がある場合、**上階の床を耐火構造**とし、上階がない場合は**屋根を耐火構造**または**不燃材料**で造ること。
	④店舗部分の**窓及び出入口には防火設備**を設けること。
第二種	①壁、柱、床及びはりを耐火構造とし、天井を設ける場合はこれを不燃材料で造る。
	②店舗部分に上階がある場合、上階の床を耐火構造とし、上階がない場合は屋根を耐火構造で造ること。
	③店舗部分の延焼のおそれのない部分に限り**窓を設けることができる。窓には防火設備**を設ける。
	④店舗部分の出入口には防火設備を設ける。ただし、店舗部分のうち延焼のおそれのある壁またはその部分に設けられる出入口には、随時開けることができる自動閉鎖の特定防火設備を設けなければならない。

※「共通」の項は、第一種・第二種販売取扱所に共通する基準。
※第二種販売取扱所は、構造及び設備について第一種よりも厳しい規制がされている。

■配合室の構造・設備

◎床面積は、6m² 以上 10m² 以下であること。

◎床は、危険物が浸透しない構造とするとともに適当な傾斜を付け、かつ、貯留設備を設けること。

◎出入口には、随時開けることができる自動閉鎖の**特定防火設備**を設けること。

　※特定防火設備は、防火設備より更に高い防火性能を備えた防火戸をいう。

◎出入口のしきいの高さは、床面から **0.1m 以上**とすること。

◎内部に滞留した可燃性の蒸気または微粉を屋根上に排出する設備を設けること。

■取扱いの基準

◎危険物は、運搬容器の基準に適合する容器に収納し、かつ、**容器入りのままで販売**すること。

◎第一種及び第二種販売取扱所においては、**塗料類、第1類の危険物のうち塩素酸塩類もしくは塩素酸塩類のみを含有するもの、または硫黄**（第 2 類の危険物）等を配合室で配合する場合を除き、危険物の**配合または詰め替えを行わない**こと。

▶▶▶ 過去問題 ◀◀◀

【問 1】第一種販売取扱所と第二種販売取扱所の基準について、正しいもののみの組合せはどれか。

		第一種販売取扱所	第二種販売取扱所
☐	1.	指定数量の倍数が 15 以下のものをいう。	指定数量の倍数が 15 を超え 30 以下のものをいう。
	2.	店舗は建築物の 1 階または 2 階に設置することができる。	店舗は建築物の 1 階に設置すること。
	3.	危険物は容器入りのままで、販売すること。	危険物は販売室で小分けして販売することができる。
	4.	窓の位置に関する制限はない。	延焼のおそれのない部分に限り、窓を設けることができる。
	5.	危険物を配合する部屋は設けることができない。	危険物を配合する部屋を設けることができる。

【問 2】法令上、第一種及び第二種販売取扱所の位置、構造及び設備の技術上の基準について、次のうち誤っているものはどれか。

☐　1. 建物の 1 階に設置しなければならない。

　　2. 危険物を保管する場所に窓を設けてはならない。

　　3. 危険物を配合する室の床面積は、6 m² 以上 10m² 以下とすること。

　　4. 屋根は耐火構造とし、天井も不燃材料でつくること。

　　5. 見やすい箇所に、標識及び防火に関し必要な事項を掲示した掲示板を設けなければならない。

【問3】第二種販売取扱所について、次の文の（　）内に当てはまる法令で定められている数値として、正しいものはどれか。

「第二種販売取扱所とは、店舗において容器入りのままで販売するため指定数量の倍数が15を超え（　）以下の危険物を取り扱う取扱所をいう。」

☑　1．20　　　　　2．30　　　　　3．40　　　　　4．50　　　　　5．60

【問4】法令上、第一種販売取扱所の位置、構造及び設備の技術上の基準に定められていないものは、次のうちどれか。

☑　1．販売取扱所は、建築物の1階に設置すること。
　　2．販売取扱所の用に供する部分は、壁を準耐火構造とすること。ただし、販売取扱所の用に供する部分とその他の部分との隔壁は、耐火構造としなければならない。
　　3．販売取扱所の用に供する部分は、はりを不燃材料で造るとともに、天井を設ける場合にあっては、これを不燃材料で造ること。
　　4．販売取扱所の用に供する部分は、上階がある場合にあっては上階の床を耐火構造とし、上階のない場合にあっては屋根を防火構造とし、または不燃材料でふくこと。
　　5．危険物を配合する室の床は、危険物が浸透しない構造とするとともに、適当な傾斜を付け、かつ、貯留設備を設けること。

【問5】法令上、販売取扱所の区分並びに位置、構造及び設備の技術上の基準について、次のうち誤っているものはどれか。[★]

☑　1．販売取扱所は、指定数量の倍数が15以下の第一種販売取扱所と指定数量の倍数が15を超え40以下の第二種販売取扱所とに区分される。
　　2．第一種販売取扱所は、建築物の2階に設置することができる。
　　3．第一種販売取扱所には、見やすい箇所に第一種販売取扱所である旨を表示した標識及び防火に関し必要な事項を掲示した掲示板を設けなければならない。
　　4．危険物を配合する室の床は、危険物が浸透しない構造とするとともに、適当な傾斜を付け、かつ、貯留設備を設けなければならない。
　　5．建築物の第二種販売取扱所の用に供する部分には、当該部分のうち延焼のおそれのない部分に限り、窓を設けることができる。

【問6】法令上、販売取扱所における危険物の取扱いの技術上の基準について、次のA〜Dのうち、正しいものを組合せたものはどれか。

> A．危険物を配合する室以外の場所で配合又は詰替えを行うことはできない。
> B．危険物は容器入りのまま販売しなければならない。
> C．配合することができるのは第1類と第6類の危険物である。
> D．第一種販売取扱所では、危険物の配合を行うことはできない。

☑　1．AとB　　　2．AとD　　　3．BとC
　　4．BとD　　　5．CとD

▶ 解 説

〔問1〕正解…4
　1．第一種は指定数量の倍数が15以下のもの、第二種は指定数量の倍数が15を超え40以下のものをいう。
　2．第一種及び第二種販売取扱所は、建築物の1階にのみに設置できる。
　3．第一種及び第二種販売取扱所では、小分けして販売することはできない。
　5．第一種及び第二種販売取扱所は、配合室を設置できる。

〔問2〕正解…2
　2．第一種は「窓及び出入口には防火設備を設けること」、第二種は「店舗部分のうち延焼のおそれのない部分に限り、窓を設けることができるものとし、当該窓には防火設備を設けること」となっているため、窓を設けることができる。
　5．次項「33.標識・掲示板」参照。

〔問3〕正解…3
　「第二種販売取扱所とは、店舗において容器入りのままで販売するため指定数量の倍数が15を超え〈40〉以下の危険物を取り扱う取扱所をいう。」

〔問4〕正解…4
　4．第一種販売取扱所の用に供する部分は、上階がある場合にあっては上階の床を耐火構造とし、上階のない場合にあっては屋根を耐火構造または不燃材料で造ること。
　〔用語〕葺く：板や、かわらなどで屋根を覆い造ること。

〔問5〕正解…2
　2．第一種及び第二種販売取扱所は、建築物の1階にのみに設置できる。
　3．次項「33.標識・掲示板」参照。

〔問6〕正解…1（AとB）
　C＆D．第一種・第二種販売取扱所では、「塗料」、「第1類のうち塩素酸塩類」、「塩素酸塩類のみを含有するもの」または「第2類のうち硫黄もしくは硫黄のみを含有するもの」を配合室で配合する場合のみ、危険物の配合または詰替えができる。

33 標識・掲示板

■ 掲示板の設置
◎製造所等では、見やすい箇所に危険物の製造所・貯蔵所・取扱所である旨を表示した**標識**、及び防火に関して必要な事項を掲示した**掲示板**を設けること。

■ 標　識
◎製造所等（移動タンク貯蔵所を除く）の標識は、幅 0.3m 以上、長さ 0.6m 以上、色は地を白色、文字を黒色とし、製造所等の名称（「**危険物給油取扱所**」等）を記載すること。

◎移動タンク貯蔵所の標識は、0.3m 平方以上 0.4m 平方以下で、地を黒色とし文字を黄色の反射塗料で「危」と表示したものとする。また、この標識は車両の前後の見やすい箇所に掲げなければならない。

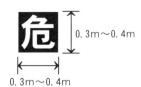

■ 掲示板
◎掲示板は、幅 0.3m 以上、長さ 0.6m 以上の、地を白色、文字を黒色とすること。
◎掲示板には、貯蔵し、または取り扱う危険物について、次の事項を表示すること。

①危険物の類別
②危険物の品名
③貯蔵最大数量または取扱最大数量
④指定数量の倍数
⑤危険物保安監督者の氏名または職名

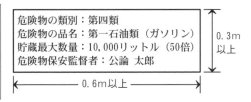

◎危険物の類別等を記載した掲示板の他に、危険物の性状に応じ、次に掲げる注意事項を表示した掲示板を設けること。
◎「禁水」は地を青色、文字を白色とし、「火気厳禁」「火気注意」は地を赤色、文字を白色とする。

掲示板	類別	物品
禁水 地 ⇒ 青 字 ⇒ 白	第 1 類	アルカリ金属の過酸化物
	第 2 類	鉄粉、金属粉、マグネシウム
	第 3 類	禁水性物品(黄リン以外)、アルキルアルミニウム、アルキルリチウム等
火気注意	第 2 類	引火性固体 以外

掲示板	類別	物品
火気厳禁 地 ⇒ 赤 字 ⇒ 白 （火気注意 も同色）	第 2 類	引火性固体
	第 3 類	自然発火性物質（リチウム以外）、アルキルアルミニウム、アルキルリチウム等
	第 4 類	**すべて**
	第 5 類	すべて

◎給油取扱所にあっては、**地を黄赤色（オレンジ色）、文字を黒色**として「給油中エンジン停止」と表示した掲示板を設けること。

▶▶▶ 過去問題 ◀◀◀

【問1】法令上、製造所等に設置する標識及び掲示板について、次のうち誤っているものはどれか。

☑ 1．アルカリ金属の過酸化物を除く第1類の危険物を貯蔵する屋内貯蔵所には、青地に白文字で「禁水」と記した掲示板を設置する。

2．引火性固体を除く第2類の危険物を貯蔵する屋内貯蔵所には、赤地に白文字で「火気注意」と記した掲示板を設置する。

3．給油取扱所には、黄赤地に黒文字で「給油中エンジン停止」と記した掲示板を設置する。

4．製造所には、白地に黒文字で製造所である旨を表示した標識を見やすい箇所に設置する。

5．移動タンク貯蔵所には、黒地の板に黄色の反射塗料で「危」と記した標識を車両の前後の見やすい箇所に掲げる。

【問2】法令上、製造所等に設ける標識、掲示板について、次のうち誤っているものはどれか。

☑ 1．給油取扱所には、「給油中エンジン停止」と表示した掲示板を設けなければならない。

2．第4類の危険物を貯蔵する地下タンク貯蔵所には、「取扱注意」と表示した掲示板を設けなければならない。

3．第5類の危険物を貯蔵する屋内貯蔵所には、「火気厳禁」と表示した掲示板を設けなければならない。

4．灯油を貯蔵する屋内タンク貯蔵所には、危険物の類別、品名及び貯蔵最大数量を表示した掲示板を設けなければならない。

5．移動タンク貯蔵所には、「危」と表示した標識を車両の前後の見やすい箇所に設けなければならない。

【問3】法令上、製造所等に設ける標識、掲示板について、次のうち誤っているものはどれか。[★]

☑ 1. 屋外タンク貯蔵所には、危険物の類別、品名及び貯蔵又は取扱最大数量、指定数量の倍数並びに危険物保安監督者の氏名又は職名を表示した掲示板を設けなければならない。

2. 移動タンク貯蔵所には、「危」と表示した標識を設けなければならない。

3. 第4類の危険物を貯蔵する地下タンク貯蔵所には、「取扱注意」と表示した掲示板を設けなければならない。

4. 給油取扱所には、「給油中エンジン停止」と表示した掲示板を設けなければならない。

5. 第4類の危険物を貯蔵する屋内貯蔵所には、「火気厳禁」と表示した掲示板を設けなければならない。

▶ 解 説

〔問1〕正解…1

1.「第1類の危険物のアルカリ金属の過酸化物」を貯蔵する屋内貯蔵所には、青地に白文字で「禁水」と記した掲示板を設置する。アルカリ金属の過酸化物は、水と激しく反応して多量の酸素を発生するため接触を避ける。

〔問2〕正解…2

2. 第4類の危険物を貯蔵・取り扱う製造所等に掲げる、危険物の性状に応じた掲示板は「火気厳禁」。

〔問3〕正解…3

◎製造所等においてする危険物の貯蔵または取扱いは、数量のいかんを問わず、法令で定める技術上の基準（共通の基準［1］・［2］）に従ってこれをしなければならない。

■すべてに共通する基準

◎製造所等において、許可もしくは届出に係る**品名以外**の危険物を貯蔵し、または取り扱わないこと。

◎製造所等において、許可もしくは届出に係る**数量（指定数量）を超える**危険物を貯蔵し、または取り扱わないこと。

◎製造所等においては、**みだりに火気を使用しない**こと。

※「みだりに」とは、正当な理由もなく、という意味。

◎製造所等には、**係員以外の者をみだりに出入り**させないこと。

◎製造所等においては、**常に整理及び清掃**を行うとともに、みだりに空箱その他の不必要な物件を置かないこと。

◎貯留設備または油分離装置にたまった危険物は、あふれないように**随時くみ上げる**こと。

◎危険物のくず、かす等は、**1日に1回以上**危険物の性質に応じて安全な場所で**廃棄**その他適当な処置をすること。

◎危険物を貯蔵し、または取り扱う建築物その他の工作物または設備は、危険物の性質に応じ、**遮光または換気**を行うこと。

◎危険物は、温度計、湿度計、圧力計その他の**計器を監視**して、当該危険物の性質に応じた**適正な温度、湿度または圧力**を保つように貯蔵し、または取り扱うこと。

◎危険物を貯蔵し、または取り扱う場合においては、危険物が**漏れ**、**あふれ**、または**飛散しないように必要な措置を講じる**こと。

◎危険物を貯蔵し、または取り扱う場合においては、危険物の変質、異物の混入等により、危険物の危険性が増大しないように必要な措置を講じること。

◎危険物が**残存**し、または**残存しているおそれがある**設備、機械器具、容器等を修理する場合は、安全な場所において、**危険物を完全に除去**した後に行うこと。

◎危険物を容器に収納して貯蔵し、または取り扱うときは、その**容器**は、当該危険物の**性質に適応**し、かつ、破損、腐食、さけめ等がないものであること。

◎危険物を収納した容器を貯蔵し、または取り扱う場合は、みだりに転倒させ、落下させ、衝撃を加え、または引きずる等粗暴な行為をしないこと。

◎可燃性の液体、蒸気もしくはガスが漏れ、もしくは滞留するおそれのある場所では、電線と電気器具とを完全に接続し、かつ、**火花を発する**機械器具、工具、履物等を使用しないこと。

◎危険物を保護液中に保存する場合は、危険物が**保護液から露出しない**ようにすること。

■類ごとの共通基準

類	物　品	技術上の基準
第1類	共通	・可燃物との接触・混合を避ける ・分解を促す物品との接近を避ける ・**過熱、衝撃、摩擦**を避ける
	アルカリ金属の過酸化物	・**水との接触**を避ける
第2類	共通	・酸化剤との接触・混合を避ける ・炎、火花、高温体との接近を避ける ・**過熱**を避ける
	鉄粉、金属粉、マグネシウム	・**水**または**酸との接触**を避ける
	引火性固体	・みだりに蒸気を発生させない
第3類	**自然発火性物品**	・炎、火花、高温体との接近を避ける ・**過熱**を避ける ・**空気との接触**を避ける
	禁水性物品	・**水との接触**を避ける
第4類	共通	・炎、火花、高温体との接近を避ける ・**過熱**を避ける ・みだりに蒸気を発生させない
第5類	共通	・炎、火花、高温体との接近を避ける ・**過熱、衝撃、摩擦**を避ける
第6類	共通	・可燃物との接触・混合を避ける ・分解を促す物品との接近を避ける ・**過熱**を避ける

▶すべてに共通する基準

【問1】法令上、製造所等における危険物の貯蔵及び取扱いのすべてに共通する技術上の基準について、次のうち誤っているものはどれか。

☑　1．製造所等においては、一切の火気を使用してはならない。

　　2．貯留設備又は油分離装置にたまった危険物は、あふれないように随時汲み上げること。

　　3．危険物が残存している容器等を修理する場合は、安全な場所において危険物を完全に除去した後に行わなければならない。

　　4．危険物のくず、かす等は1日に1回以上、当該危険物の性質に応じて、安全な場所で廃棄、その他適当な処置をしなければならない。

　　5．危険物を貯蔵し、又は取り扱う建築物その他の工作物又は設備は、危険物の性質に応じ、遮光又は換気を行わなければならない。

【問2】法令上、製造所等における危険物の貯蔵及び取扱いのすべてに共通する技術上の基準について、次のうち誤っているものはどれか。[★★★]

☑　1．製造所等においては、みだりに火気を使用してはならない。

　　2．油分離装置にたまった危険物は、希釈してから排出しなければならない。

　　3．製造所等においては、常に整理及び清掃を行うとともに、みだりに空箱その他不必要な物件を置いてはならない。

　　4．製造所等においては、許可もしくは届出に係る品名以外の危険物又はこれらの許可もしくは届出に係る数量もしくは指定数量の倍数を超える危険物を貯蔵し、又は取り扱ってはならない。

　　5．危険物を貯蔵し、又は取り扱う建築物その他の工作物又は設備は、当該危険物の性質に応じ、遮光又は換気を行わなければならない。

【問3】法令上、製造所等における危険物の貯蔵及び取扱いのすべてに共通する技術上の基準について、次のうち正しいものはどれか。[★★]

☑　1．危険物を保護液中に保存する場合は、当該危険物の一部を露出させておかなければならない。

　　2．製造所等では、許可された危険物と同じ類、同じ数量であれば、品名については随時変更することができる。

　　3．危険物のくず、かす等は、1週間に1回以上、当該危険物の性質に応じて、安全な場所で廃棄その他適当な処置をしなければならない。

　　4．廃油等を廃棄する場合は、焼却以外の方法で行わなければならない。

　　5．危険物は、原則として海中又は水中に流出させ、又は投下してはならない。

【問4】法令上、製造所等における危険物の貯蔵及び取扱いのすべてに共通する技術上の基準について、次のうち誤っているものはどれか。[★★]

☑ 1. 危険物を保護液中に保存する場合は、当該危険物が保護液から露出しないようにしなければならない。

2. 可燃性蒸気が滞留するおそれのある場所で、火花を発する機械器具、工具等を使用する場合は、注意して行わなければならない。

3. 屋外貯蔵タンク、地下貯蔵タンク又は屋内貯蔵タンクの元弁は、危険物を出し入れするとき以外は閉鎖しておかなければならない。

4. 危険物のくず、かす等は、1日1回以上安全な場所で廃棄等の処置をしなければならない。

5. 法別表第1に掲げる類を異にする危険物は、原則として同一の貯蔵所（耐火構造の隔壁で完全に区分された室が2以上ある貯蔵所においては、同一の室）で貯蔵してはならない。

▶類ごとの共通基準

【問5】危険物の貯蔵及び取扱いについて、法令上、危険物の類ごとに共通する技術上の基準が定められている。その基準において、「水との接触を避けること」と定められているものは、次のA～Eのうちいくつあるか。

☑ 1. 1つ
2. 2つ
3. 3つ
4. 4つ
5. 5つ

| A. 第1類のアルカリ金属の過酸化物 |
| B. 第2類の鉄粉、金属粉及びマグネシウム |
| C. 第3類の黄りん |
| D. 第4類の危険物 |
| E. 第5類の危険物 |

【問6】法令上、危険物の類ごとに共通する貯蔵及び取扱いの技術上の基準において、すべての危険物の類（第3類の危険物のうち禁水性物品を除く。）に共通して避けなければならないと定められているものは、次のうちどれか。

☑ 1. 過熱

2. 衝撃または摩擦

3. 水または酸との接触

4. 分解を促す物品との接近

5. 可燃物との接触もしくは混合

〔問1〕正解…1

　1．製造所等では火気をみだりに使用してはならないが、火気の使用すべてを禁止しているわけではない。

〔問2〕正解…2

　2．油分離装置にたまった危険物は、あふれないように随時くみあげること。廃棄する場合は、安全な場所で見張人をつけて焼却したり、危険物の性質に応じて安全な場所に埋没する。決して河川や下水道、海中などに流出させてはならない。次項「35. 共通の基準〔2〕」参照。

〔問3〕正解…5

　1．危険物を保護液中に保存する場合、危険物が保護液から露出しないようにすること。

　2．許可もしくは届出に係る品名以外の危険物を貯蔵し、または取り扱ってはならない。

　3．危険物のくず、かす等は、1日に1回以上、当該危険物の性質に応じて、安全な場所で廃棄その他適当な処置をしなければならない。

　4．廃油等を廃棄する場合は、安全な場所と方法で見張人をつければ焼却することができる。次項「35. 共通の基準〔2〕」参照。

　5．次項「35. 共通の基準〔2〕」参照。

〔問4〕正解…2

　2．可燃性蒸気が滞留するおそれのある場所では、火花を発する機械器具、工具等を使用してはならない。

　3＆5．次項「35. 共通の基準〔2〕」参照。

〔問5〕正解…2（A、B）

　A．第1類のアルカリ金属の過酸化物は、水との接触を避けること。水と反応して酸素 O_2 を発生する。

　B．第2類の鉄粉、金属粉及びマグネシウムは、水との接触を避けること。酸化熱で自然発火したり、水と反応して水素 H_2 を発生する。

　C．第3類の黄りんは自然発火性物質で、空気との接触を避けるため、水中で貯蔵する。

〔問6〕正解…1

　2．衝撃または摩擦…………………………第1類・第5類の危険物

　3．水または酸との接触…………………第2類（鉄粉等）

　4．分解を促す物品との接近……………第1類・第6類の危険物

　5．可燃物との接触もしくは混合………第1類・第6類の危険物

■貯蔵の基準

◎貯蔵所等において、危険物以外の物品を貯蔵した場合、発火や延焼拡大の危険性があることから、原則として、**危険物以外の物品を貯蔵してはならない**。

ただし、以下の場合、同時に貯蔵することができる。

> ①屋内貯蔵所または屋外貯蔵所において、危険物と危険物以外の物品とを**それぞれまとめて貯蔵**し、かつ、**相互に1メートル以上の間隔**をおく場合。
> ②屋外タンク貯蔵所、屋内タンク貯蔵所、地下タンク貯蔵所及び移動タンク貯蔵所において危険物と危険物以外の物品とそれぞれ貯蔵する場合。

※危険物以外の物品については省略。

◎法別表第1（6P参照）に掲げる**類を異にする危険物**は、原則として**同一の貯蔵所**（耐火構造の隔壁で完全に区分された室が2以上ある貯蔵所においては、同一の室）において**貯蔵しないこと**。

ただし、**屋内貯蔵所**または**屋外貯蔵所**において以下の危険物を**類別ごとにそれぞれとりまとめて貯蔵**し、かつ、**相互に1m以上の間隔**をおく場合、同時に貯蔵することができる。

同時に貯蔵できる危険物	
第1類 （アルカリ金属の過酸化物とその含有品を除く）	第5類
第1類	**第6類**
第2類	自然発火性物品（黄リンとその含有品のみ）
第2類（引火性固体）	**第4類**
アルキルアルミニウム等	第4類（アルキルアルミニウム等の含有品）
第4類（有機過酸化物とその含有品）	第5類（有機過酸化物とその含有品）
第4類	第5類（1-アリルオキシ-2・3-エポキシプロパンもしくは4-メチリデンオキセタン-2-オンまたはこれらのいずれかの含有品）

◎第3類の危険物のうち、黄リン等水中に貯蔵する物品と禁水性物質は**同一の貯蔵所**において**貯蔵しないこと**。

◎屋内貯蔵所においては、同一品名の自然発火するおそれのある危険物または災害が著しく増大するおそれのある危険物を多量に貯蔵するときは、**指定数量の10倍以下ごとに区分**し、かつ、**0.3m以上の間隔**を置いて貯蔵すること。

◎屋内貯蔵所及び屋外貯蔵所において、危険物を貯蔵する場合の容器の積み重ね高さは、3m（第4類の第3石油類、第4石油類、動植物油類を収納する容器のみを積み重ねる場合にあっては4m、機械により荷役する構造を有する容器のみを積み重ねる場合にあっては6m）を超えて容器を積み重ねない。

◎屋外貯蔵所において、危険物を収納した容器を架台で貯蔵する場合の貯蔵高さは、6m以下とする。

◎屋内貯蔵所、屋外貯蔵所における危険物の貯蔵は、原則として**基準に適合する容器に収納**する。ただし、屋内貯蔵所において**塊状の硫黄**等（硫黄または硫黄含有品）を貯蔵する場合はこの限りではない。

◎屋内貯蔵所においては、容器に収納して貯蔵する危険物の温度が **55℃を超えない**ように必要な措置を講ずること。

◎屋外貯蔵タンク、屋内貯蔵タンク、地下貯蔵タンクまたは簡易貯蔵タンクの**計量口**は、**計量するとき以外は閉鎖**しておく。

◎屋外貯蔵タンク、屋内貯蔵タンク、または地下貯蔵タンクの**元弁**（液体の危険物を移送するための配管に設けられた弁のうち**タンクの直近**にあるものをいう）及び注入口の弁またはふたは、**危険物を出し入れするとき以外は閉鎖**しておく。

◎屋外貯蔵タンクの周囲に設ける**防油堤の水抜口は通常閉鎖**しておき、防油堤内部に滞油または滞水した場合は、遅滞なくこれを排出する。

◎屋外貯蔵所においての塊状の硫黄等の貯蔵は、硫黄等を囲いの高さ以下に貯蔵し、あふれ、または飛散しないように囲い、全体を難燃性または不燃性のシートで覆い、シートを囲いに固定しておく。

■取扱いの基準

取扱	技術上の基準
製造	① 蒸留工程においては、圧力変動等により**液体・蒸気・ガスが漏れない**ようにすること。 ② 抽出工程においては、抽出罐（かん）の**内圧が異常に上昇しない**ようにすること。 ③ 乾燥工程においては、危険物の温度が**局部的に上昇しない方法**で加熱し、または乾燥すること。 ④ 粉砕工程においては、危険物の粉末が著しく浮遊し、または危険物の粉末が著しく機械器具等に附着している状態で当該機械器具等を取り扱わないこと。
詰替	① 危険物を容器に詰め替える場合は、総務省令で定めるところにより収納すること。 ② 危険物を詰め替える場合は、**防火上安全な場所**で行うこと。

消費	① 吹付塗装作業は、**防火上有効な隔壁等で区画された安全な場所**で行うこと。
	② 焼入れ作業は、危険物が**危険な温度に達しない**ようにして行うこと。
	③ 染色または洗浄の作業は、可燃性蒸気の換気をよくして行うとともに、廃液をみだりに**放置しないで安全に処置**すること。
	④ **バーナーを使用する場合においては、バーナーの逆火を防ぎ**、かつ、危険物があふれないようにすること。 ※逆火（ぎゃっか、さかび）とは、ガスの噴出速度よりも燃焼速度が速い、または燃焼速度は一定でも噴出速度が遅いなどで、炎がバーナーに戻る現象。
廃棄	① 焼却する場合は、安全な場所で、かつ、燃焼または爆発によって他に危害または損害を及ぼすおそれのない方法で行うとともに、**見張人**をつけること。
	② 埋没する場合は、危険物の性質に応じ、安全な場所で行うこと。
	③ 危険物は、**海中または水中に流出**させたり、または投下しないこと。

▶▶▶ 過去問題 ◀◀◀

【問1】法令上、製造所等における危険物の貯蔵・取扱い基準として、誤っているものはどれか。

A．危険物の残存している設備、機械器具、容器等を修理する際は、安全な場所において危険物を完全に除去した後に行うこと。

B．屋内貯蔵所で第2類の引火性固体と第4類の危険物を類別ごとにそれぞれとりまとめて貯蔵し、かつ相互に1m以上の間隔を置く場合は同時に貯蔵することができる。

C．屋内貯蔵所においては、容器に収納して貯蔵する危険物の温度が80℃を超えないように必要な措置を講ずること。

D．屋外貯蔵所において危険物を収納した容器を架台で貯蔵する場合の貯蔵の高さは、3m以下とすること。

☑　1．AとB　　2．AとD　　3．BとC　　4．BとD　　5．CとD

【問2】法令上、屋内貯蔵所の同一の室において、類の異なる危険物を相互に1メートル以上の間隔をおいて同時に貯蔵することができる組み合わせは、次のうちどれか。［★］

☑　1．第1類危険物と第4類危険物　　　2．第1類危険物と第6類危険物
　　3．第2類危険物と第5類危険物　　　4．第2類危険物と第6類危険物
　　5．第3類危険物と第5類危険物

【問3】 法令上、危険物の貯蔵及び取扱いについて、次のうち誤っているものはどれか。

☑ 1. 第3類の危険物のうち黄りんその他水中に貯蔵する物品と禁水性物品とは、同一の貯蔵所において貯蔵しないこと。

2. 抽出工程においては、抽出罐（かん）の内圧が異常に上昇しないようにしなければならない。

3. 焼入れ作業は、危険物が危険な温度に達する場合、消火器を準備して行わなければならない。

4. 焼却する場合は、安全な場所で、かつ、燃焼又は爆発によって他に危害又は損害を及ぼすおそれのない方法で行うとともに、見張人をつけなければならない。

5. 埋没する場合は、危険物の性質に応じ、安全な場所で行わなければならない。

【問4】 法令上、製造所等における危険物の取扱いの技術上の基準として、次のうち正しいものはどれか。[★]

☑ 1. 危険物を焼却して廃棄する場合には、見張人をつけること。ただし、安全な場所で、かつ、燃焼又は爆発によって他に危害又は損害を及ぼすおそれのない方法で行うときは、見張人をつけなくてよい。

2. 販売取扱所においては、危険物は店舗において容器入りのままで販売しなければならない。

3. 給油取扱所において自動車等に給油するときは、燃料タンクの位置が給油空地内にあれば、自動車等の一部が給油空地からはみ出したまま給油できる。

4. 危険物を詰め替える場合に、防火上安全な場所でないときは、消火器を配置しなければならない。

5. 移動貯蔵タンクから危険物を貯蔵し、又は取り扱うタンクに危険物を注入する場合に、移動タンク貯蔵所の原動機を停止させなければならない危険物は、特殊引火物だけである。

【問5】 法令上、製造所等における危険物の貯蔵及び取扱いのすべてに共通する技術上の基準について、次のうち誤っているものはどれか。

☑ 1. 屋外貯蔵タンク、屋内貯蔵タンク又は地下貯蔵タンクの元弁（液体の危険物を移送するための配管に設けられた弁のうちタンクの直近にあるものをいう。）及び注入口の弁又はふたは、危険物を入れ、又は出すとき以外は、閉鎖しておくこと。

2. 類を異にする危険物は、原則として同一の貯蔵所（耐火構造の隔壁で完全に区分された室が2以上ある貯蔵所においては、同一の室）で貯蔵してはならない。

3. 危険物のくず、かす等は、1日に1回以上危険物の性質に応じて安全な場所で廃棄その他適当な処置をしなければならない。

4. 廃油等は、いかなる場合であっても焼却して廃棄処理してはならない。

5. 屋外貯蔵タンク、屋内貯蔵タンク、地下貯蔵タンク又は簡易貯蔵タンクの計量口は、計量するとき以外は閉鎖しておくこと。

【問6】 危険物を容器で貯蔵する場合の貯蔵、取扱いの基準として、次のうち誤っているものはどれか。

☑ 1. 危険物の残存している容器等を修理する際は、安全な場所において危険物を完全に除去した後に行うこと。

2. 危険物を収納した容器を貯蔵し、又は取り扱う場合は、みだりに転倒させ、落下させ、衝撃を加え、又は引きずる等粗暴な行為をしないこと。

3. 収納する容器は危険物の性質に適応し、かつ、破損、腐食、さけめ等がないものであること。

4. 屋内貯蔵所においては、容器に収納して貯蔵する危険物の温度が55℃を超えないように必要な措置を講ずること。

5. 屋内貯蔵所及び屋外貯蔵所において危険物を貯蔵する場合においては、容器は絶対に積み重ねてはならない。

▶ 解 説

〔問1〕正解…5（CとD）

A.「34. 共通の基準〔1〕」132P 参照。

C. 屋内貯蔵所においては、容器に収納して貯蔵する危険物の温度が55℃を超えないように必要な措置を講ずること。

D. 屋外貯蔵所において、危険物を収納した容器を架台で貯蔵する場合の貯蔵高さは、6m以下とすること。

〔問2〕正解…2

2. 屋内貯蔵所または屋外貯蔵所においては、同じ酸化性物質である第1類と第6類の危険物を相互に1m以上の間隔をおいて同時に貯蔵することができる。

〔問3〕正解…3

3. 焼入れ作業は、危険物が危険な温度に達しないようにして行うこと。

〔問4〕正解…2

1. どんな場合でも、焼却して廃棄するときは見張人をつけなければならない。

3. 給油空地から車体がはみ出したまま給油してはならない。

4. 防火上安全な場所でなければ、危険物の詰め替え作業をしてはならない。

5. 引火点40℃未満の危険物を移動貯蔵タンクから別のタンクへ注入する場合、移動タンク貯蔵所の原動機を停止させなければならない。第4類危険物で引火点40℃未満の危険物は特殊引火物の他、第1石油類、アルコール類、第2石油類が該当する。

〔問5〕正解…4

4. 法令では、焼却による廃棄すべてを禁止しているわけではない。危険物を焼却する場合は、安全な場所で、かつ、他に危害等を及ぼすおそれのない方法で行うとともに、見張人をつけること。

〔問6〕正解…5

5. 屋内貯蔵所及び屋外貯蔵所において、危険物を貯蔵する場合の容器の積み重ね高さは、3m（第4類の第3石油類、第4石油類、動植物油類を収納する容器のみを積み重ねる場合にあっては4m、機械により荷役する構造を有する容器のみを積み重ねる場合にあっては6m）を超えて容器を積み重ねない。

36 運搬の基準

■運搬の基準の適用
◎危険物の運搬とは、トラックなどの車両によって危険物を運ぶことをいう。この運搬に関する技術上の基準は、指定数量未満の危険物にも適用される。
◎危険物の運搬には、届出や許可の義務がない。

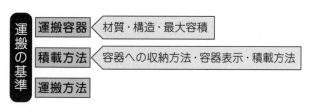

■運搬容器：材質・構造・最大容積
◎危険物は、容器に収納して運搬しなければならない。そのため、危険物の性状・危険性・数量等を考慮した材質・構造・最大容積等の運搬容器が政令により定められている。
◎運搬容器の材質は、鋼板、アルミニウム板、ブリキ板、ガラス等であること。
◎運搬容器の構造は、堅固で容易に破損するおそれがなく、かつ、その口から収納された危険物が漏れるおそれがないものでなければならない。
　※運搬容器の構造及び最大容積は、容器の区分に応じ細かく定められている。
◎運搬容器（機械により荷役する構造を有する容器を除く）は、告示で定める落下試験、気密試験、内圧試験及び積み重ね試験において、一定の基準に適合する性能を有すること。
◎機械により荷役する構造を有する容器は、告示で定める落下試験、気密試験、内圧試験、積み重ね試験、底部持ち上げ試験、頂部つり上げ試験、裂け伝播試験、引き落とし試験及び引き起こし試験において、一定の基準に適合する性能を有すること。
◎危険物は、危険性の程度に応じて危険等級Ⅰ・Ⅱ・Ⅲに区分され、危則別表第3の2により適合する容器が定められている。
　例）灯油・軽油（危険等級Ⅲ）⇒ ガラス容器、プラスチック容器、金属製容器

〔危険等級〕

類別	等級	品名等
第1類	Ⅰ	第1種酸化性固体
	Ⅱ	第2種酸化性固体
	Ⅲ	第3種酸化性固体
第2類	Ⅱ	第1種可燃性固体、硫化リン、**赤リン**、**硫黄**
	Ⅲ	第2種可燃性固体、Ⅱ以外のもの
第3類	Ⅰ	第1種自然発火性·禁水性物質、**カリウム**、**ナトリウム**、アルキルアルミニウム、アルキルリチウム、**黄リン**

類別	等級	品名等
第3類	Ⅱ	第2種自然発火性·禁水性物質、第3種自然発火性·禁水性物質、Ⅰ以外のもの
第4類	Ⅰ	**特殊引火物**
	Ⅱ	**第1石油類、アルコール類**
	Ⅲ	第2〜4石油類、動植物油類
第5類	Ⅰ	第1種自己反応性物質
	Ⅱ	第2種自己反応性物質
第6類	Ⅰ	すべて（**過塩素酸、過酸化水素、硝酸**）

■積載方法：容器への収納方法

◎危険物は、原則として**運搬容器に収納して積載**すること。ただし、塊状の硫黄等を運搬するため積載する場合、または危険物を一の製造所等から当該製造所等の存する敷地と同一の敷地内に存する他の製造所等へ運搬するため積載する場合は、この限りでない。

◎危険物は、温度変化等により危険物が漏れないように運搬容器を**密封して収納**すること。ただし、温度変化等により危険物からのガスの発生によって**運搬容器内**の圧力が上昇するおそれがある場合は、発生するガスが**毒性**または**引火性**を有する等の危険性があるときを除き、ガス抜き口（危険物の漏えい及び他の物質の浸透を防止する構造のものに限る）を設けた運搬容器に収納することができる。

◎危険物は、収納する危険物と危険な反応を起こさない等、**当該危険物の性質に適応した材質の運搬容器に収納**すること。

◎固体の危険物は、原則として運搬容器の内容積の**95%以下**の収納率で運搬容器に収納すること。

◎液体の危険物は、運搬容器の内容積の**98%以下**の収納率であって、かつ、55℃の温度において漏れないように十分な空間容積を有して運搬容器に収納すること。

◎ひとつの外装容器には、原則として**類を異にする危険物**を収納してはならない。

■積載方法：容器表示

◎危険物は、原則として**運搬容器の外部**に、危険物の品名、数量等、次に掲げる事項を**表示**して積載すること。

①危険物の品名	②危険等級	③化学名
④第4類の危険物のうち水溶性のものは「**水溶性**」		
⑤危険物の数量	⑥収納する危険物に応じた**注意事項**	

※機械により荷役する構造を有する運搬容器の外部には、上記に掲げるもののほか、**運搬容器の製造年月日及び製造者の名称**などを表示しなければならない。

◎「⑥収納する危険物に応じた注意事項」は、次のとおりとする。

類別等		品名	注意事項
第1類 酸化性固体		アルカリ金属の過酸化物、これらの含有品	「火気・衝撃注意」「禁水」「可燃物接触注意」
		その他のもの	「火気・衝撃注意」「可燃物接触注意」
第2類 可燃性固体		鉄粉、金属粉、マグネシウム、これらの含有品	「火気注意」「禁水」
		引火性固体	**「火気厳禁」**
		その他のもの	「火気注意」
第3類	自然発火性物品	すべて	「空気接触厳禁」「火気厳禁」
	禁水性物品	すべて	「禁水」
第4類 引火性液体		すべて	**「火気厳禁」**
第5類 自己反応性物質		すべて	「火気厳禁」「衝撃注意」
第6類 酸化性液体		すべて	「可燃物接触注意」

※第1類・アルカリ金属の過酸化物（過酸化カリウム、過酸化ナトリウム）は水と反応して酸素と熱を発生する。

■積載方法

◎危険物は、当該危険物が**転落**し、または危険物を収納した運搬容器が**落下**し、転倒し、もしくは破損しないように積載すること。

◎運搬容器は、**収納口を上方**に向けて積載すること。

◎第1類の危険物、第3類の危険物のうち自然発火性物品、第4類の危険物のうち**特殊引火物**、第5類の危険物または第6類の危険物は、日光の直射を避けるため**遮光性の被覆**で覆わなければならない。

◎危険物と高圧ガスとは、混載してはならない。ただし、内容量が120L未満の容器に充てんされた高圧ガスについては、この限りでない。

◎危険物は、同一車両において災害を発生させるおそれのある物品と**混載**しないこと。

◎第3類危険物の自然発火性物品にあっては、**不活性の気体を封入して密封する**等、空気と接しないようにすること。

◎同一車両において類を異にする危険物を運搬するとき、**混載してはならない危険物**は次のとおりとする（○混載可、×混載不可）。

	第1類	第2類	第3類	**第4類**	第5類	第6類
第1類		×	×	**✕**	×	○
第2類	×		×	○	○	×
第3類	×	×		○	×	×
第4類	**✕**	○	○		○	**✕**
第5類	×	○	×	○		×
第6類	○	×	×	**✕**	×	

◎上の表は、**指定数量の 1/10 以下の危険物**については、**適用しない**。
◎運搬車両において、危険物を収納した運搬容器を積み重ねる場合は、**高さ3m以下**で積載すること。

■**運搬方法**

◎危険物または危険物を収納した運搬容器が、**著しく摩擦**または**動揺**を起こさないように運搬すること。
◎**指定数量以上の危険物**を車両で運搬する場合には、次の規制がある。

> ①車両の前後の見やすい箇所に**標識を掲げる**こと。この標識は、0.3m 平方の黒色の板に黄色の反射塗料、その他反射性を有する材料で「**危**」と表示したものとする。
> ②積替え、休憩、故障等のため車両を一時停止させるときは、**安全な場所を選び**、かつ、運搬する**危険物の保安**に注意すること。
> ③**危険物に適応する消火設備を備える**こと。

◎危険物の運搬中、危険物が著しく漏れる等、**災害が発生する**おそれのある場合は、災害を防止するため応急の措置を講ずるとともに、最寄りの**消防機関**その他の関係機関に**通報**すること。
◎品名または指定数量を異にする2以上の危険物を運搬する場合において、当該運搬に係るそれぞれの危険物の数量を当該危険物の指定数量で除し、その商の和が1以上となるときは、指定数量以上の危険物を運搬しているものとみなす。

※ 指定数量以上の危険物を車両で**運搬**する場合であっても、**危険物取扱者の同乗は必要としない**。また運搬時は指定数量以下でも消防法が適用される。
※「**移送**」と「**運搬**」を混同しないこと。「移送」とは、タンクローリー（移動タンク貯蔵所）で危険物を運ぶことで、**危険物取扱者の同乗が必要**となる。
※「**運搬**」とは、ドラム缶や一斗缶等に詰められた危険物をトラック等に積んで運ぶことをいう。運搬する危険物の指定数量に関係なく、運搬するだけであれば危険物取扱者の同乗は必要ないが、**指定数量以上の危険物を運搬車両に積み卸し**する際は、危険物取扱者が自ら行うか、危険物取扱者の立会いが必要となる。

【問1】法令上、危険物を運搬する場合の技術上の基準について、次の文の下線部分（A）〜（E）のうち、誤っているものはどれか。

「危険物は、温度変化等により危険物が漏れないように運搬容器を (A) 密封して収納しなければならない。ただし、温度変化等により危険物からのガスの発生によって (B) 運搬容器内の圧力が上昇するおそれがある場合は、発生するガスが (C) 毒性又は (D) 酸化性を有する等の危険性があるときを除き、(E) ガス抜き口（危険物の漏えい及び他の物質の浸透を防止する構造のものに限る。）を設けた運搬容器に収納することができる。」

▢　1．A　　　2．B　　　3．C　　　4．D　　　5．E

....

【問2】法令上、指定数量未満の危険物について、次のうち正しいものはどれか。

▢　1．貯蔵及び取扱いの技術上の基準は、政令で定められている。
　　2．貯蔵し、又は取り扱う場所の消防用設備等の技術上の基準は、政令で定められている。
　　3．運搬するための容器の技術上の基準は、政令で定められている。
　　4．車両で運搬する場合は、当該車両に標識を掲げるよう政令で定められている。
　　5．車両で運搬する場合は、消火設備を設置するよう政令で定められている。

....

▶積載方法：容器への収納方法

【問3】法令上、危険物の運搬に関する、運搬容器及び技術上の基準として、次のA〜Dのうち、正しいもののみの組合せはどれか。

> A．運搬容器の材質は、ガラス製は認められてない。
> B．運搬容器の性能は、原則として落下試験等の基準に適合したものでなければならない。
> C．運搬容器の外部には収納する危険物に応じた注意事項を表示しなければならない。
> D．危険物を収納した運搬容器を積み重ねる場合は、高さ4m以下としなければならない。

▢　1．A、B、C　　　2．A、C　　　3．A、C、D
　　4．B、C　　　5．B、D

....

147

【問4】法令上、危険物の運搬について、次のうち正しいものはどれか。

- ☑ 1．品名又は指定数量を異にする2以上の危険物を運搬することはできない。
  2．指定数量未満の危険物を運搬する場合は、積載方法の技術上の基準は適用されない。
  3．運搬容器は、その構造及び最大容積が定められている。
  4．危険物を収納した運搬容器を積み重ねる場合は、高さ4m以下で積載すること。
  5．運搬容器の外部には、品名、数量、消火方法等を表示しなければならない。

▶積載方法：容器表示

【問5】法令上、危険物を収納する運搬容器の外部に表示しなければならない事項で、次のうち危険物の品名とその危険等級の組み合わせとして、誤っているものはどれか。

		危険物の品名	危険等級
☑	1．	ジエチルエーテル	Ⅰ
	2．	ガソリン	Ⅱ
	3．	灯油	Ⅱ
	4．	重油	Ⅲ
	5．	シリンダー油	Ⅲ

【問6】法令上、危険物の運搬容器の外部に危険等級Ⅱと表示するものは、次のうちどれか。ただし、最大容積が2.2L以下の運搬容器を除く。[★]

- ☑ 1．硫黄　　　　　2．黄りん　　　　　3．過塩素酸
  4．カリウム　　　5．特殊引火物

【問7】法令上、危険物を運搬するための容器の外部に「火気厳禁」及び「衝撃注意」の注意事項を表示しなければならないものは、次のうちどれか。

- ☑ 1．第4類の危険物
  2．禁水性物品
  3．第5類の危険物
  4．自然発火性物品
  5．第6類の危険物

【問8】法令上、危険物を運搬する場合、原則として運搬容器の外部に行う表示として定められていないものは、次のうちどれか。[★]

☑ 1．危険物の品名、危険等級及び化学名
2．第4類の危険物のうち、水溶性の性状を有するものにあっては「水溶性」
3．危険物の数量
4．収納する危険物に応じた消火方法
5．収納する危険物に応じた注意事項

▶積載方法・運搬方法

【問9】法令上、危険物の運搬に関する技術上の基準で危険物を積載する場合、運搬容器を積み重ねる高さの制限として定められているのは、次のうちどれか。[★]

☑ 1．1m以下　　　2．2m以下　　　3．3m以下
4．4m以下　　　5．5m以下

【問10】法令上、指定数量の10分の1を超える数量の危険物を車両で運搬する場合、混載が禁止されているものは、次のうちどれか。[★★]

☑ 1．第1類危険物と第4類危険物　　　2．第2類危険物と第4類危険物
3．第2類危険物と第5類危険物　　　4．第3類危険物と第4類危険物
5．第4類危険物と第5類危険物

【問11】法令上、危険物の運搬の基準について、次のうち誤っているものはどれか。

☑ 1．指定数量以上の危険物を車両で運搬するときは、危険物取扱者を乗車させなければならない。
2．指定数量以上の危険物を車両で運搬するときは、当該危険物に適応する消火設備を備えなければならない。
3．指定数量以上の危険物を車両で運搬するときは、車両の前後の見やすい箇所に標識を掲げなければならない。
4．危険物又は危険物を収容した運搬容器が、著しく摩擦又は動揺を起こさないように運搬しなければならない。
5．運搬容器を積み重ねて運搬する場合、積み重ねる高さが3m以下になるように積載しなければならない。

【問12】法令上、危険物を運搬する場合、日光の直射を避けるため遮光性の被覆で覆わなければならないものは、次のうちどれか。

☑ 1．ジエチルエーテル　　　2．アセトン　　　3．ガソリン
4．ベンゼン　　　5．エタノール

【問13】 法令上、危険物の運搬について、次のうち正しいものはどれか。

☑ 1．指定数量以上の危険物を車両で運搬する場合には、0.3 メートル平方の地が黒色の板に白色の反射塗料で「危」と表示した標識を、車両の前後の見やすい箇所に掲げなければならない。

2．指定数量の 1/10 未満の危険物を運搬する場合は、運搬容器の技術上の基準は適用されない。

3．塊状の硫黄を運搬する場合は、運搬方法の技術上の基準は適用されない。

4．指定数量未満の危険物を運搬する場合は、積載方法の技術上の基準は適用されない。

5．指定数量以上の危険物を車両で運搬する場合において、積替、休憩、故障等のため車両を一時停止させるときは、安全な場所を選び、かつ、運搬する危険物の保安に注意しなければならない。

【問14】 法令上、危険物の運搬に関する技術上の基準について、次のうち正しいものはどれか。

☑ 1．車両で危険物を運搬する場合、その量にかかわらず標識を掲げなければならない。

2．指定数量以上の危険物を車両で運搬する場合、警報設備を設置しなければならない。

3．指定数量以上の危険物を車両で運搬する場合、所轄の消防長又は消防署長に届け出をしなければならない。

4．類を異にする危険物は、混載することはできない。

5．機械により荷役する構造を有する運搬容器の外部には、運搬容器の製造年月日及び製造者の氏名を表示しなければならない。

▶ **解 説**

〔問1〕正解…4（D）

「危険物は、温度変化等により危険物が漏れないように運搬容器を〈Ⓐ 密封〉して収納しなければならない。ただし、温度変化等により危険物からのガスの発生によって〈Ⓑ 運搬容器内〉の圧力が上昇するおそれがある場合は、発生するガスが〈Ⓒ 毒性〉又は〈Ⓓ 引火性〉を有する等の危険性があるときを除き、〈Ⓔ ガス抜き口〉（危険物の漏えい及び他の物質の浸透を防止する構造のものに限る。）を設けた運搬容器に収納することができる。」

〔問2〕正解…3

1＆2．「指定数量未満の危険物の貯蔵及び取扱いの技術上の基準」、「指定数量未満
の危険物を貯蔵し、又は取り扱う場所の消防用設備等の技術上の基準」は市町村条
例により定められている。「4．危険物の指定数量」14P参照。

3．政令により「運搬容器」について定められており、指定数量の倍数に関係なく遵
守しなければならない。

4＆5．指定数量未満の危険物の場合、どちらも必要としない。指定数量以上の危険
物を車両で運搬する場合、「危」と表示した標識を当該車両の前後の見やすい箇所
に掲げ、当該危険物に適応する消火設備を備え付けなければならない。ともに「運
搬方法」として政令で定められている。

〔問3〕正解…4（B、C）

A．運搬容器の材質として、鋼板、アルミニウム板、ブリキ板、ガラス等などがある。

B．運搬容器（機械により荷役する構造を有する容器を除く）は、告示で定める落下
試験、気密試験、内圧試験及び積み重ね試験において、一定の基準に適合する性能
を有すること。

C．運搬容器の外部に表示すべき事項は①危険物の品名、②危険等級、③化学名、④
第4類危険物のうち水溶性のものは「水溶性」、⑤危険物の数量、⑥収納する危険
物に応じた注意事項、の6項目である。

D．「4m以下」⇒「3m以下」。

〔問4〕正解…3

1．類を異にする危険物の混載は、類の組み合わせによって可・不可がある。また、
指定数量の1/10以下の危険物を運搬する場合は混載可である。

2．指定数量未満の危険物であっても、積載方法の技術上の基準が適用される。

4．「4m以下」⇒「3m以下」。

5．運搬容器の外部には、原則として、品名、数量、注意事項等を表示する。消火方
法を表示する必要はない。

〔問5〕正解…3

3．灯油（第2石油類）は危険等級Ⅲ。

〔問6〕正解…1

1．硫黄（第2類）は、危険等級Ⅱ。

2～5．黄りん（第3類）、過塩素酸（第6類）、カリウム（第3類）、特殊引火物（第
4類）は、すべて危険等級Ⅰである。

〔問7〕正解…3

1．第4類 ……………「火気厳禁」

2．禁水性物品 …………「禁水」

3．第5類 ……………「火気厳禁」「衝撃注意」

4．自然発火性物品 ……「空気接触厳禁」「火気厳禁」

5．第6類 ……………「可燃物接触注意」

〔問8〕正解…4

4．運搬容器の外部には、収納する危険物に応じた消火方法を表示する必要はない。

〔問9〕正解…3

3．運搬車両において、危険物を収納した運搬容器を積み重ねる場合は、高さ3m以下で積載すること。

〔問10〕正解…1

1．第4類危険物は、第1類及び第6類危険物と混載してはならない。第1類は酸化性固体で第6類は酸化性液体であり、いずれも酸素を多量に含有している。これらと第4類の引火性液体が混載されると、火災が発生しやすくなる。

〔問11〕正解…1

1．指定数量以上の危険物を車両で運搬する場合であっても、危険物取扱者の乗車は必要としない。ただし、指定数量以上の危険物の積み卸しをする際には、危険物取扱者が自ら行うか、立ち会わなければならない。

〔問12〕正解…1

第1類、第3類のうち自然発火性物品、第4類のうち特殊引火物、第5類及び第6類の危険物は、日光の直射を避けるため遮光性の被覆で覆わなければならない。

1．ジエチルエーテル…………………………特殊引火物
2～4．アセトン、ガソリン、ベンゼン……第1石油類
5．エタノール…………………………………アルコール類

〔問13〕正解…5

1．指定数量以上の危険物を車両で運搬する場合には、0.3メートル平方の地が黒色の板に黄色の反射塗料で「危」と表示した標識を、車両の前後の見やすい箇所に掲げなければならない。

2．指定数量の1/10未満の危険物でも、運搬容器の技術上の基準に適合した運搬容器でなければならない。

3．塊状の硫黄を運搬する場合も、運搬方法の技術上の基準が適用される。

4．指定数量未満の危険物であっても、積載方法の技術上の基準が適用される。

〔問14〕正解…5

1．指定数量以上の危険物を車両で運搬する場合、車両の前後の見やすい箇所に「危」の標識を掲げる。

2．危険物を運搬する車両に警報設備の設置は必要ない。指定数量以上の危険物を車両で運搬する場合、当該危険物に適応する消火器を備え付ける。

3．指定数量以上の危険物を車両で運搬する場合でも、届け出等は必要ない。

4．類を異にする危険物の混載は、類の組み合わせによって可・不可がある。また、指定数量の1/10以下の危険物を運搬する場合は混載可である。

■種 類

◎消火設備は、消火能力の大きさなどにより、第1種から第5種までの5つに区分するものとする。

区 分	消火設備の種類		
第1種	◎**屋内消火栓設備**	◎**屋外消火栓設備**	
第2種	◎**スプリンクラー設備**		
第3種	◎水蒸気消火設備 ◎不活性ガス消火設備	◎水噴霧消火設備 ◎**ハロゲン化物消火設備**	◎**泡消火設備** ◎粉末消火設備
第4種	◎大型消火器		
第5種	◎**小型消火器** ◎膨張真珠岩	◎**乾燥砂** ◎水バケツ	◎**膨張ひる石** ◎水槽

◎「エアゾール式簡易消火具」は消火設備に含まれない。消火器とは別の技術上の規格が定められている。

■所要単位と能力単位

◎**所要単位**とは、製造所等に対して、どのくらいの消火能力を有する消火設備が必要なのかを定める単位をいう。建築物その他の工作物の規模または危険物の量により、以下の表で算出する。

◎**能力単位**とは、所要単位に対応する消火設備の消火能力の基準の単位をいう。

製造所等の構造及び危険物		1所要単位当たりの数値
製造所 取扱所	耐火構造	延べ面積 100m^2
	不燃材料	延べ面積 50m^2
貯蔵所	耐火構造	延べ面積 150m^2
	不燃材料	延べ面積 75m^2
屋外の製造所等		外壁を耐火構造とし、水平最大面積を建坪とする建物とみなして算定する。
危険物		**指定数量の 10 倍**

◎例えば、耐火構造で造られた製造所(延べ面積300m^2)で、ガソリン2,000Lを貯蔵し、または取り扱う場合、ガソリンの指定数量の倍数は2,000L ÷ 200L = 10で所要単位は1、また延べ面積の所要単位は300m^2 ÷ 100m^2 = 3となり、合計すると所要単位は4となる。

◎電気設備に対する消火設備は、電気設備のある場所の**面積100m^2** ごとに1個以上設けるものとする。

■設備基準（一部抜粋）

◎製造所等に消火設備を設置する場合において、その設備基準は次のとおりとする。

◎表中の第3種*印の消火設備の消火剤の量は、**防護対象物の火災を有効に消火することができる量以上の量**となるようにする。

区 分	消火設備の種類	設備基準		
第1種	屋内消火栓設備	ホース接続口は、建築物の各階ごとに、その階の各部分から一のホース接続口までの水平距離が**25m以下**となるように設置。		
	屋外消火栓設備	ホース接続口は、防護対象物の各部分から一のホース接続口までの水平距離が**40m以下**となるように設置。		
第2種	スプリンクラー設備	スプリンクラーヘッドは、防護対象物の天井または小屋裏に、当該防護対象物の各部分から一のスプリンクラーヘッドまでの水平距離が**1.7m以下**となるように設置。		
第3種	水蒸気消火設備	蒸気放出口は、タンクにおいて貯蔵し、または取り扱う危険物の火災を有効に消火できるように設置。		
	水噴霧消火設備	噴霧ヘッドは、防護対象物のすべての表面を噴霧ヘッドから放射する水噴霧によって有効に消火することができる空間内に包含するように設置。		
	泡消火設備*	固定式		泡放出口等は、防護対象物等に応じて、標準噴射量で、防護対象物の火災を有効に消火することができるよう必要な個数を適当な位置に設置。
		移動式	屋内設置	泡消火栓は、各階ごとに、その階の各部分から一のホース接続口までの水平距離が25m以下となるように設置。
			屋外設置	泡消火栓は、防護対象物の各部分から一のホース接続口までの水平距離が40m以下となるように設置。
	不活性ガス消火設備* ハロゲン化物消火設備* 粉末消火設備*	固定式		噴霧ヘッドは、防護対象物の火災を有効に消火することができるように設置。
		移動式		ホース接続口は、防護対象物の各部分から一のホース接続口までの水平距離が**15m以下**となるように設置。
第4種	大型消火器	防護対象物の各部分から一の消火設備に至る**歩行距離が30m以下**となるように設置。		

154

| 第5種 | 小型消火器
乾燥砂
膨張ひる石
膨張真珠岩
水バケツ
水槽 | **地下タンク貯蔵所**
簡易タンク貯蔵所
移動タンク貯蔵所
給油取扱所、販売取扱所 | **有効に消火**すること
ができる**位置**に設置。 |
| | | **上記以外の製造所等**にあっては、防護対象物の各部分から一の消火設備に至る**歩行距離**が**20m以下**となるように設置。 |

※防護対象物とは、当該消火設備によって消火すべき製造所等の建築物、その他の工作物及び危険物をいう。

■ 消火の困難性による基準

◎消火設備は、製造所等の規模、形態、危険物の種類、指定数量の倍数等から、製造所等の消火の困難性に応じて、政令第20条第1項1号・2号・3号で次のように設置するよう定めている（一部省略）。

区　　　分	消火設備				
	第1種	第2種	第3種	第4種	第5種
1 著しく消火が困難	どれか1つ設置			必ず設置	必ず設置
2 消火が困難	−	−	−	必ず設置	必ず設置
3 その他の製造所等 （1・2以外のもの）	−	−	−	−	必ず設置

■ 1 著しく消火が困難な製造所等

▶例1：製造所では、延べ面積1,000m² 以上のところ等が該当する。

　　　　この場合、第1種、第2種または第3種消火設備をその放射能力範囲が当該製造所を包含するように設けなければならない（製造所では更に細かい設置基準が規定されている。詳細は省略）。

▶例2：給油取扱所では、顧客に自ら給油等をさせるものが該当する。

　　　　この場合、第3種の固定式泡消火設備をその放射能力範囲が危険物を包含するように設けなければならない。更にセルフ式では、第4種の消火設備をその放射能力範囲が建築物その他の工作物及び危険物（第3種の消火設備により包含されるものを除く）を包含するように設け、並びに第5種の消火設備をその能力単位の数値が危険物の所要単位の数値の5分の1以上になるように設けなくてはならない。

■ ②消火が困難な製造所等
　▶例3：製造所では、延べ面積600m² 以上 1,000m² 未満のところ等が該当する。また、給油取扱所では屋内給油取扱所が該当する。

　　これらの場合、第4種の消火設備をその放射能力範囲が建築物その他の工作物及び危険物を包含するように設け、並びに第5種の消火設備をその能力単位の数値が危険物の所要単位の数値の5分の1以上になるように設けなくてはならない。

■ ③その他の製造所等
◎製造所等の面積、指定数量の倍数に関わらず、**第5種消火設備のみを設置すればよ**い施設は、**地下タンク貯蔵所、移動タンク貯蔵所、簡易タンク貯蔵所、第一種販売取扱所**である。

製造所等	設置対象	設置する消火設備
地下タンク貯蔵所	すべて	第5種の消火設備を2個以上
移動タンク貯蔵所	すべて	**自動車用消火器で、以下のいずれかを2個以上** ・霧状の強化液（充填量8L 以上） ・不活性ガス（充填量 3.2kg 以上） ・**消火粉末（充填量 3.5kg 以上）** ※アルキルアルミニウムに関わるものを除く
簡易タンク貯蔵所 **第一種販売取扱所**	すべて	第5種の消火設備 ※ただし、第1〜3種又は第4種の消火設備が設置されてる場合、その有効範囲部分の第5種消火設備の能力単位を5分の1まで減ずることができる
製造所 屋内貯蔵所 屋外タンク貯蔵所 屋内タンク貯蔵所 屋外貯蔵所 給油取扱所 一般取扱所	① ②以外	

■消火設備と適応する危険物の火災（ポイント）

◎建築物その他の工作物や電気設備、危険物（第4類～第6類）の火災に適応する消火設備は、次のとおりである。

◎例えば、水消火器（棒状）は第5類及び第6類危険物の火災には適応するが、第4類危険物の火災には適応しない。また、泡消火器は第4類・5類・6類危険物の火災には適応するが、電気設備の火災は感電の危険があるため、適応しない。

消火設備の区分			建築物その他の工作物	電気設備	第4類	第5類	第6類
第1種	屋内または屋外消火栓設備		○	−	−	○	○
第2種	スプリンクラー設備		○	−	−	○	○
第3種（消火設備）	水蒸気または水噴霧消火設備		○	○	○	○	○
	泡消火設備		○	−	○	○	○
	不活性ガス消火設備		−	○	○	−	−
	ハロゲン化物消火設備		−	○	○	−	−
	粉末消火設備	（りん酸塩類等）	○	○	○	−	○
		（炭酸水素塩類等）	−	○	○	−	−
		（その他のもの）	−	−	−	−	−
第4種（大型消火器）または第5種（小型消火器）	水消火器	（棒状）	○	−	−	○	○
		（霧状）	○	○	−	○	○
	強化液消火器	（棒状）	○	−	−	○	○
		（霧状）	○	○	○	○	○
	泡消火器		○	−	○	○	○
	二酸化炭素消火器		−	○	○	−	−
	ハロゲン化物消火器		−	○	○	−	−
	粉末消火器	（りん酸塩類等）	○	○	○	−	○
		（炭酸水素塩類等）	−	○	○	−	−
		（その他のもの）	−	−	−	−	−
第5種	水バケツまたは水槽		○	−	−	○	○
	乾燥砂		−	−	○	○	○
	膨張ひる石または膨張真珠岩		−	−	○	○	○

第5種 消火設備の乾燥砂・膨張ひる石・膨張真珠岩は、第1類から第6類のすべての危険物に適応する。 ←

参考：第4類の火災に、第4種・第5種の水消火器（霧状）が適応しないのに対し、第3種の水蒸気または水噴霧消火設備が適応するのは、①水滴が非常に小さく分布が均一なため、蒸発しやすく熱を奪う効果が高い ②気化時の体積膨張率が約1,650倍のため、燃焼面を覆って酸素を遮断する等の理由による。水消火器（霧状）は、放射距離を確保するため、水の粒子にある程度の大きさが必要となる。

参考：電気設備の火災に対して第3種の水蒸気または水噴霧消火設備が適応するのは、上記の① ②に加えて、③水粒子が細分化されるため電気絶縁度が高くなるためである。

▶種　類

【問1】法令上、製造所等に設置する消火設備の区分について、次のうち誤っている
ものはどれか。

☐　1．第1種の消火設備……………………………屋内消火栓設備
　　2．第2種の消火設備……………………………スプリンクラー設備
　　3．第3種の消火設備……………………………ハロゲン化物消火設備
　　4．第4種の消火設備……………………………屋外消火栓設備
　　5．第5種の消火設備……………………………乾燥砂

....

【問2】法令上、消火設備の区分について、第1種、第3種、第4種、第5種の消火
設備に該当するものの組合せとして、次のうち正しいものはどれか。[編]

	第1種	第3種	第4種	第5種
1.	屋外消火栓設備	泡消火設備	消火粉末を放射する大型の消火器	膨張ひる石
2.	不活性ガス消火設備	水蒸気消火設備	泡消火設備	膨張真珠岩
3.	スプリンクラー設備	屋外消火栓設備	強化液を放射する小型の消火器	水バケツ
4.	屋内消火栓設備	スプリンクラー設備	泡を放射する小型の消火器	乾燥砂
5.	ハロゲン化物消火設備	粉末消火設備	泡を放射する大型の消火器	膨張ひる石

....

【問3】法令上、製造所等に設置する消火設備の区分について、次のうち誤っている
ものはどれか。

☐　1．屋内消火栓設備は、第1種消火設備である。
　　2．乾燥砂は第5種消火設備である。
　　3．泡消火設備は、第2種消火設備である。
　　4．地下タンク貯蔵所には、第5種の消火設備を2個以上設ける。
　　5．電気設備に対する消火設備は、電気設備のある場所の面積100m² ごとに1
　　　個消火設備を設ける。

....

【問4】法令上、製造所等に設置する消火設備の区分について、次のうち第5種の消火設備に該当しないものはどれか。

☑ 1．膨張ひる石　　　2．泡を放射する大型の消火器　　　3．水槽
　　4．膨張真珠岩　　　5．粉末を放射する小型の消火器

▶消火設備と適応する危険物の火災

【問5】法令上、危険物とその火災に適応する第5種の消火設備との組合せで、次のうち誤っているものはどれか。[★★]

☑ 1．第4類、第5類、第6類の危険物 ……水消火器（棒状）
　　2．第4類、第5類、第6類の危険物 ……強化液消火器（霧状）
　　3．第4類の危険物 ……………………二酸化炭素消火器
　　4．第4類、第5類、第6類の危険物 ……泡消火器
　　5．第4類の危険物 ……………………粉末消火器（炭酸水素塩類等）

【問6】法令上、危険物の類とその類に属するすべての物質の火災に適応する消火器の組み合わせとして、次のうち正しいものはどれか。

		危険物	消火器
☑	1.	第1類	霧状の強化液を放射する消火器
	2.	第2類	泡を放射する消火器
	3.	第3類	ハロゲン化物を放射する消火器
	4.	第5類	二酸化炭素を放射する消火器
	5.	第6類	りん酸塩類の消火粉末を放射する消火器

【問7】政令別表第5に掲げる対象物の区分に応じた、その消火に適応する第3種の消火設備の組合せとして、次のうち誤っているものはどれか。[★]

☑ 1．建築物その他の工作物 ……… りん酸塩類等を使用する粉末消火設備
　　2．第4類の危険物 …………… 水噴霧消火設備
　　3．電気設備 ………………… ハロゲン化物消火設備
　　4．建築物その他の工作物 ……… 炭酸水素塩類等を使用する粉末消火設備
　　5．第4類の危険物 …………… 不活性ガス消火設備

【問8】 法令上、次のA～Gに掲げる第5種の消火設備のうち、すべての危険物の消火に適応するものの組合せはどれか。[編]

- [ ] 1．A、B
- 2．B、E
- 3．C、D
- 4．C、G
- 5．D、F

> A．霧状の強化液を放射する消火器
> B．泡消火剤を放射する消火器
> C．乾燥砂
> D．膨張ひる石
> E．リン酸塩類等の消火粉末を放射する消火器
> F．二酸化炭素を放射する消火器
> G．炭酸水素塩類等の消火粉末を放射する消火器

▶所要単位と能力単位

【問9】 法令上、次の文の（　）内に当てはまる数値はどれか。[★]

「製造所等に設ける消火設備の所要単位の計算方法は、危険物に対しては指定数量の（　）倍を1所要単位とする。」

- [ ] 1．5
- 2．10
- 3．50
- 4．100
- 5．150

【問10】 法令上、製造所等に消火設備を設置する場合の所要単位を計算する方法として、次のうち誤っているものはどれか。ただし、製造所等は他の用に供する部分を有しない建築物に設けるものとする。[★★]

- [ ] 1．外壁が耐火構造の製造所の建築物は、延べ面積100m² を1所要単位とする。
- 2．外壁が耐火構造でない製造所の建築物は、延べ面積50m² を1所要単位とする。
- 3．外壁が耐火構造の貯蔵所の建築物は、延べ面積150m² を1所要単位とする。
- 4．外壁が耐火構造でない貯蔵所の建築物は、延べ面積75m² を1所要単位とする。
- 5．危険物は、指定数量の100倍を1所要単位とする。

▶設置基準

【問11】 法令上、貯蔵し、又は取り扱う危険物の品名や数量に関係なく、第5種の消火設備のみを設置すればよい製造所等は、次のうちどれか。

- [ ] 1．地下タンク貯蔵所
- 2．屋内貯蔵所
- 3．屋外貯蔵所
- 4．製造所
- 5．一般取扱所

【問 12】法令上、製造所等に消火設備を設置する場合の、所要単位と能力単位について、次のうち誤っているものはどれか。

☑ 1. 所要単位とは、製造所等に対して、どのくらいの消火能力を有する消火設備が必要なのかを定める単位である。
2. 能力単位とは、所要単位に対応する消火設備の消火能力の基準の単位である。
3. 危険物は指定数量の 10 倍を 1 所要単位とする。
4. 外壁が耐火構造の製造所及び取扱所の建築物は、延べ面積 100m² を 1 所要単位とする。
5. 外壁が耐火構造でない貯蔵所の建築物は、延べ面積 150m² を 1 所要単位とする。

. . . .

【問 13】法令上、消火設備の技術上の基準等について、次のうち誤っているものはどれか。

☑ 1. 消火設備は第 1 種から第 6 種までに区分されている。
2. 危険物は、指定数量の倍数の 10 を 1 所要単位とすること。
3. 給油取扱所においては、有効に消火することができる位置に第 5 種の消火設備を設けること。
4. 地下タンク貯蔵所においては、第 5 種の消火設備を 2 個以上設置すること。
5. 移動タンク貯蔵所においては、自動車用の粉末消火器の場合は、充てん量 3.5kg 以上のものを 2 個以上設置すること。

▶ 解 説

〔問 1〕正解…4
4. 屋外消火栓設備は第 1 種の消火設備である。第 4 種は大型消火器が該当する。

〔問 2〕正解…1
第 1 種…屋外消火栓設備、屋内消火栓設備
第 2 種…スプリンクラー設備
第 3 種…泡消火設備、水蒸気消火設備、ハロゲン化物消火設備、粉末消火設備、不活性ガス消火設備
第 4 種…大型の消火器
第 5 種…小型の消火器、膨張ひる石、膨張真珠岩、水バケツ、乾燥砂

〔問 3〕正解…3
3. 泡消火設備は第 3 種の消火設備である。

〔問４〕**正解…２**

　２．泡を放射する大型の消火器は、第４種の消火設備に該当する。

〔問５〕**正解…１**

　１．第４類の危険物の火災に対し、棒状の水消火器は適応しない。第４類危険物の多くは水より軽く、水に溶けない性質がある。このため、水をかけるとその表面に油膜として広がり、燃焼範囲も広くなる。

〔問６〕**正解…５**

　１．第１類危険物のアルカリ金属およびアルカリ土類金属の過酸化物に対しては、水系（水・強化液・泡）の消火器は適応しない。

　２．第２類危険物の「鉄粉・金属粉・マグネシウム」に対しては、水系（水・強化液・泡）の消火器は適応しない。

　３．第３類危険物に対しては、ハロゲン化物消火器は適応しない。

　４．第５類危険物に対しては、二酸化炭素消火器は適応しない。二酸化炭素消火器が適応するのは、第４類と第２類の引火性固体のみである。

〔問７〕**正解…４**

　４．「建築物その他の工作物」に適応する第３種の消火設備は、水蒸気または水噴霧消火設備、泡消火設備、りん酸塩類等の粉末消火設備である。

〔問８〕**正解…３（Ｃ、Ｄ）**

　Ａ＆Ｂ．水系（水・強化液・泡）の消火器は、第１類のアルカリ金属およびアルカリ土類金属の過酸化物、第３類の禁水性物質の火災に適応しない。

　Ｅ．リン酸塩類等の粉末消火器は、第１類のアルカリ金属およびアルカリ土類金属の過酸化物、第２類の鉄粉や金属粉等、第３類、第５類の火災に適応しない。

　Ｆ．二酸化炭素消火器が適応するのは、第４類と第２類の引火性固体のみである。

　Ｇ．炭酸水素塩類等の粉末消火器が適応するのは、第１類のアルカリ金属およびアルカリ土類金属の過酸化物、第２類の鉄粉や金属粉等、引火性固体、第３類の禁水性物品、第４類の危険物である。

〔問９〕**正解…２**

　「製造所等に設ける消火設備の所要単位の計算方法は、危険物に対しては指定数量の〈10〉倍を１所要単位とする。」

〔問10〕**正解…５**

　５．危険物は、指定数量の10倍を１所要単位とする。

〔問11〕**正解…１**

　１．地下タンク貯蔵所には、第５種の消火設備を２個以上設ける。

〔問12〕**正解…５**

　５．外壁が耐火構造でない貯蔵所の建築物は、延べ面積 $75m^2$ を１所要単位とする。

〔問13〕**正解…１**

　１．消火設備は第１種から第５種までに区分されている。

38 警報設備

■警報設備の設置

◎指定数量の倍数が10以上の危険物を貯蔵し、または取り扱う製造所等（**移動タンク貯蔵所を除く**）は、火災が発生した場合に自動的に作動する火災報知設備その他の警報設備を設けなければならない。

◎警報設備は、次のとおり区分する。

①自動火災報知設備		②消防機関に報知ができる電話
③非常ベル装置	④拡声装置	⑤警鐘（けいしょう）

〔設置すべき警報設備が①自動火災報知設備の製造所等〕 ※

製造所	一般取扱所	**屋内貯蔵所**
屋外タンク貯蔵所	屋内タンク貯蔵所	**給油取扱所**

※自動火災報知設備設置の要・不要は、延べ面積・指定数量等の基準によって、より詳細に定められている。

〈対象となるものの例〉

・延べ面積が500m^{2}以上の製造所及び一般取扱所

・給油取扱所のうち、「**一方開放の屋内給油取扱所**」、「**上部に上階を有する屋内給油取扱所**」 等

◎〔設置すべき警報設備が①自動火災報知設備の製造所等〕以外の製造所等（移動タンク貯蔵所と移送取扱所を除く）で、指定数量の倍数が10以上のものにあっては、警報設備の②〜⑤のうち1種類以上を設ける。

▶▶▶ 過去問題 ◀◀◀

【問1】法令上、警報設備の設置義務について、次の文の（ ）にあてはまる数値は、次のうちどれか。

「指定数量の倍数が（ ）以上の危険物を取り扱う製造所等（移動タンク貯蔵所を除く）では、警報設備の設置が義務付けられている。」

☑ 1．5　　2．10　　3．20　　4．30　　5．50

【問2】法令上、指定数量の倍数が10以上の製造所等で、警報設備を設置しなければならないものから除かれているのは、次のうちどれか。[★]

☑ 1．一般取扱所　　2．屋内貯蔵所　　3．簡易タンク貯蔵所
4．移動タンク貯蔵所　　5．給油取扱所

【問3】法令上、警報設備を設置しなければならない製造所等として、次のうち正しいものの組み合わせはどれか。

☑ 1．AとB
2．AとC
3．BとE
4．CとD
5．DとE

| A．指定数量の倍数が5の製造所 |
| B．指定数量の倍数が5の一般取扱所 |
| C．指定数量の倍数が20の屋内タンク貯蔵所 |
| D．指定数量の倍数が20の給油取扱所 |
| E．指定数量の倍数が20の移動タンク貯蔵所 |

....

【問4】法令上、貯蔵し、又は取り扱う危険物の指定数量の倍数が10の製造所等で、警報設備のうち自動火災報知設備を設置しなければならないものとして、次のA〜Dのうち正しいもののみを組み合せたものはどれか。

| A．延べ面積が500m² 以上の製造所 |
| B．移動タンク貯蔵所 |
| C．タンク専用室を平家建以外の建築物等に設ける屋内タンク貯蔵所で、著しく消火が困難と認められるもの |
| D．屋内給油取扱所以外の給油取扱所 |

☑ 1．AとB　　2．AとC　　3．AとD
4．BとD　　5．CとD

....

【問5】指定数量の10倍以上の危険物を貯蔵し、または取り扱う製造所等（移動タンク貯蔵所を除く）には警報設備を設置しなければならないが、次のうちで警報設備に該当しないものはどれか。

☑ 1．発煙筒　　　　　　　　　　　2．自動火災報知設備
3．消防機関に報知ができる電話　　4．非常ベル装置
5．警鐘

▶ 解 説

〔問1〕正解…2
「指定数量の倍数が〈10〉以上の危険物を取り扱う製造所等（移動タンク貯蔵所を除く）では、警報設備の設置が義務付けられている。」

〔問2〕正解…4
4．移動タンク貯蔵所は警報設備を設置しなくてもよい。

〔問3〕正解…4（CとD）
移動タンク貯蔵所を除き、指定数量の倍数が10以上の危険物を貯蔵し、又は取り扱う製造所等は、警報設備を設置しなければならない。

〔問4〕正解…2（AとC）

　B．移動タンク貯蔵所は、自動火災報知設備を含む警報設備の設置対象外である。

　D．給油取扱所のうち、「一方開放の屋内給油取扱所」、「上部に上階を有する屋内給油取扱所」が対象となる。

〔問5〕正解…1

　1．発煙筒は警報設備として定められていない。

39 措置命令・許可の取消・使用停止命令

■措置命令

◎**市町村長等**は、次に該当する事項が発生した場合、製造所等の所有者、管理者または占有者（**所有者等**）に対し、該当する**措置を命ずる**ことができる。

〔措置命令の種類〕

命令	該当事項
危険物の貯蔵・取扱基準遵守命令	製造所等での危険物の**貯蔵・取扱い**が技術上の基準に違反しているとき。
危険物施設の基準適合命令**（修理、改造又は移転の命令）**	製造所等の**位置・構造・設備**が技術上の基準に違反しているとき（製造所等の所有者等で権原を有するものに対して行う）。
危険物保安統括管理者または**危険物保安監督者の解任命令**	危険物保安統括管理者もしくは危険物保安監督者が消防法もしくは消防法に基づく命令の規定に違反したとき、またはこれらの者にその業務を行わせることが**公共の安全の維持**もしくは**災害の発生の防止**に支障を及ぼすおそれがあると認めるとき。
予防規程変更命令	火災予防のため必要があるとき。
危険物施設の応急措置命令	危険物の流出その他の事故が発生したときに**応急の措置**を講じていないとき。
移動タンク貯蔵所の応急措置命令	管轄する区域にある移動タンク貯蔵所について、危険物の流出その他の事故が発生したとき。

■無許可貯蔵等の危険物に対する措置命令

◎市町村長等は、指定数量以上の危険物について、仮貯蔵・仮取扱いの承認や製造所等の許可を受けないで貯蔵し、または取り扱っている者に対し、**危険物の除去、災害防止のための必要な措置**について命ずることができる。

■緊急使用停止命令

◎市町村長等は、公共の安全の維持または災害の発生の防止のため**緊急の必要**があると認めるときは、製造所等の所有者、管理者または占有者（所有者等）に対し、施設の使用を**一時停止**すべきことを命じ、またはその**使用を制限**することができる。

■危険物取扱者免状の返納命令

◎危険物取扱者が消防法の規定に違反しているとき（＊）は、危険物取扱者免状を交付した**都道府県知事**は、危険物取扱者に対し**免状の返納**を命ずることができる。

＊保安講習を受講していない場合等が該当する。

■罰金または拘留となる違反

◎罰金や拘留で、許可の取消し、または使用停止命令の対象とならないものは、次のとおりである（一部）。

- 製造所等の**譲渡・引渡し・廃止**の届出義務違反
- 危険物の品名・数量・指定数量の倍数変更の届出義務違反
- 危険物保安統括管理者及び危険物保安監督者の**選任・解任**の届出義務違反
- 製造所等における危険物取扱者以外の者の危険物の取扱い（甲種・乙種危険物取扱者の立会いがない場合）
- 予防規程の**変更命令違反**
- 予防規程の**作成認可の規定違反**

■許可の取消しまたは使用停止命令

◎市町村長等は、製造所等の所有者、管理者または占有者（所有者等）が次のいずれかに該当するときは、その製造所等について**設置許可の取消し**、または期間を定めて施設の**使用停止**を命ずることができる。

該当事項	
無許可変更	位置・構造・設備を**無許可で変更**したとき。
完成検査前使用	完成検査済証の**交付前に使用**したとき、または仮使用の承認を受けないで使用したとき。
措置命令違反	**位置・構造・設備に係る措置命令**に違反したとき。**（修理、改造または移転命令違反）**
保安検査未実施	政令で定める屋外タンク貯蔵所または移送取扱所の保安の検査を受けないとき。
定期点検未実施	定期点検の実施、記録の作成・保存がなされていないとき。

■使用停止命令

◎市町村長等は、製造所等の所有者、管理者または占有者（所有者等）が次のいずれかに該当するときは、その製造所等について期間を定めて施設の**使用停止**を命ずることができる。

該当事項	
貯蔵取扱基準 遵守命令違反	**危険物の貯蔵・取扱い基準の遵守命令に違反したとき**。ただし、移動タンク貯蔵所については、市町村長の管轄区域において、その命令に違反したとき。
未選任等	**危険物保安統括管理者**を定めないとき、またはその者に危険物の保安に関する業務を統括管理させていないとき。
	危険物保安監督者を定めないとき、またはその者に危険物の取扱作業に関して**保安の監督をさせていないとき**。
解任命令違反	危険物保安統括管理者または危険物保安監督者の**解任命令に違反**したとき。 業務を行わせることが、**公共の安全の維持**もしくは**災害の発生の防止**に**支障を及ぼすおそれがある**と認めたとき。

■立入検査

◎**市町村長等**は、危険物の貯蔵または取扱いに伴う火災の防止のため必要があると認めるときは、指定数量以上の危険物を貯蔵し、または取り扱っていると認められるすべての場所（貯蔵所等）の所有者等に対し、資料の提出を命じ、もしくは報告を求め、または当該消防事務に従事する職員を立ち入らせ、**検査**、質問、もしくは危険物を収去させることができる。

※「収去」とは、あるものを一定の場所から取り去ること。

※ 立入検査の拒否または資料提出命令等違反の場合、30万円以下の罰金または拘留。

◎**消防長**または**消防署長**は、火災予防のために必要があるときは、関係者に対して資料の提出を命じ、もしくは報告を求め、または当該消防職員にあらゆる仕事場、工場もしくは公衆の出入する場所等に立ち入って、消防対象物の位置、構造、設備及び管理の状況を検査させ、もしくは関係のある者に質問させることができる。ただし、消防職員は、関係のある場所に立ち入る場合においては、市町村長の定める証票を携帯しなければならない。

▶措置命令と各種命令

【問1】法令上、市町村長等から製造所等の修理、改造又は移転を命ぜられる場合は、次のうちどれか。[★]

☑　1．公共の安全の維持又は災害の発生の防止のため緊急の必要があると認められたとき。

2．製造所等の位置、構造及び設備を変更しないで、貯蔵し、又は取り扱う危険物の数量を減少したとき。

3．移動タンク貯蔵所による危険物の移送方法が法令に定める基準に適合していないとき。

4．製造所等の位置、構造及び設備が法令に定める技術上の基準に適合していないとき。

5．製造所等における危険物の貯蔵及び取扱いの方法が法令に定める技術上の基準に適合していないとき。

【問2】法令上、製造所等における法令違反と、それに対し市町村長等から受ける命令等として、次の組合せのうち誤っているものはどれか。[★★]

☑　1．製造所等の位置、構造及び設備が技術上の基準に違反しているとき。
　　　　　　　　　　　　　　　　　　……… 製造所等の修理、改造又は移転命令

2．製造所等おける危険物の貯蔵又は取扱いの方法が、危険物の貯蔵、取扱いの技術上の基準に違反しているとき。　……危険物の貯蔵、取扱基準遵守命令

3．製造所等において危険物の流出その他の事故が発生したときに、所有者等が応急措置を講じていないとき。　………………危険物施設の応急措置命令

4．公共の安全の維持又は災害発生の防止のため、緊急の必要があるとき。
　　　　　　　　　………………… 製造所等の一時使用停止命令又は使用制限命令

5．危険物保安監督者が、その業務を怠っているとき。
　　　　　　　　　………………… 危険物の取扱作業の保安に関する講習の受講命令

【問3】法令上、製造所等又は危険物の所有者等に対し、市町村長等から発令される命令として、次のうち誤っているものはどれか。[★]

☑　1．危険物の貯蔵・取扱基準の遵守命令

2．製造所等の使用停止命令

3．危険物施設保安員の解任命令

4．予防規程の変更命令

5．無許可貯蔵等の危険物に対する除去命令

▶許可の取消
【問4】市町村長等から出される許可の取消しに該当するものは次のうちどれか。

☑　1．製造所等の位置、構造又は設備を無許可で変更したとき。

　　2．危険物の貯蔵、取扱い基準の遵守命令に違反したとき。

　　3．危険物保安監督者を定めないとき又はその者に危険物の取扱作業に関して保安の監督をさせていないとき。

　　4．危険物保安統括管理者又は危険物保安監督者の解任命令に違反したとき。

　　5．危険物保安統括管理者を定めないとき又はその者に危険物の保安に関する業務を統括管理させていないとき。

【問5】法令上、市町村長等から製造所等の許可の取消しまたは使用の停止を命ぜられる事由に該当しないものは、次のうちどれか。

☑　1．保安に関する検査の対象となる製造所等において、その検査を受けていなかったとき。

　　2．市町村長等からの製造所に対する修理、改造又は移転命令に従わなかったとき。

　　3．定期点検を実施しなければならない製造所等において、定期点検を実施していないとき。

　　4．製造所等の設備の変更許可を受けて工事を行い、完成検査を受けないで使用したとき。

　　5．危険物施設保安員を選任しなければならない製造所等において、危険物施設保安員を選任していなかったとき。

▶使用停止命令
【問6】法令上、製造所等が市町村長等から使用停止を命ぜられる事由となるものは、次のうちどれか。

☑　1．製造所等の予防規程の一部を市町村長等の認可を受けずに変更したとき。

　　2．危険物保安監督者を定めなければならない製造所等において、それを定めていないとき。

　　3．危険物施設保安員を定めなければならない製造所等において、それを定めていないとき。

　　4．製造所等を譲り受けた所有者等が市町村長等へその旨を届出しないとき。

　　5．製造所等に対する市町村長等の立入検査を拒んだとき。

【問7】法令上、次のA～Eのうち、危険物保安監督者を定めなければならない製造所等において、市町村長等から製造所等の使用停止を命ぜられる事由に該当するものの組合せはどれか。

> A．危険物保安監督者を定めていなかったとき。
> B．危険物保安監督者の業務を遂行することが公共の安全の維持若しくは、災害の発生の防止に支障があると認められるとき。
> C．危険物保安監督者が危険物の取扱作業の保安に関する講習を受講していないとき。
> D．危険物保安監督者を定めていたが、その届出を怠っていたとき。
> E．危険物保安監督者を定めていたが、その者に保安の監督をさせていないとき。

- ☑ 1．A、B
- 2．A、E
- 3．B、C
- 4．C、D
- 5．D、E

▶ 解 説

〔問1〕正解…4

1．市町村長等から製造所等の一時使用停止命令又は使用制限がなされる場合がある。

2．「7. 変更の届出」29P 参照。危険物の品名、数量または指定数量の倍数の変更の届出義務違反に該当。

3．「28. 移動タンク貯蔵所の基準」100P 参照。移送の基準不適合に該当する。

4．危険施設の基準適合命令（修理、改造又は移転の命令）の対象となる。この命令に従わない場合、許可の取消し、または使用停止を命じられることがある。

5．貯蔵・取扱基準遵守命令の対象となる。

〔問2〕正解…5

4．「緊急使用停止命令」に該当する。

5．業務を怠るのは消防法違反となるため、市町村長等から「危険物保安監督者の解任命令」を受ける。

〔問3〕正解…3

3．市町村長等は、製造所等の所有者等に対し、危険物保安統括管理者または危険物保安監督者の解任を命ずることができる。しかし、危険物施設保安員の解任については法令で規定されていない。

〔問4〕正解…1

1．無許可変更…許可の取消しまたは使用停止命令。

2．貯蔵取扱基準遵守命令違反…使用停止命令。

3．危険物保安監督者の未選任…使用停止命令。

　　危険物の取扱作業に関して保安の監督をさせていないとき…使用停止命令。

4．危険物保安統括管理者・危険物保安監督者の解任命令違反…使用停止命令。

5．危険物保安統括管理者の未選任及び、危険物の保安に関する業務を統括管理させ
　ていないとき…使用停止命令。

〔問5〕正解…5

1．保安検査未実施…許可の取消しまたは使用停止命令。

2．措置命令違反…許可の取消しまたは使用停止命令。

3．定期点検未実施…許可の取消しまたは使用停止命令。

4．完成検査前使用…許可の取消しまたは使用停止命令。

5．危険物施設保安員の未選任は、許可の取消しや使用停止命令の対象とはならない。

〔問6〕正解…2

1．予防規程の作成認可の規定違反は罰金等の対象となる。

2．危険物保安監督者の未選任…使用停止命令。

3．危険物施設保安員の未選任は、使用停止命令の対象とはならない。

4．製造所等の譲受人または引渡しを受けた者は、遅滞なくその旨を市町村長等に届
　け出なければならない。これに違反（製造所等の譲渡・引渡の届出義務違反）すると、
　罰金等の対象となる。

5．立入検査の拒否…30万円以下の罰金または拘留。

〔問7〕正解…2（A、E）

B．危険物保安監督者の業務を遂行することが公共の安全の維持若しくは、災害の発
　生の防止に支障があると認められるとき…解任命令（市町村長等から製造所等の所
　有者等に対して行われる）。

C．危険物保安監督者が、危険物の取扱作業の保安に関する講習（保安講習）を受講
　していない場合、都道府県知事から免状の返納を命じられる場合がある。施設の使
　用停止を命じられる事由には該当しない。

D．危険物保安監督者の選任・解任の届出義務違反は罰金等の対象となる。

■事故発生時の応急措置と措置命令

◎製造所、貯蔵所または取扱所（「製造所等」という）の所有者等は、製造所等について、**危険物の流出その他の事故が発生**したときは、直ちに、引き続く危険物の流出及び拡散の防止、流出した危険物の除去その他災害の発生の防止のための**応急の措置**を講じなければならない。

◎事故を発見した者は、直ちに、その旨を**消防署、市町村長の指定した場所、警察署**または**海上警備救難機関**に通報しなければならない。

◎市町村長等は、応急の措置を講じていないと認めるときは、これらの者に対し、同項の応急の措置を講ずべきことを**命ずる**ことができる（危険物施設についての応急措置命令）。

《参考》 火災を発見した場合

消防法（第24条）

> ①火災を発見した者は、遅滞なくこれを消防署又は市町村長の指定した場所に通報しなければならない。
> ②すべての人は、通報が最も迅速に到達するように協力しなければならない。

消防法（第25条）

> ①火災が発生したときは、当該消防対象物の関係者その他総務省令で定める者（※）は、消防隊が火災の現場に到着するまで消火若しくは延焼の防止又は人命の救助を行わなければならない。
> ② ①の場合においては、火災の現場附近に在る者は、①に掲げる者の行う消火若しくは延焼の防止又は人命の救助に協力しなければならない。
> ③火災の現場においては、消防吏員又は消防団員は、当該消防対象物の関係者その他総務省令で定める者（※）に対して、当該消防対象物の構造、救助を要する者の存否その他消火若しくは延焼の防止又は人命の救助のため必要な事項につき情報の提供を求めることができる。

※総務省令で定める者：火災を発生させた者、火災の発生に直接関係がある者、火災が発生した消防対象物の居住者または勤務者をいう（消防法施行規則第46条）。

【問1】 法令上、製造所等において、火災又は危険物の流出等の災害が発生した場合の応急の措置等について、次のうち誤っているものはどれか。[★]

☑ 1. 所有者等は、火災が発生したときは、直ちに火災現場に対する給水のため、公共水道の制水弁を開かなければならない。

2. 所有者等は、危険物の流出等の事故が発生したときは、直ちに引き続く危険物の流出の防止その他災害防止のための応急措置を講じなければならない。

3. 危険物保安監督者は、火災等の災害が発生した場合は、作業者を指揮して応急の措置を講じなければならない。

4. 所有者等は、火災が発生したときは、危険物施設保安員に、危険物保安監督者と協力して、応急の措置を講じさせなければならない。

5. 危険物の流出、その他の事故を発見した者は、直ちに、その旨を消防署等に通報しなければならない。

....

【問2】 法令上、製造所等において危険物の流出等の事故が発生した場合の措置について、次のうち誤っているものはどれか。[★]

☑ 1. 引き続く危険物の流出を防止しなければならない。

2. 可燃性蒸気の滞留している場所において危険物を除去する場合は、火花を発する機械器具、工具などの使用に関して、引火防止に十分に気をつけなければならない。

3. 災害の拡大を防止するための応急の措置を講じなければならない。

4. 発見した者は、直ちに、その旨を消防署、市町村長の指定した場所、警察署又は海上警備救難機関に通報しなければならない。

5. 流出した危険物の拡散を防止しなければならない。

▶ 解 説

〔問1〕正解…1

1. 所有者等には、公共水道の制水弁を開閉する権限がない。消防長や消防署長等が、火災現場に給水を維持するために緊急の必要があるときに限り、水道の制水弁を開閉することができる。なお、制水弁は水の流量を調節するための弁である。

3. 「12. 危険物保安監督者」48P 参照。

4. 「14. 危険物施設保安員」55P 参照。

〔問2〕正解…2

2. 流出した危険物を除去する目的であっても、可燃性蒸気の滞留している場所においては、火花を発する機械器具や工具を使用してはならない。
「34. 共通の基準〔1〕」132P 参照。

●各種手続と申請先

手続	項目		目的 等	申請先
許可	設置または変更	製造所等	消防本部及び消防署を設置している市町村に施設を設置・変更するとき（移送取扱所を除く）	市町村長
			消防本部及び消防署を設置していない市町村に施設を設置・変更するとき（移送取扱所を除く）	都道府県知事
		移送取扱所	消防本部及び消防署を設置している 1 つの市町村に施設を設置・変更するとき	市町村長
			消防本部及び消防署を設置していない市町村、または 2 つ以上の市町村にまたがる場所に施設を設置・変更するとき	都道府県知事
			2 つ以上の都道府県にまたがる場所に施設を設置・変更するとき	総務大臣
承認	仮貯蔵・仮取扱い		製造所等以外の場所で、指定数量以上の危険物を、10 日以内の期間で、仮貯蔵または仮取扱いをするとき	消防長または消防署長
	仮使用		製造所等の位置・構造・設備を変更時、変更工事に係る部分以外の部分の全部または一部を仮に使用するとき	市町村長等
認可	予防規程		法令で指定された製造所等において、予防規程を制定・変更するとき	市町村長等
検査	完成検査前検査		液体危険物タンクの水圧試験や水張試験を受けるとき	市町村長等
	完成検査		設置または変更の許可を受けた製造所等の工事が完了したとき	
	保安検査		一部の屋外タンク貯蔵所や特定移送取扱所が政令で定める時期ごとに受ける検査	

●免状の交付 等

手続	申請事由	申請先	添付するもの
交付	試験に合格	試験を行った都道府県知事	合格を証明する書類等
書換え	氏名・本籍地の変更、免状の写真が 10 年経過	免状を交付した都道府県知事、または居住地もしくは勤務地の都道府県知事	戸籍謄本等・6 か月以内に撮影した写真
再交付	亡失・滅失・汚損・破損	免状の交付・書換えをした都道府県知事	汚損・破損の場合はその免状を添える
	亡失した免状を発見	再交付を受けた都道府県知事	発見した免状を10 日以内に提出

免状の不交付
①都道府県知事から免状の返納を命じられ、その日から起算して１年を経過しない者。
②罰金以上の刑に処せられた者で、その執行が終わり、または執行を受けなくなった日から起算して２年を経過しない者。

●危険物取扱者の区分 等

免状	取り扱うことができる危険物	立会いの可否	
		危険物の取扱作業	定期点検
甲種	すべての危険物　○	すべての危険物　○	○
乙種	免状を取得した類の危険物　○	免状を取得した類の危険物　○	○
丙種	指定された危険物　○　※１	×	○

※１：丙種が取扱えるのは、ガソリン、灯油、軽油、第３石油類（重油、潤滑油及び引火点が１３０℃以上のもの）、第４石油類、動植物油類。

●選任要件と保安講習

	選任要件	保安講習
危険物保安監督者	・甲種または乙種危険物取扱者であること ・製造所等で実務経験を６か月以上有していること	受講義務あり
危険物保安統括管理者	・危険物取扱者でなくても選任可能 ・社長や工場長など事業場全体の管理を行う者	免状を有し、製造所等で危険物の取扱作業を行う場合、受講義務あり
危険物施設保安員	・危険物取扱者でなくても選任可能	

●各種届出と届出先

内　容	提出期限	届出先
危険物の品名・数量・指定数量の倍数の変更	10日前まで	市町村長等
危険物保安統括管理者の選任・解任	遅滞なく	
危険物保安監督者の選任・解任		
製造所等の譲渡・引渡し・廃止		

※届出は、製造所等の所有者等が行う。

●定期点検

点検時期	1年に1回以上
点検実施者	①危険物取扱者（甲・乙・丙）、②危険物施設保安員、 ③危険物取扱者（甲・乙・丙）の立会いを受けている者
記録の保存	原則3年間
記録事項	①製造所等の名称、②点検方法とその結果、③点検年月日、 ④点検した危険物取扱者または危険物施設保安員の氏名 　または点検に立ち会った危険物取扱者（甲・乙・丙）の氏名

●製造所等における選任・予防規程・定期点検

製造所等		危険物保安監督者の選任	危険物施設保安員の選任	危険物保安統括管理者の選任／自衛消防組織の設置	予防規程の作成	定期点検の実施
製造所		◎	○ （100以上）	○ （3,000以上）	○ （10以上）	○ （10以上／地下タンク）
貯蔵所	屋内	○	―	―	○ （150以上）	○ （150以上）
	屋外タンク	◎	―	―	○ （200以上）	○ （200以上）
	屋内タンク	○	―	―	―	―
	地下タンク	○	―	―	―	◎
	簡易タンク	○	―	―	―	―
	移動タンク	―	―	―	―	◎
	屋外	○ （30超）	―	―	○ （100以上）	○ （100以上）
取扱所	給油	◎	―	―	◎ （＊）	○ （地下タンク）
	販売	○	―	―	―	―
	移送	◎	◎	○ （指定数量以上）	◎	◎
	一般	○	○ （100以上）	○ （3,000以上）	○ （10以上）	○ （10以上／地下タンク）

※（　）内の数字は指定数量の倍数

　　◎：すべて義務　　○：条件により義務　　―：必要なし

※（地下タンク）：「地下タンクを有するもの」の略。

※危険物保安監督者については、◎を覚える。○は細かい区分によって異なる。

※危険物保安統括管理者の選任が必要な施設は、自衛消防組織も置かなければならない。

（＊）自家用給油取扱所のうち、屋内給油取扱所以外のものは対象外。

● 保安距離

必要な施設	製造所、屋内貯蔵所、屋外貯蔵所、屋外タンク貯蔵所、一般取扱所

特別高圧架空電線（7,000V 超〜 35,000V 以下）	3m 以上（水平距離）
特別高圧架空電線（35,000V 超）	5m 以上（水平距離）
製造所等の敷地外にある住居	10m 以上
高圧ガス・液化石油ガスの施設	20m 以上
幼稚園（保育園）〜高校・病院・劇場等	30m 以上
重要文化財等の建造物	50m 以上

● 保有空地

必要な施設	製造所、屋内貯蔵所、屋外貯蔵所、屋外タンク貯蔵所、一般取扱所、屋外に設ける簡易タンク貯蔵所

※保有空地の幅は、危険物施設の種類、貯蔵・取り扱う危険物の指定数量の倍数により細かく規定されている。

● 運搬と移送

	例	規定	危険物取扱者の同乗	消火設備		標識
運搬	容器に入った危険物をトラックなどの車両に積載して運ぶ	原則、混載禁止（指定数量の 1/10 以下には適用しない）	積み降ろしは危険物取扱者が行う。	指定数量以上	必要	「危」の標識
				指定数量未満	不要	不要
移送	危険物をタンクローリーで運ぶ	－	移送する危険物を取り扱うことができる危険物取扱者が免状を携帯の上、運転または同乗する。	自動車用消火器 2個以上		「危」の標識

※移送の際、移動タンク貯蔵所には、①完成検査済証、②定期点検記録、③譲渡・引渡の届出書、④品名・数量または指定数量の倍数の変更の届出書を備え付けておく。

※移送の際、連続運転時間が4時間を超える、または1日当たりの運転時間が9時間を超える場合、2人以上の運転要員が必要となる。

●許可の取消し・使用停止命令

内　　　容		許可取消	使用停止
無許可変更	位置・構造・設備を無許可で変更	○	○
完成検査前使用	完成検査済証の交付前に施設を使用、または仮使用の承認を受けないで施設を使用	○	○
措置命令違反	位置・構造・設備に係る措置命令に違反（修理、改造または移転命令違反）	○	○
保安検査未実施	政令で定める屋外タンク貯蔵所または移送取扱所の保安の検査を受けないとき	○	○
定期点検未実施	定期点検の未実施、記録の作成・保存がなされていないとき	○	○
貯蔵取扱基準遵守命令違反	危険物の貯蔵・取扱基準の遵守命令に違反（移動タンク貯蔵所は、市町村長の管轄区域においてその命令に違反）	－	○
未選任等	危険物保安統括管理者の未選任、またはその者に危険物の保安に関する業務を統括管理させていないとき	－	○
	危険物保安監督者の未選任、またはその者に危険物の取扱作業に関して保安の監督をさせていないとき	－	○
解任命令違反	危険物保安統括管理者または危険物保安監督者の解任命令に違反、または業務を行わせることが、公共の安全の維持もしくは災害の発生の防止に支障を及ぼすおそれがあると認めたとき	－	○

✿ ☑ 　1．燃焼の化学 ……………………………………… 180
✿ ☑ 　2．燃焼の区分 ……………………………………… 187
✿ ☑ 　3．燃焼の難易 ……………………………………… 190
✿ ☑ 　4．引火と発火 ……………………………………… 195
✿ ☑ 　5．燃焼範囲 ………………………………………… 199
　 ☑ 　6．自然発火 ………………………………………… 204
　 ☑ 　7．粉じん爆発 ……………………………………… 208
✿ ☑ 　8．消火と消火剤 …………………………………… 210
　 ☑ 　9．電気の計算／電池 ……………………………… 223
✿ ☑ 10．静電気 …………………………………………… 227
　 ☑ 11．電気分解 ………………………………………… 238
　 ☑ 12．物質の三態 ……………………………………… 241
　 ☑ 13．沸点と飽和蒸気圧 ……………………………… 247
　 ☑ 14．比重と蒸気比重 ………………………………… 250
　 ☑ 15．ボイルの法則／シャルルの法則／ドルトンの法則 … 252
　 ☑ 16．熱量と比熱 ……………………………………… 254
✿ ☑ 17．熱の移動 ………………………………………… 257
　 ☑ 18．熱膨張 …………………………………………… 260
✿ ☑ 19．物理変化と化学変化 …………………………… 262
✿ ☑ 20．単体・化合物・混合物 ………………………… 265
　 ☑ 21．化学の基礎 ……………………………………… 269
　 ☑ 22．反応速度と化学平衡 …………………………… 280
✿ ☑ 23．酸と塩基（アルカリ） ………………………… 286
✿ ☑ 24．酸化と還元 ……………………………………… 292
　 ☑ 25．混合危険 ………………………………………… 296
　 ☑ 26．元素の分類 ……………………………………… 299
　 ☑ 27．イオン化傾向 …………………………………… 303
✿ ☑ 28．金属の腐食 ……………………………………… 306
　 ☑ 29．有機化合物 ……………………………………… 310
　 ☑ 30．高分子材料 ……………………………………… 318
✿ ☑ 31．主な気体の特性 ………………………………… 321

※試験によく出題されている項目に ✿ 印をつけています。

★印の問題と併せて、勉強する際の参考にしてください。

出題頻度に合わせて、問題に以下の ★ 印をつけています。
　★★★ …よく出題　　　★★ …ときどき出題　　　★ …たまに出題

表記の変更について

日本化学会の提案や学習指導要領の改訂により、用語や定義の一部が変更している場合があります。（編集部）

1 燃焼の化学

■燃焼の定義

◎物質が酸素と化合することを**酸化**という。そして、酸化の結果、生成された物質を**酸化物**という。例えば、炭素は酸素と化合すると二酸化炭素になる。この場合、炭素は酸化されて酸化物の二酸化炭素に化学変化することになる。

◎酸化反応のうち、**化合が急激（高速）に進行**して著しく**発熱**し、しかも**発光**を伴うことがある。このように、熱と発光を伴う酸化反応を**燃焼**という。

◎鉄 Fe は酸化するとさびるが、燃焼とはいわない。理由は、**著しい発熱と発光を伴わない**ためである。また、酸化反応であっても、**吸熱反応**を示すものは、燃焼とはいわない。

> 例1：$N_2 + (1/2)O_2 = N_2O - 74kJ$
>
> 例2：$(1/2)N_2 + (1/2)O_2 = NO - 90kJ$

◎物質は燃焼することにより、**化学的により安定した物質**に変化する。

■無炎燃焼

◎燃焼には火炎を有する有炎燃焼と、**火炎を有しない無炎燃焼**がある。無炎燃焼は燻<ruby>燻<rt>くん</rt></ruby>焼<ruby><rt>しょう</rt></ruby>ともいい、多量の発煙を伴い、一酸化炭素などを発生するおそれがある。

◎無炎燃焼は、たばこや線香にみられる。次の特徴がある。

> ①固体の可燃性物質特有の燃焼形態である。
>
> ②酸素の供給量が増加することにより、有炎燃焼に移行することがある。
>
> ③熱分解による可燃性気体の発生速度が小さい場合や、雰囲気中の酸素濃度が低下した場合など、火炎は維持できないが、表面燃焼は維持できる場合に起こる。
>
> 例：木炭 $C + O_2 \longrightarrow CO_2$（完全燃焼時）
>
> 　　木炭 $2C + O_2 \longrightarrow 2CO$（不完全燃焼時）
>
> 　　炭化水素 $C_mH_n + O_2 \longrightarrow CO_2 + H_2O$

■ガスの分解爆発

◎アセチレン、エチレン、酸化エチレン等は、たとえ空気等の支燃性（助燃性）ガスが存在せず、単一成分であっても火花、加熱、衝撃、摩擦などにより分解爆発を起こす。この分解爆発では、分子が分解する際に多量の熱を発生する。

> 例1：アセチレン　　$C_2H_2 = 2C + H_2 + 227kJ$
>
> 例2：エチレン　　　$C_2H_4 = C + CH_4 + 127kJ$
>
> 例3：酸化エチレン　$C_2H_4O = CO + CH_4 + 134kJ$

■燃焼の三要素

◎燃焼の三要素とは、燃焼が起こるための次の要素をいい、どれか１つでも欠けると燃焼は起こらない。

①**可燃物**	②**酸素供給源**（空気、酸素含有物など）	③**点火源**（熱源）

※「④燃焼の継続（酸化の連鎖反応）」で、四要素とする場合もある。

◎**可燃物**は火をつけるとよく燃える物質で、水素、一酸化炭素、硫黄、木材、石炭、ガソリン、プロパンなどがある。

◎**酸素供給源**は空気の他、第１類危険物（酸化性固体）や第６類危険物（酸化性液体）が挙げられる。酸化性の固体や液体は、反応相手に酸素を供給する特性があるため、可燃物と混合すると危険性が高まる。また、第５類危険物（自己反応性物質）は、ほとんどが分子内に酸素を含有しており、更に自身は可燃性であるため、可燃物と酸素供給源が常に共存している状態となる。

◎酸素濃度を高めると、同じ材質のものでも着火温度が低下するため、火がつきやすくなる。また、火炎温度が高くなるので可燃性ガスが発生しやすくなり、燃焼速度や燃え拡がる速度も大きくなる。

◎**点火源**または熱源には、火気の他に**火花**（金属の衝撃火花や静電気の放電火花）、**摩擦熱**や過電流、高温体などがある。

◎燃焼の際に**酸素の供給が不足**すると、**一酸化炭素 CO** が生じるようになる。一酸化炭素は**人体に極めて有毒**である。

◎二酸化炭素は、それ以上酸化することがないため**可燃物にならない**が、**一酸化炭素は更に酸化することができるため可燃物になる**。

◎**不活性ガス**とは、消火剤や反応性の高い物質の保存等に利用される**反応性の低い気体**で、最も一般的に使用されるのは**窒素やアルゴン**である。単一種類の元素からなるものと、二酸化炭素（炭酸ガス）のように化合物からなるものがある。

◎周期表の第18族の元素であるヘリウム He・ネオン Ne・アルゴン Ar・クリプトン Kr・キセノン Xe・ラドン Rn などは総称して「**貴ガス（希ガス）**」と呼ばれ、原子はイオン化しにくく、他の原子や分子と結合して化合物をつくることがほとんどないため、不活性ガスとして使用される。不燃性、無色無臭の気体である。

■炎色反応

◎炎色反応は、アルカリ金属やアルカリ土類金属、銅などを無色の炎の中へ入れると、炎がその金属元素特有の色を示す反応である。

リチウム Li	ナトリウム Na	カリウム K	カルシウム Ca	ストロンチウム Sr	バリウム Ba	銅 Cu
赤色・深赤色	黄色	赤紫色	橙赤色	紅色・深赤色	黄緑色	青緑色

※すべての元素が炎色反応を示すわけではない。

■有機物の燃焼

◎ガソリンや灯油などの液体は、蒸発燃焼である。また、木材や石炭などの固体は、分解燃焼である。

◎有機物のうち液体は蒸発燃焼、固体は**分解燃焼**となるものが多い。

◎燃焼時に発生するすすは、黒煙とも呼ばれる。**すすは、可燃性ガス中の炭素粒子が高温にさらされ燃焼することなく単独で分離したものである。空気の供給が部分的に不足すると発生する。**

◎**不完全燃焼**すると、すすの量が多くなるとともに、可燃性ガス中の炭素が完全に酸化されないことから**一酸化炭素 CO** の量が多くなる。

▶▶▶ 過去問題 ◀◀◀

▶燃焼の定義 他

【問1】燃焼について、次の文の（ ）内のA～Cに当てはまる語句の組合せとして、正しいものはどれか。[★★]

「物質が酸素と反応して（A）を生成する反応のうち、（B）の発生を伴うものを燃焼という。有機物が完全燃焼する場合は、酸化反応によって安定な（A）に変わるが、酸素の供給が不足すると生成物に（C）、アルデヒド、すすなどの割合が多くなる。」

	A	B	C
☑ 1.	酸化物	熱と光	二酸化炭素
2.	還元物	熱と光	一酸化炭素
3.	酸化物	煙と炎	二酸化炭素
4.	酸化物	熱と光	一酸化炭素
5.	還元物	煙と炎	二酸化炭素

....

【問2】燃焼の一般的説明として、次のうち誤っているものはどれか。

☑ 1. 燃焼とは、発熱と発光を伴う酸化反応である。

　　2. 可燃物、酸素供給源及び点火源を燃焼の三要素という。

　　3. 液体の燃焼は、液体の表面から発生する蒸気が空気と混合して燃焼する蒸発燃焼である。

　　4. 可燃性の固体は、すべて固体から蒸発した蒸気が燃焼する。

　　5. 気体の燃焼には、可燃性ガスが空気と混合しながら燃焼する拡散燃焼がある。

....

【問3】燃焼等の一般的説明として、次のうち誤っているものを2つ選びなさい。[編]

☑ 1. 燃焼とは、発熱と発光を伴う酸化反応である。

　　2. 可燃物、酸素供給源及び点火源を燃焼の三要素という。

3．二酸化炭素は可燃物である。

4．金属の衝撃火花や静電気の放電火花は、点火源になることがある。

5．分解または蒸発し、可燃性気体が発生しやすい物質ほど燃焼しやすい。

6．酸素供給源は、空気とは限らない。

7．気化熱や融解熱は、点火源になる。

8．金属がさびる反応は酸化反応であるが、発光を伴わないので燃焼ではない。

9．燃焼の反応が開始したのち継続するかどうかは、発熱速度の大きさや可燃
物の性質などによる。

【問4】燃焼に関する一般的説明として、次のうち誤っているものはどれか。

☑ 1．静電気を発生しやすい物質は燃焼が激しい。

2．高引火点の可燃性液体でも、布等に染み込ませると容易に着火する。

3．分解または蒸発して可燃性気体を発生しやすい物質は着火しやすい。

4．固体の可燃物に固体の酸化剤が混入すると、可燃物単体よりも燃焼は激し
くなる。

5．拡散燃焼では酸素の供給が多いと燃焼が激しくなる。

【問5】燃焼に関する一般的な説明として、A～Dのうち正しいものをすべて掲げた
ものは次のうちどれか。

> A．燃焼とは、すべて炎の発生を伴う酸化反応である。
>
> B．硝酸、過酸化水素、塩素酸カリウムなどの酸化剤は、酸素供給源として作
> 用することがある。
>
> C．鉄がさびて酸化鉄になる反応は、燃焼にあたる。
>
> D．線香などが無炎燃焼しているとき、風の影響などで酸素の供給量の増加に
> より、有炎燃焼に移行することがある。

☑ 1．A、C　　　　　　2．A、B、C　　　　　　3．A、B、D

4．B、D　　　　　5．C、D

【問6】有機物の燃焼に関する一般的な説明として、次のうち誤っているものはどれ
か。[★★]

☑ 1．蒸発または分解して生成する気体が炎をあげて燃えるものが多い。

2．燃焼に伴う明るい炎は、主として高温の炭素粒子が光っているものである。

3．空気の量が不足すると、すすの出る量が多くなる。

4．分子中の炭素数が多い物質ほど、すすの出る量が多くなる。

5．不完全燃焼すると、二酸化炭素の発生量が多くなる。

【問7】 粒子の燃焼は、粒子表面での反応が基となるため、比表面積（単位質量当たりの表面積の総和）の大小が燃焼性に影響する。直径 1 cm（1×10^{-2} m）の球体を粉砕して直径 1 μm（1×10^{-6} m）の球状粒子にしたとすると、比表面積は何倍になるか。

☑ 　1．10^2 倍　　　2．10^3 倍　　　3．10^4 倍　　　4．10^6 倍　　　5．10^8 倍

▶燃焼の三要素

【問8】 次の物質の組合せのうち、燃焼しないものはどれか。

1．	衝撃火花	ヘリウム	酸素
2．	静電気火花	二硫化炭素	空気
3．	酸化熱の蓄熱	鉄粉	空気
4．	熱水	ナトリウム	酸素
5．	炎	硝酸メチル	空気

☑

【問9】 次のうち、燃焼の三要素がそろっている組合せとして、正しいものはどれか。

☑ 　1．ナトリウム……水素……炎　　　　　　2．過酸化水素……酸素……反応熱
　　3．アマニ油………酸素……酸化熱　　　　4．硝酸銀…………空気……紫外線
　　5．ガソリン………窒素……電気火花

【問10】 燃焼の三要素の可燃物または酸素供給源に該当しないものは、次のうちどれか。［★★］

☑ 　1．過酸化水素　　　　2．窒素　　　　3．水素
　　4．メタン　　　　　　5．一酸化炭素

【問11】 次の物質のうち、常温（20℃）、常圧（1気圧）の空気中で燃焼するものはどれか。［★★］

☑ 　1．ヘリウム　　　　2．硫化水素　　　　3．二酸化炭素
　　4．三酸化硫黄　　　5．五酸化リン

▶炎色反応

【問12】 炎色反応の組合せとして、次のうち誤っているものはどれか。

☑ 　1．リチウム…………赤色　　　　　2．ナトリウム………青紫色
　　3．カリウム…………赤紫色　　　　4．バリウム…………黄緑色
　　5．銅…………………青緑色

〔問1〕 正解…4

「物質が酸素と反応して〈Ⓐ 酸化物〉を生成する反応のうち、〈Ⓑ 熱と光〉の発生を伴うものを燃焼という。有機物が完全燃焼する場合は、酸化反応によって安定な〈Ⓐ 酸化物〉に変わるが、酸素の供給が不足すると生成物に〈Ⓒ 一酸化炭素〉、アルデヒド、すすなどの割合が多くなる。」

〔問2〕 正解…4

3＆5.「2．燃焼の区分」187P 参照。

4．固体の燃焼には、表面燃焼（木炭やコークス）、分解燃焼（木材や石炭）、蒸発燃焼（硫黄や固形アルコール）がある。

〔問3〕 正解…3＆7

3．二酸化炭素は不燃物である。

7．気化熱や融解熱は、点火源とはならない。

〔問4〕 正解…1

1．静電気発生の難易と、燃焼の激しさは関係ない。「3．燃焼の難易」190P 参照。

2．可燃性液体は布等に染み込ませたり、ミスト状にすると、空気との接触面積が増えるため容易に着火する。

4．可燃物と支燃物となる酸化剤が混在しているため、可燃物単独より激しく燃焼する。

〔問5〕 正解…4（B、D）

A．燃焼には火炎を有する有炎燃焼と、火炎を有しない無炎燃焼がある。たばこや線香の燃焼が無炎燃焼となる。

C．著しい発熱と発光を伴わないため、燃焼にはあたらない。

〔問6〕 正解…5

2．燃焼に伴う明るい炎は、内炎部分であり、炭素粒子が光を強く放射している。

4．すすは、主に内炎部分で炭素が不完全燃焼することによって生じる。従って、炭素数が多い有機物ほど、すすの発生量も多くなる。ガソリンエンジンとディーゼルエンジンとでは、一般的な傾向としてディーゼルエンジンの方が黒煙（すす）を多く排出する。これは、燃料である軽油は、ガソリンに比べ炭素数が多いことが原因の1つである。

5．不完全燃焼すると、一酸化炭素 CO の発生量が多くなる。

〔問7〕 正解…3

「球体の単位質量当たりの比表面積は、直径に反比例する」ということを念頭に置いて解いていく。

直径は $(1 \times 10^{-6}) \div (1 \times 10^{-2}) = 1 \times 10^{-4}$ 倍に小さくなっていることから、比表面積は 1×10^4 倍となる。

〔問8〕正解…1

1．燃物となるものがないため、燃焼しない。ヘリウム He は不活性なガスのため燃焼することはない。

2．二硫化炭素は第4類危険物（引火性液体）。

3．鉄粉は第2類危険物（可燃性固体）。たい積物は、水や湿気により酸化し、熱が蓄積して自然発火することがある。「6．自然発火」204P 参照。

4．ナトリウムはアルカリ金属で、水と激しく反応して水素と熱を発生する。禁水性物質であり、水と接触すると燃焼する。

5．硝酸メチルは第5類危険物（自己反応性物質）で、引火性の爆発しやすい液体である。

〔問9〕正解…3

1．ナトリウム（第3類危険物で自然発火性物質または禁水性物質）と水素は共に可燃物だが、酸素となるものがないため燃焼しない。

2．過酸化水素は第6類危険物（酸化性液体）。可燃物となるものがない。

3．アマニ油は乾性油のため、空気中で固化し酸化熱を発生させる。この酸化熱が蓄積され、発火点に達すると自然発火する。「6．自然発火」204P 参照。

4．硝酸銀は第1類危険物（酸化性固体）で銀メッキや鏡などに使用される。可燃物となるものがない。

5．酸素となるものがないため燃焼しない。

〔問10〕正解…2

1．過酸化水素は第6類危険物（酸化性液体）に該当し、酸素供給源となる。

2．窒素は不活性なガスのため可燃物または酸素供給源のいずれにも該当しない。

3～5．水素、メタン、一酸化炭素はいずれも可燃物である。

〔問11〕正解…2

1．ヘリウム He は不活性ガスに分類されるため、常温常圧（20℃・1気圧）の空気中では燃焼しない。

2．硫化水素 H_2S は、硫黄と水素の無機化合物で、燃焼すると、水と二酸化硫黄を生じる。$2H_2S + 3O_2 \longrightarrow 2H_2O + 2SO_2$。

3～5．二酸化炭素、三酸化硫黄、五酸化リン（十酸化四リン・五酸化二リン）は燃焼しない。

〔問12〕正解…2

2．ナトリウム Na は黄色の炎色反応を示す。

2 燃焼の区分

■気体の燃焼

◎可燃物を気体、液体、固体に区分すると、それぞれに応じた方法で燃焼する。

◎可燃性ガスは、空気とある濃度範囲で混合していないと燃焼しない。燃焼可能な**濃度範囲を燃焼範囲**という。

◎燃焼範囲内の可燃性ガスをつくるには、あらかじめ可燃性ガスと空気とを混合させておく方法と、燃焼の際に可燃性ガスを拡散させ空気と混合させる方法とがある。前者の方法による燃焼を**予混合燃焼**といい、後者の方法による燃焼を**拡散燃焼**という。

◎予混合燃焼では、炎が速やかに伝播して燃え尽きる。ただし、部屋などの空間に密閉されていると、温度及び圧力が急上昇して爆発を起こすことがある。また、拡散燃焼では可燃性ガスが連続的に供給されると、定常的な炎を出す燃焼となる。

■液体の燃焼

◎アルコールやガソリンなどの可燃性液体は、それ自身が燃えるのではなく、液体の蒸発によって生じた**蒸気**が着火して火炎を生じ、燃焼する。これを**蒸発燃焼**という。

◎従って、可燃性液体の取扱いの際には、蒸気の漏洩や滞留に充分注意しなければならない。

■固体の燃焼

◎固体の燃焼は、表面燃焼、分解燃焼、蒸発燃焼に分類できる。

◎**表面燃焼**は、可燃性固体が熱分解や蒸発を起こさず、固体のまま空気と接触している**表面が直接燃焼**するものである。**木炭、コークス、金属粉**などの燃焼が該当する。

　※コークス：石炭を高温で乾留し、揮発分を除いた灰黒色、金属性光沢のある多孔質の固体。炭素を75〜85%含む。点火しにくいが、火をつければ無炎燃焼し、火力が強い。

◎**蒸発燃焼**は、可燃性固体を加熱したときに熱分解を起こさず、蒸発（昇華）した**蒸気が燃焼**するものである。**硫黄**、ナフタリン（ナフタレン）、**固形アルコール**などの燃焼が該当する。

◎**分解燃焼**は、可燃性固体が加熱されて**熱分解**を起こし、**可燃性ガスを発生**させてそれが燃焼するものである。**木材、石炭、紙、**可燃性の**高分子固体**（プラスチック等）などの燃焼が該当する。

◎**自己燃焼**は、分解燃焼のうち可燃性固体が内部に保有している**酸素**によって燃焼するものである。加熱・衝撃・摩擦等で爆発的に燃焼する。内部燃焼ともいう。**ニトロセルロース、セルロイド**など、ほとんどの第5類危険物が該当する。

　※ニトロセルロース：セルロースの硝酸エステルである。セルロースは、分子式 $(C_6H_{10}O_5)n$ で表される鎖状高分子化合物である。ニトロ化で−NO_2が化合する。硝化度の高いものは火薬、硝化度の低いものはフィルムなどとして利用される。

【問1】 燃焼に関する説明として、次のうち誤っているものはどれか。[★★★]

☑ 1. ニトロセルロースは、分子内に酸素を含有し、その酸素が燃焼に使われる。これを内部（自己）燃焼という。

2. 木炭は、熱分解や気化することなく、そのまま高温状態となって燃焼する。これを表面燃焼という。

3. 硫黄は、融点が発火点より低いため、融解し、更に蒸発して燃焼する。これを分解燃焼という。

4. 石炭は、熱分解によって生じた可燃性ガスが燃焼する。これを分解燃焼という。

5. エタノールは、液面から発生した蒸気が燃焼する。これを蒸発燃焼という。

【問2】 燃焼について述べた次の文の（　）内のA、Bに当てはまる語句として、正しいものはどれか。

「液体や固体の可燃物から蒸発した可燃性蒸気が空気と混合して燃焼することを（A）といい、（A）するものに（B）がある。」

		A	B
☑	1.	蒸発燃焼	石炭
	2.	蒸発燃焼	硫黄
	3.	分解燃焼	ニトロセルロース
	4.	表面燃焼	エタノール
	5.	表面燃焼	ガソリン

【問3】 可燃物と主な燃焼の形態の組み合わせとして、次のうち誤っているものはどれか。

☑ 1. 硫黄…………………蒸発燃焼　　　2. 木炭………………表面燃焼

3. ガソリン…………蒸発燃焼　　　4. セルロイド………内部（自己）燃焼

5. 重油………………表面燃焼

【問4】 次の物質のうち、主な燃焼の仕方が表面燃焼であるものはどれか。

☑ 1. プロパンガス　　　2. 木炭　　　3. 固形アルコール

4. 木材　　　　　　　5. ガソリン

【問5】 次の物質の組合せのうち、常温（20℃）、1気圧において、通常どちらも蒸発燃焼するものはどれか。[★]

☑ 1．ガソリン、硫黄　　　　2．ニトロセルロース、コークス
　 3．エタノール、金属粉　　4．ナフタレン、木材
　 5．木炭、石炭

⋯⋯⋯⋯⋯⋯⋯⋯⋯⋯⋯⋯⋯⋯⋯⋯⋯⋯⋯⋯⋯⋯⋯⋯⋯⋯⋯⋯⋯⋯⋯⋯⋯⋯⋯⋯

【問6】 引火性液体の通常の燃焼について、次のうち正しいものはどれか。[★★]

☑ 1．液体の表面から発生する蒸気が空気と混合して燃焼する。
　 2．液体が蒸発しないで、液体そのものが空気と接触しながら燃焼する。
　 3．液体の内部で燃焼が起こり、その燃焼生成物が炎となって液面上に現れる。
　 4．液体が熱によって分解し、その際に発生する可燃性ガスが燃焼する。
　 5．液体の内部に空気を吸収しながら燃焼する。

▶ 解 説

〔問1〕正解…3

　3．硫黄は熱で分解されるわけではなく、熱により発生した蒸気が燃焼する。従って、蒸発燃焼である。

〔問2〕正解…2

　「液体や固体の可燃物から蒸発した可燃性蒸気が空気と混合して燃焼することを〈Ⓐ 蒸発燃焼〉といい、〈Ⓐ 蒸発燃焼〉するものに〈Ⓑ 硫黄〉がある。」

〔問3〕正解…5

　5．可燃性液体の燃焼形態は、一般に蒸発燃焼である。

〔問4〕正解…2

　1．プロパンガスは拡散燃焼または予混合燃焼。
　2．木炭は表面燃焼。
　3＆5．固形アルコール、ガソリンは蒸発燃焼。
　4．木材は分解燃焼。

〔問5〕正解…1

　表面燃焼…コークス・木炭・金属粉。
　内部（自己）燃焼…ニトロセルロース。
　蒸発燃焼…ガソリン・硫黄・エタノール・ナフタレン。
　分解燃焼…木材・石炭。

〔問6〕正解…1

　1．可燃性液体の燃焼は、発生した蒸気が燃焼する蒸発燃焼である。

3 燃焼の難易

■燃えやすい要素
◎酸化されやすいもの（水素や炭素など）。

◎空気との接触面積（比表面積）が大きいもの（金属粉など）。

◎発熱量（燃焼熱）が大きいもの。

　※燃焼熱は、１モルの物質が完全燃焼するときの反応熱である。

　　$C(黒鉛) + O_2 = CO_2 + 395kJ$

◎分解や蒸発で可燃性蒸気を発生しやすいもの（液体のガソリンや固体の硫黄）。

◎熱伝導率が小さいもの（保温効果が高く、熱が蓄積されやすい）。

　※熱伝導率は、熱伝導の度合いを示す数値で、金属は熱を良く伝導するため熱伝導率が
　　高い。液体、気体の順に、熱伝導率は小さくなる。

◎沸点が低いもの（気化して蒸気を発生しやすい）。

◎乾燥しているもの、含水量が低いもの（木材は湿っていると燃えにくい）。

◎周囲の温度が高い（温度が高いと酸化の反応が速くなる）。

◎酸素濃度が高くなる（空気中には酸素が約21％含有されている。これより酸素濃
　度が高くなるほど燃焼は激しくなる。また、多くの可燃性物質は酸素濃度が14 ～
　15％以下になると燃焼を継続できなくなる）。

◎熱容量とは、物質の温度を１℃（又は１K）上昇させるのに必要な熱量をいい、比
　熱とは、物質１gの温度を１℃（又は１K）上昇させるのに必要な熱量をいう。ど
　ちらも小さいほど少ない熱量で物質の温度が上がるため、燃焼しやすくなる。

■燃焼の難易に直接関係しないもの
◎体膨張率（物体の温度を１℃上げたときの体積の増加量と元の体積との比）。

◎蒸発熱（液体１gが蒸発するときに吸収する熱量で、気化熱ともいう）。

■燃焼の抑制
◎燃焼の抑制とは、可燃物の原子に作用して不活性化させることで、燃焼の連鎖反応
　を抑制することをいう。負触媒作用とも呼ばれる。

　※不活性とは、化学反応を起こしにくい性質のこと。化学的に安定だったり、反応速度
　　が遅かったりすることをいう。

◎燃焼の抑制作用をもつものに、ハロゲンがある。

◎ハロゲンは、フッ素 F、塩素 Cl、臭素 Br、ヨウ素 I などの元素をいい、いずれも
　陰イオンになりやすく、強い酸化作用がある。

■燃焼熱

◎燃焼熱とは、1モルあるいは1g当たりの物質が完全燃焼した時に発生する熱量をいう。すべて発熱反応である。

※各種熱量は、主に物理分野が「1g当たりの量」で表し、化学分野が「1モル当たりの量」で表す。

■最小着火エネルギー

◎空気と混合した可燃性ガスのなかで火花放電が起こるとき、放電のエネルギーがあるしきい値を超えると着火し、爆発する。このしきい値を**最小着火エネルギー**という。

◎着火に必要なエネルギーは、可燃性物質の濃度・性質（粒度・形状など）・状況により異なる。そこで、着火エネルギーがもっとも小さくなる濃度（燃焼（爆発）下限濃度）における値を最小着火エネルギーとする。この値が小さいものほど少ないエネルギーで着火するため、危険である。

※しきい値とは、ある反応を起こさせるとき、必要な作用の大きさ、強度の最小値をいう。

■危険因子のまとめ

数値が小さいほど危険な因子	数値が大きいほど危険な因子
発火点／引火点／沸点／比熱／熱容量／燃焼範囲の下限界／最小着火エネルギー／電気伝導度（電気伝導率、導電率ともいう）	燃焼範囲（広い）／燃焼速度（速い）／燃焼熱／蒸気圧／火炎伝播速度（速い）

▶▶▶ 過去問題 ◀◀◀

▶燃焼の難易

【問1】 次の組合せのうち、一般に可燃物が最も燃えやすい条件はどれか。[★★★]

		発熱量	酸化	空気との接触面積	周囲の温度	熱伝導率
☑	1.	小さい	されやすい	大きい	高い	大きい
	2.	大きい	されやすい	大きい	高い	小さい
	3.	小さい	されやすい	大きい	高い	小さい
	4.	大きい	されにくい	小さい	低い	小さい
	5.	大きい	されにくい	小さい	低い	大きい

....

【問2】 燃焼の難易と直接関係のないものは、次のうちどれか。[★★★]

☑ 1. 体膨張率　　　　2. 空気との接触面積　　　　3. 含水量

4. 熱伝導率　　　　5. 発熱量

....

【問3】 可燃物の一般的な燃焼の難易として、次のうち誤っているものはどれか。

[★]

☑ 1．水分の含有量が少ないほど燃焼しやすい。
2．空気との接触面積が大きいほど燃焼しやすい。
3．周囲の温度が高いほど燃焼しやすい。
4．熱伝導率の大きい物質ほど燃焼しやすい。
5．蒸発しやすいものほど燃焼しやすい。

....

【問4】 金属粉の危険性について、次の文の下線（A）〜（E）のうち、誤っているものはどれか。
「一般に金属は、(A) 酸化されやすいが、火災危険の対象となるものは少ない。これは金属が熱の (B) 導体であるため (C) 酸化熱が蓄積されにくいのと、酸化が表面で止まって内部まで及ばないからである。しかし、これらの金属を微粉化すれば、(D) 表面積が増大し、かつ、見かけ上の熱伝導率が (E) 大きくなる等の理由から燃えやすくなるわけである。」

☑ 1．A　　　2．B　　　3．C　　　4．D　　　5．E

....

【問5】 危険物の性状について、燃焼のしやすさに直接関係ない事項は、次のうちどれか。[★★★]

☑ 1．引火点が低いこと。　　　　2．発火点が低いこと。
3．酸素と結合しやすいこと。　　4．燃焼範囲が広いこと。
5．気化熱が大きいこと。

....

【問6】 固体可燃物の燃焼のしやすさの条件として、次のうち、不適切なもののみの組合せはどれか。

☑ 1．AとB
2．AとD
3．BとC
4．BとD
5．CとD

| A．周囲の温度が高いと着火しやすい。 |
| B．比表面積（単位質量あたりの表面積）が小さいと着火しやすい。 |
| C．物質に含まれる水分が、多いほど着火しやすい。 |
| D．熱伝導率が小さいほど、着火しやすい。 |

....

【問7】 可燃性液体の危険性は、その物性の数値の大小で判断できる。次のうち数値が大きいほど危険が大きいものはどれか。

☑ 1．燃焼範囲の下限界　　2．最小着火（発火）エネルギー
3．導電率　　　　4．引火点　　　　5．火炎伝播速度

▶燃焼及び発火

【問8】燃焼および発火等に関する一般的説明として、次のうち正しいものはどれか。

[★]

☑ 1．拡散燃焼では、酸素の供給が多いと燃焼は激しくなる。

2．ハロゲン元素を空気に混合しても、炭化水素の燃焼には影響を与えない。

3．比熱の大きい物質は、発火または着火しやすい。

4．静電気の発生しやすい物質ほど、燃焼が激しい。

5．水溶性の可燃性液体の燃焼点は、非水溶性のそれより低い。

【問9】燃焼に関する記述として、次のうち誤っているものはどれか。

☑ 1．可燃性液体の液面上の蒸気に着火源を近づけたとき、蒸気に火がつく液体の最低温度を引火点という。

2．可燃性液体を空気中で加熱したとき、着火源により火がつき、継続して燃え続ける液体の最低温度を燃焼点という。

3．物質1gの温度を1℃上げるのに必要な熱量を燃焼熱という。

4．可燃性蒸気が空気と混合し、特定の濃度範囲にあるとき、着火源があると燃焼する。この濃度範囲を燃焼範囲という。

5．可燃性物質を空気中で加熱したとき、着火源なしで燃焼がはじまる最低温度を発火点という。

▶ 解 説

〔問1〕正解…2

発熱量が大きい、酸化されやすい、空気との接触面積が大きい、周囲の温度が高い、熱伝導率が小さい…これらの条件の場合、最も燃焼しやすい。

可燃物の熱伝導率が小さいと、保温効果が高く、熱が蓄積されやすい。この結果、燃えやすくなる。

〔問2〕正解…1

1．体膨張率は燃焼の難易に関係ない。

2～5．空気との接触面積が大きいほど、燃焼しやすい。含水量が低いほど乾燥していることになり、燃焼しやすい。熱伝導率が小さいほど保温効果が高く熱が蓄積されやすいため、燃焼しやすくなる。発熱量が大きいものほど、燃焼しやすい。

〔問3〕正解…4

4．可燃物の熱伝導率が小さいほど、保温効果が高く熱が蓄積されやすいため、燃焼しやすくなる。

〔問4〕正解…5（E）

「一般に金属は、〈Ⓐ 酸化〉されやすいが、火災危険の対象となるものは少ない。これは金属が熱の〈Ⓑ 導体〉であるため〈Ⓒ 酸化熱〉が蓄積されにくいのと、酸化が表面で止まって内部まで及ばないからである。しかし、これらの金属を微粉化すれば、〈Ⓓ 表面積〉が増大し、かつ、見かけ上の熱伝導率が<u>〈Ⓔ 小さく〉</u>なる等の理由から燃えやすくなるわけである。」

〔問5〕正解…5

1＆2＆4．引火点及び発火点は、低いほど燃焼しやすくなる。燃焼範囲は可燃性ガスと空気との混合において、燃焼可能な可燃性ガスの混合割合（容積）を示すもので、燃焼範囲が広いほど可燃性ガスは燃焼しやすくなる。

5．気化熱の大小は、燃焼の難易に関係しない。

〔問6〕正解…3（BとC）

A．周囲の温度が高いと酸化の反応が速くなる。

B．比表面積が大きいほど、空気との接触面積が大きくなる。

C．物質に含まれる水分が、少ないほど着火しやすい。

D．熱伝導率が小さいと、保温効果が高く、熱が蓄積されやすくなる。

〔問7〕正解…5

1．燃焼下限界が小さくなるほど、薄い混合ガスでも燃焼するため、危険である。「5．燃焼範囲」199P 参照。

2．最小着火エネルギーは「着火のしやすさ」を評価するもので、単位は J（ジュール）を用いる。この値が小さいものほど、少ないエネルギーで着火するため、危険である。

3．導電率が低いと、電気抵抗が増加し電気が帯電しやすくなるため、危険である。

4．引火点の数値が小さいほど、低い温度でも引火しやすくなるため、危険である。

5．火炎伝播速度は、数値が大きくなるほど速く急激に燃焼するため、危険である。

〔問8〕正解…1

1．拡散燃焼は、気体における燃焼の1形態で、可燃性ガスが空気と混合しながら燃焼するものである。空気中の酸素の供給量が増えれば、燃焼はより激しくなる。

2．ハロゲンは可燃物の酸化が進まないようにする燃焼の抑制効果がある。従ってハロゲン元素を空気に混合すると、炭化水素の燃焼は抑制される。

3．比熱の小さい物質ほど熱しやすいため、発火または着火しやすい。

4．静電気発生の難易と、燃焼の激しさは関係がない。

5．燃焼点とは、可燃性液体が燃焼を継続できる最低の液面温度のことをいい、一般的に引火点よりも数℃高くなっている。燃焼点の高低は、水溶性と非水溶性は関係がない。

〔問9〕正解…3

1＆2＆5．次項「4．引火と発火」参照。

3．物質1gの温度を1℃上昇させるのに必要な熱量を比熱という。燃焼熱とは、1mol あるいは1gあたりの物質が完全燃焼したときに発生する熱量をいう。

4．「5．燃焼範囲」199P 参照。

4 引火と発火

■引火点と燃焼点

◎引火点は、次の２つの定義がある。

> ①空気中で点火したとき、可燃性液体が**燃え出すのに必要な濃度の蒸気**を液面
> 上に発生する**最低の液温**。
> ②可燃性液体が燃焼範囲の**下限値の濃度**の蒸気を発生するときの液体の温度。

◎可燃性液体の温度がその引火点より高い状態では、点火源により引火する危険性が
ある。

◎**燃焼点**とは、**燃焼を継続**させるのに必要な可燃性蒸気が供給される温度をいう。燃
焼点は引火点より数℃高い。一方、引火点では**燃焼を継続**することができない。

◎可燃性液体は、液温に相当する可燃性蒸気を液面から発生しており、液温が高くな
ると蒸気量は多くなり、液温が低くなると蒸気量は少なくなる。また、その温度に
相当する一定の蒸気圧を有するので、液面付近では、蒸気圧に相当する蒸気濃度が
ある。

■発火点

◎発火点とは、可燃性物質を空気中で加熱したとき、他から**火源を与えなくても自ら
燃焼**を開始する最低温度をいう。

◎ガソリンの場合、引火点は−40℃以下で、発火点は約300℃である。また、灯油の
場合、引火点は40℃以上で、発火点は約220℃である。

■着火源（点火源）・発火源となるもの

◎着火源（点火源）とは、物質に活性化するエネルギーを与えるもので、火をつける
力をもつものをいう。発火源とは、火災発生などで火種（要因）となったものをいう。

◎火炎、**機械的摩擦による摩擦熱**や火花、衝撃による熱や火花、高温になった金属な
どの固体表面、**高温のガス**、**電気火花**、**酸化熱**、分解熱、発酵熱、重合熱、**放射熱**、
レーザー光線や赤外線や紫外線などの光、電磁波、急激な圧縮圧力や衝撃波などは
着火源（点火源）や発火源になりうる。

■防爆構造

◎可燃性蒸気や可燃性粉じんが空気と混合して爆発下限界以上の危険雰囲気を生成す
るおそれのある場所、燃えやすい危険物質や腐食性ガスが存在する特殊な場所に設
置する電気機器は、**防爆構造**としなければならない。これは、一般の電気機器を使
用すると、電気機器から発生される電気火花や熱が発火源となり、混合気に引火し
て爆発する危険性があるためである。

◎電気設備を防爆構造としなければならない範囲は、次のとおりとする。

①引火点が40℃未満の危険物を貯蔵し、または取り扱う場合

②引火点が40℃以上の危険物であっても、その可燃性液体の引火点以上の状態で貯蔵し、または取り扱う場合

③可燃性微粉が著しく浮遊するおそれのある場合

〔防爆構造の電気機器の例〕

回転機	電動機(モータ)など
変圧器類	変圧器、変成器など
開閉器及び制御器類	開閉器(スイッチ)、遮断機、抵抗器、継電器(リレー)*、制御器、始動器、振動機器、差込接続器、分電盤、制御盤、操作盤、ヒューズなど
計測器類	測温抵抗体、熱電対、伝送器類、流量計、レベル計、スイッチ類、分析計、諸量計、ガス検知器、変換器類、指示計、信号・警報装置、通信装置など
照明器具	定着灯または移動灯…白熱灯、蛍光灯、水銀灯、ナトリウム灯など 表示灯類…LEDなど
電気配線	防爆電気配線など

※継電器(リレー)*とは、電流が流れると電磁石の力により可動接点を閉または開にして、他の電気回路の信号や電流をON/OFFさせる電気部品である。可動接点を備えているため、開閉時に電気火花が発生しやすい。

※電気設備に加え、ボイラーや加熱炉など可燃性物質を取り扱う機器はすべて接地する。

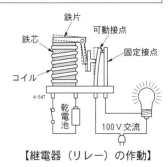

【継電器（リレー）の作動】

▶▶▶ 過去問題 ◀◀◀

【問1】引火点の説明として、次のうち正しいものはどれか。

☑ 1．発火点と同じものであるが、その可燃物が気体または液体の場合は発火点といい、固体の場合は引火点という。

2．可燃物を空気中で加熱した場合、火源がなくても自ら燃え出すときの最低の温度をいう。

3．燃焼範囲の上限値以上の蒸気を出すときの液体の最低温度をいう。

4．可燃性液体が空気中で着火するのに必要な、最低の濃度の蒸気を液面上に発生する液温をいう。

5．可燃物の燃焼温度は燃焼開始時において最も低く、時間の経過とともに高くなっていくが、その燃焼開始時における炎の温度をいう。

【問2】引火点の説明として、次のうち正しいものはどれか。[★★]

☑ 1．可燃性液体を空気中で燃焼させるのに必要な熱源の温度をいう。

2．可燃物から、その蒸気を発生させるのに必要な最低の気温をいう。

3．可燃物を空気中で加熱したとき、他から点火されなくても燃え出すときの液温をいう。

4．可燃性液体が空気中で点火したとき燃え出すのに必要な最低の濃度の蒸気を液面上に発生する液温をいう。

5．発火点と同じもので、その可燃物が気体または液体の場合に引火点といい、固体の場合には発火点という。

【問3】引火および発火等の説明について、次のうち誤っているものはどれか。[★]

☑ 1．同一の可燃性物質においては、一般的に発火点の方が引火点より高い数値を示す。

2．発火点とは、可燃性物質を空気中で加熱したときに火源なしに自ら燃焼し始める最低の温度をいう。

3．燃焼点とは、燃焼を継続させるのに必要な可燃性蒸気が供給される温度をいう。

4．引火点とは、可燃性液体が燃焼範囲の上限値の濃度の蒸気を発生するときの液体の温度をいう。

5．同一の可燃性物質においては、一般的に燃焼点の方が引火点より高い数値を示す。

【問4】引火性液体の燃焼について、次のうち誤っているものはどれか。[編]

☑ 1．可燃性液体が、爆発（燃焼）下限界の蒸気を発生するときの液体の温度を引火点という。

2．液体の温度が引火点より低い場合は、燃焼に必要な濃度の蒸気は発生しない。

3．引火点は、物質によって異なる値を示す。

4．可燃性液体の温度がその引火点より高いときは、火源により引火する危険がある。

5．液温が引火点に達すると、液体表面からの蒸気に加えて、液体内部からも気化しはじめる。

6．液体がいったん燃え出したとき、継続的な燃焼をおこす最低の液温を燃焼点という。

【問5】 防爆性能の表示のない次の電気機器が使用中に可燃性蒸気と接触した場合、点火源となるおそれが最も少ないものはどれか。[★]

☑ 1. 開閉器　　　　　　2. 熱電温度計　　　　　3. 継電器
　 4. ハロゲンランプ　　5. 直流電動機

▶ 解 説

〔問1〕 正解…4

　1. 引火点と発火点は全く異なるものである。

　2. 設問の内容は、「発火点」である。

　3. 引火点とは、可燃性液体が燃焼範囲の下限値の濃度の蒸気を発生するときの液体の温度をいう。

〔問2〕 正解…4

　3. 設問の内容は「発火点」である。

〔問3〕 正解…4

　4. 引火点とは、可燃性液体が燃焼範囲の下限値の濃度の蒸気を発生するときの液体の温度をいう。

〔問4〕 正解…5

　5. 液温が「沸点」に達すると、液体表面からの蒸気に加えて、液体内部からも気化しはじめる。「13. 沸点と飽和蒸気圧」247P 参照。

〔問5〕 正解…2

　爆発性ガスや可燃性蒸気の危険雰囲気中では、一般の電気機器は使用できない。電気機器から発生する電気火花や発熱により、ガスや蒸気に引火し爆発するおそれがあるためである。一般に、防爆構造のものを使用しなければならない。

　1. 開閉器とは、電気回路などの電路を開閉（ON/OFF）する装置をいう。一般に「スイッチ」と呼ばれている。開閉（ON/OFF）時に電気火花が発生しやすい。

　2. 熱電温度計または熱電対温度計とは、2種類の異なる金属導体で構成された温度センサを使用した温度計をいう。水銀やサーミスタを使用した温度計に比べ、安価で入手しやすい、温度情報が電気信号（熱起電力）として検出される、応答が早い、−200〜1,700℃と広範囲の温度測定が可能といった特長がある。

　3. 継電器（リレー）とは、電流が流れると電磁石の力により可動接点を閉または開にして、他の電気回路の信号や電流を ON/OFF させる電気部品である。可動接点を備えているため、開閉時に電気火花が発生しやすい。

　4. 自動車のヘッドランプなどに使用されるハロゲンランプは、内部のフィラメントに通電することで白熱させ、その際の発光を利用している。ハロゲンランプの場合、内部のフィラメントは2,700℃以上の高温となるため、ハロゲンランプ自体も高温となるため、点火源となる。

5．電動機とは、電気エネルギーを力学的エネルギーに変換するもので、単にモーターとも呼ばれる。直流電動機は回転とともに電磁石の磁極が変化し、その際、電流の供給接点も切り替わる。この供給接点が高速で切り替わるとき、電気火花が発生し、これが爆発の点火源となる場合がある。

5 燃焼範囲

■燃焼範囲とは

◎燃焼範囲とは、空気中において燃焼することができる**可燃性蒸気の濃度範囲**をいう。可燃性蒸気を空気と混合したとき、その混合気中に占める可燃性蒸気の容量（体積）％で表す。なお、「燃焼」に対しては燃焼範囲というが、対象が「爆発」である場合は爆発範囲という。

◎単位の **vol%** は、**容量（体積）百分率**を表している。vol は volume（容量、書物の巻、音量などの意味）の略である。

◎燃焼限界とは燃焼範囲の**限界濃度**のことをいう。また、濃い方を**上限界（上限値）**、薄い方を**下限界（下限値）**という。燃焼範囲が広く、また下限界の低いものほど引火しやすく危険である。

◎燃焼範囲の**下限界**に相当する濃度の蒸気を発生するときの液体の温度を**引火点**という。

〔燃焼範囲（爆発範囲）と引火点の例〕

気体（蒸気）	vol %	引火点
ガソリン	**1.4 ～ 7.6**	**−40℃以下**
灯油	1.1 ～ 6.0	40℃
二硫化炭素	1.3 ～ 50	−30℃
ジエチルエーテル	**1.9 ～ 36.0**	**−45℃**
水素	4.0 ～ 75	

〔その他の燃焼範囲〕
- ベンゼン……1.2 ～ 7.8
- 酢酸エチル…2.0 ～ 11
- エタノール…3.3 ～ 19

◎燃焼範囲は、その物質の種類により異なる。更に、同じ種類の物質であっても、測定条件（着火源、容器の形状、温度、圧力など）によって変化する。一般に、**温度及び圧力が高くなる**に従い、**燃焼範囲は広がり**、特に上限値の広がりが著しい。

◎ガソリンを例にすると、ガソリンの爆発範囲は 1.4 ～ 7.6vol％ となっている。従って、ガソリンエンジンでは混合気のガソリン蒸気濃度が 1.4 ～ 7.6vol％ であるときに爆発（燃焼）し、下限値未満の薄い濃度や上限値超の濃い濃度では爆発（燃焼）が起こらないことになる。

混合気の蒸気濃度	$\dfrac{蒸気量}{（空気量＋蒸気量）} \times 100\%$

例1：空気100Lに対してガソリンが1Lのときの蒸気濃度
$\dfrac{1}{(100+1)} \times 100 = 0.99\cdots$vol% ⇒ 下限界に達していないため引火しない

例2：空気100Lに対してガソリンが3Lのときの蒸気濃度
$\dfrac{3}{(100+3)} \times 100 = 2.91\cdots$vol% ⇒ 燃焼範囲内になるため引火する

例3：空気100Lに対してガソリンが10Lのときの蒸気濃度
$\dfrac{10}{(100+10)} \times 100 = 9.09\cdots$vol% ⇒ 上限界を超えるため引火しない

▶▶▶ 過去問題 ◀◀◀

▶燃焼範囲

【問1】可燃性蒸気の燃焼範囲の説明として、次のうち正しいものはどれか。［★］

☑ 1．燃焼するのに必要な酸素量の範囲のことである。
　　 2．燃焼によって被害を受ける範囲のことである。
　　 3．空気中において燃焼することができる可燃性蒸気の濃度範囲のことである。
　　 4．可燃性蒸気が燃焼を開始するのに必要な熱源の温度範囲のことである。
　　 5．燃焼によって発生するガスの濃度範囲のことである。

・・

【問2】燃焼範囲が一番広いものは、次のうちどれか。

☑ 1．ジエチルエーテル　　　2．ガソリン　　　3．ベンゼン
　　 4．酢酸エチル　　　　　　5．エタノール

・・

▶蒸気濃度の計算

【問3】次の文から、引火点および燃焼範囲の下限界の数値として考えられる組み合わせはどれか。［★★★］

「ある引火性液体は、液温40℃で液面付近に濃度8vol％の可燃性蒸気を発生した。この状態でマッチの火を近づけたところ引火した。」

		引火点	燃焼範囲の下限界
☑	1.	25℃	10vol%
	2.	30℃	6vol%
	3.	35℃	12vol%
	4.	40℃	15vol%
	5.	45℃	4vol%

【問4】 次の燃焼範囲の危険物を100Lの空気と混合させて、その均一な混合気体に電気火花を発したとき、燃焼可能な蒸気量はどれか。

・燃焼下限界　1.3vol%
・燃焼上限界　7.1vol%

☐　1．1L　　　　2．5L　　　　3．10L　　　　4．15L　　　　5．20L

【問5】 次の実験結果について、正しいものはどれか。[★★]
「空気中である化合物を−50℃から徐々に温めていくと、−42℃のとき液体になり始めた。そのまま温め続け、液温が常温（20℃）まで上がったとき、液面付近の蒸気濃度を測定すると1.8vol%であった。更に加熱を続けたところ、液温は115℃で一定となり、すべて気化してしまった。また、液温20℃のものを別容器にとり、液面付近に火花を飛ばすと激しく燃えだした。」

☐　1．この物質の分解温度は−42℃である。
　　2．この物質の沸点は115℃である。
　　3．この物質の発火点は20℃である。
　　4．この物質の融点は−50℃である。
　　5．この物質の燃焼範囲は0〜1.8vol%である。

▶総合問題

【問6】 次に示す性質を有する可燃性液体についての説明として、正しいものはどれか。[★]

・沸点　　：111℃　　　　・燃焼範囲：1.2〜7.1vol%
・液比重：0.87　　　　　　・引火点　：4.4℃
・発火点：480℃　　　　　・蒸気比重：3.14

☐　1．この液体2kgの容量は、1.74Lである。
　　2．空気中で引火するのに十分な濃度の蒸気を液面上に発生する最低の液温は、4.4℃である。
　　3．発生する蒸気の重さは、水蒸気の3.14倍である。
　　4．111℃になるまでは、飽和蒸気圧を示さない。
　　5．炎を近づけても、480℃になるまでは燃焼しない。

【問7】 次の性状を有する可燃性液体について、正しいものはどれか。

・引火点：−18℃	・燃焼範囲：2.6 ～ 12.8vol％	・沸点：56.5℃
・蒸気の比重：2.0	・液体の比重：0.79	

☑ 　1．56.5℃になるまでは、可燃性の蒸気は発生しない。

　　2．この液体の蒸気の重さは、空気の重さの2分の1である。

　　3．この液体2kgの容量は、1.58Lである。

　　4．この液体の蒸気35vol％、空気65vol％からなる均一な混合気体が入っている容器内に、火花を飛ばしても火はつかない。

　　5．常温（20℃）では、炎、火花などを近づけても火はつかない。

▶ **解 説**

〔問1〕正解…3

　　3．燃焼範囲とは、空気中において燃焼することができる可燃性蒸気の濃度範囲のことをいい、可燃性蒸気は燃焼範囲より濃くても、また薄くても燃焼することができない。

〔問2〕正解…1

　　特殊引火物は「燃焼範囲が広い」という特徴がある。第3章「6．特殊引火物の性状」356P 参照。

　　1．「特殊引火物」ジエチルエーテル…1.9 ～ 36vol％。

　　2～4．「第1石油類」ガソリン…1.4 ～ 7.6vol％、ベンゼン…1.2 ～ 7.8vol％、酢酸エチル…2.0 ～ 11.5vol％。

　　5．「アルコール類」エタノール…3.3 ～ 19vol％。

〔問3〕正解…2

　　40℃で引火していることから、引火点は40℃以下ということになる。従って、引火点は25℃・30℃・35℃・40℃のいずれかである。また、濃度8vol％の蒸気で引火していることから、燃焼範囲の下限値は8vol％以下ということになる。従って、下限値は4vol％・6vol％のいずれかである。これら2つの条件を満たしているものは「2」となる。

〔問4〕正解…2

$$混合気の蒸気濃度 = \frac{蒸気量}{(空気量＋蒸気量)} \times 100\%$$

　　1．危険物の蒸気濃度＝（1L ÷（100L ＋ 1L））× 100％＝ 0.99…vol％

　　2．危険物の蒸気濃度＝（5L ÷（100L ＋ 5L））× 100％＝ 4.76…vol％

　　3．危険物の蒸気濃度＝（10L ÷（100L ＋ 10L））× 100％＝ 9.09…vol％

　　4．危険物の蒸気濃度＝（15L ÷（100L ＋ 15L））× 100％＝ 13.04…vol％

　　5．危険物の蒸気濃度＝（20L ÷（100L ＋ 20L））× 100％＝ 16.66…vol％

　　燃焼範囲（1.3 ～ 7.1vol％）内にあるのは「2」となる。

〔問5〕 正解…2

2．この物質の沸点は115℃、融点は−42℃である。また、「液温20℃のものを別容器にとり、液面付近に火花を飛ばすと激しく燃えだした」ことから、燃焼下限界は1.8vol％以下となる。

〔問6〕 正解…2

設問の可燃性液体はトルエンである。

1．液比重とは、水を基準としたときの密度比である。液比重が1である場合、密度は1g/cm³となる。従って、液比重0.87である可燃性液体は、密度が0.87g/cm³となる。この可燃性液体は0.87g当たり1cm³であることから、2000g（2kg）当たりでは、2000g ÷ 0.87g ＝ 2298.8…cm³となる。1cm³ ＝ 1ccであり、1000cc ＝ 1Lであることから、2298.8…cm³ ＝ 2.2988…Lとなる。この液体2kgの容量は、2.2988…Lである。

3．蒸気比重は空気を基準にしている。1より小さいとその蒸気は上方に向かい、1より大きいとその蒸気は下方に滞留する。蒸気比重が3.14ということは、単位体積中の質量が空気の3.14倍であることを表す。

4．一般に、温度が高くなるほど、蒸気となることができる量は増え、飽和蒸気圧も高くなる。液体はそれぞれの温度ごとに、固有の飽和蒸気圧力がある。従って、設問の内容は誤りである。

5．炎を近づけると燃焼する最低の液温（引火点）は4.4℃である。発火点の480℃は、点火源がなくても自ら燃焼をはじめる温度である。

〔問7〕 正解…4

1．可燃性液体が燃え出すのに必要な濃度の蒸気を液面上に発生する最低の液温を引火点という。また、可燃性蒸気は引火点以下でも発生しており、この場合は炎を近づけても燃焼しない。

2．蒸気比重は空気を基準としたとき、その物質の気体や蒸気の密度との比をいう。この液体の蒸気の重さは、空気の重さの2倍である。

3．0.79kg/L ＝ 2kg ÷ x L ⇒ 容量は約2.53Lになる。

4．可燃性液体の蒸気35vol％＋空気65vol％の混合気は、燃焼範囲の上限界12.8vol％を超えるため燃焼しない。

5．引火点が−18℃のため、−18℃以上になると引火するだけの可燃性蒸気を発生する。従って、常温（20℃）の場合は火源を近づけると火がつく。

6 自然発火

■熱の発生機構

◎自然発火は、点火源がない状態、または可燃物が加熱されていない状態であっても、物質が常温の空気中で自然に発熱し、その熱が長時間蓄積されることで発火点に達し、燃焼を起こす現象である。

◎熱が発生する機構として、酸化による発熱、化学的な分解による発熱、発酵による発熱、吸着による発熱などがある。

◎発熱の機構ごとに、発熱する物質をまとめると、次のとおりである。

> ①**酸化**による発熱 … **乾性油**(アマニ油、キリ油等)、**原綿**、**石炭**、**ゴム粉**、**鉄粉**など。
> ※ カリウム、ナトリウムなどの第3類危険物は、リチウムを除き、ほとんどが自然発火性を有するため、空気中にあると酸化して自然発火する。アルキルアルミニウムは、−50℃以下でも空気と酸化反応を起こして自然発火する。
> ②**分解**による発熱 … **セルロイド**、**ニトロセルロース**(第5類危険物)など。
> ③**発酵**による発熱 … 堆肥、ゴミ、ほし草、ほしわらなど。
> ④**吸着**による発熱 … **活性炭**、木炭粉末(脱臭剤)など。
> ⑤その他の発熱 …… エチレンがポリエチレンに重合する際の**重合反応熱**など。

■乾性油

◎動植物油類(第4類危険物)の自然発火は、油類が空気中で酸化され、その**酸化熱が蓄積**されることで発生する。

◎この油類の酸化は、**乾きやすいものほど起こりやすい**。乾性油は乾きやすく、空気中で徐々に酸化して固まる。

◎乾性油は、その分子内に不飽和結合($C = C$)を数多くもつ。この炭素間の二重結合に酸素原子が容易に入り込むことで、**酸化が起こり熱が発生する**。

◎ヨウ素価は、油脂100gが吸収するヨウ素のグラム数で表され、不飽和結合がより多く存在する油脂ほど、この値が大きくなり、不飽和度が高い。ヨウ素価100以下を不乾性油、100〜130を半乾性油、130以上を乾性油という。

◎乾性油の比重は水(1)より小さく、約0.9である。非水溶性で不飽和脂肪酸を含む。

■可燃性粉体のたい積物

◎粉体とは、固体微粉子の集合体をいう。

◎可燃性の粉体として、**セルロース**、コルク、粉ミルク、砂糖、エポキシ樹脂、ポリエチレン、ポリプロピレン、活性炭、木炭、アルミニウム、マグネシウム、鉄などがある。

◎これらのたい積物は、空気中の**湿度が高く**、かつ**含水率が大きい**ものほど、発熱と蓄熱が進み、自然発火に至ることが多い。

◎また、次のような状況も発熱と蓄熱が進み、自然発火に至る要因となる。

①空気中の湿度が高く、気温が高いとき
②気温が高く、たい積物内の温度が高いとき
③物質の表面積が広く、酸素との接触面積が大きいとき
④物質の熱伝導率が小さく、保温効果が高いとき

▶▶▶ 過去問題 ◀◀◀

【問1】蓄熱して自然発火が起こることについて、次の文中の（　）内のA～Cに当てはまる語句の組合せとして、正しいものはどれか。[★★★]

「ある物質が空気中で常温（20℃）において自然に発熱し、発火する場合の発熱機構は、分解熱、（A）、吸着熱などによるものがある。分解熱による例には、（B）などがあり、（A）による例の多くは不飽和結合を有するアマニ油、キリ油などの（C）がある。」

		A	B	C
☑	1.	酸化熱	セルロイド	乾性油
	2.	燃焼熱	石炭	半乾性油
	3.	生成熱	硝化綿	不乾性油
	4.	反応熱	ウレタンフォーム	不乾性油
	5.	中和熱	炭素粉末類	乾性油

【問2】ヨウ素価について、次のA～Dのうち誤っているものの組合せはどれか。

A．油脂100gに付加するヨウ素の質量をg単位で表した数値をヨウ素価という。
B．ヨウ素価の値は、油脂中の不飽和脂肪酸の含有量が多く、また、脂肪酸の不飽和度が高いほど値は小さい。
C．油脂は、不乾性油、半乾性油または乾性油に分類される。
D．不乾性油は、半乾性油や乾性油に比べて自然発火しやすい。

☑ 1．AとB 　　2．AとC 　　3．BとC
　 4．BとD 　　5．CとD

▶自然発火するもの

【問3】 自然発火に関する語句の組合せとして、次のうち誤っているものはどれか。

[★]

☑ 1．キリ油 ………………… 酸化熱
2．ニトロセルロース ……… 分解熱
3．石炭 …………………… 酸化熱
4．アルキルアルミニウム …… 低発火点
5．原綿 …………………… 吸着熱

【問4】 次のうち、主に不飽和脂肪酸を有する物質の酸化により、自然発火することがあるものはどれか。

☑ 1．ニトロセルロース　　　2．硫黄
3．クレオソート油　　　　4．活性炭
5．アマニ油

【問5】 動植物油類の乾性油の他、原綿、石炭、ゴム粉、金属紛等は、空気中で酸素と化合することによって自然発火をおこすが、次のうち、自然発火をおこしにくいものはどれか。

☑ 1．気温が高く、堆積物内の温度が高いとき。
2．湿度が高く、気温が高いとき。
3．物質の表面積が広く、酸素との接触面積が広いとき。
4．通風が良いところで、乾燥しているとき。
5．物質の熱伝導率が小さく、保温効果が良いとき。

【問6】 動植物油の自然発火について、次の文の（　）内のA～Cに当てはまる語句の組合せとして、正しいものはどれか。[★]

「動植物油の自然発火は、油が空気中で（A）され、この反応で発生した熱が蓄積されて発火点に達すると起こる。自然発火は、一般に乾きやすい油ほど（B）、この乾きやすさを、油脂（C）が吸収するヨウ素のグラム数で表したものをヨウ素価という。」

	A	B	C
☑ 1．	酸化	起こりにくく	100g
2．	還元	起こりにくく	100g
3．	酸化	起こりにくく	10g
4．	還元	起こりやすく	10g
5．	酸化	起こりやすく	100g

〔問1〕正解…1

「ある物質が空気中で常温（20℃）において自然に発熱し、発火する場合の発熱機構は、分解熱、〈Ⓐ 酸化熱〉、吸着熱などによるものがある。分解熱による例には、〈Ⓑ セルロイド〉などがあり、〈Ⓐ 酸化熱〉による例の多くは不飽和結合を有するアマニ油、キリ油などの〈Ⓒ 乾性油〉がある。」

分解熱による例…ニトロセルロース、セルロイド。酸化熱による例…乾性油、原綿、石炭、ゴム粉。アマニ油とキリ油は、いずれも植物の種からとった油（乾性油）である。

〔問2〕正解…4（BとD）

B．「値は小さい。」⇒「値は大きい。」

D．ヨウ素価100以下を不乾性油、100～130を半乾性油、130以上を乾性油という。ヨウ素価が大きい油脂ほど不飽和結合をもち、乾きやすく自然発火しやすい。

〔問3〕正解…5

4．アルキルアルミニウムは第3類危険物で、アルキルアルミニウムの中でもトリエチルアルミニウムは－53℃でも空気と酸化反応を起こして自然発火する。

5．原綿とは、綿の実からふわふわした綿部分のみを集めたものをいう。「酸化熱」によって自然発火するおそれがある。

〔問4〕正解…5

1．分解による発熱で、自然発火することがある。

2＆3．不飽和脂肪酸を含まず、また、自然発火のおそれはない。

4．吸着による発熱で、自然発火することがある。

5．アマニ油は不飽和脂肪酸を有し、酸化による発熱で自然発火することがある。

〔問5〕正解…4

4．通風が良く、乾燥していると、可燃性粉体は蓄熱しにくくなるため、自然発火しにくくなる。

〔問6〕正解…5

「動植物油の自然発火は、油が空気中で〈Ⓐ 酸化〉され、この反応で発生した熱が蓄積されて発火点に達すると起こる。自然発火は、一般に乾きやすい油ほど〈Ⓑ 起こりやすく〉、この乾きやすさを、油脂〈Ⓒ 100g〉が吸収するヨウ素のグラム数で表したものをヨウ素価という。」

ヨウ素価が大きい油脂ほど不飽和結合をもち、乾きやすく自然発火しやすい。

7 粉じん爆発

◎**粉じん爆発**は、可燃性の固体微粒子が空気中に浮遊しているときに起きる爆発である。急激な発熱・体積膨張・圧力上昇により、火炎と爆発音を発し周囲に大きな被害をもたらす。

◎粉じん爆発が起きるための3要素は、以下のとおり。

> ①粉じんの粒子が微粉の状態で、**空気中に一定の濃度で浮遊（粉じん雲）**
> ②**発火源**（エネルギー）
> ③空気中の**酸素**

◎粉じん濃度が爆発（燃焼）可能な濃度範囲のことを**爆発範囲**（燃焼範囲）といい、爆発可能な濃度の一番低いものを爆発下限界、一番高いものを爆発上限界という。

◎**最小着火エネルギー**は、ガス爆発より粉じん爆発の方が**大きく**、着火しにくい特性がある。

◎しかし、爆発時に発生する**エネルギー（発生熱量）**は、ガス爆発より粉じん爆発の方が**数倍大きい**。

◎また、可燃性粉じんと空気との混合気は、可燃性ガスと空気との混合気よりも比重は大きい。

◎粉じん爆発は、爆発時に周囲にたい積している粉じんを舞い上がらせるため、**次々に爆発的な燃焼が伝播して持続する**。また、粉じんが燃えながら飛散するため、周囲の可燃物に飛び火する危険性がある。空気中の微粒子間は近すぎると酸素不足となり、離れすぎていると燃焼が伝播しない。

◎有機化合物による粉じん爆発では、蒸気やガスなどと比べると**粒径が大きい**ことから**不完全燃焼**を起こしやすく、そのため、一酸化炭素 CO が大量に発生し、一酸化炭素中毒になりやすい。

◎粉じんの粒子が大きい場合、空気中に浮遊しにくいため、爆発の危険性は小さくなる。また、**開放された空間**では粉じんが拡散するため、爆発が起こりにくい。

◎粉じん爆発が起こりやすい条件は次のとおりである。

> ①粒子が細かいとき
> ②空気中で粒子と空気がよく混ざり合っているとき
> ③空間中に浮遊する粉じんの濃度が一定の範囲内にあるとき
> 　（濃度が濃すぎても薄すぎても、爆発は起こらない）

◎**静電気**は通常、物体の表面に発生する。固体の塊を粉砕して細かい粒子にすると、その表面積はもとの固体の塊より大きくなるため、粉体は単位質量当たりの帯電量が多くなる。

【問1】粉じん爆発について、次のうち誤っているものはどれか。[★★]

☑ 1．可燃性固体の微粉が空気中に浮遊しているときに、何らかの火源により爆発する現象をいう。

2．開放空間では爆発の危険性は低い。

3．粉じんが空気とよく混合している浮遊状態が必要である。

4．粉じんが大きい粒子の場合は、簡単に浮遊しないので爆発の危険性は低い。

5．有機化合物の粉じん爆発では、燃焼が完全になるので一酸化炭素が発生することはない。

⋯⋯⋯⋯⋯⋯⋯⋯⋯⋯⋯⋯⋯⋯⋯⋯⋯⋯⋯⋯⋯⋯⋯⋯⋯⋯⋯⋯⋯⋯⋯⋯⋯

【問2】粉じん爆発の特性について、次のうち誤っているものはどれか。

☑ 1．粉じん爆発とは、空間に遊離、分散した燃焼範囲の粉じん雲中で何らかの原因で着火し、火炎が伝播する際の急激な体積膨脹、圧力上昇により周囲への被害が及ぶ爆発現象をいう。

2．堆積粉が広く存在する場合は、1次の爆発が堆積粉を舞い上げて、2次の爆発を起こし、次々にこの過程を繰り返し遠方に伝播することがある。

3．気体と比べて、粉体はその種類や環境条件などによって静電気が発生しやすく、その放電は粉じん爆発の着火源になる場合がある。

4．可燃性粉じんと空気との混合気は、可燃性ガスと空気との混合気に比べて比重が大きく、一般的に爆発時の発生熱量が大きい。

5．可燃性粉じんは空気中に漂い、酸素分子と均一に混合され燃焼するので完全燃焼しやすい。

▶ 解 説

〔問1〕正解…5

　5．有機化合物の粉じん爆発では、粒径が大きいことから不完全燃焼を起こしやすく、一酸化炭素 CO が大量に発生しやすい。

〔問2〕正解…5

　5．気体や蒸気と異なり、粉じんの粒径が大きいため、不完全燃焼を起こしやすい。

8 消火と消火剤

■消火の三要素と四要素

◎物質が燃焼するのに必要な三要素は、①可燃物、②酸素供給源、③熱源（点火源）の３つである。従って、三要素のうちの**どれか一要素を除去**すると、消火することができる。

◎燃焼の三要素に対し、①除去効果による消火（除去消火法）、②窒息効果による消火（窒息消火法）、③冷却効果による消火（冷却消火法）を消火の三要素という。

◎消火ではこの他、燃焼を化学的に抑制することで消火する方法がとられている。燃焼を抑制することから**負触媒効果**ともいわれ、燃焼という連続した**酸化反応を遅らせる**ことで消火する。具体的には、ハロゲン化物消火剤が挙げられる。この抑制効果による消火も含めて、**消火の四要素**と呼ぶ。

※「触媒」とは、化学反応において、反応速度を変化させて、自らは化学変化をしない物質をいい、中でも化学反応の速度を遅くするものを「負触媒」という。

■除去効果による消火（除去消火）

◎**可燃物**をさまざまな方法で**除去**することによって消火する方法である。

◎具体的には、ロウソクの炎を息で吹き消す方法が該当する。息を吹くことで可燃性蒸気を飛ばしている。

◎また、燃焼しているガスコンロの栓を閉めると、ガスの供給が絶たれるため、ガスの火は消える。これも除去効果によるものである。

■窒息効果による消火（窒息消火）

◎**酸素の供給を遮断**することによって消火する方法である。

◎具体的には、燃焼物を不燃性の泡や不燃性ガス（ハロゲン化物の蒸気や**二酸化炭素**）などで覆い、空気と遮断することによって消火する。また、アルコールランプの炎にふたをして消したり、たき火に砂をかけて消す方法も、窒息効果による消火である。

◎空気中の酸素濃度は21%であるが、一般に石油類は酸素濃度が 14 ～ 15vol%以下になると燃焼が停止するといわれる。

◎粉末消火剤は油火災に対し、強力な消火能力を示す。これは、油面上に広がった消火剤の窒息効果による影響が大きい。

■冷却効果による消火（冷却消火）

◎燃焼物を冷やすことで燃焼物の熱を奪い、引火点未満または発火点未満にして燃焼の継続を止める消火方法である。

◎固体の場合、熱分解により可燃性蒸気やガスを生成し続けて燃焼が継続するため、消火剤により燃焼物の熱を抑えて、可燃性蒸気やガスの生成を抑える。

■火災の区分

◎火災は、消火に使用する消火剤の種類などから、次のように区分されている。

火災の区分	概要
A 火災（普通火災）	紙、木材、布、繊維等が燃焼する火災
B 火災（油火災）	ガソリン、灯油、油脂、アルコール等が燃焼する火災
C 火災（電気火災）	電気機器、電気器具、変圧器、モーターによる火災

■消火剤の分類と消火効果

▶水消火剤

◎水は、蒸発熱（気化熱）と比熱が大きいため**冷却効果**が大きい。このため、普通火災に対し消火剤として広く使われている。

◎水は蒸発すると体積が約1,650倍に増える。この水蒸気が空気中の**酸素と可燃性ガス**を希釈する作用がある。

◎一般に、水は**油火災や電気火災に使えない**。油火災に水を使用すると、油は水より軽いため水に浮いて火面を拡げる危険がある。また、電気火災の場合は感電の危険がある。しかし、**水蒸気や噴霧状**にして使用した場合、**第4類の危険物の火災や電気火災に適応**する。これは水の粒子が非常に小さく、分布が均一なためである。

※第1章「37. 消火設備と設置基準　■消火設備と適応する危険物の火災（ポイント）」157P参照。

▶強化液消火剤

◎強化液消火剤は、水に**アルカリ金属塩（炭酸カリウム）**を加えた**濃厚な水溶液**で、アルカリ性を示す。−20℃でも凍結しないため、寒冷地でも使用できる。

◎この消火剤は、**冷却効果**と燃焼を**化学的に抑制する効果（負触媒効果）**を備えている。

◎普通火災に対しては**冷却効果**が大きく、また水溶液で浸透性があることから**再燃防止効果**もある。

◎油火災及び**電気火災**には、**噴霧状**に放射することで適応する。また、油火災に対しては抑制効果が大きい。

▶泡消火剤

◎泡消火剤は、一般のものと水溶性液体用の2つがある。

◎**一般の泡消火剤**は、普通火災に対し冷却効果と**窒息効果**により消火する。また、油火災に対しては油面を泡で覆う**窒息効果**により消火する。

◎泡消火器の場合、泡の造り方の違いにより、以下の2つのタイプがある。

> ▪化学泡タイプ：二酸化炭素を包み込んで泡を造る
> （充填された水溶液は、**有効期間を1年**とし、再充填等の整備・点検が必要）
> ▪機械泡（空気泡）タイプ：空気を包み込んで泡を造る

◎泡消火設備（第3種）で使用される泡消火剤には、以下のようなものがあり、それぞれ特性が異なる。**たん白泡消火剤は起泡性と耐熱性に優れている**が、耐熱性では**フッ素たん白泡**が、起泡性では**水成膜泡・合成界面活性剤泡**が非常に優れている。

◎たん白泡・フッ素たん白泡消火剤は、暗褐色の粘性溶液で、たん白特有の臭気を有する。水成膜泡・合成界面活性剤泡消火剤は、淡黄色の液体で、グリコールエーテル臭を有する。

種類	起泡性・発泡性	安定性・保水性	展開性・流動性	耐熱性・耐火性	耐油性	油面密封性
たん白泡	○	◎	△	○	△	◎
フッ素たん白泡	○	◎	○	◎	◎	◎
水成膜泡	◎	○	◎	○	○	△
合成界面活性剤泡	◎	○	◎	×	×	×

◎ 非常に優れている　　○ 優れている　　△ 普通　　× 劣る

◎また、**合成界面活性剤**のものは起泡性が良いため、**高発泡使用**に適している。高発泡として使用する場合、放射ノズル等の機器も高発泡専用のものを使用する。

> ▪低膨張泡（倍率20以下）
> 低膨張泡の泡は、流動性に優れ、主として可燃性液体の流出火災やタンク火災に用いられる。
> ▪中膨張泡（倍率20を超え80未満）／高膨張泡（倍率80以上1000未満）
> 中・高膨張泡の泡は、防護対象の表面を一気に被覆したり、防護対象の空間を埋め尽くして、燃焼を抑制するために用いられる。

※発泡倍率とは、泡の倍率、泡水溶液と生成された泡の体積比をいう。

◎一般の泡消火剤は、アルコールなどの水溶性の可燃性液体に泡が触れると溶けて消えてしまう。このため、水溶性の可燃性液体の消火には使えない。そこで造られたのが、**水溶性液体用泡消火剤**（耐アルコール泡消火剤）である。水溶性のアルコール、アセトン等の消火に適している。

◎一般的な泡消火剤に求められる性質として、①**流動性・展開性**があること、②**耐油・耐火・耐熱性**があること、③**寿命が長い**こと、④**持続安定性**があること、⑤**起泡性**（泡立つ性質）・**付着性**があること、などが挙げられる。

◎なお、泡消火剤は電気火災に対し**感電の危険**があるため使用できない。

▶ハロゲン化物消火剤

◎ハロゲン化物消火剤は、主に一臭化三フッ化メタン CBrF₃（ブロモトリフルオロメタンとも呼ばれる）が使われている。ハロゲン化物はハロゲンと同様に、燃焼の抑制（負触媒）作用がある。

◎消火剤の一臭化三フッ化メタンは、常温常圧で気体であるが、加圧されて液体の状態で充填されている。放射すると**不燃性の非常に重いガス**となる。これが燃焼物を覆うことで窒息効果もある。

◎ハロゲン化物消火剤は、**燃焼の抑制作用と窒息効果**により消火する。

◎ハロゲン化物消火剤は、ガスで消火するため**汚損が少ない**。また、**油火災及び電気火災に対しては有効**であるが、普通火災に対しては効果が薄い。

◎ハロゲン化物消火剤は、火炎などで**高温になると分解**し、ホスゲン COCl₂ やフッ化水素 HF 等の**有毒ガスを発生**するおそれがある。

▶二酸化炭素（不活性ガス）消火剤

◎二酸化炭素消火剤は、加圧して液体の状態でボンベに充填されており、経年による変質がほとんどないため、**長期にわたり安定して使用**できる。

◎放射すると直ちにガス化し、空気より重い（比重約 1.53）ため燃焼物を覆う。主に**窒息効果**により消火するが、蒸発時の冷却効果もある。

◎燃焼物の周囲に二酸化炭素が充満し、酸素濃度がおおむね **14 〜 15vol%以下**になると、燃焼は停止する。

◎非導電性のため、**電気絶縁性がよく**、電気火災の際にも感電することはない。また、金属や電気機器と化学反応を起こしにくい。

◎気体のため細部まで消火剤がよくとどき、消火後の**汚損が少ない**。

◎二酸化炭素は**人体に対する毒性は弱い**が、閉鎖された空間などで多量に吸い込むと酸欠状態となる危険性がある。不活性ガス消火設備（第3種）として使用される場合、放出する際には酸欠事故防止のため、退室しなければならない。

　※不活性ガス消火設備（第3種）には、二酸化炭素の他に、窒素、IG－541（窒素 N₂・アルゴン Ar・二酸化炭素 CO₂ の混合気）、IG－55（窒素 N₂・アルゴン Ar の混合気）などが使用される。

◎ハロゲン化物消火剤と同様に、**油火災及び電気火災に対しては有効**であるが、普通火災に対しては効果が薄い。

▶粉末消火剤

◎粉末消火剤は、主成分の違いにより数種類のものが使われている。共通した特性は次のとおりである。

> ①粉末は、吸湿固化を防止するため、**粉末の表面にシリコン樹脂**等により防湿処理が施されている。このため、微粉末の状態が維持される。また、**粒子が小さいほど表面積が増えるため、消火効果が高くなる。**
> ②粉末消火剤の主成分を識別するため、**粉末は種類により着色**されている。
>
> | 消火剤の主成分 | 着色 |
> | --- | --- |
> | 炭酸水素ナトリウム | 白色、淡緑色 |
> | 炭酸水素カリウム | 紫色 |
>
> | 消火剤の主成分 | 着色 |
> | --- | --- |
> | **リン酸塩類**等 | **淡紅色** |
>
> ③燃焼を化学的に抑制する**抑制効果（負触媒効果）**が大きく、この他に燃焼面を覆うことによる**窒息効果**もある。
> ④油火災と電気火災に適応する（粉末は電気の不導体である）。

◎リン酸塩類（リン酸二水素アンモニウム）を主成分とする粉末消火剤は、木材等の**普通火災に対しても適応する。** ３種類すべての火災に適応することから、この消火剤を充填したものは ABC 消火器と呼ばれる。

◎炭酸水素塩類（炭酸水素カリウムや炭酸水素ナトリウムなど）を主成分にしたものは、油火災と電気火災に適応し、**普通火災には不適応である。**

◎炭酸水素カリウム $KHCO_3$ は無色の固体で、水溶液は弱い塩基性を示す。加熱によって二酸化炭素を放出して炭酸カリウムとなる。これを消火剤の主成分としたものは、他の粉末消火剤と見分けやすくするため、紫色に着色するよう定められている。

◎炭酸水素ナトリウム $NaHCO_3$ は白色の粉末状で、水溶液は弱い塩基性を示す。加熱によって炭酸ナトリウム Na_2CO_3、二酸化炭素 CO_2、水蒸気 H_2O の３つの物質に分解する。重曹とも呼ばれる。

▶簡易消火用具

◎消火能力のある水、砂または粉状のものと、これを使用するバケツ等の用具をいう。具体的には、水バケツ、**乾燥砂、膨張ひる石、膨張真珠岩**などである。また、乾燥砂、膨張ひる石、膨張真珠岩は酸素供給を遮断し**窒息させる効果**がある。

▶金属火災用消火剤

◎金属火災は、カリウム、ナトリウム、カルシウム、マグネシウム、アルミニウム、亜鉛等の火災を対象とする。

◎金属火災は非常に高温で燃焼し、通常の消火剤では熱分解するため使用できない。また、激しく反応する金属（アルカリ金属など）の火災に注水すると、水素が発生して爆発する危険が生じる。

◎金属火災については、従来、**乾燥砂**などが広く使われてきている。最近では、金属火災用の消火剤が使われるようになっている。

◎金属火災用消火剤には、乾燥炭酸ナトリウム粉末や**乾燥塩化ナトリウム粉末**などがある。**塩化ナトリウム**を使用したものは、架橋剤や流動性付与剤などが添加されており、消火剤が燃焼物表面を覆うと、架橋現象が起こり消火剤がせんべい状となって燃焼物に浸透する。この**窒息効果**により、消火する。

〔消火器と消火剤のまとめ〕

消火器		消火剤		適応火災	主な消火効果
水系消火器	水消火器	水	棒状	普通	冷却
			霧状	普通・電気	
	強化液消火器	アルカリ金属塩類の水溶液	棒状	普通	冷却
			霧状	普通・油・電気	冷却・抑制
	泡消火器	一般の泡消火剤		普通・油(非水溶性)	冷却・窒息
		水溶性液体用の泡消火剤		油(水溶性)・アルコール等	
ガス系消火器		ハロゲン化物消火剤		油・電気	抑制・窒息
		二酸化炭素		油・電気	冷却・窒息
粉末系消火器		リン酸塩類		普通・油・電気	抑制・窒息
		炭酸水素塩類		油・電気	
金属火災用消火器		炭酸ナトリウム、無水炭酸塩		ナトリウム	冷却・窒息
		塩化ナトリウム		リチウム・マグネシウム	

▶▶▶ 過去問題 ◀◀◀

▶消火方法・消火剤と消火効果

【問1】消火方法の一般的な説明として、次のうち最も適切でないものはどれか。

☑　1．油配管のバルブを閉めて、燃焼している油の供給を止める。

2．窒素ガス消火剤を放射して、燃焼物周囲の酸素濃度を低下させる。

3．リン酸塩類の粉末消火剤を放射して、燃焼の連鎖反応を抑制、阻止する。

4．ハロゲン化物の消火剤を放射して、燃焼物を冷却し、可燃性気体の発生を減少させる。

5．泡消火剤を放射して、燃焼物表面を覆い、酸素を遮断する。

【問2】消火方法とその主な消火効果との組合せとして、次のうち正しいものはどれか。[★★][編]

☑ 1. 容器内の灯油が燃えていたので、強化液消火器で消した。 …… 除去効果
2. 少量のガソリンが燃えていたので、二酸化炭素消火器で消した。
　　　　　　　　　　　　　　　　　　　　　　　　　　　……………………… 窒息効果
3. 容器内の軽油が燃えていたので、ハロゲン化物消火器で消した。
　　　　　　　　　　　　　　　　　　　　　　　　　　……………………… 冷却効果
4. 天ぷら鍋の油が燃えていたので、粉末消火器で消した。 ……… 冷却効果
5. 油の染み込んだ布が燃えていたので、乾燥砂で覆って消した。
　　　　　　　　　　　　　　　　　　　　　　　…………… 抑制（負触媒）効果
6. ろうそくの炎に息を吹きかけて火を消した。 ………………… 窒息効果

【問3】火災とそれに適応する消火器の組合せとして、次のうち不適切なものはどれか。

☑ 1. 電気設備…ハロゲン化物消火器　　　2. 電気設備…泡消火器
3. 石油………二酸化炭素消火器　　　　4. 木材………強化液消火器
5. 石油………粉末（リン酸塩類）消火器

【問4】消火剤に関する記述として、次のうち正しいものはどれか。

☑ 1. 強化液消火剤は、凝固点が0℃なので寒冷地では凍結するため使用できない。
2. たん白泡消火剤は、熱に強いが、油面上で消えやすく再燃防止の効果がない。
3. 水消火剤は、比熱が小さいため冷却効果が大きく、また蒸発するとき気化熱を奪って周囲の温度を低下させる。
4. 泡消火剤は泡で燃焼物を覆うので窒息効果があり、油火災には適するが、木材や衣類などの普通火災には適さない。
5. 二酸化炭素消火剤は、電気絶縁性に優れているため、電気設備の火災にも適応する。

【問5】容器内で燃焼している動植物油類に、注水すると危険な理由として、最も適切なものは次のうちどれか。[★]

☑ 1. 水が容器の底に沈み、徐々に油面を押し上げるから。
2. 高温の油と水の混合物は、単独の油よりも燃焼点が低くなるから。
3. 注水が空気を巻き込み、火炎及び油面に酸素を供給するから。
4. 油面をかき混ぜ、油の蒸発を容易にするから。
5. 水が沸騰し、高温の油を飛散させるから。

216

【問6】消火剤に関する説明として、次のうち誤っているものはどれか。

☐　1．強化液消火剤は、凝固点が－20℃以下のため、寒冷地でも使用できる。
　　2．粉末消火剤は、粒子が大きいほど消火効果が低い。
　　3．機械泡（空気泡）による油火災の消火は、主として窒息効果によるものである。
　　4．水は、比熱は小さいが気化熱が大きいため、冷却効果が大きい。
　　5．ハロゲン化物消火剤は、抑制作用により燃焼を抑制する。

【問7】消火剤に関する次のA～Eの記述のうち、正しいものはいくつあるか。

> A．たん白泡消火剤は、他の泡消火剤と比べて、熱に弱いが発泡性がよい。
> B．粉末消火剤は、粒子を細かくするほど表面積が増え、燃焼抑制効果が上がる。
> C．二酸化炭素消火剤は、主として酸素濃度を下げる窒息効果によって消火する。
> D．強化液消火剤は、0℃で氷結するので、寒冷地での使用は注意を要する。
> E．ハロゲン化物消火剤は、燃焼の連鎖反応を中断させる抑制効果を有する。

☐　1．1つ　　　2．2つ　　　3．3つ　　　4．4つ　　　5．5つ

【問8】消火剤に関する記述として、次のうち誤っているものはどれか。［編］

☐　1．窒素は、空気の約78％を占める気体であり、不活性ガス消火剤として使われている。
　　2．水は、熱容量が大きく、火災の熱を奪うことに加え、水が気化し蒸気になるときにも多くの熱を奪う。
　　3．乾燥塩化ナトリウム粉末は、金属火災における消火剤としての効果がほとんどない。
　　4．合成界面活性剤は、低膨張泡から高膨張泡に対応でき、泡の発泡性、流動性に優れている。
　　5．二酸化炭素による消火は、放射された消火剤による汚損がほとんどない。
　　6．油火災と電気火災のいずれにも適応する消火剤として、二酸化炭素、ハロゲン化物、霧状の強化液及び消火粉末がある。

▶水系（水・泡・強化液）消火剤

【問9】 水が消火剤として優れている理由として、次のうち誤っているものはどれか。

[★]

☑ 1．比熱と蒸発熱が大きいことから　　　2．容易に入手できることから
3．凝固点が高いことから　　　　　　　4．液体であることから
5．水蒸気が酸素濃度を薄めることから

【問10】 次の文の（　）に当てはまる語句として、次のうち正しいものはどれか。
「水は、（　）と比熱が大きいため、消火剤として使用すると冷却効果が大きい。」

☑ 1．熱伝導率　　2．比重　　3．気化熱　　4．分子量　　5．表面張力

【問11】 水による消火作用について、次の文の（　）内のA、Bに当てはまる語句の
組合せとして、正しいものはどれか。
「水は最も一般的な消火剤である。棒状の放水による消火は（A）の火災のみに
適応するが、霧状の放水は（A）の火災だけでなく（B）の火災にも適応する。」

	A	B
☑ 1.	石油などの可燃性液体	電気配線、電動機などの電気設備
2.	木、紙、布など	電気配線、電動機などの電気設備
3.	木、紙、布など	石油などの可燃性液体
4.	電気配線、電動機などの電気設備	木、紙、布など
5.	石油などの可燃性液体	木、紙、布など

【問12】 強化液消火剤について、次のうち誤っているものはどれか。[★]

☑ 1．アルカリ金属塩類等の濃厚な水溶液である。
2．油火災に対しては、霧状にして放射しても適応性がない。
3．−20℃でも凍結しないので、寒冷地での使用にも適する。
4．電気火災に対しては、霧状にして放射すれば適応性がある。
5．木材などの火災の消火後、再び出火するのを防止する効果がある。

【問 13】 水消火剤について、次のうち誤っているものはどれか。

☑ 1. 油火災に用いると、炎を拡大させるおそれがある。

2. 水は流動性がよく、表面を流れてしまうため、木材等の深部が燃えていると冷却効率が悪い。

3. 燃焼に必要な熱エネルギーを取り去る冷却効果が小さい。

4. 電気設備の火災に用いると、人体に対する感電危険や設備が絶縁不良となる危険がある。

5. 金属火災に用いると、通常燃焼の温度が高いため、水が水素と酸素に分解し、爆発するおそれがある。

▶粉末消火剤／ガス系消火剤

【問 14】 消火設備に用いる気体の消火剤に関する説明として、次のうち適切でないものはどれか。

☑ 1. 不活性ガス消火剤には、二酸化炭素や窒素などがある。

2. 二酸化炭素消火剤は、電気伝導性があるため電気火災には適応しない。

3. 窒素ガス消火剤には、火災室内の酸素濃度を低下させて消火する効果がある。

4. ハロゲン化物消火剤には、燃焼反応を抑制して消火する効果がある。

5. 二酸化炭素消火剤は、室内で使用した場合には二酸化炭素濃度が高くなり、人体に悪影響を及ぼすおそれがある。

【問 15】 消火に関する、次の文の（　）内のA～Cに該当する語句の組合せとして、正しいものはどれか。[★]

「一般的に燃焼に必要な酸素の供給源は空気である。空気中には酸素が約（A）含まれており、この酸素濃度を燃焼に必要な量以下にする消火方法を（B）という。物質により燃焼に必要な酸素量は異なるが、一般に石油類では、空気中の酸素濃度を約（C）以下にすると燃焼は停止する。」

	A	B	C
☑ 1.	25vol%	窒息消火	20vol%
2.	21vol%	除去消火	18vol%
3.	25vol%	除去消火	14vol%
4.	21vol%	窒息消火	14vol%
5.	21vol%	除去消火	20vol%

【問16】粉末消火剤について、次のうち誤っているものはどれか。[★]

☑ 1．ナトリウム、カリウムの重炭酸塩その他の塩類またはリン酸塩類、硫酸塩類などを主成分として構成されている。

2．主成分の種類により着色されている。

3．吸湿固化を防止するため、粉末の表面にシリコン樹脂等により防湿処理がなされている。

4．消火剤の主成分に関係なく、あらゆる火災に消火効果がある。

5．負触媒効果（抑制効果）と窒息効果がある。

【問17】消火剤について、次のうち誤っているものはどれか。

☑ 1．二酸化炭素消火剤は、空気より重いので低所に滞留しやすい。

2．強化液消火剤は、冷却効果と消火後の再燃防止効果がある。

3．ハロゲン化物消火剤は、燃焼反応を抑制する効果がある。

4．リン酸塩類を主成分とする消火粉末は、防炎性があるため木材等の火災にのみ適応する。

5．泡消火剤は、石油などの油火災に適応する。

▶ 解 説

〔問1〕正解…4

1．除去消火。可燃物の供給を止める、または周囲の可燃物を取り除くことで燃焼を停止する消火法。

2．窒息消火。

3．リン酸塩類の粉末消火剤は、抑制効果と窒息効果がある。

4．ハロゲン化物消火剤には、抑制効果と窒息効果があるが、冷却効果はない。

5．窒息消火。

〔問2〕正解…2

1．強化液消火器は、冷却効果と抑制効果がある。

2．二酸化炭素消火器は、窒息効果と冷却効果がある。

3．ハロゲン化物消火器は、抑制効果と窒息効果がある。

4．粉末消火器は、抑制効果と窒息効果がある。

5．乾燥砂で覆うことで酸素の供給を絶つことになるため、窒息効果となる。

6．炎に息を吹きかけることで可燃性蒸気を吹き飛ばしているので、除去効果となる。

〔問3〕正解…2

2．泡消火器は感電のおそれがあるため、電気火災には適さない。

〔問4〕 正解…5

　1．強化液消火剤は、-20℃でも凍結しないため、寒冷地でも使用できる。

　2．たん白泡消火剤は、耐熱性の強い泡と優れた油面密封性で燃焼油面を覆うため再
　　　燃防止効果が高い。

　3．水は、蒸発熱（気化熱）と比熱が大きいため冷却効果が大きい。蒸発熱が大きい
　　　物質ほど蒸発する時に周囲から多くの熱を奪う。

　4．泡消火剤は、油火災及び普通火災に適応する。

〔問5〕 正解…5

　1．動植物油類は、液比重が約0.9のものが多く、水が混ざると比較的簡単に水に浮
　　　く。

　2．水と油の混合物の場合、油は分離して水に浮くが、油のみのものと比較したとき、
　　　燃焼点が低くなることはない。

　4．動植物油類は蒸発しにくく、引火しにくい。

　5．燃焼している油に水を放射すると、激しく水が蒸発し、燃焼している油を飛散さ
　　　せるおそれがある。また、周囲に飛散した油から燃焼が更に拡大する場合がある。

〔問6〕 正解…4

　4．水は、比熱と気化熱（蒸発熱）が共に大きく、冷却効果が大きい。「比熱が大き
　　　い」と温まりにくく冷めにくいため、水の場合、温度を上げるために多くの熱が必
　　　要となる。また、気化熱が大きい物質ほど蒸発する時に周囲から多くの熱を奪う。

〔問7〕 正解…3（B、C、E）

　A．たん白泡消火剤は、泡消火設備（第3種）で使用される泡消火剤である。たん白
　　　泡消火剤は耐熱性と発泡性に優れている。

　B．粉末消火剤は、粒子が小さいほど消火効果が上がる。一般に180μm以下の微細
　　　な粉末である。

　D．強化液消火剤は-20℃でも凍結しないため、寒冷地でも使用できる。強化液消火
　　　器の使用温度範囲は、-20℃～+40℃となっている。

〔問8〕 正解…3

　1．不活性ガス消火剤として使われるものには、窒素、二酸化炭素、IG-541（窒
　　　素＋アルゴン＋二酸化炭素の混合気）などがある。

　3．乾燥塩化ナトリウム粉末NaClや乾燥炭酸ナトリウム粉末Na2CO3は、金属火災
　　　用消火剤として使用される。

　4．泡消火剤は、水と薬剤を一定比率で混合した水溶液に空気を吸い込ませて造られ
　　　る。薬剤の種類・混合比率・発泡倍率・発泡器などの選定により、低膨脹泡（低発
　　　泡泡ともいう。発泡倍率20以下）～高膨脹泡（高発泡泡ともいう。発泡倍率80
　　　以上1,000未満）の泡消火剤となり、対象物や用途に応じて使い分けられる。合成
　　　界面活性剤泡は発泡性、流動性が非常に優れている。

　5．二酸化炭素消火剤は放射すると気化するため、汚損が少ない。

〔問9〕正解…3

　3．水の凝固点は0℃であり、常温（20℃）で消火剤として使用できる。凝固点が高いと消火剤としては使いにくくなる。

〔問10〕正解…3

　「水は、〈気化熱〉と比熱が大きいため、消火剤として使用すると冷却効果が大きい。」

　気化熱…液体1gが蒸発するときに吸収する熱量で、蒸発熱ともいう。

　比熱……物質の温度を1℃（又は1K）上昇させるのに必要な熱量をいう。

〔問11〕正解…2

　「水は最も一般的な消火剤である。棒状の放水による消火は〈Ⓐ　木、紙、布など〉の火災のみに適応するが、霧状の放水は〈Ⓐ　木、紙、布など〉の火災だけでなく〈Ⓑ　電気配線、電動機などの電気設備〉の火災にも適応する。」

〔問12〕正解…2

　2．油火災に対しては、霧状に放射することで燃焼の抑制効果が得られる。棒状に放射すると油を飛散させるため危険である。

〔問13〕正解…3

　3．水は、蒸発熱（気化熱）と比熱が大きいため、消火に際し熱エネルギーを取り去る冷却効果が大きい。また、水は蒸気になると大きく膨張するため、空気中の酸素と可燃性ガスを希釈する作用がある。

〔問14〕正解…2

　2．二酸化炭素消火剤は、電気絶縁性に優れているため、電気火災に適応する。

〔問15〕正解…4

　「一般的に燃焼に必要な酸素の供給源は空気である。空気中には酸素が約〈Ⓐ　21vol%〉含まれており、この酸素濃度を燃焼に必要な量以下にする消火方法を〈Ⓑ　窒息消火〉という。物質により燃焼に必要な酸素量は異なるが、一般に石油類では、空気中の酸素濃度を約〈Ⓒ　14vol%〉以下にすると燃焼は停止する。」

　窒息消火…酸素の供給を止める、または周囲の酸素濃度を下げたりして燃焼を停止する消火法。

　除去消火…可燃物の供給を止める、または周囲の可燃物を取り除くことで燃焼を停止する消火法。

〔問16〕正解…4

　4．リン酸塩類（リン酸アンモニウム）を主成分とする粉末（ABC）消火器は、普通火災、油火災及び電気火災のすべてに効果がある。しかし、炭酸水素ナトリウムを主成分とする粉末（Na）消火器及び炭酸水素カリウムを主成分とする粉末（K）消火器は、油火災及び電気火災に対しては効果があるが、普通火災にはあまり効果がない。

〔問17〕正解…4

　4．リン酸塩類の粉末消火剤は、普通火災・油火災・電気火災に適応する。

9 電気の計算／電池

■抵抗率

◎導体の電気抵抗は、導体が長くなるほど大きくなり、断面積が大きくなるほど小さくなる。

◎すなわち、導体の抵抗は、長さに比例し、断面積に反比例する。

◎断面積 S (m²)、長さ l (m) の導体の抵抗 R (Ω) は、次の式で表すことができる。

$$R = \rho \frac{l}{S}$$

◎ここで ρ (ロー) は物質固有の値であり、断面積 1 (m²)、長さ 1 (m) の導体の相対する両面間の抵抗値を表しており、抵抗率と呼んでいる。抵抗率の単位は [Ω·m (オームメートル)] を用いる。

■導電率

◎導電率は、物質の電気伝導のしやすさを表す量で、電気伝導率ともいう。

◎数値の大きいものほど、電気が伝導しやすい。逆に、導電率の小さいものほど電気が伝導しにくく、電気抵抗率が大きい。導電率は、電気抵抗率の逆数でもある。

◎液体の導電率では、塩分測定に応用されている。みそ汁などは塩化ナトリウムの濃度が大きくなるほど塩辛くなる。塩分濃度と導電率はおよそ大小関係が一致するため、塩分濃度測定には、導電率を求めてその値を換算するという手法が広く採用されている。

◎抵抗率 ρ は物質における電流の流れにくさを表している。

◎その逆数 $1/\rho$ は、物質における電流の流れやすさを表す。$1/\rho$ は「導電率」と呼ばれ、記号は σ (シグマ) で表す。

◎導電率 σ は、次の式で表され、単位は [S/m (ジーメンス毎メートル)] を用いる。

$$\sigma = \frac{1}{\rho}$$

■オームの法則

◎「抵抗を流れる電流 I は、その両端における電圧 V に比例し、抵抗 R に反比例する」これをオームの法則という。

$$電流\ I(\text{A}) = \frac{電圧\ V(\text{V})}{抵抗\ R(\Omega)}$$

$$抵抗\ R(\Omega) = \frac{電圧\ V(\text{V})}{電流\ I(\text{A})}$$

$$電圧\ V(\text{V}) = 電流\ I(\text{A}) \times 抵抗\ R(\Omega)$$

■直列と並列の合成抵抗

◎複数の抵抗を接続する場合、その接続方法により直列と並列がある。3つの抵抗 R_1・R_2・R_3 を直列または並列に接続する場合、その合成抵抗は次のとおりとなる。

※「合成抵抗」の値が大きいと、その分、電気を通しにくくなる。

直列の合成抵抗 R	並列の合成抵抗 R
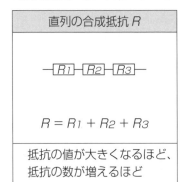$$R = R_1 + R_2 + R_3$$	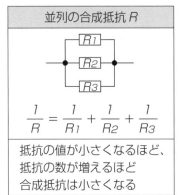$$\frac{1}{R} = \frac{1}{R_1} + \frac{1}{R_2} + \frac{1}{R_3}$$
抵抗の値が大きくなるほど、抵抗の数が増えるほど合成抵抗も大きくなる	抵抗の値が小さくなるほど、抵抗の数が増えるほど合成抵抗は小さくなる

■電池の仕組み

◎酸化還元反応に伴って放出されるエネルギーを電気エネルギーに変換する装置を**電池**という。

◎イオン化傾向の異なる2種類の金属板を電解質の水溶液（電解液）に浸して導線でつなぐと、電流が流れ出す。

◎このとき、イオン化傾向の大きい金属板は酸化されて陽イオンとなり、電解液中に溶け出す。また、生じた電子は外部へ流れ出す。このように、外部へ電子が流れ出す電極を**負極**という。

◎一方、イオン化傾向の小さな金属板では、流れ込む電子によって還元反応が起きる。このように、外部から電子が流れ込む電極を**正極**という。

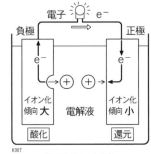

【電池のしくみ】

■起電力の大きさ

◎電池において、両電極間に生じる電位差（電圧）を**起電力**という。

◎起電力の大きさは、両電極の**イオン化傾向の差**が大きいほど大きくなる。これは、両電極ともイオンになって電子を外部に送り出そうとする力を備えているが、その差が起電力となるためである。

〔主な電池の起電力と素材〕

	電池の種類	起電力	正極	負極	電解液・電解質
一次電池	マンガン乾電池	1.5V	二酸化マンガン	亜鉛	塩化亜鉛、塩化アンモニウム
	アルカリ・マンガン乾電池	約1.5V	二酸化マンガン	亜鉛	水酸化カリウム
	リチウム電池	約3.0V	二酸化マンガン、硫化鉄など	リチウム	非水系有機電解液
	酸化銀電池	約1.55V	酸化銀	亜鉛	水酸化カリウム、水酸化ナトリウム
	空気亜鉛電池	約1.4V	酸素	亜鉛	水酸化カリウム
二次電池	鉛蓄電池	約2.1V	二酸化鉛	鉛	希硫酸
	ニッケル・カドミウム電池	約1.2V	ニッケル酸化物	カドミウム	水酸化カリウム
	ニッケル・水素電池	約1.2V	ニッケル酸化物	水素吸蔵合金	水酸化カリウム
	リチウム・イオン電池	約3.6V	リチウム複合酸化物	炭素	非水系有機電解液
	ナトリウム・硫黄電池	約2.1V	**硫黄**	**ナトリウム**	**β・アルミナ**

※一次電池：放電のみの使い切り。
※二次電池：外部電源からの充電で繰り返し使用。

▶▶▶ 過去問題 ◀◀◀

【問1】 電気と抵抗を図のように接続した場合、電流計Aに流れる電流として、次のうち最も近いものはどれか。ただし、電源 $E_1 = 2$ V、$E_2 = 4$ V、抵抗 $R_1 = R_2 = 3$ Ω とし、電源の内部抵抗と導体の抵抗は無視できるものとする。

☑ 1．0.3 A   2．0.7 A   3．1 A
4．2 A   5．4 A

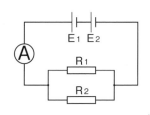

【問2】 次のA～Dに示す電池について、起電力の大きい順に並べたものはどれか。

[★★]

☑ 1. B＞C＞A＞D
2. B＞D＞A＞C
3. C＞A＞D＞B
4. C＞B＞D＞A
5. D＞A＞C＞B

A. ニッケル・水素電池
B. 鉛蓄電池
C. リチウム電池
D. アルカリ・マンガン乾電池

【問3】 電池に関する次の文の（　）内のA～Dに当てはまる語句の組合せとして、正しいものはどれか。

「ナトリウム・硫黄電池は、負極に（A）を、正極に（B）を、電解質にβ・アルミナを用いた（C）である。鉛蓄電池や（D）なども、（C）にあたる。」

		A	B	C	D
☑	1.	ナトリウム	硫黄	一次電池	ニッケル・水素電池
	2.	ナトリウム	硫黄	二次電池	マンガン乾電池
	3.	ナトリウム	硫黄	二次電池	ニッケル・水素電池
	4.	硫黄	ナトリウム	一次電池	マンガン乾電池
	5.	硫黄	ナトリウム	二次電池	ニッケル・水素電池

▶ 解 説

〔問1〕 正解…5

まずR1とR2の合成抵抗を求める。

$\dfrac{1}{3} + \dfrac{1}{3} = \dfrac{2}{3} \Rightarrow \dfrac{2}{3}$ の逆数で、合成抵抗は $\dfrac{3}{2}$ となる。

$電流 = \dfrac{電圧}{抵抗} = \dfrac{2+4}{\dfrac{3}{2}} = \dfrac{2 \times (2+4)}{3} = \dfrac{12}{3} = 4A$

〔問2〕 正解…4

ニッケル・水素電池の起電力⇒約 1.2V、鉛蓄電池の起電力⇒約 2.1V、リチウム電池の起電力⇒約 3.0V、アルカリ・マンガン乾電池の起電力⇒約 1.5V

〔問3〕 正解…3

「ナトリウム・硫黄電池は、負極に〈Ⓐ ナトリウム〉を、正極に〈Ⓑ 硫黄〉を、電解質にβ・アルミナを用いた〈Ⓒ 二次電池〉である。鉛蓄電池や〈Ⓓ ニッケル・水素電池〉なども、〈Ⓒ 二次電池〉にあたる。」

10 静電気

■静電気の発生

◎静電気とは、静止して動かない状態にある電気をいう。また、物体の電気的な極性がプラス、またはマイナスに片寄った状態のことを帯電という。

◎2つの物質が接触して離れる際、お互いの間で電荷（電子やイオン）の移動が起こる。負の電荷を多くもつ側はマイナスに帯電し、正の電荷を多くもつ側はプラスに帯電する。この結果、静電気が生じる。なお、帯電は電子やイオンの移動のほか、物体間で帯電粒子が移動することによっても起こる。

◎物体間で電子（電荷）のやりとりをしても、その前後で電気量（電荷の量）の総和は変化しない。これを電気量保存の法則、あるいは電荷保存の法則という。

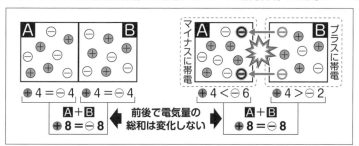

◎電子（電荷）には正と負があり、それぞれ正電荷、負電荷という。同じ極性同士の電荷は反発し合い（斥力）、異なる極性同士の電荷は引きつけ合う（引力）。このような力を静電気力、またはクーロン力という。

◎物体や原子などがもつ電気を電荷といい、その量を電気量という。電気量の単位はクーロン（C）が用いられる。

◎電気素量とは、正電荷・負電荷の電気量の最小単位である。電子1個または陽子1個（269P 参照）が持つ電荷は正と負で符号が異なるが、その大きさは等しく「約 $1.6 \times 10^{-19}C$」となる。すべての電気量はこの整数倍として現れる。記号は「e」。

◎静電気は、絶縁抵抗が大きい物質ほど発生しやすい。

◎固体、液体、気体のすべてに帯電する。

◎静電気の測定機器には、箔検電器、表面電位（電界）測定器、ファラデーケージ法、クーロンメータがある。

◎箔検電器は、金属板に帯電体（図は⊕）を近づけると、静電誘導によって金属板に反対の電荷（図は⊖）が現れ、その先の2枚の箔に帯電体と同じ電荷が帯電する。この結果、同じ電荷（図は⊕）どうしが反発することで、2枚の箔が開く。

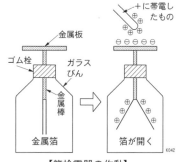

【箔検電器の作動】

227

◎帯電列（たいでんれつ）とは、２種類の材質を摩擦したり接触分離したとき、プラス側に帯電しやすい材質を上位に、マイナス側に帯電しやすいものを下位に並べた序列の表である。摩擦する材質が帯電列上でより離れていれば、より多くの電荷が移動する。

帯電列	← （＋）に帯電しやすい															（−）に帯電しやすい →					
	髪の毛・毛皮	ガラス	ナイロン	レーヨン	絹	木綿	木材	人の皮膚	亜鉛	アルミニウム	紙	鉄	銅	金	ゴム	ポリプロピレン	ポリエステル	アクリル	ポリエチレン	塩化ビニル	テフロン

- ガラス棒とナイロンを摩擦 ➡ ガラス棒は（＋）、ナイロンは（−）に帯電。
- アクリル棒とナイロンを摩擦 ➡ ナイロンは（＋）、アクリル棒は（−）に帯電。
- 毛皮と塩化ビニル管を摩擦 ➡ 毛皮は（＋）、塩化ビニル管は（−）に帯電。
- 「ガラス棒×ナイロン」と「ガラス棒×木綿」を摩擦したときを比較すると、序列により開きのある「ガラス棒×木綿」の方が静電気はより多く発生する。

◎繊維は「天然繊維」と「化学繊維」の２つに分けられる。

```
天然繊維 ┬ 植物繊維（綿・麻など）
         └ 動物繊維（シルク・羊毛など）
化学繊維 ┬ 再生繊維（レーヨン・キュプラなど）
         ├ 半合成繊維（アセテートなど）
         └ 合成繊維（アクリル・ポリエステル・ナイロンなど）
```

◎一般に、ナイロンやポリエチレン、アクリル等の合成繊維は、木綿等の天然繊維と比べ静電気が発生しやすい。

◎再生繊維のレーヨンは静電気が発生しやすいが、キュプラは静電気が発生しにくく、高級衣服の裏地などに使用される。

■発生機構

◎静電気は、２つの絶縁物を擦り合わせると、それぞれの絶縁物が帯電することで発生する。摩擦も含め帯電方法をまとめると、次のとおりとなる。

1	摩擦帯電	２つの物質を擦り合わせて離すときに発生
2	接触帯電	２つの物質を接触させて離すときに発生
3	流動帯電	管内や容器内を液体が流動するときに発生
4	破砕帯電	固体を砕くときに発生
5	噴出帯電	液体がノズルから高速で噴出するときに発生
6	剥離帯電	密着している物を剥がすとき発生
7	混合・かくはん帯電	液体または粉体を混合・かくはんしたときに発生
8	その他の帯電	滴下帯電、衝突帯電、飛沫帯電など

■ 流動帯電の仕組み

◎液体が管内を流動する際、液体と管壁の接触境界面では、流体中のイオンのうち、マイナスの極性をもつものがより多く壁面に吸着される現象が起こる。

◎この結果、管内ではプラスとマイナスの層が形成される。これをイオン電気二重層という。

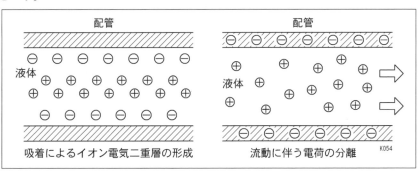

吸着によるイオン電気二重層の形成　　　流動に伴う電荷の分離　　　K054

◎配管の中心軸方向に拡散したプラスのイオンは、液体の流動に伴って運ばれ、この結果、配管はマイナスに帯電し、流体はプラスに帯電する。

◎液体と管壁の境界面では、電荷の移動⇒電荷の分離という過程を経て、イオンが発生する。

◎一般に、石油系の液体は導電率が非常に小さく、流動帯電が発生しやすい。

◎液体をフィルターでろ過するときに起こる帯電も流動帯電の一種である。特に透過する際の孔径が小さいフィルターでは、液体がろ材と接触⇒分離する面積及び速度が共に大きいため、帯電量が増大する。

■ 静電気力（クーロンの法則）

◎2つの帯電体が及ぼしあう静電気力の大きさは、帯電体の電気量の大きさと、帯電体の間の距離によって変化する。

帯電体の間の距離に比べて帯電体の大きさが無視できるほど小さいとき（このような帯電体を「点電荷」という）、静電気力（F）は2つの点電荷の電気量（q_1）、（q_2）の積に比例し、距離（r）の2乗に反比例する。これをクーロンの法則という。

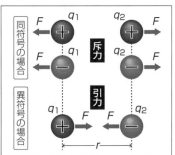

$$F = k \frac{q_1 \, q_2}{r^2}$$

■静電誘導

◎帯電体の近くに帯電していない導体を近づけると、帯電体に近い方の端に帯電体の
電荷と異種の電荷、反対側の端に同種の電荷が現れる。このような現象を**静電誘導**
という。

◎静電誘導は、導体中の自由電子が帯電体の（＋）電
荷に引き寄せられて左端に集まって（－）に帯電し、
同時に右端は電子が不足して（＋）に帯電すること
により起こる。

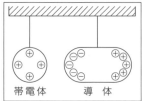

■誘電分極

◎帯電体の近くに絶縁体を近づけると、絶縁体はほとんど自由電子（原子に束縛され
ずに自由に動き回れる電子）をもたないため、これに電界が作用しても物質内部の
電子はほとんど移動しない。

◎しかし、静電気力によって、物質の分子
や原子などの内部で分極現象が起き、（－）
と（＋）が対になって整列するようにな
る。その結果、絶縁体内部では（＋）、（－）
の電荷のはたらきは打ち消し合うが、両
端だけに電荷が現れるようになる。この
ような現象を**誘電分極**という。

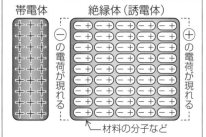

◎また、誘電分極を起こす絶縁体のことを**誘電体**と呼ぶ。

■静電気のエネルギー

◎静電気のエネルギーは、そこに帯電している**電気量**が大きくなるほど多くなる。ま
た、**電荷の電圧**が高くなるほど、エネルギーも増す。

◎静電気の帯電量（Q）と電圧（V）及び静電容量（C）との間には、次の関係がある。

$$Q = CV$$

仮に帯電量を一定とすると、静電容量が少なくなるほど、静電気に生じる電圧は高
くなる。このため、容易に数万ボルトの放電電圧が発生する。

◎帯電体が放電するときのエネルギー（E）は、次の式から求めることができる。

$$E = \frac{1}{2}QV$$

■静電気の特性

◎静電気が発生し、それが放電されずに帯電量が増え続けると、静電気のエネルギーは増加する。この状態で何らかの原因により、静電気が空気中に火花を伴って放電すると、それが火災や爆発の点火源となる。

◎静電気によるこうした災害を防ぐには、静電気の発生を抑えるとともに、帯電した静電気を意図的に放電させる必要がある。これら2つの対策を、静電気の特性からまとめると次のとおりとなる。

静電気の発生を抑える

①絶縁物の摩擦や**接触を少なく**する。

②絶縁性液体が流動したり、ノズルから噴出する際の**速度を遅く**する。また、流速を変える場合は、**徐々に変化**させる。

③**接触面積や接触圧力を小さく**する。また、**接触回数を減らす。**

④接触状態のものを分離するとき、分離速度を小さくする（**急激に剥がさない**等）。

　※接触分離による静電気の発生は、物体どうしが接触している境界面が固体と固体、固体と液体、液体と液体、液体と気体のいずれであっても発生する。（固体や粉体の摩擦・剥離・衝突、液体の流動・かくはんによる静電気の発生等）

⑤静電気の発生しにくい材料を使用する。

⑥**不純物や異物の混入**を避ける。

⑦静電気除去装置で生成されたイオン化空気により、静電気を**電気的に中和**させる。

⑧**除電剤**を使用する（導電性塗料の塗布、添加剤を入れるなど）。

静電気を意図的に放電させる

①静電気が蓄積されやすいものは、あらかじめ**アース（接地）**しておく。具体的には、給油ホース類には内側に導線を巻き込んだものを使用する。また、導電性の靴や服を使用する。

②静電気が蓄積されている可能性のあるものは、**アース（接地）**して放電させる。具体的には、給油作業前に人体または衣服に帯電した静電気を放電させる。

③床面に水をまくなどして、**湿度を高める**。帯電した静電気は、水蒸気を通して放電する。

④空気をイオン化（高圧、放射線、静電誘導等による方法）して静電気を除去する。

⑤絶縁抵抗の大きい引火性液体のうち、**非水溶性のガソリン**などは電気抵抗率が水溶性のアルコール類より高いため、取扱いに注意する。

⑥タンク内への油の注入、循環、かくはん等の作業後には、**静置時間をおいて、除電する**（静電気を取り除くこと）。作業直後は、サンプリング作業や検尺作業＊を避ける。（検尺作業＊:検尺棒（1/100以上の精度の目盛りが刻まれた棒）をタンク上部の検尺口等に入れて、底板に当たるまで静かに挿入後、速やかに引き上げ、検尺棒に付着した油の位置を読みとり、在庫量を測定する作業をいう。在庫管理を行うことにより、危険物の漏れの確認も行う。）

【問1】 次の文の（　）内のA～Cに当てはまる語句の組合せとして、正しいものは
どれか。[★]

「可燃性液体は一般に電気の（A）であり、これらの液体がパイプやホース中を
流れるときは、静電気が発生しやすい。この静電気の蓄積を防止するには、な
るべく流速を（B）し、電気の（C）により接地するなどの方法がある。」

	A	B	C
☑ 1.	導体	遅く	絶縁体
2.	不導体	速く	導体
3.	不導体	遅く	導体
4.	導体	速く	絶縁体
5.	導体	遅く	導体

....

【問2】 液体危険物が静電気を帯電しやすい条件について、次のうち誤っているもの
はどれか。[★★]

☑　1. 加圧された液体がノズル、亀裂等、断面積の小さな開口部から噴出するとき。

　　2. 液体が液滴となって空気中に放出されるとき。

　　3. 導電率の低い液体が配管を流れるとき。

　　4. 液体相互または液体と粉体等を混合・かくはんするとき。

　　5. 直射日光に長時間さらされたとき。

....

【問3】 流動などによって、静電気を最も帯電しにくいのは、次のうちどれか。

☑　1. トルエン　　　　2. ベンゼン　　　　3. 軽油

　　4. ガソリン　　　　5. エタノール

....

【問4】 静電気を抑制する一般的な方法として、次のうち適切でないものはどれか。

☑　1. 接触面積、接触圧力を減少させる。

　　2. 接触・分離速度を低下させる。

　　3. 摩擦面を洗浄、円滑化する。

　　4. 不純物や異物の混入を防止する。

　　5. 接触状態にあるものを急激にはがす。

....

【問5】静電気について、次のうち誤っているものはどれか。[★]

☑　1．静電気は人体にも帯電する。

　　2．静電気は電気の不導体に帯電しやすい。

　　3．静電気は固体だけでなく、液体にも帯電する。

　　4．物質に静電気が蓄積すると電気分解作用が起こり、引火しやすくなる。

　　5．一般的に合成繊維の衣類は木綿のものより静電気が発生しやすい。

....

【問6】静電気に関する説明として、次のうち誤っているものはどれか。

☑　1．静電気の電荷の間にはたらく力はクーロン力である。

　　2．静電気には正負2種類のものがあり、同種の電荷間では吸引力が働き、異種の電荷間では反発力が働く。

　　3．帯電した物体を絶縁させた場合に、その物体に帯電している電気を静電気という。

　　4．静電気は、2つ以上の物体が接触分離を行う過程で発生する。

　　5．静電気の帯電防止対策として、接地する方法がある。

....

【問7】静電気に関する記述として、次のうち誤っているものを2つ選びなさい。

[★]［編］

☑　1．物体が電気を帯びることを帯電といい、帯電した物体に分布している、流れのない電気を静電気という。

　　2．種類の違う物質は、こすり合わせると電子の一部が一方から他方へうつり、それぞれ正負の電荷が帯電する。

　　3．電子が不足した物体は負に帯電する。

　　4．物体間で電荷のやりとりがあっても、電気量の総和は変わらない。

　　5．電荷には正電荷と負電荷があり、異種の電荷の間には引力がはたらく。

　　6．ナイロン、アクリル、ポリエステルの他、レーヨンやキュプラなどの化学繊維の衣類は、天然繊維のものに比べて静電気が発生しやすい。

　　7．接地（アース）は、不導体の帯電防止の対策として効果がある。

....

【問8】静電気について、次のうち誤っているものはどれか。

☐ 1. 帯電防止靴を着用しても、絶縁性の床上では帯電を防止することができない。
2. 絶縁体は、環境下の湿度が高いと、帯電しにくくなる。
3. 空気中に浮遊する液滴や粉体が導体の場合、帯電しない。
4. 抵抗率が $10^6\,\Omega\cdot m$ 以上の物体は、接地しても帯電防止の効果はない。
5. 液化ガスは、ボンベから気相で放出される場合より、気液混合状態で放出される場合の方が、静電気が多く発生する。

【問9】静電気に関する説明として、次のうち誤っているものはどれか。[★]

☐ 1. 静電気による火災には、燃焼物に適応した消火方法をとる。
2. 静電気の発生を少なくするには、液体等の流動、かくはん速度などを遅くする。
3. 静電気は一般に電気の不導体の摩擦等により発生する。
4. 静電気の蓄積は、湿度の低いときに特に起こりやすい。
5. 静電気の蓄積防止策として、タンク類などを電気的に絶縁する方法がある。

【問10】塩化ビニル製の管（以下「塩ビ管」という。）を毛皮との摩擦により帯電させたとき、塩ビ管の電気量は -6.4×10^{-8}C であった。このとき電子の移動する方向と移動した電子の個数として、正しい組合せは次のうちどれか。なお、電気素量は 1.6×10^{-19}C とする。

	電子の移動する方向	移動した電子の個数
☐ 1.	毛皮→塩ビ管	4.0×10^{11}
2.	塩ビ管→毛皮	4.0×10^{11}
3.	毛皮→塩ビ管	8.0×10^{11}
4.	塩ビ管→毛皮	8.0×10^{11}
5.	毛皮→塩ビ管	4.8×10^{11}

【問11】電気のしくみについて、次の文の下線（A）〜（E）のうち、誤っているもののみの組合せはどれか。

「原子は (A) 陽子を放出したり取り込んだりすることで、電気を帯びることがある。このように電気を帯びることを帯電といい、帯電した粒子を (B) イオンという。(A) 陽子を放出し、正に帯電した粒子を (C) 陽イオンといい、(A) 陽子を取り込んで、負に帯電した粒子を (D) 陰イオンという。2つの物体が電子をやりとりした後、電気量の総和は (E) 増加する。」

☐ 1. AとB　　2. AとE　　3. BとC　　4. CとE　　5. DとE

【問12】 帯電していない箔検電器の上部の金属板に、次のAからCの操作を行ったときの2枚の金属箔の状態として、正しいものの組合せはどれか。なお、電子は人の指を通って自由に箔検電器を出入りできるものとする。

> A．正に帯電したアクリル棒を近づける。
> B．近づけたアクリル棒はそのままに、金属板に指で触れる。
> C．指で触れたまま、アクリル棒を遠ざける。

	A	B	C
☑ 1.	開いている	開いている	閉じている
2.	開いている	閉じている	開いている
3.	開いている	閉じている	閉じている
4.	閉じている	開いている	開いている
5.	閉じている	開いている	閉じている

▶ 解 説

〔問1〕正解…3
　「可燃性液体は一般に電気の〈Ⓐ 不導体〉であり、これらの液体がパイプやホース中を流れるときは、静電気が発生しやすい。この静電気の蓄積を防止するには、なるべく流速を〈Ⓑ 遅く〉し、電気の〈Ⓒ 導体〉により接地するなどの方法がある。」

〔問2〕正解…5
　1～4．1と2は噴出帯電。「液滴」は液体の小さな粒で、微小なものはプリンタのインクジェットに応用されている。3は流動帯電、4は混合かくはん帯電である。
　5．直射日光に長時間さらされただけで、帯電することはない。

〔問3〕正解…5
　1～4．いずれも非水溶性の可燃性液体で、電気の不導体のため帯電しやすい。
　5．水溶性のアルコール類は、他のものより電気を通しやすく帯電しにくい。

〔問4〕正解…5
　5．接触状態にあるものを急激にはがすことで、静電気は発生しやすくなる。

〔問5〕正解…4
　4．物質に静電気が蓄積しても、電気分解が起こることはない。

〔問6〕正解…2
　2．同種の電荷間では反発力、異種の電荷間では吸引力が働く。

〔問7〕 正解…3＆7

3．電子が不足した物体は正に帯電する。電子が過剰にたまった物体は負に帯電する。

6．ナイロン、アクリル、ポリエステルは三大合成繊維と呼ばれる。共通の特徴として、吸湿性が低く静電気が発生しやすい。再生繊維のレーヨンとキュプラは、どちらも吸湿・吸水性に優れる。レーヨンは静電気が発生しやすく、キュプラは静電気が発生しにくいという特徴があるが、天然繊維と比較した場合、天然繊維より静電気が発生しやすい。

7．接地（アース）は、「導体」の帯電防止の対策として効果がある。ゴムやプラスチックのような不導体は、接地（アース）しても帯電防止にはならない。不導体の帯電防止策としては、静電気の発生を防止するとともに、不導体に導体性をもたせる、周囲の環境を多湿化する、帯電を緩和させる除電を行う等がある。

〔問8〕 正解…3

1．帯電防止靴は、靴底の材質であるゴムやウレタンに導電性物質が混ざっているため、人体に帯電する静電気を靴底を通して地面や床に逃がすことができる。しかし、床が絶縁性だと静電気を逃がすことができないため、結果、人体に帯電することになる。また、その状態で歩き回ると、床面と靴底の摩擦によって発生した静電気が、更に人体に帯電することになる。

2．絶縁体（ゴムやプラスチック等）に対して、湿度を高くすると絶縁体の表面に水分子が付着して表面伝導性が高まるため、静電気は大気中に分散、放電する。そのため、絶縁物の帯電性は減少する。

3．空気中に浮遊する液滴や粉体は、空気によって絶縁されるので、導体であっても帯電する可能性がある。

4．抵抗率は、物質固有の値であり、大きいものほど電気を通しにくい。最も電気を通しやすい物質である銀の抵抗率は $1.6 \times 10^{-8} \Omega \cdot m$ である。一方、紙の抵抗率は $10^4 \sim 10^{10}$ ほどである。抵抗率 $10^6 \Omega \cdot m$ 以上の物質はほとんど電気を通さないため、接地による帯電防止効果は得られない。

5．気相より気液混合状態の方が、流動によって静電気は多く発生する。

〔問9〕 正解…5

4．湿度が低いと、水の蒸気を通して放電しにくくなるため、静電気が蓄積されやすくなる。

5．タンク類を電気的に絶縁すると、静電気が蓄積しやすくなる。タンクが金属の場合、タンクに金属導体を接地する等の対策を行う。

〔問10〕 正解…1

電子の移動する方向は、こすり合わせた物質の組み合わせによって決まる。塩化ビニル管と毛皮では、塩化ビニル管の方がマイナス側に帯電しやすいため、電子は毛皮から塩化ビニル管へ移動する。

移動した電子の個数は、全体の電気量÷電子1個の電気量によって求められる。電子は負の電荷を持つため、-1.6×10^{-19}C となる。

よって、$(-6.4 \times 10^{-8} \text{C}) \div (-1.6 \times 10^{-19} \text{C}) = 4.0 \times 10^{11}$ となる。

〔問11〕 正解…2（AとE）

「原子は〈Ⓐ 電子〉を放出したり取り込んだりすることで、電気を帯びることがある。このように電気を帯びることを帯電といい、帯電した粒子を〈Ⓑ イオン〉という。〈Ⓐ 電子〉を放出し、正に帯電した粒子を〈Ⓒ 陽イオン〉といい、〈Ⓐ 電子〉を取り込んで、負に帯電した粒子を〈Ⓓ 陰イオン〉という。2つの物体が電子をやりとりした後、電気量の総和は〈Ⓔ 変化しない〉。」

〔問12〕 正解…3

A．帯電していない箔検電器の上部の金属板に正に帯電したアクリル棒を近づけると、静電誘導によって金属板には反対の負の電荷が現れ、その先の2枚の金属箔はアクリル棒と同じ正に帯電する。この結果、同じ正電荷どうしが反発することで、2枚の箔が開く。

B．指で金属板に触れると、指を介して金属箔の正の電荷が人体に流れ込むため、中性となり金属箔は閉じる。なお、金属板の負電荷は、アクリル棒の正電荷に引きつけられて動かない。

C．アクリル棒を金属板から離すことから、静電誘導がはたらかなくなる。金属板に残留している負電荷は、金属板に触れている指を介して人体に流れる。この結果、金属箔は閉じたままとなる。

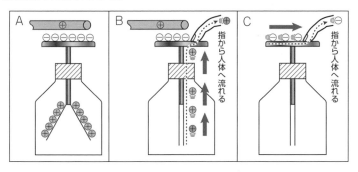

11 電気分解

■電気分解

◎電解液に電極を入れて電流を流すと、各電極で**電子の授受**が行われ、**酸化還元反応**が起こる。これを電気分解という。電気分解は、「電気エネルギーを使って化学変化を起こす」操作といえる。

◎電気分解では、電源の負極（−）につないだ電極を**陰極**、正極（＋）につないだ電極を**陽極**という。

■塩化銅（Ⅱ）の電気分解

◎塩化銅（Ⅱ）$CuCl_2$ 水溶液に 2 本の炭素棒を電極として入れ、直流電流を流すと、陰極では銅 Cu が析出し、陽極では塩素分子 Cl_2 が発生する。

> [電離] $CuCl_2 \longrightarrow Cu^{2+} + 2Cl^-$
>
> [陰極] $Cu^{2+} + 2e^- \longrightarrow Cu$（還元）
>
> [陽極] $2Cl^- \longrightarrow Cl_2 + 2e^-$（酸化）

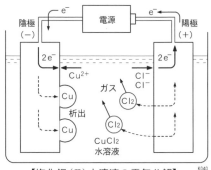

【塩化銅（Ⅱ）水溶液の電気分解】

K040

◎陰極では電子が流れ込むため、陽イオンや水分子が電子を受け取る還元反応が起こる。

◎陽極では外部に電子を放出するため、陰イオンや水分子が電子を失う酸化反応が起こる。

■水の電気分解

◎水は、純粋な状態では電気を通さないため、少量の水酸化ナトリウムや硫酸を加える。電極に白金を用いて、水を電気分解すると、陰極では還元反応が起こって水素が発生し、陽極では酸化反応が起こって酸素が発生する。

> $2H_2O \longrightarrow 2H_2 + O_2$

◎電離の状況及び陰極・陽極での反応式は、加える少量の電解質によって、次のように異なる。

■水酸化ナトリウム

◎水溶液中には、Na^+ と OH^- が存在する。陰極では、Na^+は還元されにくいため、代わりに H_2O が還元されて水素が発生する。一方、陽極では OH^- が電子を失って酸素を発生する。

> [電離] $NaOH \longrightarrow Na^+ + OH^-$
>
> [陰極] $2H_2O + 2e^- \longrightarrow H_2 + 2OH^-$（還元）
>
> [陽極] $4OH^- \longrightarrow 2H_2O + O_2 + 4e^-$（酸化）

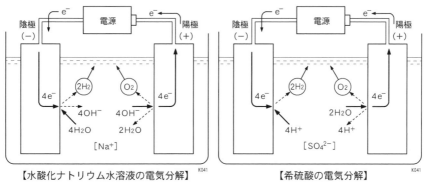

【水酸化ナトリウム水溶液の電気分解】　　【希硫酸の電気分解】

■希硫酸

◎水溶液中には、H^+ と SO_4^{2-} が存在する。このうち、SO_4^{2-} は酸化されにくい特性がある。このため、陽極は H_2O が酸化されて、酸素を発生する。

> [電離] $H_2SO_4 \longrightarrow 2H^+ + SO_4^{2-}$
> [陰極] $2H^+ + 2e^- \longrightarrow H_2$（還元）
> [陽極] $2H_2O \longrightarrow O_2 + 4H^+ + 4e^-$（酸化）

■電気分解のまとめ

◎陰極で e^- を受け取って生成するのは、銀 Ag、銅 Cu、水素 H_2 などである。水溶液中にこれらの陽イオン（または水分子）が存在すると、次の反応が起こる。

銀 $Ag^+ + e^- \longrightarrow Ag$	水素 $2H^+ + 2e^- \longrightarrow H_2$
銅 $Cu^{2+} + 2e^- \longrightarrow Cu$	水　$2H_2O + 2e^- \longrightarrow H_2 + 2OH^-$

これらのうち、生成しやすさは、$Ag > Cu > H_2$ である。

◎従って、水溶液ごとの陰極における生成物質は、次のとおりとなる。

硝酸銀 $AgNO_3 \Rightarrow$ Ag が析出	塩酸 $HCl \Rightarrow H_2$ が発生
硫酸銅（Ⅱ）$CuSO_4 \Rightarrow$ Cu が析出	ヨウ化カリウム $KI \Rightarrow H_2$ が発生
塩化銅（Ⅱ）$CuCl_2 \Rightarrow$ Cu が析出	

◎陽極で e^- を放出して生成するのは、ハロゲンと酸素である。または、電極に白金や炭素棒以外を使用していると、陽極自体が水溶液中に溶け出す。

$2Cl^- \longrightarrow Cl_2 + 2e^-$	$4OH^- \longrightarrow 2H_2O + O_2 + 4e^-$
$2I^- \longrightarrow I_2 + 2e^-$	$2H_2O \longrightarrow O_2 + 4H^+ + 4e^-$

これらのうち、生成しやすさは、ハロゲン＞酸素である。

◎従って、水溶液ごとの陽極における生成物質は、次のとおりである。

塩酸 HCl ⇒ Cl₂ が発生	硫酸 H₂SO₄ ⇒ O₂ が発生
塩化銅（Ⅱ）CuCl₂ ⇒ Cl₂ が発生	硫酸銅 CuSO₄ ⇒ O₂ が発生
ヨウ化カリウム KI ⇒ I₂ が発生	水酸化ナトリウム NaOH ⇒ O₂ が発生

▶▶▶ 過去問題 ◀◀◀

【問1】 硫酸銅（Ⅱ）（$CuSO_4$）の水溶液を電気分解したとき、電極から発生、析出する物質の組み合わせとして、正しいものは次のうちどれか。なお、電極は両極とも白金を使用する。

☑ 1．酸素と銅   2．酸素と水素   3．水素と銅
   4．硫黄と酸素   5．硫黄と水素

....

【問2】 硝酸銀（$AgNO_3$）の水溶液を電気分解したとき、電極に析出される物質の組合せとして、正しいものはどれか。なお、電極には陽極、陰極ともに白金を使用するものとする。

☑ 1．硝酸と酸素   2．銀と酸素   3．窒素と酸素
   4．水素と銀   5．硝酸と水素

▶ 解 説

〔問1〕**正解…1**
 1．硫酸銅（Ⅱ）（$CuSO_4$）水溶液
  ［電離］ $CuSO_4 \longrightarrow Cu^{2+} + SO_4^{2-}$
  ［陰極］ $Cu^{2+} + 2e^- \longrightarrow Cu$ ⇒ 銅析出
  ［陽極］ $2H_2O \longrightarrow O_2 + 4H^+ + 4e^-$ ⇒ 酸素発生

〔問2〕**正解…2**
 2．硝酸銀（$AgNO_3$）水溶液
  ［電離］ $AgNO_3 \longrightarrow Ag^+ + NO_3^-$
  ［陰極］ $Ag^+ + e^- \longrightarrow Ag$ ⇒ 銀析出
  ［陽極］ $2H_2O \longrightarrow O_2 + 4H^+ + 4e^-$ ⇒ 酸素発生

12 物質の三態

■物質の状態変化

◎物質には**固体・液体・気体**の３つの状態があり、同じ物質でも温度や圧力の条件によって変化する。これを**物質の三態**という。

◎物質は温度や圧力によって三態に変化することから、標準的な状態を定義しておく必要がある。一般に、温度20℃を普通の温度、１気圧を普通の圧力としており、これを**常温常圧**という。

◎三態の変化は次のようにまとめることができる。**昇華**の例として、ドライアイスや**ナフタリン**（固体 ⇒ 気体）、**凝華（昇華）**の例として、霜や樹氷（気体 ⇒ 固体）が挙げられる。また、昇華して固体から気体になるときに周囲から熱を奪うことを**昇華熱**という。

〈参考〉固体 ⇒ 気体、気体 ⇒ 固体の状態変化をいずれも「昇華」としていたが、気体 ⇒ 固体へ変化することを「**凝華**」とし、区別している。

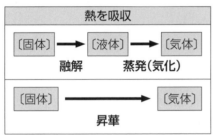

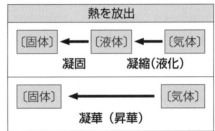

◎例えば、固体の氷は周囲から熱を吸収すると水となり、水は加熱などにより更に熱を吸収すると水蒸気となる。また、水蒸気は温度が下がって熱を放出すると水滴などの水となる。水は冷凍庫などで熱が奪われると氷となる。

◎固体が液体に変化する温度を**融点**といい、液体が気体に変化する温度を**沸点**という。また、液体が固体に変化する温度を**凝固点**という。一般に融点より沸点の方が高い。

〔一般的な状態変化と質量・体積・密度〕

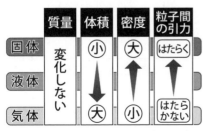

※気体の場合、粒子間の引力ははたらかない。

質量：物質を構成する粒子は、温度や圧力の変化で増減しない。

体積：温度が高くなると、粒子の熱運動が大きくなる（水の体積は、水素結合により、固体〔氷〕＞液体〔水〕）。

密度：温度が高くなると、体積が大きくなり、物質の密度は小さくなる。

■ 物質の状態図

◎物質が温度と変化の状態に応じて、どのような状態にあるかを示した図を**状態図**という。状態図は物質の種類によって決まった形となる。

◎状態図において3本の曲線で分けられた部分では、物質は**固体・液体・気体**のいずれかの状態で存在する。また、これらの曲線上では、両側の状態が共存する。

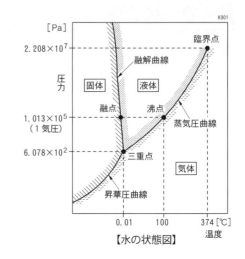

【水の状態図】

◎液体と気体、固体と液体、固体と気体を区切る曲線をそれぞれ**蒸気圧曲線、融解曲線、昇華（圧）曲線**という。3本の曲線の交点は**三重点**と呼ばれ、固体・液体・気体の3つの状態が共存している。

◎水であっても、圧力の低い状態では昇華が起こる。

◎物質の温度と圧力を高めていくと、気体と液体の区別がつかなくなり、いくら圧力を高めても凝縮が起こらなくなる。この点を**臨界点**という。

◎1気圧のとき、水が水⇒氷（凝固点）、または氷⇒水（融点）になる温度は共に0℃である。また、純物質では、**融点と凝固点は等しい**。

■ 水の状態変化と温度変化

◎氷を加熱していくと、固体から液体、更に気体へと変化する。このとき融解や蒸発が始まると、温度が変化しなくなる瞬間がある。これは、加えた熱量が全て融解熱や蒸発熱として利用され、温度変化には利用されないからである。

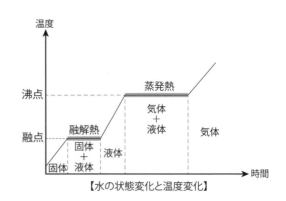

【水の状態変化と温度変化】

■固体と気体の溶解度

◎**溶解**とは、物質が液体中に溶けて均一な液体となる現象をいう。そして、もとの液体を**溶媒**、溶けて均一になった液体を**溶液**、溶解した物質を**溶質**という。

◎**溶解度**とは、溶媒100g中に溶解し得る溶質の最大数をグラム数で表したものである。例えば、溶解度50は、溶媒100g中に溶解し得る溶質が50gであることを表している。

◎固体の溶解度は、一般に温度が高くなるほど大きくなる。ところが、**気体の溶解度**は、温度が高くなるほど小さくなり、また、圧力が高くなるほど大きくなる。例えば、炭酸水は温度が低くなるほど、また、圧力が高くなるほどより多くの炭酸を水に溶かすことができる。

■凝固点降下と沸点上昇

◎純粋な物質（液体）であれば、凝固点と沸点は物質ごとに定まっている。しかし、不揮発性の物質を液体に溶解させると、その希薄溶液は**凝固点降下**または**沸点上昇**を起こす。

◎よく知られているのが融雪剤・凍結防止剤の塩化カルシウム（$CaCl_2$）である。路面上にまくことで雪や氷を溶かすことができる。これは、水に塩化カルシウムが溶けることで、凝固点降下が起きていることによる。

◎また、沸騰した味噌汁は非常に熱い。これは、沸点上昇により100℃を超えているためである。

◎凝固点降下または沸点上昇において、溶媒と溶液の凝固点または沸点の差をそれぞれ「凝固点降下度」または「**沸点上昇度**」という。

◎希薄溶液の凝固点降下度または沸点上昇度は、溶質の種類に関係なく、**溶液中の溶質の質量モル濃度に比例する**。

◎質量モル濃度は、溶媒1kg中に溶けている溶質の物質量（モル）で表した濃度で、単位は［mol/kg］。

【問1】 次の文の（　）内のA～Cに当てはまる語句の組合せとして、正しいものはどれか。

「溶液の沸点が純粋な（A）よりも高くなる現象を沸点上昇といい、溶液と純粋な（A）のそれぞれの沸点の差を沸点上昇度という。希薄溶液の沸点上昇度は溶質の種類に（B）、溶液中の溶質の質量モル濃度に（C）する。」

	A	B	C
☑ 1.	溶質	関係し	反比例
2.	溶媒	無関係で	比例
3.	溶媒	関係し	比例
4.	溶質	無関係で	比例
5.	溶媒	関係し	反比例

【問2】 物質の状態変化について、次のうち正しいものはどれか。［★］［編］

☑ 1. 一般に融点は沸点よりも高い。
2. 固体が液体になることを凝固という。
3. 固体が直接気体になることはない。
4. 気体が液体になることを凝縮という。
5. 融点が12℃の物質は常温（20℃）では固体である。
6. 硫黄は加熱すると溶解し蒸発するが、この現象を昇華という。
7. 0℃で水と氷が共存しているのは、水の凝固点と氷の融点が異なっているためである。

【問3】 物質の三態の変化のうち、気体から液体に変化することはどれか。

☑ 1. 凝固
2. 融解
3. 蒸発
4. 昇華
5. 凝縮

【問4】物質の状態変化の説明について、次のうち誤っているものはどれか。

☑ 1．真冬に湖水表面が凍った。 ……………………………… 凝固

2．ドライアイスが徐々に小さくなった。 ………………… 凝縮

3．洋服箱に入れたナフタリンが自然に無くなった。 ………… 昇華

4．冬季に、コンクリート壁に結露が生じた。 ……………… 凝縮

5．暑い日に、打ち水をしたら徐々に乾いた。 …………… 蒸発

【問5】物質の状態変化の説明として、次のうち正しいものはどれか。

☑ 1．熱が吸収されて、氷が水になることを液化という。

2．水が水蒸気になるとき熱を吸収するが、液体から気体への状態変化に使われるため、温度は上昇しない。

3．水が水蒸気になることを蒸発といい、熱が放出される。

4．水が氷になることを凝固といい、熱が吸収される。

5．水蒸気が水になることを凝固といい、熱が放出される。

【問6】図は、水の状態図を示している。図中のA、B、Cそれぞれの状態について、次のうち正しいものの組合せはどれか。なお、1気圧は 1.013×10^5 Pa である。

[★]

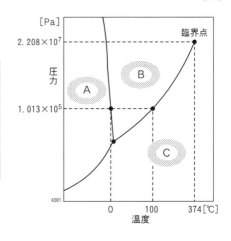

	A	B	C
☑ 1.	気体	液体	固体
2.	液体	気体	固体
3.	液体	固体	気体
4.	固体	気体	液体
5.	固体	液体	気体

〔問1〕**正解…2**

「溶液の沸点が純粋な〈Ⓐ 溶媒〉よりも高くなる現象を沸点上昇といい、溶液と純粋な〈Ⓐ 溶媒〉のそれぞれの沸点の差を沸点上昇度という。希薄溶液の沸点上昇度は溶質の種類に〈Ⓑ 無関係で〉、溶液中の溶質の質量モル濃度に〈Ⓒ 比例〉する。」

〔問2〕**正解…4**

1．固体が液体に変化する温度を融点という。また、液体が気体に変化する温度を沸点という。一般に融点より沸点の方が高い。

2．固体が液体になることを融解という。

3．固体が直接気体になることを昇華という。ドライアイスやナフタリンが該当する。

4．気体が液体になることを凝縮または液化という。

5．融点は固体が液体に変化（融解）する温度で、融点12℃未満で固体、12℃を超えると液体となる。従って、常温（20℃）では液体の状態にある。

6．昇華とは、固体が液体にならず直接気体になることをいう。

7．1気圧では0℃で氷と水が共存するのは、水の凝固点と氷の融点が等しいからである。

〔問3〕**正解…5**

1．凝固…液体 ⇒ 固体。

2．融解…固体 ⇒ 液体。

3．蒸発…液体 ⇒ 気体。

4．昇華…気体 ⇒ 固体、または固体 ⇒ 気体。（ただし、気体 ⇒ 固体の変化については「凝華」ともいう）。

〔問4〕**正解…2**

2．ドライアイスは二酸化炭素 CO_2 の固体である。固体から気体になることを「昇華」という。

〔問5〕**正解…2**

1．氷が周囲から熱を吸収して水になることを融解という。液化とは、気体が凝縮して液体になることをいう。

3．水が水蒸気になることを蒸発（気化）といい、その際、周囲から熱を吸収する。

4．水が氷になることを凝固といい、その際、周囲に熱が放出される。

5．水蒸気が水になることを凝縮（液化）といい、その際、周囲に熱が放出される。

〔問6〕**正解…5**

図中 A は固体、B は液体、C は気体を表す。

1気圧（1.013×10^5Pa）の状態で水の温度を上げていくと、0℃で固体から液体に変わり、100℃で液体から気体に変わる。

13 沸点と飽和蒸気圧

■沸　点

◎液体を加熱していくと、気泡が液体内部から発生し、液体の温度はそれ以上、上昇しなくなる。この現象を「沸騰」といい、この時の温度を**沸点**という。液体内部から発生している気泡は、その物質の蒸気（気体）である。

◎沸点は気圧によって変化する。平地（1気圧）の場合よりも高地などの気圧の低い場所では沸点は低くなる。

■飽和蒸気圧

◎液体が蒸発する際の空間が限定されていると、その蒸発はある一定の状態まで進み、見かけ上はそれ以上蒸発しなくなる。この状態では、蒸発と凝縮（液化）が平衡しており、空間はその液体の蒸気で飽和されている。このときの蒸気圧力を**飽和蒸気圧**という。

◎液体が沸騰しているとき、**その蒸気圧は大気圧（外圧、外気圧）と等しい**。また、**沸点はその液体の蒸気圧が大気圧と等しくなる温度**ともいえる。

　※「沸騰時の飽和蒸気圧＝大気圧」がなかなかイメージしにくいと思いますが、とにかく覚えてください（編集部）。

◎水は1気圧100℃で沸騰するが、同時に水の100℃における飽和蒸気圧は1気圧であるともいえる。また、高地では気圧が低いため、水の沸点も下がる。すなわち液体の飽和蒸気圧は温度が下がると低くなる。

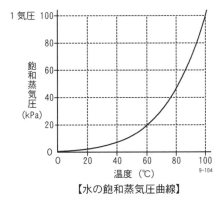

【水の飽和蒸気圧曲線】

◎液体の温度ごとの飽和蒸気圧を調べるには、大気圧を変化させたときの沸点を測定する。そのときの大気圧がその液体の温度（沸点）における飽和蒸気圧となる。

◎一般に、液体の**温度が上昇**すると、その大気中に存在しうる飽和蒸気の容量も増えるため、**飽和蒸気圧は増大する**。

■蒸発熱（気化熱）

◎液体1gが蒸発するときに吸収される熱量を「**蒸発熱**」または「**気化熱**」という。

◎蒸発熱が大きいほど蒸発しにくい＝蒸発時、多くの熱を周囲から奪う。

　※「液体から気体」は熱を吸収（吸熱）し、「気体から液体」は熱を放出（放熱）する。

■蒸気圧降下

◎海水で濡れた水着は、真水で濡れたものより乾きにくい。

◎塩化ナトリウム NaCl のような不揮発性物質を溶かした希薄溶液では、純溶媒より蒸気圧が低くなる。この現象を蒸気圧降下という。

◎希薄溶液では蒸気圧降下が起こるため、100℃よりも高い温度にならないと沸騰

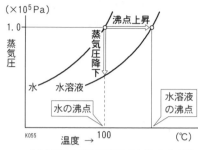

【水溶液の蒸気圧降下と沸点上昇】

しない。このように、沸点上昇は蒸気圧降下から説明することができる。

◎蒸気圧降下の程度は、質量モル濃度が同じなら、溶質の種類に関係なく同じである。

▶▶▶ 過去問題 ◀◀◀

【問1】 沸点と蒸気圧について、次のうち誤っているものはどれか。

- ☑ 1．1気圧のもとでは、すべての液体は液温が100℃になると沸騰する。
  2．液体が沸騰する温度は、外圧の高低に従って変わる。
  3．液体の温度が上がると蒸気圧は高くなる。
  4．液体の蒸気圧が外圧と等しくなると沸騰する。
  5．液面ばかりでなく、液体内部からも気化が激しく起こることを沸騰という。

【問2】 次の文の（ ）内のA〜Cに当てはまる語句の組合せとして、正しいものはどれか。[★]

「液体の飽和蒸気圧は、温度の上昇とともに（A）する。その圧力が大気の圧力に等しくなるときの（B）が沸点である。したがって、大気の（C）が低いと沸点も低くなる。」

	A	B	C
☑ 1.	減少	温度	圧力
2.	増大	湿度	温度
3.	減少	圧力	温度
4.	増大	温度	圧力
5.	減少	圧力	湿度

【問3】 蒸気圧と沸点に関する説明として、次のうち正しいものはどれか。

☑ 1．純溶媒に不揮発性物質を溶かした溶液の蒸気圧は、純溶媒の蒸気圧より高くなる。

2．外圧が低くなると、液体の沸点は高くなる。

3．一般に液体の温度が高くなると、蒸気圧は低くなる。

4．沸点は、液体の蒸気圧が外圧に等しくなり、沸騰が起こる温度である。

5．純溶媒と純溶媒に不揮発性物質を溶かした溶液の蒸気圧の差は、溶質の分子やイオンの質量モル濃度に反比例する。

....

【問4】 液体A、液体B、水の蒸気圧曲線をそれぞれ右下図に示す。この図からいえることとして、次のうち正しいものはどれか。なお、「沸点」とは1気圧（1.013×10^5Pa）の外圧下における標準沸点を表す。

☑ 1．Aは、水よりも蒸発しにくい。

2．Bの沸点は水より高い。

3．1気圧の2分の1の外圧下において、水は約50℃で沸騰する。

4．1気圧の5分の1の外圧下において、Bは約40℃で沸騰する。

5．水は、一定の温度では、外圧を高くした方が飽和蒸気圧が高くなる。

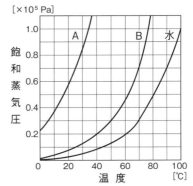

▶ **解 説**

〔問1〕正解…1

1．純粋な物質の場合、一定圧力のもとでは、それぞれ固有の沸点をもっているため、すべての液体の沸点はそれぞれ異なる。

〔問2〕正解…4

「液体の飽和蒸気圧は、温度の上昇とともに〈Ⓐ 増大〉する。その圧力が大気の圧力に等しくなるときの〈Ⓑ 温度〉が沸点である。したがって、大気の〈Ⓒ 圧力〉が低いと沸点も低くなる。」

〔問3〕正解…4

1．溶液の蒸気圧は、純溶媒の蒸気圧より低くなる。

2．外圧（大気圧、外気圧）が低くなると、沸点は低くなる。

3．液温が高くなると、蒸気圧も高くなる。

5．蒸気圧の差は、溶質の分子やイオンの質量モル濃度に比例する。溶液の質量モル濃度が大きくなると、蒸気圧降下も大きくなり、蒸気圧の差は拡大する。

〔問4〕正解…4

図中はＡ：ジエチルエーテル、Ｂ：エタノールの蒸気圧曲線である。

1 & 2. 図の飽和蒸気圧 1.0 気圧（1.013×10^5Pa）のときの温度が沸点となる。沸点が低い液体ほど蒸発しやすいことから、図のＡ・Ｂ・水の飽和蒸気圧 1.0 気圧のときの温度（沸点）を比べる。Ａ：約35℃、Ｂ：約78℃、水：100℃。

3. 「1気圧の2分の1の外圧下」とあるので、飽和蒸気圧 0.5 気圧のときの水の温度を見る…約80℃。

4. 「1気圧の5分の1の外圧下」とあるので、飽和蒸気圧 0.2 気圧のときのＢの温度を見る…約40℃。

5. 飽和蒸気圧は、飽和状態における蒸気の圧力である。温度が一定であれば、その蒸気圧も一定値を示す。外圧は関係しない。

14 比重と蒸気比重

■比　重

◎固体または液体の比重は、**水を基準**としたとき、その物質の密度と水の密度との比をいう。水の密度はおよそ 1 g/cm³ であるが、気圧と温度で多少変化する。そこで、比重の算出にあたっては、1 気圧・**4℃の水**を標準としている。また、このときの**水の密度は最大**となる。

◎比重が 1 よりも大きい物質は水に入れると沈み、1 よりも小さい物質は水に入れると浮く。比重 1.3 の二硫化炭素（CS_2）は水に沈み、比重約 0.7 のガソリンは水に浮く。

◎また、比重が同じであれば、同一の体積をもつ物質の質量は等しい。

■蒸気比重

◎比重が水を基準としているのに対し、蒸気比重は**空気を基準**としたとき、その物質の気体の密度または蒸気の密度との比をいう。ただし、空気は 1 気圧・0℃を標準としている。

◎蒸気比重が 1 よりも大きい蒸気（気体）は空気中に放出すると低所に移動し、1 よりも小さい蒸気（気体）は高所に移動する。蒸気比重3～4のガソリン蒸気や蒸気比重4.5の灯油蒸気は、低所に滞留するため相応の配慮が必要となる。

◎蒸気比重は、蒸気または気体の分子量から算出することができる。

◎空気は気体の混合物で、窒素（N_2：分子量 $14 \times 2 = 28$）約8割、酸素（O_2：分子量 $16 \times 2 = 32$）約2割の構成となっている。従って空気の分子量は、$28 \times 0.8 + 32 \times 0.2 ≒ 29$ とみなすことができる。

◎たとえば一酸化炭素（CO）は、分子量 12 ＋ 16 ＝ 28 で蒸気比重がほぼ 1 となることから、火災が発生している建物内ではまんべんなく充満することになる。また、天然ガス燃料の主成分であるメタン（CH4）は分子量が 12 ＋ 4 ＝ 16 となり、蒸気比重は 16 ÷ 29 ≒ 0.55 となる。1 より大幅に小さいため、大気中に放出されてもすぐに上方に拡散し、危険性は低い。

※分子量については、「21. 化学の基礎」269P 参照。

▶▶▶ 過去問題 ◀◀◀

【問 1】 次のうち最も妥当なものはどれか。

☑ 1．2 つの物質の分子式が同じであれば、化学的性質は全く同じである。
　　2．黄リンと赤リンは、同素体であるから、化学的性質は全く同じである。
　　3．比重が同じであれば、同一体積の物体の質量は同じである。
　　4．2 つの物質の体積が同じであれば、その質量は同じである。
　　5．沸点が同じであれば、必ず同一物質である。

▶ 解 説

〔問 1〕 正解…3
　　1．分子式が同じであっても、配列の構造が異なっていると、化学的性質も異なってくる。異性体は、分子式が同じであるが、化学構造が異なる化合物である。「20. 単体・化合物・混合物」265P 参照。
　　2．同素体は同一元素から成るが、原子の配列や結合が異なり、化学的性質も異なる。
　　4．体積が同じであっても密度が異なると、質量も異なる。
　　5．沸点が同じであっても、同一物質とは限らない。

15 ボイルの法則／シャルルの法則／ドルトンの法則

■ボイルの法則
◎「温度が一定のとき、気体の体積は圧力に反比例する」という法則である。

◎ボイルの法則に従うと、温度が一定のとき、圧力 (P) を2倍にすると体積 (V) は2分の1になる。

$$V(体積) = \frac{[一定]}{P(圧力)}$$

$$P(圧力) \times V(体積) = [一定]$$

■シャルルの法則
◎「圧力が一定のとき、一定質量の気体の体積は、温度1℃上昇または下降するごとに、0℃における体積の273分の1ずつ膨張または収縮する」という法則である。

◎「0℃における体積の273分の1」は、0℃における絶対温度が273Kであることに由来する。

◎絶対温度は−273℃を基準としたもので、単位にK（ケルビン）を用いる。

$$[-273℃=0K] \quad [0℃=273K] \quad [100℃=373K]$$

◎絶対温度を用いてシャルルの法則を言い換えると、「圧力が一定のとき、一定質量の気体の体積は絶対温度に比例する」となる。

$$\frac{V(体積)}{T(温度)} = [一定]$$

◎シャルルの法則に従うと、圧力が一定のとき、温度 (T) を273Kから373Kにすると、体積 (V) は (373 ÷ 273) 倍になる。273K時の体積をV_1、373K時の体積をV_2とすると、右の等式が成り立つ。

$$\frac{V_1}{273} = \frac{V_2}{373}$$

■理想気体
◎ボイルの法則とシャルルの法則に従う仮想的な気体を理想気体という。

◎実在する気体は、厳密には2つの法則に従わない。温度が高く圧力が低いときに理想気体に近づく。

■ドルトンの分圧の法則
◎「混合気体の全圧は、各気体の圧力の和に等しい」という法則である。

◎混合気体を構成する各気体の圧力を「分圧」といい、混合気体の圧力を「全圧」という。

◎気体Aと気体Bからなる混合気体の全圧をPとしたとき、気体A・Bの分圧をそれぞれP_A、P_Bとすると、次のようになる。

$$P(全圧) = P_A(気体Aの圧力) + P_B(気体Bの圧力)$$

【問1】 次の文の（ ）内に当てはまる数値はどれか。［★★］

　「圧力が一定のとき、一定量の理想気体の体積は、温度を1℃上昇させるごとに、0℃の体積の（ ）ずつ増加する。」

☑　1．173分の1　　　2．273分の1　　　3．256分の1
　　4．327分の1　　　5．372分の1

【問2】 圧力3.0気圧の酸素が入った500mLの容器に圧力4.0気圧の窒素250mLを加えたとき、容器内の混合気体の圧力はいくつか。ただし、気体の温度に変化はないものとする。

☑　1．3.5気圧　　　2．4.0気圧　　　3．5.0気圧
　　4．6.0気圧　　　5．7.0気圧

【問3】 2気圧で1200Lの理想気体を容器に入れると内部の圧力は4気圧となった。容器の容積として正しいものはどれか。ただし、理想気体の温度は変化しないものとする。

☑　1．300L　　　2．600L　　　3．1200L　　　4．2400L　　　5．4800L

▶ 解　説

〔問1〕正解…2

　「圧力が一定のとき、一定量の理想気体の体積は、温度を1℃上昇させるごとに、0℃の体積の〈273分の1〉ずつ増加する。」

〔問2〕正解…3

　「PV＝一定」という公式を使う。

　3気圧の酸素0.5Lを1気圧に減圧すると、体積は1.5Lとなる。

　　3気圧×0.5L＝1気圧×VL ⇒ V＝1.5

　4気圧の窒素0.25Lを1気圧に減圧すると、体積は1Lとなる。

　　4気圧×0.25L＝1気圧×VL ⇒ V＝1

　1気圧の混合気体2.5L（酸素1.5L＋窒素1L）を加圧して体積を0.5L（容器の体積）にするには、圧力を5気圧にする必要がある。

　　1気圧×2.5L＝P気圧×0.5L ⇒ P＝5

〔問3〕正解…2

　「PV＝一定」という公式を使う。求める容積をVとする。

　2気圧×1200L＝4気圧×VL

　$VL = \dfrac{2気圧}{4気圧} \times 1200L = 600L$

16 熱量と比熱

■熱 量
◎温度の異なる物体同士が接触したとき、高温体から低温体へ熱が伝わる。この伝わる熱のエネルギーを熱量という。単位は、エネルギーと同じ J（ジュール）を用いる。

■比 熱
◎比熱とは、ある**物質1gの温度を1℃または1K**だけ高めるのに要する熱量をいう。単位は J/(g·K) を用いる。

◎同じ質量の物体でも、温まりやすさは異なる。比熱はこの温まりやすさ・温まりにくさを表す。**比熱の大きな物体ほど、温まりにくく冷めにくい。**

◎水（15℃）の比熱は約 4.19J/(g·K) であるのに対し、鉄（0℃）の比熱は約 0.44 J/(g·K) である。鉄は水より温まりやすく、冷めやすい。また、水は気体（常温常圧）を除くと**最も比熱の大きい物質**である。

■熱容量
◎熱容量とは、ある**物体の温度を1℃または1K**だけ高めるのに要する熱量をいう。物体の質量を m、比熱を c とすると、その物体の熱容量 C は次の式で表すことができる。

$$熱容量\ C(J/K) = m(g) \times c(J/(g·K))$$

■熱量の計算
◎物体の質量を m、物体の比熱を c とすると、その物体の温度を t (K) 上げるのに必要な熱量 Q は次の式で表すことができる。

$$熱量\ Q(J) = m(g) \times c(J/(g·K)) \times t(K)$$

▶▶▶ 過去問題 ◀◀◀

▶比熱・熱容量

【問1】熱に関する一般的な説明について、次のうち誤っているものはどれか。[★]

☐ 1．比熱とは、物質1gの温度を 1K（ケルビン）上昇させるのに必要な熱量をいう。

2．熱伝導率の大きな物質は、熱を伝えやすい。

3．比熱が小さい物質は、温まりにくく冷めにくい。

4．体膨張率は、固体が最も小さく、気体が最も大きい。

5．理想気体の体積は、圧力が一定で温度が1℃上昇すると、0℃のときの体積の約 273 分の1膨張する。

【問2】熱容量についての説明として、次のうち正しいものはどれか。[★]

☑ 1．物体の温度を1K（ケルビン）だけ上昇させるのに必要な熱量である。
2．容器の比熱のことである。
3．物体に1J（ジュール）の熱を与えたときの温度上昇率のことである。
4．物質1kgの比熱のことである。
5．比熱に密度を乗じたものである。

▶熱量の計算

【問3】比熱が c 、質量が m の物質の熱容量Cを表す式として、次のうち正しいものはどれか。[★]

☑ 1．$C = mc^2$ 2．$C = m^2c$ 3．$C = mc$
4．$C = m/c$ 5．$C = c/m$

【問4】0℃のある液体 100g に 12.6kJ の熱量を与えると、この液体の温度は何℃になるか。ただし、この液体の比熱は 2.1J/(g·K) とする。[★]

☑ 1．40℃ 2．45℃ 3．50℃
4．55℃ 5．60℃

【問5】ある液体 200g を 10℃から 35℃まで高めるのに必要な熱量として、次のうち正しいものはどれか。ただし、この液体の比熱は 1.26J/(g·K) とする。[★★]

☑ 1．2.5kJ 2．5.0kJ 3．6.3kJ
4．10.0kJ 5．12.5kJ

【問6】比熱が 2.5J/(g·K) である液体 100g の温度を 10℃から 30℃まで上昇させるのに要する熱量は、次のうちどれか。

☑ 1．2.5kJ 2．5.0kJ 3．7.5kJ
4．10.0kJ 5．12.5kJ

【問7】80℃の銅 500g を 20℃の水の中に入れたところ、全体の温度が 25℃になった。熱の流れは銅と水の間のみで行われ、銅の比熱は 0.40J/(g·K) であるとすると、銅から流れ出た熱量はいくらか。

☑ 1．4.0×10^3 J 2．5.0×10^3 J 3．8.0×10^3 J
4．1.1×10^4 J 5．1.6×10^4 J

〔問1〕正解…3

　2．次項「17. 熱の移動」参照。

　3．比熱の小さい物質は、温まりやすく冷めやすい。

　4．「18. 熱膨張」260P 参照。

　5．「15. ボイルの法則／シャルルの法則／ドルトンの法則」252P 参照。

〔問2〕正解…1

　1．熱容量とは、物体の温度を1K（ケルビン）だけ上昇させるのに必要な熱量で、単位はJ/Kを用いる。

〔問3〕正解…3

　3．C（熱容量）＝m（質量）× c（比熱）

〔問4〕正解…5

　「Q（熱量）＝m（質量）× c（比熱）× t（温度差）」の計算式を利用する。

　また、12.6kJ ⇒ 12600J に変換する。

　12600J ＝ 100g × 2.1J/(g・K) × t（K）

　$t（K）= \dfrac{12600J}{100g × 2.1J/(g・K)} = \dfrac{12600J}{210J/K} = 60K ⇒ 60℃$

〔問5〕正解…3

　「Q（熱量）＝m（質量）× c（比熱）× t（温度差）」の計算式を利用する。

　増加する温度は、35℃−10℃＝25℃ ⇒ 25K

　熱量 Q ＝ 200g × 1.26J/(g・K)× 25K ＝ 6,300J ＝ 6.3kJ

〔問6〕正解…2

　「Q（熱量）＝m（質量）× c（比熱）× t（温度差）」の計算式を利用する。

　増加する温度は、30℃−10℃＝20℃ ⇒ 20K

　熱量 Q ＝ 100g × 2.5J/(g・K)× 20K ＝ 5,000J ＝ 5.0kJ

〔問7〕正解…4

　「Q（熱量）＝m（質量）× c（比熱）× t（温度差）」の計算式を利用する。

　〔銅から流れ出た熱量〕

　＝ 500g × 0.40J/(g・K) × (80℃ − 25℃)

　＝ 500 × 0.40J × 55 ＝ 11,000J ＝ $1.1 × 10^4$J

17 熱の移動

◎熱の移動の方法には、**伝導**、**対流**、**放射**（ふく射）の3つがある。

■伝　導

◎熱が物体の高温部から低温部へ物体中を伝わって移動する現象である。

◎物体には、熱が伝わりやすいものと伝わりにくいものがある。**熱伝導率**はこの熱の伝わりやすさを表す数値で、数値が大きいものほど熱を伝えやすい。

◎固体、液体、気体について熱伝導率を比較すると、**固体が最も大きく**、気体が最も小さい。固体は熱を伝えやすいが、気体は熱を伝えにくい。

◎銀はすべての金属中、**熱伝導率が最も大きい**。

■対　流

◎熱が**液体または気体**を介して移動する現象をいう。従って、固体の場合は対流が起こらない。

◎対流の例として、①ストーブによる暖房では天井近くが暖かい、②水を沸かすと表面から温かくなる、などが挙げられる。

■放　射（ふく射）

◎熱せられた物体が熱（**放射熱**）を放射する現象をいう。

◎放射熱は真空中でも伝わり、直進する。また、物体にあたると吸収されたり、反射する。

◎太陽の光にあたると暖かいのは、この放射熱によるものである。

▶▶▶ 過去問題 ◀◀◀

【問1】 熱の移動の仕方には伝導、対流および放射の3つがあるが、次のA～Eのうち主として対流が原因であるものはいくつあるか。[★]

> A．天気のよい日に屋外で日光浴をしたら身体が温まった。
> B．ストーブで灯油を燃焼していたら、床面よりも天井近くの温度が高くなった。
> C．鉄棒を持って、その先端を火の中に入れたら手元の方まで次第に熱くなった。
> D．ガスコンロで水を沸かしたところ、水の表面から温かくなった。
> E．アイロンをかけたら、その衣類が熱くなった。

☑　1．1つ　　　2．2つ　　　3．3つ　　　4．4つ　　　5．5つ

【問2】 次の文の（　）内のＡおよびＢに当てはまる語句の組合せとして、正しいものはどれか。[★]

「物体と熱源との間に液体が存在するときには、液体は一般に温度が高くなると比重が小さくなるので上方に移動し、それによって物体に熱が伝わる。これが（Ａ）による熱の伝わり方である。

しかし、熱源と物体との間に何もなく真空である場合にも熱は伝わる。太陽により地上の物体が温められて温度が上がるのはこの例であって、このような熱の伝わり方を（Ｂ）と呼ぶ。」

	A	B
1.	対流	伝導
2.	伝導	放射
3.	伝導	対流
4.	対流	放射
5.	放射	伝導

【問3】 熱の移動について、次のうち誤っているものはどれか。[★]

1. ストーブに近づくと、ストーブに向いた方が熱くなるのは放射熱によるものである。

2. ガスこんろで水を沸かすと、水が表面から温かくなるのは熱の伝導によるものである。

3. コップにお湯を入れると、コップが熱くなるのは、熱の伝導によるものである。

4. 冷却装置で冷やされた空気により、室内全体が冷やされるのは、熱の対流によるものである。

5. 太陽で地上の物が温められて温度が上昇するのは、放射熱によるものである。

【問4】 次のうち正しいものはどれか。

1. エタノールの比熱は、水より大きい。

2. 銀の熱伝導率は、水より小さい。

3. ニッケルの線膨張率は、体膨張率より大きい。

4. 熱の対流は、液体および固体だけに起こる現象である。

5. 外気圧が高くなれば、沸点も高くなる。

【問5】 熱伝導率がもっとも小さいものは、次のうちどれか。

☑ 1. アルミニウム
　 2. 水
　 3. 木材
　 4. 銅
　 5. 空気

▶ 解 説

〔問1〕 正解…2（B、D）
　A. 放射　　　B. 対流　　　C. 伝導　　　D. 対流　　　E. 伝導

〔問2〕 正解…4
　「物体と熱源との間に液体が存在するときには、液体は一般に温度が高くなると比重が小さくなるので上方に移動し、それによって物体に熱が伝わる。これが〈Ⓐ 対流〉による熱の伝わり方である。
　しかし、熱源と物体との間に何もなく真空である場合にも熱は伝わる。太陽により地上の物体が温められて温度が上がるのはこの例であって、このような熱の伝わり方を〈Ⓑ 放射〉と呼ぶ。」

〔問3〕 正解…2
　2. ガスこんろで水を沸かすと、水が表面から温かくなるのは熱の「対流」によるものである。

〔問4〕 正解…5
　1. 比熱は気体を除くと水が最も大きい。
　2. 熱伝導率は、固体＞液体＞気体の順に小さくなる。
　3. 体膨張率は線膨張率の約3倍になる。次項「18. 熱膨張」参照。
　4. 熱の対流は気体と液体に起こる現象である。固体では起こらない。
　5. 反対に、外気圧が低くなると沸点も低くなる。「13. 沸点と飽和蒸気圧」247P 参照。

〔問5〕 正解…5
　熱伝導率が大きいものは、固体のアルミニウムと銅である。熱伝導率が中ぐらいのものが液体の水である。最も熱伝導率が小さいものが気体の空気である。順に、銅＞アルミニウム＞水＞木材＞空気となる。

■線膨張と体膨張

◎熱膨張は、物体の**体積**が温度の上昇に伴って**増大**する現象である。増加する体積は、以下のようになる。

> 増加する体積＝元の体積×（上昇した温度－元の温度）×体膨張率

◎熱膨張には、棒状の物体の**長さが増加する**「線膨張」と、縦・横・奥行きの**体積が増加する**「体膨張」とがある。

◎気体と液体の熱膨張は「体膨張」のみを、固体の熱膨張は「線膨張」と「体膨張」で考える。また、固体と液体の膨張率は物質によって異なるが、気体の膨張率はどの物質でも同じである。

◎**線膨張率**は、物質の温度を1℃上げたときの物質の長さの増加量と、元の長さとの比である。例えば、長さ10mmの物体が1℃上昇することで長さが10.1mmになった場合、線膨張率は0.01となる。

◎**体膨張率**は、物体の温度を1℃上げたときの体積の増加量と、元の体積との比である。例えば、一辺10mmの立方体が1℃上昇することで、一辺がそれぞれ10.1mmになったと仮定すると、体積は$1000mm^3$から約$1030.3mm^3$に増加する。この場合、体膨張率は0.0303となる。なお、同一の物体における体膨張率は、一般に線膨張率の約3倍と見なすことができる。

▶▶▶ 過去問題 ◀◀◀

【問1】 内容積1,000Lのタンクに満たされた液温15℃のガソリンを35℃まで温めた場合、タンク外に流出する量として正しいものは次のうちどれか。ただし、ガソリンの体膨張率を$1.35 \times 10^{-3} K^{-1}$とし、タンクの膨張およびガソリンの蒸発は考えないものとする。[★]

☑ 1．1.35L　　　2．6.75L　　　3．13.5L
　　4．27.0L　　　5．54.0L

....

【問2】 物質の物理変化について、次のうち正しいものはどれか。

☑ 1．気体の体膨張率は、圧力に関係するが温度の変化には関係しない。
　　2．固体または液体は、1℃上がるごとに約273分の1体積が増える。
　　3．固体の体膨張率は、気体の体膨張率の3倍である。
　　4．水の密度は、約4℃のとき最大である。
　　5．液体の体膨張率は、気体の体膨張率よりはるかに大きい。

....
【問3】 タンクや容器に液体の危険物を入れる場合、空間容積を必要とするのは、次
のどの現象と関係があるか。[★]

☑ 1．酸化 2．還元 3．蒸発 4．熱伝導 5．体膨張
....
【問4】 容器に入った液温 0℃のガソリン 1,000L を温めていくと 1,020L になった。
このとき、ガソリンの液温として最も近いものは次のうちどれか。なお、ガソ
リンの体膨張率は $1.35 \times 10^{-3} K^{-1}$ とし、蒸発による減少はないものとする。

☑ 1．5℃ 2．10℃ 3．15℃ 4．20℃ 5．25℃

▶ 解 説

〔問1〕正解…4

「増加する体積＝元の体積×（上昇した温度－元の温度）×体膨張率」の計算式を利
用する。

$1,000L \times (35℃ - 15℃) \times 1.35 \times 10^{-3} K^{-1} = 1L \times 20 \times 1.35 = 27L$

体膨張率（体膨張係数）の単位 $[K^{-1}]$ は、温度が1℃（K）上昇したときに膨張す
る割合を示す。

〔問2〕正解…4

1．気体の体積は、圧力に反比例し、温度に比例する。「15．ボイルの法則／シャル
ルの法則／ドルトンの法則」252P 参照。

2．気体は、1℃上がるごとに約 273 分の1ずつ体積を増す。「15．ボイルの法則／シ
ャルルの法則／ドルトンの法則」252P 参照。

3．固体の体膨張率は線膨張率の3倍である。

4．「14．比重と蒸気比重」250P 参照。

5．気体の体膨張率は、液体の体膨張率より大きい。

理想気体の体膨張率＝ $1/273 ≒ 3.7 \times 10^{-3} K^{-1}$。

水（20℃）の体膨張率は約 $0.2 \times 10^{-3} K^{-1}$。

〔問3〕正解…5

5．タンクや容器に液体の危険物を入れる場合、ある程度の空間容積を必要とするの
は、液体が熱膨張した際、容積の増加を空間部分で吸収させるためである。空間部
分の容積がないと、液体の熱膨張によりタンクや容器が破損するおそれがある。

〔問4〕正解…3

「増加する体積＝元の体積×温度差×体膨張率」の計算式を利用する。温度差は x K
とする。

$20L = 1,000L \times x K \times 1.35 \times 10^{-3} K^{-1}$

$20L = 1L \times x \times 1.35$

$x = 20L \div (1L \times 1.35) = 14.8\cdots$

元の液温が0℃のため、0℃＋ 14.8…℃＝ 14.8…℃

19 物理変化と化学変化

■物理変化

◎物理変化は、**化学組成の変化なしに起こる変化**をいう。すなわち、物質の状態や形が変わるだけの変化である。原油の分留（混合物を蒸留して分けること）は、物理変化を利用したものである。

◎具体的には、固体・液体・気体の**三態変化**や**潮解**（固体が空気中の水分を吸収して溶解する現象）、**風解**（結晶性の物質や水和物が空気中で粉末状になったり、水分が失われる現象）などの変化をいう。

> ① ニクロム線に電気を通じると発熱する。
> ② 氷が溶けて水になる。
> ③ 食塩水を煮詰めると食塩の結晶が析出する。
> ④ ドライアイスが気体になる。

■化学変化

◎化学変化は、物質を構成する**原子の結合の組換え**が伴う変化をいう。すなわち、2種類以上の物質から、性質が異なる物質になる変化である。

◎具体的には、**酸化**、**中和**、**燃焼**、**分解**などの変化をいう。

> ① 木炭が燃えると灰になる。
> ② 鉄がさびると、ぼろぼろになる。
> ③ 水に電気を通すと、分解して酸素と水素になる。
> ④ 紙が濃硫酸に触れると黒くなる。

※紙の原料である植物繊維は、セルロース（$(C_6H_{10}O_5)n$）が主成分である。一方、濃度90%以上の濃硫酸は強力な酸化力と脱水作用がある。セルロースから水分の H_2O を取り除くと炭素 C が残り、これが黒く変色する原因となる。

■化 合

◎化合とは、2種以上の物質が化学的に結合して、**別の物質**ができることをいう。また、化合の結果、新たにできる物質を**化合物**という。

【問1】次のうち化学変化でないものはどれか。[★]

☑ 1．木炭が燃えて灰になる。

2．ドライアイスは放置すると昇華する。

3．鉄がさびてぼろぼろになる。

4．水が分解して酸素と水素になる。

5．紙が濃硫酸に触れると黒くなる。

....

【問2】化学変化に該当するもののみの組合わせとして、次のうち正しいものはどれか。

☑
1.	分解	燃焼	中和
2.	中和	凝縮	化合
3.	燃焼	分解	凝縮
4.	融解	混合	昇華
5.	昇華	融解	化合

....

【問3】物理変化と化学変化について、次のうち誤っているものはどれか。[★★]

☑ 1．ドライアイスが二酸化炭素（気体）になるのは、化学変化である。

2．氷が水になるのは、物理変化である。

3．鉄がさびるのは、化学変化である。

4．ニクロム線に電気を通じると発熱するのは、物理変化である。

5．鉛を加熱すると溶けるのは、物理変化である。

....

【問4】化学変化の組み合わせとして、A〜Eのうち正しいものはどれか。

☑ 1．A、C

2．A、E

3．B、C

4．B、D

5．C、E

A．氷が解けて水になる。

B．メタノールが完全燃焼して、二酸化炭素と水になる。

C．グルコースが発酵し、エタノールと二酸化炭素になる。

D．ガソリンが流動して静電気が発生した。

E．原油を精留塔で蒸留して、ガソリンになる。

【問5】 次の文の（ ）内のA～Cに当てはまる語句の組合せとして、正しいものはどれか。[★]

「物質と物質とが作用し、その結果、新しい物質ができる変化が（A）である。また、2種類あるいはそれ以上の物質から別の物質ができることを（B）といい、その結果できた物質を（C）という。」

		A	B	C
☑	1.	物理変化	化合	化合物
	2.	化学変化	混合	混合物
	3.	化学変化	重合	化合物
	4.	物理変化	混合	混合物
	5.	化学変化	化合	化合物

▶ 解 説

〔問1〕 正解…2

2．固体のドライアイスが昇華して気体の二酸化炭素になるのは、物理変化である。

〔問2〕 正解…1

物理変化：物質の三態変化（融解・昇華・凝縮）、潮解、風解、溶解。

化学変化：酸化、中和、燃焼、分解、化合。

〔問3〕 正解…1

1．固体のドライアイスが二酸化炭素（気体）になるのは、物理変化である。

〔問4〕 正解…3（B、C）

A．物理変化に該当する。

B．「燃焼」は化学変化に該当する。

C．グルコース（$C_6H_{12}O_6$）は、ブドウ糖とも呼ばれる糖の一種である。糖または多糖を分解して最終的にエタノールと二酸化炭素を生ずるこの反応を「アルコール発酵」といい、化学変化に該当する。$C_6H_{12}O_6 \longrightarrow 2C_2H_5OH + 2CO_2$。

D．静電気の発生は化学変化・物理変化のどちらにも該当しない。

E．物理変化に該当する。また、精留塔は「蒸留塔」ともいう。

〔問5〕 正解…5

「物質と物質とが作用し、その結果、新しい物質ができる変化が〈Ⓐ 化学変化〉である。また、2種類あるいはそれ以上の物質から別の物質ができることを〈Ⓑ 化合〉といい、その結果できた物質を〈Ⓒ 化合物〉という。」

20 単体・化合物・混合物

■純物質と混合物

◎すべての物質は純物質と混合物に分類することができる。

◎**純物質**は、化学的にみて**単一の物質から成る**もので、一定の化学組成を持つ。窒素（N_2）、酸素（O_2）、水（H_2O）、二酸化炭素（CO_2）、メタノール（CH_3OH）などが該当する。

◎**混合物**は、**2種**または**それ以上の物質**が化学的結合をせずに混じり合ったもので、空気、ガソリン、灯油、食塩水、海水などが該当する。**蒸留**や**ろ過**などの物理的操作によって2種以上の純物質に分離できる。ガソリンや灯油は、複数の炭化水素から成る混合物である。

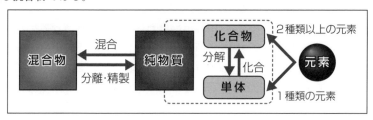

■単体と化合物

◎純物質は更に**単体**と**化合物**に区分することができる。

◎**単体**は、1種類の元素から成る純物質である。水素（H_2）、酸素（O_2）、硫黄（S）、リン（P）、水銀（Hg）などが該当する。単体の名称は、通常元素名と同じである。ただし、オゾン（O_3）のように異なるものもある。

◎**化合物**は、2種類以上の元素からなる純物質である。水（H_2O）は、水素が燃焼することで生成する。また、水は電気分解により水素と酸素に分解できる。水の他、ジエチルエーテル（$C_2H_5OC_2H_5$）、エタノール（C_2H_5OH）、二酸化炭素（CO_2）、塩化ナトリウム（NaCl）、硝酸（HNO_3）などが該当する。

■混合物の分離

ろ過	ろ紙を用いて、液体とそれに溶けていない固体を分離する
	（例：泥水をろ紙に通して泥と水に分離する）
蒸留	液体を含む混合物を沸騰させ、生じた蒸気を冷やして、再び液体として分離する
	（例：海水から水を分離する）
分留	2種類以上の液体の混合物から、沸点の差を利用して、沸点の低い順に蒸留し分離する
	（例：原油を分留してLPガス、ガソリン、灯油、軽油、重油に分離する）

昇華	昇華しやすい性質を持つ物質を、混合物から分離する	
	(例：ヨウ素と塩化ナトリウムの混合物を加熱すると、ヨウ素だけが昇華し、生じた気体を冷却することで、ヨウ素のみを分離する)	
再結晶	温度による物質の溶解度の差を利用して、固体の物質中の不純物を除く	
	(例：少量の硫酸銅（Ⅱ）を含む硝酸カリウムの水溶液（高温）を冷却すると、硝酸カリウムのみが析出する)	
抽出	目的とする物質や成分を、適当な溶媒に溶かし出して分離する	
	(例：コーヒー、紅茶など)	
遠心分離	混合状態にある物質を遠心力を利用して、目的とする成分を分離する	
	(例：洗濯機で洗濯物を脱水する)	
クロマトグラフィー	物質の種類によって、溶媒に運ばれる移動速度が異なることを利用して分離する（混合物をろ紙上の一点につけ、ろ紙の下端から溶媒を染み込ませていくと、溶媒の移動と共に成分の物質が分かれていく）	
	(例：ろ紙に黒の水性ペンで点を書き、点の部分に水を染み込ませると黒色の点が赤色、青色、黄色の成分に分離する)	

■**同素体と異性体**

◎**同素体**は、同一元素から成るが、その原子の配列や結合が異なり、性質も違う単体をいう。

元 素	同 素 体		
硫黄(S)	斜方硫黄	単斜硫黄	ゴム状硫黄
炭素(C)	黒鉛	ダイヤモンド	
酸素(O)	酸素(O_2)	オゾン(O_3)	
リン(P)	赤リン	黄リン	

※「SCOP：スコップ」と覚える。

◎**異性体**は、同じ数、同じ種類の原子を持っているが、異なる構造をしている物質をいう。エタノール (C_2H_5OH) とジメチルエーテル (CH_3OCH_3) は、いずれも炭素 (C) 2個、水素 (H) 6個、酸素 (O) 1個で構成されているが、構造が全く異なるため、異性体である。

名 称	分子式	示性式	構造式	電子式
エタノール	C_2H_6O	C_2H_5OH	H H H–C–C–O–H H H	H H H:C:C:O:H H H
ジメチルエーテル	C_2H_6O	CH_3OCH_3	H H H–C–O–C–H H H	H H H:C:O:C:H H H

266

【問1】 単体、化合物および混合物について、次の組合せのうち正しいものはどれか。

	単体	化合物	混合物
1.	酸素	空気	水
2.	ナトリウム	ガソリン	ベンゼン
3.	硫黄	エタノール	灯油
4.	アルミニウム	食塩水	硫黄
5.	水素	ジエチルエーテル	二酸化炭素

【問2】 物質の分類として、次のうち誤っているものはどれか。[★]

1. 水素は単体である。　　　　2. 水は化合物である。
3. 砂糖水は混合物である。　　4. 酸素とオゾンは同素体である。
5. メタノールとエタノールは異性体である。

【問3】 単体、化合物および混合物について、次のうち誤っているものはどれか。

1. 水は、酸素と水素に分解できるので化合物である。
2. 硫黄やアルミニウムは、1種類の元素からできているので単体である。
3. 赤リンと黄リンは、単体である。
4. 食塩水は、食塩と水の化合物である。
5. ガソリンは種々の炭化水素の混合物である。

【問4】 次に示す物質のうち、混合物はどれか。

1. 酸素　　　　2. 酸化アルミニウム　　　3. 海水
4. 硫酸マグネシウム　　5. メタノール

【問5】 同素体の組合せとして、次のうち誤っているものはどれか。[★]

1. ダイヤモンドと黒鉛（グラファイト）　　2. 黄リンと赤リン
3. 酸素とオゾン　　4. 斜方硫黄と単斜硫黄　　5. 銀と水銀

【問6】 次に示す物質の組み合わせのうち、互いに構造異性体であるものはどれか。

1. エタノールとジメチルエーテル　　2. 赤リンと黄リン
3. 単斜硫黄と斜方硫黄　　4. 酸素とオゾン
5. シス－2－ブテンとトランス－2－ブテン

【問7】 混合物を分離する操作として、次のうち誤っているものはどれか。

1. ろ過　　2. 希釈　　3. 蒸留　　4. 遠心分離　　5. 抽出

〔問1〕正解…3

　　単体……酸素 O_2、ナトリウム Na、硫黄 S、アルミニウム Al、水素 H_2

　　化合物…水 H_2O、ベンゼン C_6H_6、エタノール C_2H_5OH、二酸化炭素 CO_2
　　　　　　　ジエチルエーテル $C_2H_5OC_2H_5$

　　混合物…空気、ガソリン、灯油、食塩水

〔問2〕正解…5

　2．水 H_2O は酸素 O_2 と水素 H_2 の化合物である。

　3．砂糖水は砂糖と水の混合物である。

　4．酸素 O_2 とオゾン O_3 は、いずれも酸素原子からできている同素体である。

　5．メタノール CH_3OH とエタノール C_2H_5OH は異なる物質で、異性体ではない。
　　ただし、いずれも第4類危険物のアルコール類である。

〔問3〕正解…4

　4．食塩水は、塩化ナトリウム NaCl と水 H_2O の混合物である。

　5．ガソリンは、種々の炭化水素の混合物であるため、$CnHm$ と表されることが多い。
　　主な成分として、オクタン C_8H_{18} やヘプタン C_7H_{16} が挙げられる。

〔問4〕正解…3

　　単体……酸素 O_2

　　化合物…酸化アルミニウム Al_2O_3、硫酸マグネシウム $MgSO_4$、メタノール CH_3OH

　　混合物…海水

〔問5〕正解…5

　5．銀 Ag と水銀 Hg は、それぞれ異なる元素から成る単体。

〔問6〕正解…1

　1．エタノール C_2H_5OH とジメチルエーテル CH_3OCH_3 は、構造異性体である。「構
　　造異性体」とは異性体のうち分子の構造式が異なるものいう。

　2．赤リンと黄リンは同素体である。同素体は、単体の元素から構成されるが、化学的・
　　物理的性質が異なるという特徴がある。

　3．単斜硫黄と斜方硫黄は同素体である。

　4．酸素とオゾンは同素体である。

　5．2-ブテンは、シス形とトランス形の立体異性体が存在する。「立体異性体」とは
　　異性体のうち分子の立体構造が異なるものをいう。

〔問7〕正解…2

　1．ろ紙を用いて、液体とそれに溶けていない固体を分離するときに使う方法。

　2．濃度を下げるために媒体の量を増加すること。

　3．液体を含む混合物を沸騰させ、生じた水蒸気を冷やして、再び液体として分離す
　　る方法。

　4．遠心力を利用して、目的となる成分や比重差のあるものを分離する方法。

　5．ある液体に、目的とする物質を溶かし出して分離する方法。

21 化学の基礎

■原子と原子量

◎原子は、物質を構成する最小の微粒子である。また、その原子の種類を**元素**という。

◎すべての原子の中心には正の電荷をもつ原子核があり、その周囲の電子殻では**負の電荷を**もつ電子が取り巻いている。また、原子核は、**正の電荷をもつ陽子と電荷をもたない中性子**からなり、すべての原子で「**陽子の数＝電子の数**」であるため、原子全体では電気的に中性である。

- 質量数＝陽子の数＋中性子の数
- 原子番号＝陽子の数＝電子の数
- 中性子の数＝質量数－原子番号

◎原子に含まれる陽子の数は、原子の種類ごとに決まっており、この陽子の数を**原子番号**という。また、元素は簡単な記号で表され、これを**元素記号**という。

◎原子1個の質量は非常に微少で、取り扱う際に不便である。そこで、炭素原子を基準にとり、その原子質量を 12 として他の元素の原子の質量を相対的に表したものが**原子量**である。

元素名	元素記号	原子量
水素	H	1
炭素	C	12
窒素	N	14
酸素	O	16

■分子と分子量

◎**分子**とは、2以上の原子から構成される物質を指す。実際、水素や酸素は大気中にあるとき、原子がそれぞれ2個結合した状態で存在している。この場合、水素分子及び酸素分子と呼ぶ。

◎**分子量**とは、分子の中に含まれている原子量の総和をいう。

◎**分子式**とは、分子を構成する原子の元素記号と数を用いて、その分子の組成を表すものである。水素分子の分子式は H_2 であり、分子量は $1 \times 2 = 2$ である。酸素分子の分子式は O_2 であり、分子量は $16 \times 2 = 32$ である。また、水の分子式は H_2O であり、分子量は $1 \times 2 + 16 = 18$ である。

■「モル（mol）」という単位

◎1モルとは、ある物質を構成する原子、あるいは分子が 6.02×10^{23} 個だけ集まった量のことをいう。すなわち、個数の単位のひとつである。モルを単位として表した粒子の量を**物質量**という。

◎また、6.02×10^{23} という数を**アボガドロ数**といい、アボガドロ数に単位を付けた、6.02×10^{23}/mol を**アボガドロ定数**という。

〈参考〉以前、6.02×10^{23} という数字は炭素原子 12 gに含まれる（6.02×10^{23}）を基準としていたが定義が変更された。

◎1モル、すなわち 6.02×10^{23} 個当たりの原子や分子の質量を求めるには、単純に
その原子量や分子量に g を付けるだけでよい。

◎例えば、窒素（N_2）1モルの質量は、$14 \times 2 = 28 \Rightarrow 28g$ であり、二酸化炭素（CO_2）
1モルの質量は、$12 + 16 \times 2 = 44 \Rightarrow 44g$ となる。

■化学式と化学反応式

◎化学式は、元素記号を組み合わせて物質の構造を表示する式である。いくつかの表
示方式がある。

◎示性式は、構造式を簡単にして官能基を明示した化学式である。分子式では構造に
2つ以上の可能性が生じてしまう場合があるが、それを避けることができる。例え
ばエタノールの分子式は C_2H_6O であるが、示性式では C_2H_5OH と表現する。これ
により、ジメチルエーテル CH_3OCH_3 の可能性が排除される。また、ジエチルエー
テルの示性式は、$C_2H_5OC_2H_5$ となる。

※官能基は、「29. 有機化合物」310P 参照。

◎構造式は、原子の結合の様子を価標（ー）を用いて表した化学式である。

※構造式の一例は、266P の表を参照。

◎化学反応式は、化学式を用いて化学変化の内容を表した式である。反応物質の化学
式（反応系）を左辺に、生成物質の化学式（生成系）を右辺に書き、矢印（⟶）
で結ぶ。

◎化学反応式では、左辺と右辺でそれぞれの原子数が等しくなるように化学式の前に
係数を付ける。ただし、係数は最も簡単な整数比になるようにし、1は省略する。

例：水素 ＋ 酸素 ⟶ 水	
$2H_2 + O_2 \qquad \longrightarrow \qquad 2H_2O$	
（左辺）反応物質	（右辺）生成物質

■アボガドロの法則

◎すべての気体は、同温同圧において同じ体積内に同数の分子を含むという法則である。

◎この法則に従って、標準状態（0℃・1気圧）における1モルの気体の体積を調べ
ると、22.4 L となることが判明している。

■熱化学方程式

◎化学反応式に反応熱を書き加え、両辺を等号で結んだものを熱化学方程式という。

◎反応熱とは、1モルの反応物質が化学反応に伴って発生または吸収する熱量をいう。
必ず＋、－の符号が付く。「＋」は発熱反応を表し、「－」は吸熱反応を表す。

◎反応熱は物質の状態によって変化するため、気体は（気）、液体は（液）、固体は（固）
と付記する。

◎反応熱の種類は次のとおりである。

> ① 燃焼熱 … 1モルの物質が完全燃焼するときに発生する反応熱
>   （例）　$C + O_2 = CO_2 + 394kJ$

> ② 生成熱 … 化合物1モルが単体から生成するときの反応熱
>   （例）　$C + 2H_2 = CH_4 + 75kJ$

> ③ 中和熱 … 酸と塩基が中和して1モルの水が生成するときの反応熱
>   （例）　$HCl + NaOH = NaCl + H_2O + 56kJ$

◎**反応熱**は、反応物質と生成物質が同じであれば、反応途中の経路によらず**一定**である。これを**ヘスの法則**と呼ぶ。

◎ヘスの法則の説明によく取り上げられるのが、炭素 C が二酸化炭素 CO_2 に変化する経路と、炭素 C $\Rightarrow$ 一酸化炭素 CO $\Rightarrow$ 二酸化炭素 CO_2 と変化する経路である。いずれの経路も、総発熱量は同じになる。

■3つの濃度

◎溶液中に含まれる溶質の割合を濃度という。

◎質量パーセント濃度は、溶液に含まれる溶質の質量の割合を百分率（％）で表した濃度である。

$$質量パーセント濃度（\%）= \frac{溶質の質量（g）}{溶液の質量（g）} \times 100$$

◎モル濃度は、溶液1L中に含まれる溶質の量を物質量で表した濃度である。

$$モル濃度（mol/L）= \frac{溶質の物質量（mol）}{溶液の体積（L）}$$

◎質量モル濃度は、溶媒1kg中に溶けている溶質の物質量で表した濃度である。

$$質量モル濃度（mol/kg）= \frac{溶質の物質量（mol）}{溶媒の質量（kg）}$$

■物質の極性と溶解

◎塩化水素分子 HCl では、共有電子対が電気陰性度の大きい塩素原子 Cl の方に引き付けられており、塩素原子 Cl はわずかに負の電荷を、水素原子 H はわずかに正の電荷を帯びる。このように共有結合している2原子間に見られる電荷の偏りを「結合の極性」という。

◎水素分子 H_2 や塩素分子 Cl_2 のように、極性のない分子を「**無極性分子**」といい、塩化水素分子 HCl のように極性のある分子を「**極性分子**」という。

◎水分子 H_2O は、分子が折れ線形になっているため、2つの O−H 結合の極性は打ち消し合わず、分子全体では極性のある極性分子となる。

◎一般に、極性物質どうし、無極性物質どうしは溶けやすいが、**極性物質と無極性物質は溶けにくい傾向がある。**

【問1】次の原子について、陽子・中性子・質量数の数として、正しい組合せはどれか。

$^{27}_{13}\text{Al}$　☑

	陽子	中性子	質量数
1.	13	14	27
2.	13	27	27
3.	14	13	27
4.	14	27	13
5.	27	14	13

【問2】水〔H_2O〕54g に含まれる水素原子〔H〕の物質量として、次のうち正しいものはどれか。

☑　1. 1 mol
　　2. 3 mol
　　3. 4 mol
　　4. 6 mol
　　5. 8 mol

【問3】次の（1）式及び（2）式の熱化学方程式が導かれる、$C + O_2 \longrightarrow CO_2$ の反応熱として、正しいものはどれか。[★]

$$C + \frac{1}{2} O_2 = CO + 110.88kJ \quad \cdots\cdots (1)$$

$$CO + \frac{1}{2} O_2 = CO_2 + 284.34kJ \quad \cdots\cdots (2)$$

☑　1. 173.46kJ の吸熱
　　2. 221.76kJ の吸熱
　　3. 346.92kJ の吸熱
　　4. 395.22kJ の発熱
　　5. 568.68kJ の発熱

【問4】 標準状態（0℃、1気圧（1.013×10^5 Pa））における 11.2L の二酸化炭素の質量として正しいものはどれか。ただし、標準状態での 1 mol の気体の体積は 22.4L とし、原子量は C＝12、O＝16 とする。

☑ 1．11.2g   2．22.0g   3．44.0g

4．55.2g   5．66.4g

....

【問5】 メタノールを完全燃焼させたときの反応式は以下のとおりである。

$$2CH_3OH + 3O_2 \longrightarrow 2CO_2 + 4H_2O$$

メタノール 1 mol を完全燃焼させるのに必要な理論上の酸素量は、次のうちどれか。ただし、原子量は、炭素（C）12、水素（H）1、酸素（O）16 とする。

☑ 1．24g   2．32g   3．48g

4．64g   5．96g

....

【問6】 硫黄 24g が完全燃焼するときに必要な空気の標準状態（0℃、1気圧）における体積は、次のうちどれか。なお、空気中の酸素は体積の割合で 20％を占めるものとし、標準状態で 1 mol の気体の体積は 22.4L、原子量は S＝32、O＝16 とする。

$$S + O_2 \longrightarrow SO_2$$

☑ 1．12.8L

2．22.4L

3．56L

4．84L

5．112L

....

【問7】 ブタン 5.8g が完全燃焼するときに必要な空気の標準状態（0℃、1気圧（1.013×10^5 Pa））における体積は、次のうちどれか。なお、空気中の酸素は体積の割合で 20％を占めるものとし、標準状態で 1 mol の気体の体積は 22.4L、原子量は H＝1、C＝12、O＝16 とする。

$$2C_4H_{10} + 13O_2 \longrightarrow 8CO_2 + 10H_2O$$

☑ 1．14.6L   2．58.2L   3．72.8L

4．145.6L   5．1,456L

....

【問8】 メタノールが完全燃焼したときの化学反応式について、次の（　）内の①〜③に当てはまる数字及び化学式の組合せとして、正しいものはどれか。[★]

$$(①)\ CH_3OH + (②)\ O_2\ \longrightarrow\ 2\ (③) + 4H_2O$$

	①	②	③
☑ 1.	2	3	CO_2
2.	2	3	CO
3.	3	2	$HCHO$
4.	3	2	CH_4
5.	4	3	CO_2

....

【問9】 ベンゼンの完全燃焼を表した化学反応式の各係数A〜Dの和として、正しいものは次のうちどれか。

$$(A)\ C_6H_6 + (B)\ O_2\ \longrightarrow\ (C)\ CO_2 + (D)\ H_2O$$

☑ 1. 17　　　　2. 20　　　　3. 25　　　　4. 34　　　　5. 35

....

【問10】 水素の気体が酸素の気体と反応して2molの水を生成し、およそ572kJの熱を発生する。

$$2H_2 + O_2 = 2H_2O + 572kJ$$

この反応から、水素の気体が酸素の気体と反応して、144gの水を生じた場合、どれだけの熱を発生するか、最も近いものは次のうちどれか。ただし、水素の原子量を1、酸素の原子量を16とする。[★]

☑ 1. 1,144kJ　　　2. 1,716kJ　　　3. 2,288kJ
　　4. 2,860kJ　　　5. 3,432kJ

....

【問11】 2.0molのプロピルアルコールが完全燃焼したときに必要となる酸素量は何molか。プロピルアルコールが完全燃焼したときの化学反応式は次のとおりである。

$$2C_3H_8O + 9O_2\ \longrightarrow\ 6CO_2 + 8H_2O$$

☑ 1. 2.0mol　　　2. 4.5mol　　　3. 6.0mol
　　4. 8.0mol　　　5. 9.0mol

....

【問12】次の物質が燃焼した場合の化学反応式として、次のうち誤っているものはどれか。

☑ 1. $2C_2H_2 + 5O_2 \longrightarrow 4CO_2 + 2H_2O$

2. $2H_2 + O_2 \longrightarrow 2H_2O$

3. $4P + 5O_2 \longrightarrow P_4O_{10}$

4. $CS_2 + 3O_2 \longrightarrow CO + 2SO_3$

5. $2CO + O_2 \longrightarrow 2CO_2$

....

【問13】天然ガスの主成分であるメタン（CH_4）の熱化学方程式は、次のとおりである。

$$CH_4（気）+ 2O_2（気）= CO_2（気）+ 2H_2O（液）+ 891kJ$$

この化学反応式からいえることとして、次のうち正しいものはどれか。なお、（気）は気体の状態、（液）は液体の状態を示している。

☑ 1. メタン1molに対し、酸素2molが生成する。

2. メタン1molに対し、水2molが反応する。

3. メタンが完全燃焼したときの反応生成物は、二酸化炭素と水である。

4. メタン1molが完全燃焼するとき、891kJのエネルギーが吸収される。

5. 反応の前後を比較すると、酸素原子の数は、反応前より反応後の方が多い。

....

【問14】溶質の溶媒に対する溶解性について説明した表中の（A）～（E）のうち、誤っているものはどれか。

溶　質 ＼ 溶　媒	イオン結晶 塩化ナトリウム （NaCl）など	極性分子 グルコース （$C_6H_{12}O_6$）など	無極性分子 ナフタレン （$C_{10}H_8$）など
極性溶媒 水など	（A）よく溶ける	（B）よく溶ける	（C）よく溶ける
無極性溶媒 ヘキサンなど	（D）溶けにくい	（E）溶けにくい	よく溶ける

☑ 1.（A）　　2.（B）　　3.（C）　　4.（D）　　5.（E）

....

【問15】化学反応にともなう反応熱は、次のうちどれか。[★]

☑ 1. 中和熱　　2. 蒸発熱　　3. 凝固熱

4. 凝縮熱　　5. 融解熱

....

【問16】 下の図Aの化学構造式で表される化合物は、次のうちどれか。

☑ 1．ベンゼン　　　2．エチレン　　　3．アセチレン
　　4．エタノール　　5．アセトン

....

【問17】 下の図Bの化学構造式で表される化合物は、次のうちどれか。

☑ 1．メタキシレン（m-キシレン）　　　2．エタノール
　　3．酢酸　　　4．ベンゼン　　　5．アセトン

....

【問18】 下の図Cの化学構造式で表される化合物は、次のうちどれか。

☑ 1．キシレン　　　2．メタノール　　　3．アセトン
　　4．ベンゼン　　　5．酢酸

....

【問19】 下の図Dの化学構造式で表される化合物は、次のうちどれか。

☑ 1．エタノール　　　2．キシレン　　　3．ベンゼン
　　4．酢酸　　　　　5．アセトン

....

【問20】 下の図Eの化学構造式で表される化合物は、次のうちどれか。

☑ 1．エチレン　　　2．アセチレン　　　3．エタン
　　4．プロパン　　　5．ベンゼン

図A	図B	図C	図D	図E

▶ 解 説

〔問1〕 正解…1

　　上の 27 は質量数を表し、下の 13 は原子番号を表す。原子番号とは「陽子の数」であり、質量数とは「陽子の数＋中性子の数」のため、中性子の数は 27 － 13 ＝ 14 となる。

〔問2〕 正解…4

　　水〔H_2O〕の分子量は（1 × 2）＋ 16 ＝ 18 のため、水 54g は 54 ／ 18 ＝ 3mol となる。

　　1 つの水分子中には 2 個の水素原子がある。よって、水分子 3mol に含まれる水素原子の物質量は、3mol × 2 ＝ 6mol である。

〔問3〕正解…4

（1）の式より1molの炭素Cから1molの一酸化炭素COに変化するのに、110.88kJの熱が発生する。（2）式より1molの一酸化炭素COから1molの二酸化炭素CO_2に変化するのに、284.34kJの熱が発生する。以上の結果、1molの炭素Cから1molの二酸化炭素CO_2に変化する際は、110.88kJ + 284.34kJ = 395.22kJの熱が発生する。（1）式と（2）式をそのまま足しても、答えがでる。

C + CO + O_2 = CO + CO_2 + 110.88kJ + 284.34kJ

C + O_2 = CO_2 + 395.22kJ

〔問4〕正解…2

1molの二酸化炭素CO_2の質量は12 +（16 × 2）= 44gである。1molの二酸化炭素の体積は22.4Lであることから、11.2Lの二酸化炭素は、11.2L ÷ 22.4L = 0.5molであることがわかる。

従って、11.2Lの二酸化炭素の質量は44g × 0.5 = 22.0gとなる。

〔問5〕正解…3

反応式では2molのメタノールを完全燃焼させるのに3molの酸素が必要となる。ただし、完全燃焼させるメタノールは1molのため半分の1.5molの酸素が必要となる。従って、完全燃焼に必要な酸素量は、O_2 × 1.5mol =（16g × 2）× 1.5 = 48gとなる。

〔問6〕正解…4

硫黄Sの分子量は32。32gが1molであることから、24gは24g ÷ 32g = 0.75molとなる。

化学反応式から、硫黄1molが完全燃焼するときに必要な酸素は1molである。

設問の硫黄は0.75molであることから、1mol × 0.75mol = 0.75molの酸素が必要となる。1molの気体の体積は22.4Lであることから、酸素0.75molは、0.75 × 22.4Lとなる。

空気中に占める酸素の体積は20％であることから、0.75 × 22.4Lの酸素を得るためには、その5倍の空気が必要となる。必要な空気の体積は、5 × 0.75 × 22.4L = 84Lとなる。

〔問7〕正解…3

ブタンC_4H_{10}の分子量は、（12 × 4）+（1 × 10）= 58。58gが1molであることから、5.8gは5.8g ÷ 58g = 0.1molとなる。

化学反応式から、ブタン2molが完全燃焼するときに必要な酸素は13molである。ブタン1molの場合は半分の6.5molとなる。

設問のブタンは0.1molであることから、6.5mol × 0.1 = 0.65molの酸素が必要となる。1molの気体の体積は22.4Lであることから、酸素0.65molは、0.65 × 22.4Lとなる。

空気中に占める酸素の体積は20％であることから、0.65 × 22.4Lの酸素を得るためには、その5倍の空気が必要となる。必要な空気の体積は、5 × 0.65 × 22.4L = 72.8Lとなる。

〔問8〕 正解…1

③は CO_2 である。次に、炭素 C に着目する。反応式の右辺は C が2個となる。このため、左辺の①＝2となる。また、右辺の O は8個であり、左辺の $2CH_3OH$ の2個を差し引くと、6個の O が残る。従って、②＝3となる。

$2CH_3OH + 3O_2 \longrightarrow 2CO_2 + 4H_2O$

〔問9〕 正解…5

$2C_6H_6 + 15O_2 \longrightarrow 12CO_2 + 6H_2O$

化学反応式では、左辺と右辺でそれぞれ原子数が等しくなければならない。

Aを［1］にすると、Dは［3］となる。しかし、$3H_2O$ では、右辺の酸素原子数の合計が奇数となり、左辺のBが整数とならない。そこで、Aを［2］にしてDを［6］にする。Cは［12］となる。右辺の酸素原子数は（2 × 12）＋6 = 30であるため、Bは［15］となる。

2 ＋ 15 ＋ 12 ＋ 6 ＝ 35。

〔問10〕 正解…3

熱化学方程式によると、2 mol の水が生成される際に 572kJ の熱を発生する。1 mol の水が生成される場合には、半分の 572 ÷ 2 = 286kJ の熱を発生することになる。

水（H_2O）の分子量は、（1 × 2）＋ 16 = 18。従って、水 1 mol = 18g となる。

144g の水は、144g ÷ 18g ＝ 8mol であることがわかる。

そのため、8 mol の水が生成されるときに発生する熱量は、286kJ × 8 = 2,288kJ となる。

〔問11〕 正解…5

化学反応式より、2 mol のプロピルアルコール（$2C_3H_8O$）が 9 mol の酸素と反応（完全燃焼）して、6 mol の二酸化炭素（$6CO_2$）と 8 mol の水（$8H_2O$）が生成されていることがわかる。

〔問12〕 正解…4

1．アセチレン（$2C_2H_2$）と酸素（$5O_2$）が燃焼して、二酸化炭素（$4CO_2$）と水（$2H_2O$）を生じる。

2．水素（$2H_2$）と酸素（O_2）が燃焼して、水（$2H_2O$）を生じる。

3．リン（4P）と酸素（$5O_2$）が燃焼して、十酸化四リン（P_4O_{10}）を生じる。

4．$CS_2 + 3O_2 \longrightarrow CO_2 + 2SO_2$

二硫化炭素（CS_2）と酸素（$3O_2$）が燃焼して、二酸化炭素（CO_2）と二酸化硫黄（$2SO_2$）を生じる。

5．一酸化炭素（2CO）と酸素（O_2）が燃焼して、二酸化炭素（CO_2）を生じる。

〔問13〕 正解…3

1．メタン 1 mol に対し、酸素 2 mol が反応する。

2．メタン 1 mol に対し、水 2 mol が生成する。

4．メタン 1 mol が完全燃焼するとき、891kJ のエネルギーを発熱する。

5．反応の前後を比較すると、酸素原子の数は、反応前と反応後でいずれも 4 個と等しい。

〔問14〕正解…3（C）

　　C．極性のある水に無極性のナフタレンは溶けにくい。

〔問15〕正解…1

　　反応熱の種類には、燃焼熱、生成熱、中和熱、分解熱などがある。

　　2～5．はいずれも三態変化に伴う熱で、吸熱と発熱がある。

〔問16〕正解…1 ／〔問17〕正解…1 ／〔問18〕正解…3 ／

〔問19〕正解…4 ／〔問20〕正解…2

　　構造式は以下のようになる。また、キシレンには3種の異性体（オルトキシレン、メタキシレン、パラキシレン）が存在する。

ベンゼン (C_6H_6)	H H C C ‖ ‖ H C C H H C C H ‖ ‖ C H	エチレン (C_2H_4)	$\begin{matrix} H \\ H \end{matrix} > C = C < \begin{matrix} H \\ H \end{matrix}$
		アセチレン (C_2H_2)	$H-C \equiv C-H$
エタノール (C_2H_5OH)	H H |　| H−C−C−OH |　| H H	アセトン (CH_3COCH_3)	H O H |　‖　| H−C−C−C−H |　　| H　　H
オルトキシレン （o-キシレン） ($C_6H_4(CH_3)_2$)	CH₃ CH₃	メタキシレン （m-キシレン） ($C_6H_4(CH_3)_2$)	CH₃ CH₃
パラキシレン （p-キシレン） ($C_6H_4(CH_3)_2$)	CH₃ CH₃	酢酸 (CH_3COOH)	H | H−C−C |　　O−H H　　O
プロパン (C_3H_8)	H H H |　|　| H−C−C−C−H |　|　| H H H	エタン (C_2H_6)	H H |　| H−C−C−H |　| H H

■反応速度

◎反応速度は、化学反応が進む速度である。速度は、反応物質または生成物質について、濃度の時間的変化率により表すことが多い。

◎化学反応が起きるためには、反応する物質の粒子が互いに衝突することが必要である。従って、粒子の**衝突頻度**が高くなるほど、**反応速度は速くなる**。

◎反応速度を左右する要因として、次のものが挙げられる。

> ① 濃度が高いほど、衝突頻度が高くなるため反応は速くなる。
> ② 圧力が高いほど、一定体積中の粒子数が増えるため反応は速くなる。
> ③ 温度が高いほど、粒子の運動が活発となり反応は速くなる。
> ④ 触媒を使用すると、化学変化の際に必要となるエネルギーが減少して、より反応しやすくなる。この結果、反応は速くなる。

◎**触媒**は、反応の前後でそれ自身は変化せず、**反応速度を速める物質**をいう。単に触媒といった場合、反応速度を速める正触媒を指すが、ハロゲン化物消火剤のように燃焼速度を抑える負触媒もある。

◎触媒を用いると、触媒と反応物が結びつき、**活性化エネルギーの小さな別の反応経路**で反応が進むため、**反応速度が大きく（速く）なる**。この「別の反応経路」による反応の仕組みを**触媒反応機構**という。

反応機構の例として、酸化的付加反応や還元的脱離反応などがある。

◎触媒は化学反応式に記入されることはない。また、**触媒の有無で熱化学方程式における反応熱が変化することもない**。

◎触媒によって、**平衡の移動は起こらない**。

■触媒の種類

◎触媒は、反応物に対する作用の仕方の違いによって分類される。

◎過酸化水素 H_2O_2 の分解反応の際に加える鉄（Ⅲ）イオン Fe^{3+} のように、反応物と均一に混じり合ってはたらく触媒を「**均一触媒（均一系触媒）**」という。生物の体内ではたらく酵素などは、代表的な均一触媒である。

◎過酸化水素 H_2O_2 の分解反応の際に加える酸化マンガン（Ⅳ）MnO_2 のように、反応物とは混じり合わずにはたらく触媒を「**不均一触媒（不均一系触媒）**」という。白金 Pt や鉄 Fe などの固体触媒は、代表的な不均一触媒である。

■化学平衡

◎化学反応において、左辺から右辺に進む反応を**正反応**、逆に右辺から左辺に進む反応を**逆反応**という。

◎正反応と逆反応が同時に進行する反応を**可逆反応**といい、左辺と右辺を $\rightleftarrows$ 記号で結ぶ。また、正反応のみが起こり逆反応が起こらない、一方のみ進行する反応を**不可逆反応**という。

◎**化学平衡**とは、可逆反応において正反応と逆反応の速さが等しく、見かけ上の変化がない状態をいう。ただし、内部では正反応と逆反応が同時に進行している。

■ルシャトリエの法則

◎可逆反応が平衡にあるときに濃度・温度・圧力等が変化すると、その**変化を打ち消す（和らげる）方向**に平衡が移動するという法則である。**平衡移動の法則**ともいう。

◎物質 X・Y・Z は気体とし、[（1 mol の X）＋（1 mol の Y）$\rightleftarrows$（2 mol の Z）] であるとき、物質 X の濃度を上げると、平衡は右辺方向に移動する。また、物質 Z の濃度を上げると、平衡は左辺方向に移動する。

◎[（1 mol の X）＋（1 mol の Y）$\rightleftarrows$（1 mol の Z）] であるとき、圧力を上げると平衡は右辺方向に移動する。また、圧力を下げると平衡は左辺方向に移動する。

◎[（1 mol の X）＋（1 mol の Y）$\rightleftarrows$（2 mol の Z）＋（熱量）] であるとき、温度を上げると平衡は左辺方向に移動し、温度を下げると平衡は右辺方向に移動する。

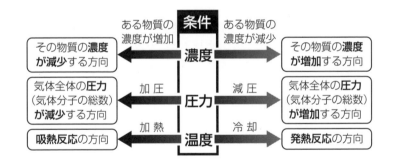

〔正反応が「発熱反応」の場合の平衡移動〕

条件	平衡が移動する方向	例：$N_2 + 3H_2 = 2NH_3 + 92.2kJ$
濃度	・反応物の濃度が高まる 　　⇒正反応の方向に移動 ・生成物の濃度が高まる 　　⇒逆反応の方向に移動	・N_2 や H_2 を加える⇒右辺方向に移動 ・NH_3 を加える⇒左辺方向に移動
圧力 （気体）	・加圧する 　　⇒分子数の減少する方向に移動 ・減圧する 　　⇒分子数の増加する方向に移動	・加圧する⇒右辺方向に移動 ・減圧する⇒左辺方向に移動
温度	・温度が上昇する 　　⇒吸熱反応の方向に移動 ・温度が低下する 　　⇒発熱反応の方向に移動	・温度が上昇する⇒左辺方向に移動 ・温度が低下する⇒右辺方向に移動

▶▶▶ 過去問題 ◀◀◀

▶反応速度

【問1】 一般的な物質の反応速度について、次のうち正しいものはどれか。[★]

☑ 1．触媒は、反応速度に影響しない。

2．気体の混合物では、濃度は気体の分圧に反比例するので、分圧が低いほど気体の反応速度は大きくなる。

3．固体では、反応物との接触面積が大きいほど反応速度は小さくなる。

4．温度を上げれば、必ず反応速度は小さくなる。

5．反応物の濃度が濃いほど、反応速度は大きくなる。

【問2】 ある物質の反応速度が10℃上昇するごとに2倍になるとすると、10℃から60℃に上昇した場合の反応速度の倍数として、次のうち正しいものはどれか。

[★★]

☑ 1．10 倍　　　　2．25 倍　　　　3．32 倍

4．50 倍　　　　5．100 倍

▶触媒

【問3】 触媒に関する説明として、次のうち誤っているものはどれか。

☑ 1．反応物の状態が気体や液体であり、触媒の状態が固体の場合は不均一系触媒である。

2．生体内で起こる化学反応に対して、触媒としてはたらくタンパク質を酵素という。

3．触媒を用いると反応経路が変わるため、反応熱の値は変化する。

4．水溶液中の反応で、溶け込んでいるイオンが触媒作用をするとき、このイオンは均一系触媒である。

5．触媒とは、反応の前後で自身は変化せず、反応速度を変化させる物質をいう。

【問4】触媒を用いた化学反応に関する一般的説明について、次のA〜Eのうち正しいものはいくつあるか。

> A．触媒を用いると、活性化エネルギーの大きい反応経路を経由する。
> B．反応熱は、触媒があることによって大きくなる。
> C．化学反応が終わった後も、触媒は変化していない。
> D．化学反応の平衡には、影響を及ぼさない。
> E．反応により消費され、反応速度が大きくなる。

☑　1．1つ　　　2．2つ　　　3．3つ　　　4．4つ　　　5．5つ

【問5】反応速度に関する説明として、次のうち誤っているものはどれか。

☑　1．活性化エネルギーの大きい反応ほど、反応速度は小さくなる。また、活性化エネルギーの大きさは、各反応によって異なる。

2．化学反応が起きるためには、反応物の粒子が互いに衝突することが必要である。

3．反応物の粒子の衝突回数が多いほど、反応速度は大きくなる。

4．反応の前後で自身は変化せず、反応速度を速める物質を触媒という。

5．触媒を用いると、反応熱の値は大きくなる。

▶ルシャトリエの法則

【問6】可逆反応における化学平衡に関する記述について、次のうち誤っているものはどれか。

☑　1．正反応、逆反応の反応速度が互いに等しくなり、見かけ上反応が停止したような状態が平衡状態である。

2．化学反応が平衡状態にあるときの条件を変化させると、その影響を緩和する方向に平衡が移動する。

3．触媒を加えることで平衡に達する時間は変化するが、平衡の移動は起こらない。

4．化学反応が平衡状態にあるとき、反応系の温度を高くすると発熱の方向に平衡が移動する。

5．爆発は可逆反応ではないため、化学平衡は起こらない。

【問7】可逆反応が平衡状態にあるとき、条件を変えると、その影響をやわらげる向きに反応が進み、新しい平衡状態になる。平衡移動の条件として関係のないものはどれか。

☑　1．濃度　　　2．圧力　　　3．温度　　　4．触媒　　　5．体積

....

【問8】次の気体の可逆反応で、温度が一定の場合、A ～ D の説明のうち正しいものの組合せはどれか。

$$N_2 + 3H_2 \rightleftharpoons 2NH_3$$

☑　1．AとB

　2．AとC

　3．BとC

　4．BとD

　5．CとD

| A．NH_3 を減らすと、平衡は右に移動する。 |
| B．H_2 を加えると、平衡は左に移動する。 |
| C．圧力を下げると、平衡は左に移動する。 |
| D．触媒を加えると、平衡は右に移動する。 |

....

【問9】物質 A、B、C、D が平衡状態にあるとき、平衡が右に移動するのは次のうちどれか。ただし、A、B、C、D はすべて気体とする。

$$A + B \rightleftharpoons C + 2D + 300kJ$$

☑　1．A を反応系外へ外す。　　　2．圧力を上げる。
　3．触媒を加える。　　　　　　4．温度を下げる。
　5．B を反応系外へ外す。

▶ 解 説

〔問1〕正解…5

　1．触媒を使用すると反応速度が速くなる。

　2．気体の混合物では、濃度は気体の分圧に比例する。このため、分圧が高いほど気体の反応速度は大きくなる。

　3．固体では、反応物との接触面積が大きいほど反応速度が大きくなる。従って、細かい粒子状にすると接触面積が大きくなり、反応速度が増す。

　4．温度を高くすると反応速度は大きくなる。

〔問2〕正解…3

　10℃ ⇒ 20℃、20℃ ⇒ 30℃、30℃ ⇒ 40℃、40℃ ⇒ 50℃、50℃ ⇒ 60℃に上昇すると考えると、反応速度は 2×2×2×2×2 = 32 倍になる。

〔問3〕 正解…3

　3．触媒を用いると反応経路が変わるが、反応熱の値は変化しない。

〔問4〕 正解…2（C、D）

　A．触媒を用いると、活性化エネルギーの「小さい」反応経路を経由する。

　B．反応熱は、触媒があっても変化しない。

　D．触媒は反応速度を大きくして平衡に達するまでの時間を短縮するが、平衡の状態
　　を変えるものではない。

　E．触媒は、反応によって消費されることはない。

〔問5〕 正解…5

　5．触媒の有無で反応熱の値が変化することはない。

〔問6〕 正解…4

　4．化学反応が平衡状態にあるときの条件を変化させると、その影響を緩和する方向
　　に平衡が移動する。従って、反応系の温度を高くすると吸熱の方向に平衡が移動す
　　る。

〔問7〕 正解…4

　4．触媒は、反応速度を変化させるが、平衡の移動は起こさない。

〔問8〕 正解…2（AとC）

　窒素 N_2 と水素 H_2 を反応させるとアンモニア NH_3 を生成する。

　A．NH_3 を減らすと、NH_3 を増やす方向（右）に平衡は移動する。

　B．H_2 を加えると、H_2 を減らす方向（右）に平衡は移動する。

　C．圧力を下げると、圧力を上げようとする方向（左）に平衡は移動する。

　D．触媒は反応速度を大きくして平衡に達するまでの時間を短縮するが、平衡の状態
　　を変えるものではない。

〔問9〕 正解…4

　1．Aを反応系外へ取り除くと、Aを生成する方向（左方向）に平衡が移動する。

　2．圧力を上げると、圧力を減少させる方向（左方向）に平衡が移動する。

　3．触媒は、反応速度を変化させるが、平衡の移動は起こさない。

　4．温度を下げると、それを妨げる方向（右方向）に平衡が移動する。

　5．Bを反応系外へ取り除くと、Bを生成する方向（左方向）に平衡が移動する。

23 酸と塩基（アルカリ）

■酸

◎酸は、水に溶解すると電離して**水素イオン**（H⁺）を生じる物質、または他の物質に**水素イオン**（H⁺）を与えることができる物質をいう。

◎酸は、次のように電離する。電離は電気解離の略で、イオンに分かれることをいう。

> ①塩酸　$HCl \rightleftharpoons H^+ + Cl^-$
>
> ②硫酸　$H_2SO_4 \rightleftharpoons 2H^+ + SO_4^{2-}$

■塩基（アルカリ）

◎塩基（アルカリ）は、水に溶解すると電離して**水酸化物イオン**（OH⁻）を生じる物質、または他の物質から**水素イオン**（H⁺）を受け取ることができる物質をいう。

◎塩基は、次のように電離する。

> ①水酸化ナトリウム　$NaOH \rightleftharpoons Na^+ + OH^-$
>
> ②水酸化カリウム　　$KOH \rightleftharpoons K^+ + OH^-$

〔リトマス試験紙の反応〕

酸または塩基	リトマス紙	酸性	中性	アルカリ性
酸：水素イオン(H⁺)	青色リトマス紙	赤くなる	変化なし	変化なし
塩基：水酸化物イオン(OH⁻)	赤色リトマス紙	変化なし	変化なし	青くなる

■中和

◎**中和反応**とは、酸と塩基（アルカリ）の溶液を当量ずつ混ぜたとき、酸と塩基は互いの性質を打ち消しあい、中性となって**塩と水のできる反応**をいう。

◎塩は、酸の水素原子を他の陽イオンに置きかえた化合物、または塩基の水酸基（OH）を他の陰イオンに置きかえた化合物をいう。

◎ $HCl + NaOH \rightleftharpoons NaCl + H_2O$

この場合、酸（HCl）と塩基（NaOH）が中和して、塩（NaCl）と水（H₂O）ができている。

■水素イオン濃度 H⁺

◎水素イオン濃度とは、水溶液の水素イオンのモル濃度をいい、[H⁺] で表す。また、水酸化物イオンのモル濃度を水酸化物イオン濃度といい、[OH⁻] で表す。

◎純水では、水素イオン濃度と水酸化物イオン濃度は等しくなっていて、25℃では、次の濃度である。

> $[H^+] = [OH^-] = 1.0 \times 10^{-7} mol/L$

◎ [H⁺] = [OH⁻] が成立している水溶液を**中性**という。

◎純水に酸を加えると [H⁺] が増えて [OH⁻] が減り、**酸性**になる。純水に塩基を加えると [OH⁻] が増えて [H⁺] が減り、**塩基性**になる。このように [H⁺] と [OH⁻] の関係は、一方が増えればもう一方が減る関係にある。

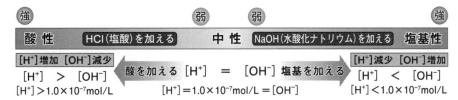

■ 水素イオン指数 pH

◎ pH（ペーハー）は、水素イオン濃度を表す数値である。

◎ pH＝7で中性を示す。7より大きく14に近づくほど強いアルカリ性を示す。また、7より小さく0に近づくほど強い酸性を示す。

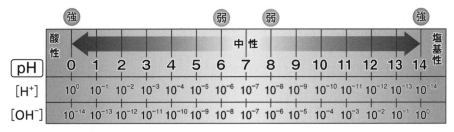

■酸化物の酸と塩基

◎**酸性酸化物**は、水と反応して酸を生じるか、塩基と反応して塩を生じる。非金属元素の酸化物に多くみられる。①二酸化炭素（CO_2）、②二酸化硫黄（SO_2）、③二酸化窒素（NO_2）、④二酸化ケイ素（SiO_2）などが該当する。

> 例：$CO_2 + H_2O \rightleftharpoons H^+ + HCO_3^- \rightleftharpoons 2H^+ + CO_3^{2-}$

◎**塩基性酸化物**は、水と反応して塩基を生じるか、酸と反応して塩を生じる。金属元素の酸化物に多くみられる。①酸化カルシウム（CaO）、②酸化ナトリウム（Na_2O）、③酸化銅Ⅱ（CuO）などが該当する。

> 例：$CuO + 2HCl \longrightarrow CuCl_2 + H_2O$　　※酸化銅Ⅱは非水溶性。

◎**両性酸化物**は、塩基に対しては酸性、酸に対しては塩基性を示す酸化物である。①酸化アルミニウム（Al_2O_3）、②酸化亜鉛（ZnO）などが該当する。

■塩

◎塩は中和反応で水とともに生成される物質で、塩基の陽イオンと酸の陰イオンからできている。

> 例：塩化ナトリウム NaCl は、水酸化ナトリウム NaOH の陽イオン Na^+ と、塩酸 HCl の陰イオン Cl^- からできている。

◎塩は、その組成によって、**正塩**、**酸性塩**、**塩基性塩**に分類される。ただし、これらの名前は塩の組成からつけられたもので、その**水溶液の酸性・塩基性とは必ずしも一致しない**。例えば、炭酸水素ナトリウム $NaHCO_3$ は酸性塩であるが、その水溶液は弱い塩基性を示す。

正塩	酸の H も塩基の OH も残っていない塩	$NaCl$、Na_2CO_3、Na_2SO_4 CH_3COONa、NH_4Cl
酸性塩	酸の H が残っている塩	$NaHSO_4$、$NaHCO_3$
塩基性塩	塩基の OH が残っている塩	$MgCl(OH)$、$CuCl(OH)$

■塩の加水分解

◎塩の加水分解とは、塩が水に溶け、水の分子と反応して酸性または塩基性を示す反応をいう。

◎塩の加水分解の一般的な傾向として、「弱酸と強塩基」からなる塩（酢酸ナトリウムなど）は、加水分解して塩基性を示す。

> 酢酸ナトリウム CH_3COONa を水に溶かすと、以下のように電離する。
> $CH_3COONa \longrightarrow CH_3COO^- + Na^+$
> このとき、酢酸は弱酸で電離度が小さいので、電離した CH_3COO^- の一部は、水と反応して CH_3COOH になる。
> $CH_3COO^- + H_2O \rightleftarrows CH_3COOH + OH^-$
> この結果、OH^- の濃度が大きくなり、水溶液は弱塩基性となる。

◎「強酸と弱塩基」からなる塩（塩化アンモニウムなど）は、加水分解して酸性を示す。

> 塩化アンモニウム NH_4Cl を水に溶かすと、以下のように電離する。
> $NH_4Cl \longrightarrow NH_4^+ + Cl^-$
> 電離した NH_4^+ の一部は、次のように水と反応する。
> $NH_4^+ + H_2O \rightleftarrows NH_3 + H_3O^+$
> この結果、H_3O^+ の濃度が大きくなり、水溶液は弱酸性となる。

◎「弱酸と弱塩基」からなる塩は、加水分解して多くの場合、中性を示す。

◎ただし、塩の中でも「強酸と強塩基」からなる塩化ナトリウム NaCl などは、加水分解せずに電離するだけで中性を示す。

$$NaCl \longrightarrow Na^+ + Cl^-$$

〔塩の加水分解とその水溶液の液性〕

組合せ	加水分解	液性
強酸＋弱塩基	する	酸性
弱酸＋**強**塩基	する	塩基性
強酸＋**強**塩基	**しない**	中性
弱酸＋弱塩基	する	多くは中性

▶▶▶ 過去問題 ◀◀◀

【問1】次の文の（　）内のA～Dにあてはまる語句の組合せとして、正しいものはどれか。

「塩酸の水溶液は酸のため pH は7より（A）。水酸化ナトリウムの水溶液は塩基のため pH は7より（B）。塩酸と水酸化ナトリウムそれぞれの水溶液を適量混合すると食塩と水ができるが、この反応を（C）という。同量の酸と塩基を混合したときにできた食塩水の pH は7で、このとき（D）である。」

		A	B	C	D
☑	1.	小さい	大きい	中和	中性
	2.	大きい	小さい	酸化	酸性
	3.	小さい	大きい	還元	アルカリ性
	4.	大きい	小さい	中和	中性
	5.	小さい	大きい	酸化	酸性

【問2】次の文章の（　）内のA～Dに当てはまる語句の組合せとして、正しいものはどれか。

「（A）とは水素イオンを与える物質であり、（B）とは水素イオンを受け取る物質であるということができる。これによれば、水溶液中におけるアンモニアと水の反応では水は（C）としてはたらき、塩化水素と水の反応では水は（D）としてはたらく。」

		A	B	C	D
☑	1.	酸	塩基	酸	酸
	2.	酸	塩基	酸	塩基
	3.	酸	塩基	塩基	酸
	4.	塩基	酸	酸	塩基
	5.	塩基	酸	塩基	酸

【問3】次に示す水素イオン指数（pH）について、酸性で、かつ中性に最も近いものはどれか。

☑　1．2.0　　　　2．5.1　　　　3．6.8　　　4．7.1　　　5．11.3

....

【問4】酸と塩基の説明について、次のうち誤っているものはどれか。[★★]

☑　1．酸とは、水に溶けて水素イオン H$^+$ を生じる物質、または他の物質に水素イオン H$^+$ を与えることができる物質をいう。

　2．酸は、赤色のリトマス紙を青色に変え、塩基は、青色のリトマス紙を赤色に変える。

　3．塩基とは、水に溶けて水酸化物イオン OH$^-$ を生じる物質、または他の物質から水素イオン H$^+$ を受け取ることができる物質をいう。

　4．酸性・塩基性の強弱は、水素イオン指数（pH）で表される。

　5．中和とは、酸と塩基が反応し互いにその性質を打ち消しあうことをいう。

....

【問5】酸の性状について、次のうち誤っているものはどれか。

☑　1．酸は水溶液中で電離して、水素イオン（オキソニウムイオン）を生じる。

　2．すっぱい味がする。

　3．酸はすべて酸素を含む化合物である。

　4．硫酸等の酸を亜鉛と接触させると、水素が発生する。

　5．酸と塩基を中和させると塩と水を生じる。

....

【問6】水素イオン指数について、次のうち誤っているものはどれか。

☑　1．水素イオン指数は、pH という記号で表される。

　2．水素イオン指数は、酸性、中性、塩基性の程度を表している。

　3．pH7 の水素イオン濃度は、1.0×10^{-7} mol/L である。

　4．水素イオン濃度が高くなると、水素イオン指数は大きくなる。

　5．純水が 25℃のとき pH7 である。

〔問1〕正解…1

「塩酸の水溶液は酸のため pH は7より〈Ⓐ 小さい〉。水酸化ナトリウムの水溶液は塩基のため pH は7より〈Ⓑ 大きい〉。塩酸と水酸化ナトリウムそれぞれの水溶液を適量混合すると食塩と水ができるが、この反応を〈Ⓒ 中和〉という。同量の酸と塩基を混合したときにできた食塩水の pH は7で、このとき〈Ⓓ 中性〉である。」

〔問2〕正解…2

「〈Ⓐ 酸〉とは水素イオンを与える物質であり、〈Ⓑ 塩基〉とは水素イオンを受け取る物質であるということができる。これによれば、水溶液中におけるアンモニアと水の反応では水は〈Ⓒ 酸〉としてはたらき、塩化水素と水の反応では水は〈Ⓓ 塩基〉としてはたらく。」

〔問3〕正解…3

pH＝7が中性で、それよりも小さいと酸性になる。従って、pH＝6.8 が設問に適合する値となる。

〔問4〕正解…2

2．酸は青色のリトマス紙を赤色に変え、塩基は赤色のリトマス紙を青色に変える。

〔問5〕正解…3

1．オキソニウムイオン H_3O^+ は、水素イオン H^+ と水分子が結合したものである。

$H_2O + H^+ \longrightarrow H_3O^+$

水溶液中の H^+ は、水と結合してオキソニウムイオンとして存在している。

3．酸は、酸素を含むものと含まないものがある。

酸素原子を含まない酸（水素酸）：塩酸 HCl、臭化水素酸 HBr、シアン化水素酸 HCN、硫化水素酸 H_2S など。

酸素原子を含む酸（酸素酸）：硫酸 H_2SO_4、酢酸 CH_3COOH、硝酸 HNO_3 など。

4．$H_2SO_4 + Zn \longrightarrow ZnSO_4 + H_2$

5．例 HCl + NaOH $\longrightarrow$ NaCl（塩）+ H_2O

〔問6〕正解…4

1～3．水素イオン指数は pH0 ～ 14 で表され、pH7（1.0×10^{-7} mol/L）を中性とし、7より大きく14に近づくほど強い塩基性、7より小さく0に近づくほど強い酸性を示す。

4．水素イオン濃度〔H^+〕が高くなると、水素イオン指数（pH）は小さくなる。

5．純水では、水素イオン濃度と水酸化物イオン濃度は等しく、その濃度は1気圧25℃のとき中性（pH7）である。

24 酸化と還元

■狭い意味の酸化と還元

◎狭い意味では、物質が酸素と化合することを**酸化**といい、酸化物が酸素を失うことを**還元**という。

> $C + O_2 \longrightarrow CO_2$ ………酸化
>
> $CO_2 + C \longrightarrow 2CO$ ……二酸化炭素は還元し、炭素は酸化する

■広い意味の酸化と還元

◎広い意味では、物質が**水素**または**電子を失う**ことを**酸化**といい、物質が**水素**または**電子を得る**ことを**還元**という。

◎電子の授受にまで酸化と還元の定義を広げると、酸化と還元は常に同時に起きていることになり、これを**酸化還元反応**という。

◎物質 A と B があり、A は酸化により C に変化し、B は還元により D に変化したとする。この場合、A・B から C・D への変化全体を酸化還元反応といい、A ⇒ C の酸化と B ⇒ D の還元は同時に進行する。

〔酸化と還元のまとめ〕

	反応
酸化	・酸素を得る（酸化数増加） ・水素を失う ・電子を失う
還元	・酸素を失う（酸化数減少） ・水素を得る ・電子を得る

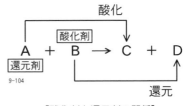

【酸化剤と還元剤の関係】

■酸化剤と還元剤

◎**酸化剤**は、相手物質を**酸化させる**物質をいい、自身は同時に**還元**される。

◎**還元剤**は、相手物質を**還元させる**物質をいい、自身は同時に**酸化**される。

〔酸化剤と還元剤〕

	特徴	相手への反応	反応後の自身
酸化剤	他の物質を酸化させるはたらきをする物質	・酸素を与える ・水素を奪う ・電子を奪う	相手を酸化し、同時に自身は還元される
還元剤	他の物質を還元させるはたらきをする物質	・酸素を奪う ・水素を与える ・電子を与える	相手を還元し、同時に自身は酸化される

◎一般に酸化剤になりやすいものは、酸素（O_2）である。また、ハロゲン（Cl_2、Br_2、I_2）は相手物質から電子を奪う性質があるため、酸化剤としてはたらく。

◎還元剤になりやすいものとして、水素（H_2）、一酸化炭素（CO）、ナトリウム（Na）、カリウム（K）がある。特に、**ナトリウムやカリウムなどの金属**は、陽イオンになることで相手物質に電子を与えやすい。

◎過酸化水素 H_2O_2 は、相手の物質から電子を受け取る酸化剤としてはたらく場合が多い。

$$H_2O_2 + 2H^+ + 2e^- \longrightarrow 2H_2O$$

◎しかし、過マンガン酸カリウム $KMnO_4$ のような強い酸化剤に対しては、相手の物質に電子を与える還元剤としてはたらく。

$$H_2O_2 \longrightarrow O_2 + 2H^+ + 2e^-$$

▶▶▶ 過去問題 ◀◀◀

【問1】Aの物質がBの物質に変化した場合、それが酸化反応に該当するものは、次のうちどれか。［★★］

	A	B
☑ 1.	硫黄	硫化水素
2.	水	水蒸気
3.	一酸化炭素	二酸化炭素
4.	黄リン	赤リン
5.	濃硫酸	希硫酸

【問2】酸化と還元の説明について、次のうち正しいものはどれか。

☑ 1．ある物質が水素を失うことを還元という。
2．ある物質が電子を受け取ることを酸化という。
3．同一反応系において、酸化と還元は同時に起こる。
4．酸化剤は、電子を奪われやすく酸化されやすい物質で、反応により酸化数が増加する。
5．反応する相手の物質によって酸化剤として作用したり、還元剤として作用する物質はない。

【問3】酸化剤と還元剤について、次のうち誤っているものはどれか。

☑ 1．他の物質を酸化しやすい性質があるもの…………酸化剤
2．他の物質に水素を与える性質があるもの…………還元剤
3．他の物質に酸素を与える性質があるもの…………酸化剤
4．他の物質を還元しやすい性質があるもの…………還元剤
5．他の物質から酸素を奪う性質があるもの…………酸化剤

....

【問4】次のうち酸化反応ではないものはどれか。[★★]

☑ 1．硫黄が空気中で燃える。
2．鉄が空気中でさびる。
3．黄リンを一定の条件下で加熱すると赤リンになる。
4．一酸化炭素が酸素と化合して二酸化炭素になる。
5．炭素と酸素が化合して一酸化炭素になる。

....

【問5】酸化・還元反応の一般的な説明について、次のA～Cのうち正しいもののみ
を掲げている組合せはどれか。

☑ 1．A
2．A、B
3．A、C
4．B、C
5．A、B、C

> A．酸素を失う反応を還元という。
> B．水素を受け取る反応を還元という。
> C．相手を還元させる物質を酸化剤という。

....

【問6】次の反応のうち、下線を引いた物質が還元されているものはどれか。[★]

☑ 1．木炭が燃焼して、二酸化炭素になった。
2．黄リンが燃焼して、五酸化リンになった。
3．エタノールが燃焼して、二酸化炭素と水になった。
4．二酸化炭素が赤熱した炭素に触れて、一酸化炭素になった。
5．銅を空気中で熱したら、黒く変色した。

....

【問7】次の化学用語の説明として、誤っているものはどれか。[★]

☑ 1．塩基とは、水に溶けて水酸化物イオン（OH^-）を生じる物質をいう。
2．中和とは、酸と塩基が反応して塩と水とを生じることをいう。
3．還元剤とは、他の物質を還元し、自らは酸化される物質をいう。
4．酸化とは、物質が酸素を失ったり、水素と化合したり、電子を取り入れたりする反応をいう。
5．塩の加水分解とは、塩が水に溶けてアルカリ性または酸性を示す現象をいう。

294

〔問1〕正解…3

1．S + H_2 ⟶ H_2S…硫黄は水素と化合しているため、還元反応となる。

2．水が水蒸気となるのは物理変化で、蒸発。

3．$2CO + O_2$ ⟶ $2CO_2$…一酸化炭素は酸素と化合しているため、酸化反応となる。

4．黄リンと赤リンはリンから成る同素体である。

5．濃硫酸を水で希釈すると希硫酸になる。

〔問2〕正解…3

1．物質が水素を失うことを酸化という。

2．物質が電子を受け取ることを還元という。

4．酸化剤は、電子を受け取りやすく還元されやすい物質で、反応によって酸化数が減少する。

5．反応する相手の物質によって酸化剤として作用したり、還元剤として作用したりする物質もある（例：過酸化水素 H_2O_2）。

〔問3〕正解…5

5．相手物質から酸素を奪う性質があるものは、還元剤である。

〔問4〕正解…3

1．S + O_2 ⟶ SO_2

2．$4Fe + 3O_2$ ⟶ $2Fe_2O_3$（赤さび）

3．黄リンと赤リンはリンから成る同素体である。黄リンを密閉容器で加熱すると赤リンになる。

4．$2CO + O_2$ ⟶ $2CO_2$

5．$2C + O_2$ ⟶ $2CO$

〔問5〕正解…2（A、B）

他の物質から酸素を得て、自身は水素と電子を失うことを酸化といい、他の物質から水素と電子を得て、自身は酸素を失うことを還元という。また、相手を還元させる物質を還元剤という。

〔問6〕正解…4

1．C + O_2 ⟶ CO_2

2．$4P + 5O_2$ ⟶ P_4O_{10}

十酸化四リン P_4O_{10} は組成式が P_2O_5 であるため、五酸化二リン（五酸化リン）とも呼ばれる。

3．$C_2H_5OH + 3O_2$ ⟶ $2CO_2 + 3H_2O$

4．$CO_2 + C$ ⟶ $2CO$

二酸化炭素 CO_2 は酸素 O を失っているため、還元されたことになる。

5．$2Cu + O_2$ ⟶ $2CuO$

銅の酸化物は黒色の酸化銅（Ⅱ）CuO と、赤色の酸化銅（Ⅰ）Cu_2O がある。

〔問7〕正解…4

1＆2＆5．「23．酸と塩基（アルカリ）」286P 参照。

4．物質が酸素と化合したり、水素や電子を失うことを酸化という。

25 混合危険

■混合危険

◎混合危険とは、2種類以上の物質を混合することで、物質単体が有する危険性よりも高い危険性が生じることをいう。

◎混合危険の危険性は、以下のとおり。

> - 2種類以上の物質が混合と同時に、**有毒ガス・可燃性ガス**を発生したり、**発火や爆発**を起こす（爆発性物質や可燃性ガスが生成され、その生成物によって発火や爆発を起こす）。
> - 2種類以上の物質を混合したものに、**点火源・加熱・衝撃・摩擦**を加えることで、**発火や爆発**を起こす。
> - **急速にガスを放出**し、そのガスの圧力によって周囲に被害を与える。
> - **有毒、腐食性**の物質を生成し、**より不安定**な化合物または混合物を生成する。

◎混合危険性を示す物質の組合せは、主に ① 2種類以上の化学物質の混合、② 空気との接触、③ 水との接触の3つに分類され、発火・爆発、可燃性ガスや有毒物質が発生するなどの危険性を示す。

① 2種類以上の化学物質の混合
- 酸化性物質と還元性物質の混合 **酸化性物質**（第1・6類危険物 等）＋**還元性物質**（第2・4類の危険物 等）
- 酸化性塩類と強酸の混合 **酸化性塩類**（第1類危険物の塩素酸塩類・過塩素酸塩類・過マンガン酸塩類など）＋ **強酸**（硫酸・濃硝酸など）
- 物質がお互いに接触し、化学反応を起こして極めて敏感な爆発性物質（塩化窒素、塩素酸アンモニウム、ヨウ化窒素、雷銀 等）をつくる。 アンモニア＋塩素 ⇒ 塩化窒素、アンモニア＋塩素酸カリウム ⇒ 塩素酸アンモニウム、アンモニア＋ヨードチンキ ⇒ ヨウ化窒素など。

② 空気との接触 及び ③ 水との接触
- 金属粉や第3類危険物の禁水性物質は水と接触すると水素ガスを発生し、反応熱により発火する。また、第3類危険物の禁水性物質及び自然発火性物質は、リチウム（禁水）と黄リン（自然発火）を除き、**ほとんどのものが両方の危険性を有している**ため、空気や水に接触すると、直ちに危険性が生じる。 「金属粉」…第2類危険物のアルミニウム粉、マグネシウム粉など。 「禁水性物質」…第3類危険物のナトリウム、カリウムは反応性が高く、空気中の水分でも反応する。 「自然発火性物質」…第3類危険物のアルキルアルミニウム、黄リンなど。

- 第5類危険物(自己反応性物質)の中には、空気中に放置すると分解が進み、自然発火するものがある(過酸化ベンゾイル、ニトログリセリン、ニトロセルロースなど)。

<hr>

▶▶▶ 過去問題 ◀◀◀

【問1】 混合危険や混合危険性物質の説明として、次のうち誤っているものはどれか。

[★★★]

☑
1. 一般に、強い酸化性物質と還元性物質とが混ざると混合危険のおそれがある。
2. 空気と接触して発火する物質は、混合危険性物質の一種である。
3. 混合により直ちに発火・爆発する物質は、混合危険性物質の一種である。
4. 水と接触して発熱・発火する物質は、混合危険性物質の一種である。
5. 2種類以上の物質を混合し、点火源や衝撃、摩擦等を与えてはじめて発火・爆発する場合の現象は、混合危険に該当しない。

....

【問2】 次の化学実験時の操作において、発火・爆発のおそれの最も小さいものはどれか。

☑
1. 使用済みの金属ナトリウムを、処理するためにエタノール中に投入した。
2. ガラス機器をアセトンで洗浄して乾燥機に入れた。
3. 洗浄液を調製するため、過マンガン酸カリウムと濃硫酸を混合した。
4. 硝酸銀で汚れたビーカーをアンモニア水で洗浄したが、汚れが落ちないため、水酸化ナトリウム水溶液を入れて放置した。
5. 二酸化炭素を発生させるため、炭酸水素ナトリウムに塩酸を加えた。

....

【問3】 次の化学実験時の操作において、発火・爆発のおそれが最も小さいものはどれか。

☑
1. 酸素ガスを充填したガスラインでの実験終了後、ロータリーポンプでライン内の酸素ガスを排気した。
2. 使用済みの金属リチウムを廃棄処理するため、ビーカーに入れてエタノールを加えた。
3. 洗浄液を調製するため、過マンガン酸カリウムと濃硫酸を混合した。
4. 二酸化炭素を発生させるため、炭酸ナトリウムに塩酸を加えた。
5. 銀のアンモニア錯塩をつくるため、硝酸銀水溶液に水酸化ナトリウムを加えて、酸化銀を沈殿させてから、アンモニア水を加えて加熱した。

〔問1〕 正解…5

1．酸化性物質である第1・6類危険物と還元性物質である第2・4類危険物を同一場所で貯蔵または同一車両に積載できないのは、混合危険があるためである。

2～4．2種類以上の物質の混合や水または空気との接触により、発火・爆発する物質は混合危険性物質に該当する。

5．2種類以上の物質を混合し、点火源、衝撃、摩擦、加熱等を与えられて発火・爆発する現象は混合危険に該当する。

〔問2〕 正解…5

1．$2Na + 2C_2H_5OH \longrightarrow 2C_2H_5ONa$（ナトリウムエトキシド）$+ H_2$
⇒ 水素が発生するため、爆発のおそれがある。

2．アセトン CH_3COCH_3 は、第4類の引火性液体で発火のおそれがある。

3．酸化性塩類と強酸を混合すると、不安定な遊離酸を生じる。可燃物があると、発火することがある。

4．硝酸銀とアンモニアが反応すると、爆発性の雷銀（らいぎん）Ag_3N を生じることがある。

5．$NaHCO_3 + HCl \longrightarrow NaCl + H_2O + CO_2$ ⇒ 二酸化炭素を生じる。

〔問3〕 正解…4

1．ロータリーポンプは油回転真空ポンプとも呼ばれる。可燃性ガスや支燃性ガス（酸素）を排気するとき、ポンプの排出側で爆発することがある。油回転真空ポンプでは、排気側にオイルミストが含まれており、これが核となって、周囲のガスとともに爆発する。

2．$2Li + 2C_2H_5OH \longrightarrow 2C_2H_5OLi$（リチウムエトキシド）$+ H_2$
⇒ 水素が発生するため、爆発のおそれがある。

3．酸化性塩類と強酸を混合すると、不安定な遊離酸を生じる。可燃物があると、発火することがある。

4．$Na_2CO_3 + 2HCl \longrightarrow 2NaCl + H_2O + CO_2$ ⇒ 二酸化炭素を生じる。

5．硝酸銀とアンモニアが反応すると、爆発性の雷銀 Ag_3N を生じることがある。なお、錯イオンは、金属イオンに非共有電子対をもつ分子などが配位結合してできたイオンをいう。$[Ag(NH_3)_2]^+$ など。
※錯塩（さくえん）とは、錯体（さくたい）ともいい、錯イオンを含む塩のこと。イオンとなっている錯体、すなわち錯イオンを含む塩をいう。

26 元素の分類

■典型元素と遷移元素

◎元素の周期表において、1族、2族及び13族から18族までの元素を**典型元素**という。典型元素は**族ごとに化学的性質が似ている**という特性がある。貴ガス以外の典型元素は、族が同じだと価電子の数が同じになる。

◎例えば**ハロゲン**は、第17族に属する元素の総称で、フッ素（F）、塩素（Cl）、臭素（Br）、ヨウ素（I）などが該当する。**すべて非金属元素で、いずれも1価の陰イオン**になりやすく、電子を奪いやすいことから強い酸化作用がある。また、水素や金属と反応しやすく、ハロゲン単体ではいずれも有毒である。ある物質にハロゲンを結合させることを**ハロゲン化**という。

◎第18族に属する元素の総称を**貴ガス（希ガス）**といい、ヘリウム（He）、ネオン（Ne）、アルゴン（Ar）などが該当する。貴ガスの原子は、いずれも安定な電子配置をとっている。このため**化学的に安定**していて気体であることから、**不活性ガス**とも呼ばれる。

◎**アルカリ金属**は、水素を除く第1族の元素の総称をいう。リチウム（Li）、ナトリウム（Na）、カリウム（K）などが該当する。1価の陽イオンになりやすく、水溶液は強い塩基性を示す（例：水酸化ナトリウム）。

◎**遷移元素**は、周期表において3族から12族までの元素をいう。原子の価電子は1個または2個であり、族ごとに特性が緩やかに変化する。**すべて金属元素**である。

※遷移：うつりかわること。

〈参考〉遷移元素の範囲を3〜11族としていたが、12族を追加し範囲を3〜12族とした。ただし、12族の元素を遷移元素に含む場合と、含まない場合がある。

■金属の特性

◎金属は、一般に**展性、延性**に富み、金属光沢をもつ。また、**熱や電気を通しやすい**。**粉末**にした金属は、空気との接触面積が広くなることから、**燃焼**しやすくなる。

※**展**性：圧縮する力を加えた際に破損することなく板状に薄くなる性質。
※**延**性：引っ張る力を加えた際に破断されることなく糸状に延びる性質。

〔主な金属の熱伝導率の比較〕

| 銀（Ag）＞ 銅（Cu）＞ 金（Au）＞ アルミニウム（Al）＞ |
| マグネシウム（Mg）＞ 亜鉛（Zn）＞ ニッケル（Ni）＞ 鉄（Fe） |

◎また、比重が４〜５より小さいものを「軽金属」、４〜５より大きいものを「重金属」と区分する。

〔軽金属〕

元素名	元素記号	比重	元素名	元素記号	比重
リチウム	Li	0.53	マグネシウム	Mg	1.7
ナトリウム	Na	0.97	カルシウム	Ca	1.6
カリウム	K	0.86	アルミニウム	Al	2.7

◎一般に**金属元素**の原子は電子を放出して**陽イオン**になることが多く、**結合**することで、より**陽イオンになりやすくなる**。また、非金属元素と**イオン結合**による化合物（塩化ナトリウムなど）をつくる傾向が大きい。

◎**非金属**は、金属としての性質をもたないものである。炭素（C）、**ケイ素**（Si）、リン（P）などが該当する。

◎**非金属元素**はすべて典型元素であり、族ごとに性質が類似している。また、非金属元素は**陰イオン**になることが多い。第17族に属する**臭素** Br は、常温で**液体**の唯一の非金属元素である。

■金属結合

◎金属は、多数の原子が規則正しく配列して結晶をつくっている。このとき、各金属原子の価電子は、もとの原子に固定されずに、金属中を自由に動き回ることができる。このような電子を**自由電子**という。

◎金属では、この自由電子が原子同士を結びつける役割をしている。このような自由電子による金属原子間の結合を**金属結合**という。

	1族	2族	3族	4族	5族	6族	7族	8族	9族	10族	11族	12族	13族	14族	15族	16族	17族	18族
1周期	1 H 水素 1.008																	2 He ヘリウム 4.003
2周期	3 Li リチウム 6.941	4 Be ベリリウム 9.012											5 B ホウ素 10.81	6 C 炭素 12.01	7 N 窒素 14.01	8 O 酸素 16.00	9 F フッ素 19.00	10 Ne ネオン 20.18
3周期	11 Na ナトリウム 22.99	12 Mg マグネシウム 24.31											13 Al アルミニウム 26.98	14 Si ケイ素 28.09	15 P リン 30.97	16 S 硫黄 32.07	17 Cl 塩素 35.45	18 Ar アルゴン 39.95
4周期	19 K カリウム 39.10	20 Ca カルシウム 40.08	21 Sc スカンジウム 44.96	22 Ti チタン 47.87	23 V バナジウム 50.94	24 Cr クロム 52.00	25 Mn マンガン 54.94	26 Fe 鉄 55.85	27 Co コバルト 58.93	28 Ni ニッケル 58.69	29 Cu 銅 63.55	30 Zn 亜鉛 65.41	31 Ga ガリウム 69.72	32 Ge ゲルマニウム 72.64	33 As ヒ素 74.92	34 Se セレン 78.96	35 Br 臭素 79.90	36 Kr クリプトン 83.80
5周期	37 Rb ルビジウム 85.47	38 Sr ストロンチウム 87.62	39 Y イットリウム 88.91	40 Zr ジルコニウム 91.22	41 Nb ニオブ 92.91	42 Mo モリブデン 95.94	43 Tc テクネチウム 99	44 Ru ルテニウム 101.1	45 Rh ロジウム 102.9	46 Pd パラジウム 106.4	47 Ag 銀 107.9	48 Cd カドミウム 112.4	49 In インジウム 114.8	50 Sn スズ 118.7	51 Sb アンチモン 121.8	52 Te テルル 127.6	53 I ヨウ素 126.9	54 Xe キセノン 131.3
6周期	55 Cs セシウム 132.9	56 Ba バリウム 137.3		72 Hf ハフニウム 178.5	73 Ta タンタル 180.9	74 W タングステン 183.8	75 Re レニウム 186.2	76 Os オスミウム 190.2	77 Ir イリジウム 192.2	78 Pt 白金 195.1	79 Au 金 197.0	80 Hg 水銀 200.6	81 Tl タリウム 204.4	82 Pb 鉛 207.2	83 Bi ビスマス 209.0	84 Po ポロニウム 210	85 At アスタチン 210	86 Rn ラドン 222

凡例：
1 原子番号 ／ H 元素記号 ／ 水素 元素名 ／ 1.008 原子量

非金属元素　金属元素

▶▶▶ 過去問題 ◀◀◀

▶金属の性状

【問1】金属について、次のうち誤っているものはどれか。

☑ 1．金属の中には水よりも軽いものがある。
　　2．イオンになりやすさは金属の種類によって異なる。
　　3．希硫酸と反応しない金属もある。
　　4．金属は燃焼しない。
　　5．比重が約4以下の金属を一般に軽金属という。

....

【問2】金属の性状として、次のうち誤っているものはどれか。

☑ 1．すべて不燃性である。
　　2．一般に展性、延性に富み、金属光沢をもつ。
　　3．銀の熱伝導率は鉄よりも大きい。
　　4．常温（20℃）において液体のものもある。
　　5．軽金属は、一般に比重が4以下のもので、カリウム、アルミニウム、カルシウムなどが該当する。

....

【問3】 金属材料に関する記述について、次のうち誤っているものはどれか。

☑ 1．銅は、展性や延性に富み、電気や熱の伝導性が大きいので、電線などに用いられる。

2．ステンレス鋼は、鉄とクロムなどの合金で、さびにくく耐薬品性が高いので、工場の配管などに用いられる。

3．鉄は、地殻中に多く存在し幅広く用いられるが、乾燥した空気中でも還元されてさびを生じやすい。

4．チタンは、強度や耐食性に優れ、軽量なため、航空機用構造材や腕時計などに用いられる。

5．アルミニウムは、軟らかく展性や延性に富み、建築材料や日用品などに用いられる。

⋯⋯⋯

▶金属元素と非金属元素

【問4】 金属元素と非金属元素の記述として、次のうち誤っているものはどれか。

☑ 1．非金属元素はすべて典型元素であり、フッ素や塩素などの元素は陰イオンになりやすい。

2．ハロゲン、希ガスは非金属元素である。

3．金属元素には常温（20℃）で液体のものがある。

4．ケイ素とリンは、金属元素に該当する。

5．金属元素は、非金属元素とイオン結合による化合物をつくる傾向が大きい。

▶ 解 説

〔問1〕 正解…4

1．比重が1より小さい金属…リチウム Li、ナトリウム Na、カリウム K。

3．希硫酸と反応しない金属（希硫酸に溶けない金属）…銅 Cu、銀 Ag、白金 Pt、金 Au など。水素 H_2 よりイオン化傾向の小さい金属が該当する。

4．金属を粉末にすると、空気との接触面積が大きくなるため、燃焼するものがある。鉄粉及び金属粉は、第2類危険物の可燃性固体である。

〔問2〕 正解…1

1．金属を粉末にすると、空気との接触面積が大きくなるため、燃焼するものがある。鉄粉及び金属粉は、第2類危険物の可燃性固体である。

3．熱伝導率は、すべての金属の中で銀が最も大きい。次に大きいのが銅。

4．水銀 Hg は、常温で液体である唯一の金属である。

5．比重は、カリウム 0.86、アルミニウム 2.7、カルシウム 1.6 である。

〔問3〕 正解…3

3．鉄は、湿った空気中で酸化されてさびを生じやすい。

〔問4〕 正解…4

3．水銀 Hg は、常温で液体である唯一の金属である。

4．原子番号 14 のケイ素 Si と 15 のリン P は非金属元素である。

27 イオン化傾向

■イオン化列

◎金属は電解質の水溶液に溶け出すと**陽イオン**になる。金属の種類によって、イオンのなりやすさは異なり、このイオンのなりやすさを**イオン化傾向**という。

◎金属をイオン化傾向の大きい順に並べたものを、**金属のイオン化列**という。

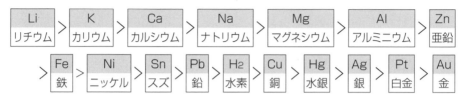

| Li リチウム | > | K カリウム | > | Ca カルシウム | > | Na ナトリウム | > | Mg マグネシウム | > | Al アルミニウム | > | Zn 亜鉛 |
| Fe 鉄 | > | Ni ニッケル | > | Sn スズ | > | Pb 鉛 | > | H2 水素 | > | Cu 銅 | > | Hg 水銀 | > | Ag 銀 | > | Pt 白金 | > | Au 金 |

〔語呂合わせ〕

貸	そ	う	か	な	、	ま	あ	当	て	に	すん	な	ひ	ど	す	ぎ	る	借	金
K			Ca	Na	Mg	Al	Zn	Fe	Ni	Sn	Pb	H2	Cu	Hg	Ag			Pt	Au

◎水素は金属ではないが、金属と同じく陽イオンになるため、イオン化列に組み入れることが多い。

◎鉄や亜鉛を酸に溶かしたとき水溶液から水素ガスが発生するのは、鉄や亜鉛が水素よりイオン化傾向が大きく、水素イオンが原子に戻るためである。

◎イオン化傾向が大きい金属は、化学変化しやすいため取扱いに注意する。また、イオン化傾向が小さい金属は化学的に安定していることになる。

金属の イオン化列	イオン化傾向大(反応性大)◀◀◀ **イオン化傾向** ▶▶▶イオン化傾向小(反応性小)																
	Li	K	Ca	Na	Mg	Al	Zn	Fe	Ni	Sn	Pb	H2	Cu	Hg	Ag	Pt	Au
水との反応 （水素発生）	常温で反応																
	熱水で反応 ※1																
	高温水蒸気と反応																
酸との反応 ※2	塩酸や希硫酸と反応して、水素発生																
	硝酸や熱濃硫酸に溶ける																
	王水(濃硝酸と濃塩酸を体積比 1：3 で混合した溶液。強い酸化力がある)に溶ける																
常温の空気 中での酸化	速やかに酸化 ※3				表面に酸化被膜をつくる								※4	酸化されない			

※１：Al の反応性は低い。

※２：Al、Fe、Ni は濃硝酸に浸すと表面に酸化膜ができ、不動態となるため、濃硝酸には溶けない。

※３：Mg は加熱すると燃焼する。

※４：Cu は乾燥空気中では酸化されにくいが、強熱したり湿気があると酸化される。

【問1】次の金属のうち、イオン化傾向が最も大きいものはどれか。

☑ 1．銀　　　　　2．カリウム　　　　3．鉛
　　4．金　　　　　5．銅

....

【問2】金属は塩酸に溶けて水素を発生するものが多いが、次のうち、塩酸に溶けないものはどれか。［★］

☑ 1．亜鉛　　　　2．ニッケル　　　　3．白金
　　4．鉄　　　　　5．スズ

....

【問3】金属のイオン化傾向の説明として、次のA～Dのうち、正しいものの組合せはどれか。

> A．イオン化傾向の小さな金属の単体は、大きな金属の単体よりも酸化されやすい。
> B．イオン化傾向の大きい金属の単体には、希硫酸や希塩酸と反応し水素を発生させるものがある。
> C．イオン化傾向と金属の反応性との関係は、ほとんどない。
> D．イオン化傾向が異なる金属を組合せ、酸化還元反応を利用して電池ができる。

☑ 1．AとB　　2．AとC　　3．AとD　　4．BとC　　5．BとD

....

【問4】次の文の（　）内のA～Cに当てはまる語句の組み合わせとして、正しいものはどれか。

「金属が水溶液中で（A）になろうとする性質をイオン化傾向という。トタン（鋼板に亜鉛をめっきしたもの）は、亜鉛の酸化被膜が（B）の侵入を防いで鋼板の腐食を防止し、めっきに傷が付いても鉄よりイオン化傾向の（C）亜鉛が先に溶解することで鋼板の腐食を防止する。」

	A	B	C
☑ 1.	陽イオン	窒素	大きい
2.	陽イオン	二酸化炭素	小さい
3.	陽イオン	酸素	大きい
4.	陰イオン	酸素	小さい
5.	陰イオン	二酸化炭素	大きい

〔問1〕正解…2

イオン化傾向が大きい金属とは、化学的に変化しやすい金属。

大きい順に並べると、カリウムK＞鉛Pb＞銅Cu＞銀Ag＞金Au。

〔問2〕正解…3

塩酸や硫酸などの酸に溶けて水素を発生する金属は、「金属のイオン化列」の水素H
より左のものが該当する。逆に右のものは多くが塩酸などに反応しない（硝酸は銅や
銀と反応するため注意する）。

〔問3〕正解…5（BとD）

A．イオン化傾向が大きい金属ほど酸化されやすく、小さい金属ほど酸化しにくい。

C．イオン化傾向の大きい金属ほど、反応性に富んでいる。

D．「9．電気の計算／電池 ■電池の仕組み」224P参照。

〔問4〕正解…3

「金属が水溶液中で〈Ⓐ 陽イオン〉になろうとする性質をイオン化傾向という。トタ
ン（鋼板に亜鉛をめっきしたもの）は、亜鉛の酸化被膜が〈Ⓑ 酸素〉の侵入を防い
で鋼板の腐食を防止し、めっきに傷が付いても鉄よりイオン化傾向の〈Ⓒ 大きい〉
亜鉛が先に溶解することで鋼板の腐食を防止する。」

28 金属の腐食

■金属の腐食

◎一般の金属材料は自然環境の中で使用中に腐食する。これは金属が精錬前の鉱石（酸化物）に戻ろうとする作用ともいえ、特に地中に埋設された金属体はこの作用を強く受ける。

◎地下に埋設された鋼製のタンクや配管は、防食被膜等が劣化した部分から鉄が陽イオンとなって周囲の土壌に溶け出し、**残された電子**が配管等を移動することで腐食電池が形成され腐食が進行する。

腐食しやすい場合
①酸性の強い土中に埋設した場合、酸により腐食する。
②**土質の異なる場所**にまたがって配管等を埋設した場合。
③配管等に使用されている金属より、**イオン化傾向の小さい金属**が接触している場合。
④送電線、直流電気鉄道のレールが近い場所や直流溶接機を使う工場では、**迷走電流**により、埋設されている金属の腐食が進む（金属から土中に電気が流れる際、金属は陽イオンとなって放出されるため、腐食が進行する。これを電食という）。
⑤金属製の配管等を酸性のものや海水に浸した場合。
⑥本来鉄は、強アルカリ性の環境下では耐食性を持つ**酸化被膜（不動態被膜）**で覆われているため腐食は進行しないが、強アルカリ性であるコンクリート内で**中性化**が進むと、中に埋め込まれている鉄筋などの鉄は腐食が進行する。

腐食の防止対策
①埋設の際にコンクリートを使用する場合、調合には海砂ではなく山砂を使用する。
②電気防食設備を設ける。
③地下水と接触しないようにする。
④タンク埋設時に塗覆装面を傷つけないようにする。傷が付くとそこから腐食する。
⑤配管をさや管で覆ったり、スリーブを使用する。
⑥鉄製の配管やタンクを埋設する場合、イオン化傾向が鉄よりも大きい亜鉛やアルミニウムなどの金属でアースする。
⑦配管等に**エポキシ樹脂塗料**を塗布する。
※エポキシ樹脂は、エポキシ基の重合によって生成する熱硬化性樹脂である。耐水性や耐薬品性、電気絶縁性に優れており、接着剤やコーティング剤として広く使われている。

■流電陽極法

◎流電陽極法は、金属のイオン化傾向の高低を利用した防食方法である。鉄よりイオン化傾向の大きい金属（**マグネシウム、アルミニウム、亜鉛等**）を鉄とつないで、それぞれを地中に埋設する。イオン化傾向の大きい金属は、地中にイオンとなって放出されるため、腐食がより速く進む。一方、イオン化傾向の小さい鉄は、イオン化せずにそのままの状態を維持するため、腐食を防ぐことができる。

◎金属は陽イオンとなることから、陽極となる。これが流電陽極法の名称の由来である。なお、流電陽極（鉄よりイオン化傾向の大きい金属）は、定期的に交換する必要がある。

▶▶▶ 過去問題 ◀◀◀

【問1】 鉄の腐食について、次のうち誤っているものはどれか。[★★]

☑ 1．酸性域の水中では、水素イオン濃度が高いほど腐食する。
　　2．濃硝酸に浸すと、不動態被膜を形成する。
　　3．アルカリ性のコンクリート中では、腐食は防止される。
　　4．塩分の付着したものは、腐食しやすい。
　　5．水中で鉄と銅が接触していると、鉄の腐食は抑制される。

....

【問2】 鋼製の危険物配管を埋設する場合、最も腐食が起こりにくいものは、次のうちどれか。[★★]

☑ 1．土壌埋設配管が、コンクリート中の鉄筋に接触しているとき。
　　2．直流電気鉄道の軌条（レール）に近接した土壌に埋設されているとき。
　　3．エポキシ樹脂塗料で完全に被覆され土壌に埋設されているとき。
　　4．砂層と粘土層の土壌にまたがって埋設されているとき。
　　5．土壌中とコンクリート中にまたがって埋設されているとき。

....

【問3】 金属の腐食についての説明で、次のうち誤っているものはどれか。[★]

☑ 1．鉄の腐食では、アルカリ性が強くなれば腐食速度が増大する。
　　2．腐食速度は、pH に左右される。
　　3．金属材料が環境中で反応して酸化消耗する現象を腐食という。
　　4．金属の種類によって、腐食速度が異なる。
　　5．金属表面の状態によって、腐食速度が異なる。

....

【問4】 炭素鋼管の腐食に関する説明について、次のうち誤っているものはどれか。

☑ 1．湿気の多い大気中では、腐食が促進しやすい。

2．ステンレス鋼管とつなぎ合わせると、腐食が促進しやすい。

3．砂地と粘土質の土壌が隣り合っているところでは、腐食が促進しやすい。

4．アルカリ性であるコンクリート中では、腐食が促進しやすい。

5．塩分が付着すると、腐食が促進しやすい。

．．．

【問5】 地中に埋設された危険物の配管を電気化学的な腐食から防ぐため、異種金属を接続する方法がある。配管が鋼製の場合、接続する異種の金属として、A～Eのうち正しいものの組み合わせはどれか。

☑ 1．A

2．A、D

3．B、C

4．A、D、E

5．B、C、E

| A．亜鉛 |
| B．ニッケル |
| C．銅 |
| D．アルミニウム |
| E．マグネシウム |

〔問1〕正解…5

1. 水素イオン濃度が高くなるほど酸性度が強くなり、鉄は腐食しやすくなる。

2. 鉄やニッケルは濃硝酸や発煙硫酸に浸すと、表面に酸化被膜をつくってそれ以上侵されなくなる。これらの被膜を不動態被膜（酸化被膜）という。不動態は、金属の表面が不溶性の超薄膜に覆われて腐食されにくくなる現象、あるいはその状態をいう。

3. 正常なコンクリート中はpH12以上の強アルカリ性環境が保たれている。この中で鋼管は表面に不動態被膜（薄い酸化物被膜）を生成するため、腐食が防止される。

5. 水中で鉄と銅が接触していると、鉄は腐食しやすくなる。イオン化傾向は鉄＞銅のため、鉄は電子を放出して陽イオンとなり、腐食する。鉄の腐食を防止するには、鉄よりイオン化傾向の大きいマグネシウム、アルミニウム、亜鉛などの金属を鉄に接触させる。

〔問2〕正解…3

1. 鋼製の危険物配管と鉄筋はいずれも鉄であるが、周囲の環境が異なっているため、電気化学反応により配管と鉄筋に電気が流れやすく、腐食しやすくなる。

2. 迷走電流により、腐食がより進行する。

4&5. 土質や物質の異なっている場所にまたがって埋設されると、電気化学反応により配管に電流が流れやすく、腐食が起こりやすくなる。

〔問3〕正解…1

1. 鉄は、酸性が強くなると腐食速度が増大し、アルカリ性になると鉄の周囲に被膜を形成して腐食の進行を防止する。

〔問4〕正解…4

1. 湿度が高いと大気中に含まれる水分が多くなるため腐食が起こりやすくなる。

2. ステンレス鋼は、鉄をベースとし、クロムあるいはクロムとニッケルを基本成分として含有する合金鋼である。鉄にクロムを混ぜると、クロムが酸素と結合して表面に不動態被膜（酸化被膜）をつくり腐食から自身を守っている。そのため鉄と接触すると、ステンレスと鉄のイオン化傾向の違いにより、鉄のイオン化が進められ、腐食しやすくなる。

3. 乾いた土と湿った土など、土質の異なる場所にまたがって配管を埋設すると、腐食が進みやすくなる。

4. 正常なコンクリート中はpH12以上の強アルカリ性環境が保たれている。この中で鋼管は表面に不動態被膜（薄い酸化被膜）を生成するため、腐食が進行しにくくなる。

〔問5〕正解…4（A、D、E）

鉄Feよりイオン化傾向の大きい金属を選択する。

マグネシウム Mg ＞アルミニウム Al ＞亜鉛 Zn ＞鉄 Fe ＞ニッケル Ni ＞銅 Cu

29 有機化合物

■有機化合物の特徴

◎有機化合物は、炭素 C を含む化合物の総称である。炭素は 4 本の「腕」をもっていることから、さまざまな原子と化合物を造ることができる。

　※「腕」は正式には価標という。そして、価標を用いて表した化学式を「構造式」という。窒素 N は 3 本、酸素 O は 2 本の価標をもつ。

◎有機化合物に対し**無機化合物**は、有機化合物以外の化合物の総称である。**一酸化炭素** CO、**二酸化炭素** CO_2、炭酸カルシウム $CaCO_3$ などは炭素を含むが、**無機化合物として取り扱う**。

◎有機化合物を構成する元素は、炭素 C、水素 H の他に、酸素 O、窒素 N、硫黄 S、塩素 Cl、リン P、ハロゲンなどで、**その種類は少ない**。しかし、有機化合物の種類は無機化合物に比べ、**非常に多い**。

◎有機化合物は、非金属元素の原子が**共有結合**で結びつき、分子がつくられている。

◎結合のしかたの相違から、組成が同じであっても性質の異なる異性体が存在する。

◎一般に無機化合物に比べて、**融点及び沸点の低いものが多く**、分子量が大きい。

〔有機化合物と無機化合物の違い〕

	有機化合物	無機化合物
化学結合	共有結合による分子	イオン結合による塩
融点	一般に融点は低い。 高温では分解しやすい。	一般に融点は高い。
水溶性	水に溶けにくいものが多い。 有機溶剤(有機溶媒)には溶けやすい。	一般に水に溶けやすく、 有機溶剤(有機溶媒)に溶けにくい。
電気特性	一般に非電解質	一般に電解質
燃焼	可燃性のものが多い。	不燃性のものが多い。
反応性	反応は遅く、 完全に進行しにくい。	反応は速く、 完全に反応するものが多い。

◎一般に**水には溶けにくい**。ただし、アルコール、アセトン、ジエチルエーテルなどの**有機溶媒に溶けるものが多い**。

◎第 4 類危険物（引火性液体）は、多くが有機化合物である。

◎炭素と水素からなる有機化合物を完全燃焼させると、**二酸化炭素** CO_2 **と水** H_2O を生じる。また、燃焼を除くと、反応速度が遅く、触媒を必要とする反応が多い。

◎**熱分解**は、有機化合物などを、**酸素を存在させずに加熱**することで行われる化学反応（分解）である。有機化合物は、**約 300℃を超える**と複雑な構造を持つそれぞれの構成分子の運動が激しくなり、分子間の結合が途切れバラバラになり始める。

■炭化水素の分類

◎炭素と水素でできた化合物を**炭化水素**という。炭化水素は、最も基本的な有機化合物であり、**鎖式炭化水素**と**環式炭化水素**に大別される。鎖式炭化水素は分子構造が鎖状になっている炭化水素で、エチレンやプロパンが該当する。環式炭化水素は、原子が分子内で環をつくって結合している炭化水素で、ベンゼン（C_6H_6）が該当する。

◎鎖式炭化水素のうち、炭素原子間の結合がすべて単結合（1本の腕）であるものを**飽和炭化水素**といい、メタンやプロパンなどが該当する。一方、炭素原子間の結合に二重結合や三重結合を含むものを**不飽和炭化水素**といい、エチレンやアセチレンなどが該当する。

◎また、飽和炭化水素を**アルカン**、二重結合を1個含む不飽和炭化水素を**アルケン**、三重結合を1個含む不飽和炭化水素を**アルキン**という。

◎環式炭化水素のうち、飽和炭化水素をシクロアルカン、二重結合を1個含む不飽和炭化水素をシクロアルケンといい、これらをまとめて**脂環式炭化水素**という。また、ベンゼン環と呼ばれる独特な炭素骨格の環式炭化水素を**芳香族炭化水素**という。

〔炭化水素の分類〕

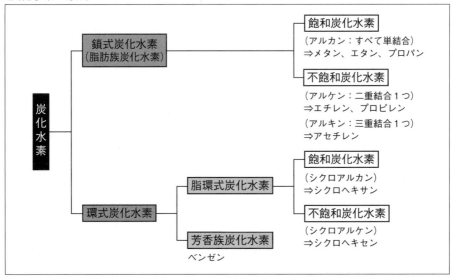

〔主な炭化水素の構造〕

【メタン】　【エタン】　【プロパン】　【ブタン】

【エチレン】　【プロピレン】

H－C≡C－H

K009 【アセチレン】

【ベンゼン】

【シクロヘキサン】

■官能基による分類

◎官能基は、有機化合物の分子構造の中にあって、同族体に共通に含まれ、かつ同族体に共通な反応性の要因となる原子団または結合形式をいう。

◎例えば、メタノール（CH_3OH）やエタノール（C_2H_5OH）などのアルコール類には**ヒドロキシ基－OH**があり、これが水溶性（親水性）を示す要因となっている。

▶炭化水素類

◎炭素と水素のみから成る化合物の総称である。

▶アルコール類

◎アルコール類は、鎖式炭化水素の水素原子 H を**ヒドロキシ基－OH**で置換した形の化合物の総称である。C－OH の炭素原子に結合している炭素原子の数で、第1級、第2級、第3級と区別する。例えば、エタノール C_2H_5OH は、C－OH の炭素に結合している炭素の数は1個（CH_3）であることから、第1級アルコールということになる。また、第2級アルコールは炭素に結合している炭素数が2個、第3級アルコールは炭素に結合している炭素数が3個となっている。

◎エタノール等の第1級アルコールを過マンガン酸カリウムなどの酸化剤で酸化すると、**アルデヒド**となり、更に酸化すると**カルボン酸**になる。なお、メタノール CH_3OH は炭素原子どうしの結合を持たないが、酸化するとホルムアルデヒド HCHO となるため、一般に第1級アルコールに含まれる。

◎また、第2級アルコールを酸化すると、**ケトン**になる。ただし、第3級アルコールは**酸化されにくい**。

※ R、R¹、R²、R³ は炭化水素基を表す。

◎アルコール類は、**分子量の小さいものは水によく混ざり刺激性の味をもつ液体**であるが、分子量の**大きいものは固体で水に溶けにくくなる**。

◎また、**炭素数**が少ないアルコールを低級アルコール、炭素数が多い（6個以上）アルコールを高級アルコールという。低級アルコールは無色の液体であり、高級アルコールは蝋状（ろう）の固体である。**融点及び沸点**は、炭素数の少ないものほど低く、炭素数が多いものほど高くなる。

◎アルコール R－OH に**ナトリウム**を加えると、**水素ガス**を発生する。

$$2R-OH + 2Na \longrightarrow 2R-ONa + H_2$$

▶**アルデヒド**

◎アルデヒド基（－CHO）をもつ化合物の総称。一般式 R－CHO で表される。酸化されるとカルボン酸になる。ホルムアルデヒドやアセトアルデヒドなど。

▶**ケトン**

◎ケトン基（－CO－）に2個の炭化水素が結合した化合物。一般式 R－CO－R′ で表される。

アセトン…CH₃－CO－CH₃

▶**アミン**

◎アミノ基（－NH₂）に炭化水素が結合した化合物。一般式 R－NH₂ で表される。

アニリン…C₆H₅－NH₂

▶**カルボン酸**

◎カルボキシ基（－COOH）をもつ有機酸の総称。一般式 R－COOH で表される。アルデヒドが酸化するとカルボン酸になる。酢酸など。

▶エーテル

◎酸素原子に2個の炭化水素基が結合した形の有機化合物の総称。

一般式 R^1-O-R^2 で表される。ジエチルエーテルなど。ジエチルエーテルは、水に溶けにくいが、油脂など多くの有機物をよく溶かすため、有機溶媒として広く使われている。

◎ジエチルエーテルは酸を触媒としてエタノールの脱水縮合で合成される。

$$C_2H_5-O-C_2H_5$$
【ジエチルエーテル】

エタノール　　　エタノール
$$C_2H_5-OH + HO-C_2H_5 \longrightarrow C_2H_5-O-C_2H_5 + H_2O$$
【ジエチルエーテルの合成】

▶ニトロ化合物

◎ニトロ基（$-NO_2$）が炭素原子に直接結合している有機化合物の総称。ニトロベンゼン、トリニトロトルエン $C_6H_2(NO_2)_3CH_3$ など。

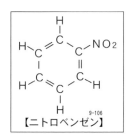

9-106
【ニトロベンゼン】

▶エステル

◎カルボン酸（ギ酸、酢酸、酪酸、プロピオン酸などが該当）とアルコールとが脱水反応により結合して生成する化合物をエステルという。酢酸エチルなど。

◎一般式は、$R^1-COO-R^2$ で表される。

◎エステルを生成する反応をエステル化といい、エステル中の$-COO-$をエステル結合という。

$$R^1-COOH + R^2-OH \longrightarrow R^1-COO-R^2 + H_2O$$

◎エステルは、親水性の$-OH$や$-COOH$が失われているため、水に溶けにくく、有機溶媒に溶けやすい。

◎エステルに水を加えて長時間加熱すると、加水分解されてカルボン酸とアルコールを生じる。この反応をエステルの加水分解という。このとき、少量の硫酸や塩酸を加えておくと、H^+が触媒としてはたらき、反応が速くなる。

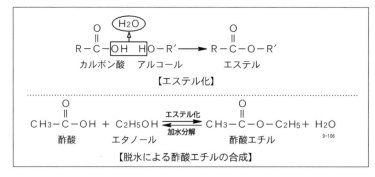

【エステル化】

【脱水による酢酸エチルの合成】

▶分類と特性

【問1】次のA～Cに当てはまる語句の組合せとして、正しいものはどれか。

「アルコールを酸化剤で酸化すると、第1級アルコールは（A）になり、さらに酸化すると（B）になる。第2級アルコールは（C）になる。第3級アルコールは酸化されにくい。」

		A	B	C
☑	1.	アルデヒド	カルボン酸	ケトン
	2.	アルデヒド	カルボン酸	エーテル
	3.	カルボン酸	アルデヒド	エステル
	4.	カルボン酸	アルデヒド	エーテル
	5.	エーテル	エステル	ケトン

....

【問2】不飽和炭化水素について、次の文の（ ）内のA、Bに当てはまる語句の組合せとして正しいものはどれか。

「（A）とは、分子中に炭素間の三重結合（$C \equiv C$）を含む不飽和炭化水素である。炭素数が2の（A）は、（B）とよばれ、炭化カルシウムと水を作用させることで生成できる。」

		A	B
☑	1.	アルカン	アセチレン
	2.	アルキン	エチレン
	3.	アルキン	アセチレン
	4.	アルケン	エチレン
	5.	アルケン	アセチレン

....

【問3】カルボン酸とアルコールが反応し、水とともに生じる物質をエステルという。次の化合物のうち、エステルに該当しないものはどれか。[★]

☑ 1. 酢酸エチル（$CH_3COOC_2H_5$）　　　2. 酢酸アンモニウム（CH_3COONH_4）
　 3. 酢酸ブチル（$CH_3COOC_4H_9$）　　　4. 酪酸エチル（$C_3H_7COOC_2H_5$）
　 5. ギ酸メチル（$HCOOCH_3$）

....

▶有機化合物の特性

【問4】 炭素と水素からなる有機化合物を完全燃焼させたとき、生成する物質のみを掲げたものは、次のうちどれか。[★]

☑ 1. 有機過酸化物と二酸化炭素　　　　2. 過酸化水素と二酸化炭素
　　3. 飽和炭化水素と水　　　　　　　　4. 二酸化炭素と水
　　5. 有機過酸化物と水

....

【問5】 有機化合物に関する説明として、次のうち正しいものはどれか。[★★]

☑ 1. ほとんどのものは、水によく溶ける。
　　2. 危険物の中には、有機化合物に該当するものはない。
　　3. 無機化合物に比べ、一般に融点が高い。
　　4. 無機化合物に比べ、種類は少ない。
　　5. 完全燃焼すると、二酸化炭素と水蒸気を発生するものが多い。

....

【問6】 有機化合物の一般的性状ついて、次のA～Dのうち、正しいものの組合せはどれか。

☑ 1. A、B
　　2. A、B、C
　　3. A、B、D
　　4. A、C、D
　　5. B、C、D

| A. 水に溶けにくいものが多い。 |
| B. 無機化合物より融点、沸点が高い。 |
| C. 構成元素は炭素、窒素、酸素、水素、塩素、硫黄、リンなどである。 |
| D. 完全燃焼すると二酸化炭素と水を生成する。 |

....

【問7】 アルコールとエーテルについての説明として、次のうち誤っているものはどれか。

☑ 1. ジエチルエーテルは、エタノールと比べ水に溶けにくく、反応性に乏しい。
　　2. ジメチルエーテルは、エタノールの構造異性体である。
　　3. エタノールを脱水反応させるとジエチルエーテルが生成する。
　　4. ジエチルエーテルは、有機化合物をよく溶かす。
　　5. ナトリウムは、エタノールおよびジエチルエーテル双方と反応し、水素を発生する。

....

【問8】 次の物質のうち、官能基がヒドロキシ基（－OH）であるものはどれか。

☑ 1. ジエチルエーテル $C_2H_5OC_2H_5$　　　2. メタノール CH_3OH
　　3. アセトン CH_3COCH_3　　　　　　　4. 酢酸エチル $CH_3COOC_2H_5$
　　5. アセトアルデヒド CH_3CHO

〔問１〕正解…１

「アルコールを酸化剤で酸化すると、第１級アルコールは〈Ⓐ アルデヒド〉になり、さらに酸化すると〈Ⓑ カルボン酸〉になる。第２級アルコールは〈Ⓒ ケトン〉になる。第３級アルコールは酸化されにくい。」

〔問２〕正解…３

「〈Ⓐ アルキン〉とは、分子中に炭素間の三重結合（C≡C）を含む不飽和炭化水素である。炭素数が２の〈Ⓐ アルキン〉は、〈Ⓑ アセチレン〉とよばれ、炭化カルシウムと水を作用させることで生成できる。」

炭化カルシウム（カルシウムカーバイド CaC_2）は、水と反応させることでアセチレン（C_2H_2）を生成する。

$CaC_2 + 2H_2O \longrightarrow Ca(OH)_2 + C_2H_2$

〔問３〕正解…２

ギ酸、酢酸、酪酸などがカルボン酸に該当する。アルコールはヒドロキシ基－OHをもつ有機化合物。「カルボン酸」＋「アルコール」以外の組み合せが正解になる。

２．酢酸＋アンモニア⇒アンモニアは NH_3 で表される無機化合物。

３．酢酸ブチルは、酢酸＋ブタノール（ブチルアルコール）C_4H_9OH。

〔問４〕正解…４

４．炭素と水素からなる有機化合物を完全燃焼させると、炭素は二酸化炭素になり（$C + O_2 \longrightarrow CO_2$）、水素は水となる（$2H_2 + O_2 \longrightarrow 2H_2O$）。また、不完全燃焼すると炭素は一酸化炭素となる（$2C + O_2 \longrightarrow 2CO$）。

〔問５〕正解…５

１．水に溶けるのはアルコール類の一部で、多くは水に溶けない。

２．第４類危険物（引火性液体）は、多くが有機化合物である。

３．無機化合物に比べ、一般に融点及び沸点は低い。

４．無機化合物に比べ、種類は多い。

〔問６〕正解…４（A、C、D）

B．一般に、無機化合物より融点及び沸点は低い。

〔問７〕正解…５

１．ジエチルエーテルは、エタノールに比べ水に溶けにくい。また、エタノールはナトリウムと反応してナトリウムエトキシド C_2H_5ONa と水素 H_2 を生じるのに対し、ジエチルエーテルはエタノールと反応しない。一般にジエチルエーテルの方が反応性に乏しい。

２．ジメチルエーテルの示性式は CH_3OCH_3、エタノールは C_2H_5OH。これらは異性体（「20. 単体・化合物・混合物」265P 参照）である。異性体のうち、分子の構造式が異なるものを「構造異性体」といい、これに該当する。また、分子の立体構造が異なるものを「立体異性体」という。

5．エタノールにナトリウムを加えると、$2C_2H_5OH + 2Na \longrightarrow 2C_2H_5ONa + H_2$ となり、水素を発生する。しかし、ジエチルエーテルにナトリウムを加えても、化学変化は起きない。一般にエーテルはアルコール類から比べると、反応性が低い。

〔問8〕正解…2

1．ジエチルエーテル…エーテル結合（－ O －）
3．アセトン……………ケトン基（－ CO －）
4．酢酸エチル…………エステル結合（－ COO －）
5．アセトアルデヒド…アルデヒド基（－ CHO）

30 高分子材料

■高分子化合物

◎分子量の大きい化合物の総称である。特に、**分子量 10,000 以上**の化合物を指す。

◎1種類の分子（**単量体**）が2個以上結合して、分子量の大きい新たな分子を生成する反応を重合という。また、重合によって結合された化合物を**重合体**という。

◎重合には、付加重合と縮合重合がある。

◎付加は、不飽和結合を含む化合物が、その結合を開いて新たに原子団などと付加する反応をいう。また、**付加重合**は付加反応を繰り返すことで、高分子を生成する反応をいう。

【ポリエチレン】

◎縮合は、複数の化合物（特に有機化合物）が、互いの分子内から水やアルコールなどの小分子を取り外して結合（縮合）する反応をいう。また、**縮合重合**は縮合反応が連鎖的につながって高分子が生成されることをいう。塗料は、縮合重合によって硬化して塗膜を形成するものが多い。

〔付加重合によって得られる高分子材料と主な用途〕

重合体名	単量体名	主な用途
ポリエチレン（PE）	エチレン	フィルム、容器、袋、包装材、ロープ、地中埋設用ガス管 他
ポリプロピレン（PP）	プロピレン（プロペン）	食品容器、バケツ、椅子、自動車部品などの大型工作物 他
ポリスチレン（PS）	スチレン	菓子類の容器、発泡スチロールなどの緩衝梱包材・断熱材 他
ポリアクリロニトリル（PAN）	アクリロニトリル	アクリル繊維など
ポリ塩化ビニル（PVC）	塩化ビニル	プラ消しゴム、ホース、パイプ、電線被覆、ビニールシート 他

高分子材料の主な特性	
▪ **成形加工性**のよさ	▪ 強度の高いものがある
▪ 透明な材料が多い	▪ **電気絶縁性**がよい
▪ 耐水性・耐薬品性・**耐食性**に優れる	▪ 耐熱性・耐候性に優れるものがある
▪ 伝熱性の低さ	▪ 表面硬度が低い（傷つきやすい）
▪ 酸・塩基に**侵されにくい**	▪ **軽量性**　　　　　▪ 低価格

■プラスチックの熱特性

◎プラスチック（樹脂）は、熱を加えたときの変化から熱可塑性樹脂と熱硬化性樹脂
に分類される。

◎**熱可塑性樹脂**は、加熱すると軟化し、別の形に変形しうる性質をもつ樹脂である。
ポリエチレン、ポリプロピレン、ポリ塩化ビニル樹脂などが該当する。

◎また、**可塑剤**とは、柔軟性・加工性・耐候性などの向上を目的として熱可塑性樹脂
に添加される添加剤の総称である。

※「可塑」とは、やわらかくて形を変えやすいこと、整形しやすいことをいう。

◎**熱硬化性樹脂**は、加熱すると分子がところどころで結合し、不溶不融の状態に硬化
する性質をもつ樹脂である。エポキシ樹脂、フェノール樹脂、尿素樹脂、メラミン
樹脂などが該当する。

▶▶▶ 過去問題 ◀◀◀

【問1】次の文の（　）内のA～Dに当てはまる語句の組合せとして、正しいものは
どれか。

「高分子化合物とは、（A）が約 10,000 以上の化合物をいい、構成単位となる物
質を（B）という。ポリエチレンは（C）が（D）した高分子化合物である。」

		A	B	C	D
☑	1.	質量	単量体	プロピレン	縮合重合
	2.	分子量	重合体	プロピレン	付加重合
	3.	分子量	重合体	エチレン	縮合重合
	4.	分子量	単量体	エチレン	付加重合
	5.	質量	単量体	エチレン	縮合重合

【問2】 プラスチックは熱に対する性質から熱可塑性樹脂と熱硬化性樹脂に分類されるが、次の組合せのうち誤っているものはどれか。[★]

☑ 1．メラミン樹脂 ……………… 熱硬化性樹脂
　　2．ポリエチレン ……………… 熱可塑性樹脂
　　3．塩化ビニル樹脂 ………… 熱硬化性樹脂
　　4．ポリプロピレン …………… 熱可塑性樹脂
　　5．フェノール樹脂 …………… 熱硬化性樹脂

【問3】 石油からつくられたプラスチックの一般的な特徴として、次のうち誤っているものはどれか。[★]

☑ 1．腐食しにくい。
　　2．酸や塩基に侵されやすい。
　　3．成形、加工が容易である。
　　4．電気を通しにくい。
　　5．密度が小さくて軽い。

▶ 解 説

〔問1〕**正解…4**

「高分子化合物とは、〈Ⓐ 分子量〉が約10,000以上の化合物をいい、構成単位となる物質を〈Ⓑ 単量体〉という。ポリエチレンは〈Ⓒ エチレン〉が〈Ⓓ 付加重合〉した高分子化合物である。」

ポリプロピレンは、プロピレン（CH3CH＝CH2）が付加重合した高分子化合物である。

〔問2〕**正解…3**

3．塩化ビニル樹脂は、熱可塑性樹脂である。

〔問3〕**正解…2**

2．プラスチックは、酸や塩基に侵されにくい。

31 主な気体の特性

■酸　素

◎常温、常圧で**無色無臭**の気体である。ただし、液体酸素は**淡青色**で、強い磁石に引き寄せられる。

◎大気中に体積の割合で**約21%**含まれている。

◎酸素自体は**不燃性**であるが、燃焼を助ける**支燃性**がある。酸素濃度が高くなるにつれて、可燃物の燃焼は激しくなる。

◎実験室では、触媒を使用して**過酸化水素**を分解してつくられる。

$$2H_2O_2 \longrightarrow 2H_2O + O_2$$

◎**反応性に富み**、高温では一部の貴金属、貴ガス元素を除き、他のほとんどの元素と化合物（特に酸化物）をつくる。

◎水にあまり溶けない。

◎酸化物をつくるが、白金・金・銀・不活性ガス・ハロゲン等とは直接化合しない。

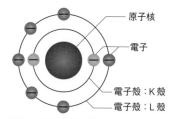

原子核
電子
電子殻：K殻
電子殻：L殻

酸素は8個の電子を持つ。
最も外側の電子殻の電子＝価電子は6個。

■二酸化炭素

◎炭素または炭素化合物の**完全燃焼**により生成する。

◎**空気より重く**、無色・無臭の不燃性の気体である。消火剤として使用される。

◎1モル当たりの空気質量は約29gである。これに対し、二酸化炭素 CO_2 は $12 + 16 \times 2 = 44g$ であるため、空気よりはるかに**重い**ことになる。

◎通常は人体に無害だが、空気中の濃度が高くなると有害となる。

◎二酸化炭素は**水に溶け**（約30％位）、その水溶液（炭酸水）は**弱酸性**を示す。

◎常圧では液体にならず、－79℃で昇華して固体（ドライアイス）となる。ただし、加圧した状態で温度を下げると、容易に液化する。

■一酸化炭素

◎炭素または炭素化合物の**不完全燃焼**により生成し、人体に極めて有毒である。

◎**空気より軽く**、無色・無臭の可燃性の気体である。

◎空気中で点火すると、**淡青色（青白い）**の炎をあげて燃焼し、二酸化炭素になる。

◎一酸化炭素は**水にほとんど溶けない**（わずかに溶ける程度）。

◎一酸化炭素は沸点が－192℃で、液化しにくい。

〔一酸化炭素と二酸化炭素の比較〕

性質	一酸化炭素 CO	二酸化炭素 CO_2
常温(20℃)時	無色無臭の気体	無色無臭の気体
空気に対する比重	0.97(空気より**軽い**)	1.5(空気より**重い**)
空気中での燃焼性	**燃焼する（淡青色の炎）**	燃焼しない
液化	困難	容易
毒性	**有毒**	ほぼ**無毒**
水溶性	ほとんど溶けない	**溶ける**
還元性／酸化性	還元性をもつ	酸化性がある

■水　素

◎原子番号1の元素で、物質中最も軽い。このため空気中では拡散しやすい。

◎無色・無臭の気体である。

◎可燃性で、淡い青色の炎をあげて燃焼し、水を生じる。炎は見えにくい。

$$2H_2 + O_2 \longrightarrow 2H_2O$$

◎水素の燃焼範囲は4〜75%で、非常に広い。

◎水には溶けにくい。

■アセチレン

◎構造式 $H-C\equiv C-H$ で、三重結合をもつ。このため、他の物質と付加反応を起こしやすい。

◎純粋なものは無臭だが、市販されているものは通常、硫黄化合物などの不純物を含むため、特有の臭いを持つ。

◎酸素と混合して完全燃焼させたときの炎の温度は3,330℃にも及ぶため、鉄の切断や溶接に広く使われている。

◎実験室では、炭化カルシウム（カーバイト）に水を作用させてつくる。

$$CaC_2 + 2H_2O \longrightarrow C_2H_2 + Ca(OH)_2$$

◎アセチレンに水を加えると、アセトアルデヒドが生成する。

$$C_2H_2 + H_2O \longrightarrow CH_3CHO$$

■窒　素

◎原子番号7の元素で、無色・無味・無臭の気体である。冷却された窒素の液体である液体窒素は無色透明で流動性が大きい。

◎大気中の体積の割合で約78%を占めている。

◎不燃性で、水に溶けにくく、常温では不活性である。消火剤としても使用される。

◎高温・高圧では、多くの元素と直接化合するため、アンモニアや酸化窒素など多くの窒化物をつくる。

◎生物は窒素を酸素とともに吸い込んで、二酸化炭素とともに吐き出している。また、まったく吸収されず、生物の体に影響を及ぼさない。

◎タンパク質を構成する要素で、さらに言えばタンパク質を構成するアミノ酸の要素でもある。**アンモニウム塩、硝酸塩、タンパク質**などとして、生体中に存在する。

■貴ガス（希ガス）

◎貴ガスとは、元素の周期表（301P 参照）の第18族に属するヘリウム（He）・ネオン（Ne）・アルゴン（Ar）・クリプトン（Kr）・キセノン（Xe）・ラドン（Rn）をいう。

◎貴ガスの原子はとても**安定**しているため、他の原子と結合しにくい。そのため、他の物質と反応しにくく、ほとんど化合物をつくらない。

※貴ガスは、稀ガス、希ガスとも呼ばれる。

■空 気

◎一般的に空気（大気）の組成は、窒素が約78％を占めており、酸素が約21％、アルゴン0.93％、二酸化炭素0.04％、その他水蒸気、ネオンやヘリウム等となっている。場所や時間によって変化する水蒸気を除き、この**割合は一定**である。

▶▶▶ 過去問題 ◀◀◀

【問1】酸素の性状等について、次のA〜Dのうち、正しいものの組合せはどれか。

☑ 1．AとC
　 2．AとD
　 3．BとC
　 4．BとD
　 5．CとD

A．元素は8個の価電子を持っている。
B．液体は淡青色である。
C．他の物質と反応しやすく化合物を作る。
D．非常に燃えやすい物質である。

....

【問2】酸素について、次のうち誤っているものはどれか。

☑ 1．液体酸素は淡青色である。
　 2．希ガスとは反応しない。
　 3．窒素と激しく反応する。
　 4．常温（20℃）では、いくら加圧しても液体にはならない。
　 5．鉄、亜鉛、アルミニウムと直接反応して酸化物を生成する。

....

【問3】 次の文の（　）内のA～Dに当てはまる語句の組合せとして、正しいものは
どれか。[★★★]

「二酸化炭素は、炭素または（A）の（B）燃焼の他、生物の呼吸や糖類の発酵
によっても生成する。二酸化炭素は、空気より（C）気体で、水に溶け、弱い
（D）性を示す。」

		A	B	C	D
☑	1.	無機化合物	不完全	重い	アルカリ
	2.	炭素化合物	完全	重い	酸
	3.	酸素化合物	不完全	軽い	アルカリ
	4.	無機化合物	完全	軽い	酸
	5.	炭素化合物	不完全	軽い	アルカリ

・・

【問4】 常温（20℃）、1気圧（1.013×10^5Pa）において、二酸化炭素が燃えない理
由として、次のうち正しいものはどれか。

☑ 1. 酸素と結合するが、吸熱反応であるから
2. 酸化反応を起こすが、燃焼が継続しないから
3. 酸化反応を起こすが、発熱量が小さいから
4. 二酸化炭素の熱伝導率が大きいから
5. 酸素と結合しないから

・・

【問5】 一酸化炭素と二酸化炭素に関する性状の比較について、次のうち誤っている
ものの組合せはどれか。[★]

		一酸化炭素	二酸化炭素
☑	1.	毒性が強い	毒性が弱い
	2.	空気より重い	空気より軽い
	3.	液化しにくい	液化しやすい
	4.	水にわずかに溶ける	水によく溶ける
	5.	燃える	燃えない

・・

【問6】一酸化炭素と二酸化炭素の性質について述べた次のA〜Eのうち、二酸化炭素にのみ該当する組合せはどれか。

☑ 1．AとD
　 2．AとE
　 3．BとC
　 4．BとD
　 5．CとE

| A．無色、無臭である。 |
| B．人体に極めて有毒である。 |
| C．石灰水を通すと白濁する。 |
| D．空気中で青白い炎をあげて燃焼する。 |
| E．生物の呼吸で生成する。 |

【問7】一酸化炭素の性状について、次のうち誤っているものはどれか。

☑ 1．無色無臭の気体である。
　 2．毒性がある。
　 3．青白い炎をあげて燃焼する。
　 4．炭化水素の完全燃焼により発生する。
　 5．還元作用がある。

【問8】水素について、次のうち誤っているものはどれか。

☑ 1．物質中最も軽く、非常に拡散しやすい可燃性気体である。
　 2．水に溶けにくい。
　 3．純粋なものは、特有の臭いを有する青白色の気体である。
　 4．見えにくい炎をあげて燃え、水を生成する。
　 5．燃焼範囲は、非常に広い。

【問9】次のガス又は水蒸気のうち、空気より軽いものはどれか。[★]

☑ 1．ガソリン　　　　2．エタノール　　　　3．水素
　 4．ベンゼン　　　　5．灯油

【問10】窒素について、次のうち誤っているものはどれか。

☑ 1．空気の成分では最も多く、約78vol％含まれている。
　 2．アンモニウム塩、硝酸塩、タンパク質などとして、生体中に存在する。
　 3．高温、高圧では、他の元素と直接化合して、アンモニア、酸化窒素など多くの窒化物を作る。
　 4．液体窒素は、無色透明で流動性が大きい。
　 5．窒素は、水によく溶けて消火の際に有効な作用をする。

【問 11】 空気の一般的性状について、次のうち誤っているものはどれか。

☑ 1．乾燥した空気の組成は、ほぼ一定である。
2．空気中の水蒸気量は、可燃物の燃焼の難易に影響する。
3．ろうそくの炎には、空気中の酸素が拡散によって運ばれる。
4．空気中の窒素は、可燃物の急激な燃焼を抑制している。
5．空気中で酸素濃度が 19.7％以下になると、燃焼反応は継続できない。

▶ 解 説

〔問1〕正解…3（BとC）
　A．価電子とは最外殻の電子をいう。酸素は8個の電子をもち、最外殻には6個の電子＝価電子がある。
　D．燃焼を助ける支燃性があるが、酸素自体は不燃性である。

〔問2〕正解…3
　2＆3．希ガスや窒素は不活性ガスのため、酸素と反応しない。
　4．酸素の臨界温度は非常に低いため、常温（20℃）ではいくら加圧しても液化しない。なお、酸素の沸点は約−183℃（常圧）である。
　5．酸素と反応すると、酸化鉄、酸化亜鉛、酸化アルミニウムとなる。

〔問3〕正解…2
　「二酸化炭素は、炭素または〈Ⓐ 炭素化合物〉の〈Ⓑ 完全〉燃焼の他、生物の呼吸や糖類の発酵によっても生成する。二酸化炭素は、空気より〈Ⓒ 重い〉気体で、水に溶け、弱い〈Ⓓ 酸〉性を示す。」

〔問4〕正解…5
　1〜3．二酸化炭素は炭素や炭素化合物の完全燃焼で生じる。このため、更に酸化することはない。
　4．二酸化炭素が燃えない理由と、熱伝導率は関連がない。
　5．二酸化炭素は、酸素と結合しない。なお、一酸化炭素 CO は、酸素と結合して二酸化炭素 CO_2 となる。

〔問5〕正解…2
　2．一酸化炭素は空気より軽く、二酸化炭素は空気より重い。

〔問6〕正解…5（CとE）
　A．一酸化炭素、二酸化炭素ともに無色で無臭である。
　B．一酸化炭素は極めて有毒だが、二酸化炭素はほぼ無害である。
　C．石灰水は二酸化炭素に反応して白く濁るが、一酸化炭素は反応しない。
　D．一酸化炭素は空気中で青白い炎をあげて燃焼するが、二酸化炭素は燃焼しない。
　E．生物の呼吸で生成するのは二酸化炭素である。

〔問7〕 正解…4

　4．一酸化炭素は、炭素または炭素化合物の不完全燃焼により生成される。

〔問8〕 正解…3

　3．水素は無色無臭の気体である。特有の臭気のある青白い気体はオゾンである。

〔問9〕 正解…3

　1＆2＆4＆5．すべて第4類の危険物であるため、蒸気比重は1（空気）より大きい。ガソリン…3〜4、エタノール…1.6、ベンゼン…2.8、灯油…4.5。

　3．水素 H_2…0.0695。水素は物質中最も軽く、そのため空気中では拡散しやすい。

〔問10〕 正解…5

　5．窒素は、不燃性で水に溶けにくく、常温では不活性な気体である。窒息効果が得られるため、消火剤としても用いられる。

〔問11〕 正解…5

　5．一般的に、空気中の酸素の量は約21％である。可燃性物質の燃焼には、ある濃度以上の酸素が必要である。多くの可燃性物質は酸素濃度が約14〜15％以下になると燃焼を継続できなくなる。「3．燃焼の難易」190P 参照。

第3章　危険物の性質・火災予防・消火の方法

❀ ☑　　1. 危険物の分類 …………………………………… 330
❀ ☑　　2. 第4類危険物の性状 …………………………… 336
❀ ☑　　3. 第4類危険物の消火 …………………………… 341
❀ ☑　　4. 第4類危険物の貯蔵・取扱い ………………… 345
❀ ☑　　5. 事故事例と対策 ………………………………… 351
❀ ☑　　6. 特殊引火物の性状 ……………………………… 356
❀ ☑　　7. 第1石油類の性状 ……………………………… 363
❀ ☑　　8. アルコール類の性状 …………………………… 371
❀ ☑　　9. 第2石油類の性状 ……………………………… 377
❀ ☑　10. 第3石油類の性状 ……………………………… 385
❀ ☑　11. 第4石油類の性状 ……………………………… 390
❀ ☑　12. 動植物油類の性状 ……………………………… 393
　　■ 参考　乙種第4類の主な危険物 ………………… 396

※第3章は、すべて頻出項目です。

出題頻度に合わせて、問題に以下の★印をつけています。

　★★★ …よく出題　　　★★ …ときどき出題　　　★ …たまに出題

過去問題の出題文章についての注釈

現在、試験の「危険物の性状並びにその火災予防及び消火の方法」（本書では第3章）で出題される問題の文章が、変更されつつあります。
具体例は以下のとおりです。

> 例1：「……、次のうち誤っているものはどれか。」
> 　⇒「……、次のうち妥当でないものはどれか。」
> 例2：「……、次のうち正しいものはどれか。」
> 　⇒「……、次のうち妥当なものはどれか。」

本書では、「誤っているもの」「正しいもの」をそのまま使用しているものがありますが、実際の試験では、「妥当でないもの」「妥当なもの」とされている場合がありますのでご留意ください。（編集部）

第3章　危険物の性質・火災予防・消火の方法

■第1類～第6類の性質と危険性

類別	性質・燃焼性・状態	主な性質と危険性
第1類	酸化性固体 不燃性 固体	①比重は1より大きい。 ②加熱・衝撃・摩擦に不安定である（分解しやすい）。 ③酸化性が強く、他の物質を強く酸化させる。可燃物との接触・混合は爆発の危険性がある。 ④物質そのものは燃焼しない（不燃性）。 ⑤多量の酸素を含有しており、加熱すると分解して酸素を放出する。 ⑥多くは無色または白色である。 ⑦水溶性のものが多い。
第2類	可燃性固体 可燃性 固体	①酸化されやすい（燃えやすい）。また、酸化剤と接触・混合すると爆発する危険性がある。 ②火炎により着火しやすい、または比較的低温（40℃未満）で引火・着火しやすい。 ③燃焼の際に有毒ガスを発生するもの、水と接触すると水素と熱を発するものがある。 ④引火性固体（固形アルコールなど）の燃焼は主に蒸発燃焼である。 ⑤引火性固体を除き、一般に比重は1より大きく、水に溶けない。 ⑥微粉状のものは、粉じん爆発の危険性がある。
第3類	自然発火性物質 及び 禁水性物質 可燃性 不燃性（一部） 固体　液体	①空気にさらされると自然発火するものがある。 ②水と接触すると発火または可燃性ガスを発生するものがある。 ③多くは、自然発火性と禁水性の両方の性質をもつ（例外として、リチウムは禁水性、黄りんは自然発火性のみの性質をもつ）。
第4類	引火性液体 可燃性 液体	①引火性があり、蒸気を発生させ引火や爆発のおそれのあるものがある。 ②蒸気比重は1より大きく、蒸気は低所に滞留する。 ③液比重は1より小さく、水に溶けないものが多い。 ④非水溶性のものは電気の不導体のため、静電気を発生しやすい。

第5類	自己反応性物質 可燃性 固体　液体	①内部（自己）燃焼する物質が多い。 ②加熱すると爆発的に分解・燃焼する（**燃焼速度が速い**）。 ③加熱・衝撃・摩擦等により、発火・爆発するおそれがある。 ④**可燃物と酸素供給源が共存**（分子内に酸素を含有）している物質のため、酸素がなくても自身で酸素を出して自己燃焼する。 ⑤分子内に**窒素を含有**しているものもある。 ⑥比重は**1より大きい**。
第6類	酸化性液体 不燃性 液体	①物質そのものは燃焼しない（不燃性）。 ②他の物質を強く酸化させる（強酸化剤）。 ③**酸素を分離して他の燃焼を助ける**ものがある。 ④多くは、腐食性があり、皮膚に接触すると危険。また、蒸気は有毒である。 ⑤比重は**1より大きい**。

※液体とは：常温常圧（20℃・1気圧）で液状であるもの。または温度20℃を超え40℃以下の間において液状となるもの。

※固体とは：液体または気体（常温常圧（20℃・1気圧）のときに気体状であるもの）以外のもの。

▶▶▶ 過去問題 ◀◀◀

【問1】危険物の類ごとに共通する性状として、次のうち誤っているものはどれか。

[★]

☑　1．第1類の危険物は、加熱、衝撃、摩擦などにより分解し、容易に酸素を放出して可燃物の燃焼を助けるものが多い。

2．第2類の危険物は、微粉状にすると、空気中で粉じん爆発を起こすものが多い。

3．第3類の危険物は、空気または水と接触することにより発熱し、可燃性ガスを発生して発火するものが多い。

4．第5類の危険物は、自ら酸素を含む自己燃焼性のものが多い。

5．第6類の危険物は、加熱、衝撃、摩擦などにより、発火・爆発するものが多い。

【問2】 危険物の類ごとの共通する性状として、次のうち誤っているものはどれか。

[★]

☑　1．第1類の危険物は、固体である。
　　2．第2類の危険物は、固体である。
　　3．第3類の危険物は、固体と液体である。
　　4．第5類の危険物は、液体である。
　　5．第6類の危険物は、液体である。

【問3】 危険物の類ごとに共通する性状について、次のうち正しいものはどれか。

☑　1．第1類の危険物は、不燃性の液体である。
　　2．第2類の危険物は、可燃性の液体である。
　　3．第3類の危険物は、20℃で自然発火する。
　　4．第5類の危険物は、比重が1より大きい。
　　5．第6類の危険物は、分子中に酸素を含有する。

【問4】 次の性状を有する危険物の類別として、正しいものはどれか。
「この類の危険物は酸化性の液体である。自らは不燃性であるが有機物と混ぜるとこれを酸化させ、着火することがある。多くは腐食性があり、蒸気は有毒である。」

☑　1．第1類危険物　　　　2．第2類危険物　　　　3．第3類危険物
　　4．第5類危険物　　　　5．第6類危険物

【問5】 危険物の性質について、次のうち誤っているものはどれか。

☑　1．危険物には、同一物質であっても、形状、粒度によって危険物になるものと、ならないものがある。
　　2．酸化力が強く、有機物と混ぜるとこれを酸化させ、場合によっては着火させるものがある。
　　3．危険物には、単体、化合物、混合物の3種類がある。
　　4．多量の酸素を含んでおり、他からの酸素の供給がなくても燃焼するものがある。
　　5．同一の類の危険物に対する適応消火剤および消火方法は同じである。

【問6】次のＡ～Ｃの文に該当する危険物の類別の組合せとして、次のうち正しいものはどれか。[★][編]

> Ａ．酸化性の液体で、自らは不燃性だが、有機物と混ぜるとこれを酸化させ、場合によっては着火させることがある。また、蒸気は有毒である。
>
> Ｂ．強酸化性物質で、他の物質と反応しやすい酸素を多量に含有しており、加熱、衝撃、摩擦などにより分解し、酸素を放出しやすい固体である。
>
> Ｃ．比較的低温で着火しやすい可燃性の固体で、比重は１より大きく、水に溶けないものがほとんどである。酸化剤との接触又は混合・打撃などにより爆発する危険性がある。

	A	B	C
1.	第６類	第１類	第３類
2.	第１類	第６類	第２類
3.	第６類	第１類	第５類
4.	第１類	第６類	第５類
5.	第６類	第１類	第２類

(チェック欄は 1. の左)

【問7】危険物の性質について、次のうち誤っているものはどれか。

1. 危険物はその形状、粒度により危険物になるものとならないものがある。
2. 水に触れると発熱し、可燃性ガスを発生するものがある。
3. 保護液として、水、二硫化炭素、メタノールを使用するものがある。
4. 酸素を物質中に含有し、加熱、衝撃、摩擦等により、発火し、爆発するものがある。
5. 酸化力が強く、有機物と混ぜるとこれを酸化させ、場合によっては着火させるものがある。

【問8】第１類から第６類の危険物の性状について、次のうち正しいものはどれか。

[★★]

1. １気圧において、常温（20℃）で引火するものは、必ず危険物である。
2. すべての危険物には、引火点がある。
3. 危険物は、必ず燃焼する。
4. すべての危険物は、分子内に炭素、酸素または水素のいずれかを含有している。
5. 危険物は、１気圧において、常温（20℃）で液体または固体である。

【問9】 第1類から第6類の危険物の性状等について、次のうち正しいものはどれか。

[★]

☑ 1．危険物は常温（20℃）において、気体、液体および固体のものがある。

2．引火性液体の燃焼は蒸発燃焼であるが、引火性固体の燃焼は分解燃焼である。

3．液体の危険物の比重は1より小さいが、固体の危険物の比重はすべて1より大きい。

4．危険物には、単体、化合物および混合物の3種類がある。

5．同一の類の危険物に対する適応消火剤および消火方法は同じである。

▶ 解 説

〔問1〕 **正解…5**

5．設問の内容は第5類の危険物である。第6類危険物は酸化性液体で、物質そのものは燃焼しない。

〔問2〕 **正解…4**

4．第5類の危険物は、自己反応性物質の固体または液体である。

〔問3〕 **正解…4**

1．第1類の危険物は、不燃性の固体である。

2．第2類の危険物は、可燃性の固体である。

3．第3類の危険物は、自然発火性物質及び禁水性物質であり、第3類の大部分の危険物が両方の性質を持つが、片方のみの性質を持つ危険物もあるため、第3類のすべて危険物が自然発火をするわけではない。また、例として、第3類危険物に指定されている、自然発火性のみを有する黄リンの発火点は 34 〜 44℃である。

5．ハロゲン間化合物のように、分子中に酸素を含有しない危険物もある。

〔問4〕 **正解…5**

〔問5〕 **正解…5**

1．第2類の危険物の鉄粉や金属粉などは、規定の目開きの網ふるいを通過するものの割合によって、危険物になるものとならないものを区別している。

2．第6類の危険物は、酸化力が強く、有機物と混ぜるとこれを酸化させ、場合によっては着火させるものがある。

3．単体…硫黄・鉄粉（第2類）、カリウム・ナトリウム（第3類）など。
化合物…ジエチルエーテル・ベンゼン・エタノール（第4類）など。
混合物…ガソリン・灯油・軽油（第4類）など。

4．第5類の危険物は、分子内に酸素を含有しており、他からの酸素の供給がなくても燃焼するものがある。

5．同一の類の危険物であっても、品名によって性質が異なるため、消火剤や消火方法も異なる。

〔問6〕 **正解…5**

〔問7〕 正解…3

1．第2類の危険物の鉄粉や金属粉などは、規定の目開きの網ふるいを通過するものの割合によって、危険物になるものとならないものを区別している。

2．第3類の危険物は禁水性を有するものが多く、水と接触すると発火もしくは可燃性ガスを発生させるものがある。

3．危険物の保護液として、二硫化炭素とメタノールが使われることはない。危険物の保護液は、黄リンに対する水、カリウムやナトリウムに対する灯油・流動パラフィンなどが挙げられる。

4．第5類の危険物は自己反応性物質で、物質中に酸素を含有し、加熱・衝撃・摩擦等により、発火・爆発するものがある。

5．第6類の危険物は、酸化力が強く、有機物と混ぜるとこれを酸化させ、場合によっては着火させるものがある。

〔問8〕 正解…5

1．1気圧・常温（20℃）で引火するものが、必ずしも危険物であるということはない。木材や紙は1気圧・常温（20℃）で引火するが、危険物に該当しない。

2．第1類の危険物（酸化性固体）及び第6類の危険物（酸化性液体）は可燃物ではないため、引火点がない。

3．第1類の危険物（酸化性固体）及び第6類の危険物（酸化性液体）は不燃性である。

4．第4類の危険物（引火性液体）は分子内に炭素、酸素または水素のいずれかを含有しているものが多い。しかし、第2類の危険物（可燃性固体）の硫化リンや金属粉などは、C・O・Hのいずれも含有していない。

5．消防法で定める危険物は、常温常圧（20℃・1気圧）において液体または固体である。気体は該当しない。

〔問9〕 正解…4

1．消防法で定める危険物は、常温常圧（20℃・1気圧）において液体または固体である。気体は該当しない。

2．固体の燃焼は分解燃焼のほか、蒸発燃焼、表面燃焼、自己燃焼などがある。

3．液体の危険物の比重は1より小さいものが多いが、1より大きいものもある（二硫化炭素：1.3、酢酸：1.05）。また、固体の危険物の比重も1より大きいものが多いが、1より小さいものもある（カリウム：0.86、ナトリウム：0.97、リチウム：0.53（リチウムは固体単体で最も軽い））。

5．同一の類の危険物であっても、品名によって性質が異なるため、消火剤や消火方法も異なる。

■共通する性状

◎引火性の**液体**（常温・常圧）である。液体であることから**流動性が高く、火災**になった場合に拡大する危険性がある。

◎液体の比重は、**1より小さいもの**が多い。

◎燃焼範囲の上限値は60vol％以下のものが多く、発火点は**650℃以下**である。アセトアルデヒドの燃焼範囲は4.0〜60vol％で、アニリンの発火点は615℃である。

〔比重が1より大きいもの〕

品名	物品名	液比重
特殊引火物	**二硫化炭素**	**1.3**
第2石油類	クロロベンゼン	1.1
	酢酸	1.05
	アクリル酸	1.05
第3石油類	ニトロベンゼン	1.2
	グリセリン	1.3
	アニリン	1.01
第4石油類	リン酸トリクレジル	1.17

▶非水溶性と水溶性

◎**非水溶性**（水に溶けない性質）のものが多いが、水溶性のものもある。

◎非水溶性のものは、**流動、かくはん**などにより**静電気が発生**し、電気の**不導体**であることから静電気が蓄積されやすい。このため、静電気の火花により引火することがある。二硫化炭素、トルエン、軽油などが該当する。

〔水溶性のもの〕

品名	物品名
特殊引火物	アセトアルデヒド、酸化プロピレン
第1石油類	アセトン、ピリジン
アルコール類	すべて
第2石油類	酢酸、アクリル酸、プロピオン酸
第3石油類	エチレングリコール、グリセリン

▶蒸 気

◎蒸気は**空気とわずかに混合した状態**でも、引火するものが多い。ただし、蒸気濃度が燃焼範囲から外れると、点火しても引火しない。

◎**燃焼範囲の広いもの**は、危険性が高い。

◎液温が高くなるに従い、可燃性蒸気の発生量は多くなる。

◎**蒸気比重は、すべて1より大きい**（空気より重い）。このため、蒸気は低所に滞留するか、低所を伝わって遠くに流れやすい。

◎蒸気は**特有の臭気**を帯びるものが多い。

◎可燃性蒸気は、**沸点の低いもの**ほど発生が容易になり、引火の危険性が高まる。

▶発火点

◎発火点は、ほとんどのものが 100℃以上である。発火点に達すると、火源がなくとも自ら発火し燃焼する。なお、**二硫化炭素の発火点は 90℃**である。

▶引火点

◎常温（20℃）で引火するものと、引火しないものがある。

◎引火点が特に低いものがある。具体的には、ガソリン－40℃以下、ジエチルエーテル－45℃、二硫化炭素－30℃以下、などである。

◎引火点が低いものほど、引火の危険性が高く、**揮発性が高いため蒸発しやすい。**

◎水溶性のものは、注水して**濃度を薄くすると、**その蒸気圧が小さくなり、**引火点が高くなる。**

◎蒸気は燃焼範囲を有し、この下限値に達する**液温が低いものほど、**引火の危険性は大きい。

◎**蒸気比重の小さいものは、引火点が低い**場合が多い。

◎一般に**沸点が低いものほど、引火点は低い。**

◎**分子量の大きいものほど、引火点が高い**場合が多い。

▶▶▶ 過去問題 ◀◀◀

【問1】 第4類の危険物の一般的な性状として、次のA～Fのうち、誤っているもののみをすべて掲げているものはどれか。[編]

> A．液体の比重は1より大きい。
> B．流動性が高いので火災がおきたとき拡大する危険がある。
> C．液面から発生した蒸気の比重は1より小さい。
> D．引火点が高い物質ほど引火の危険性が大きい。
> E．可燃性蒸気は低所に滞留しやすく、また遠方まで流れることがある。
> F．沸点の高い物質ほど引火の危険性が大きい。

☑　1．A、B、C　　　　　2．B、C、E　　　　　3．D、E、F
　　4．A、C、D、F　　　5．A、C、E、F

【問2】 次の危険物のうち、水より重いものはどれか。

☑　1．軽油　　　　　2．二硫化炭素　　　　3．トルエン
　　4．メタノール　　5．エチルメチルケトン

【問3】第4類の危険物の一般的な性状として、次のうち誤っているものはどれか。

☑ 1．比重が1より小さいものが多い。

2．蒸気比重が1より大きい。

3．貯蔵する際、密栓する。

4．引火点を有しないものがある。

5．電気の不良導体で静電気が蓄積されやすい。

【問4】第4類の危険物の一般的性状について、次の文の（　）内のA～Dに当てはまる語句の組合せとして、正しいものはどれか。[★]

「第4類の危険物は、引火点を有する（A）であり、その比重は1より（B）ものが多く、蒸気比重は1より（C）ものが多い。また、電気の（D）であるものが多く、静電気が蓄積されやすい。」

		A	B	C	D
☑	1.	液体	大きい	小さい	不導体
	2.	液体または固体	大きい	小さい	不導体
	3.	液体	小さい	大きい	不導体
	4.	液体または固体	小さい	大きい	導体
	5.	液体	小さい	大きい	導体

【問5】第4類の危険物の性状について、次のうち誤っているものはどれか。[★★]

☑ 1．非水溶性のものは、流動、かくはんなどにより静電気が発生し、蓄積しやすい。

2．水溶性のものは、水で薄めると引火点が低くなる。

3．常温（20℃）で、ほとんどのものが液状である。

4．蒸気比重は1より大きく、低所に滞留しやすい。

5．液体の比重は、1より小さいものが多い。

【問6】第4類の危険物の一般的な性状について、次のうち誤っているものはどれか。

☑ 1．沸点は水より高いものがある。

2．可燃性蒸気と空気の混合気は、一定範囲の混合割合でなければ燃焼しない。

3．20℃では液体であるが、10℃のとき固体のものが存在する。

4．20℃で点火源があれば、すべて引火する。

5．蒸気比重は1より大きいため、低所に滞留しやすい。

【問7】 第4類の危険物の一般的な火災の危険性について、次のうち誤っているもの
はどれか。[★★]

☑ 1．沸点が低い物質は、引火の危険性が大である。
　2．燃焼範囲の下限界の小さい物質ほど危険性は大である。
　3．燃焼範囲の下限界が等しい物質の場合は、燃焼範囲の上限界の大きい物質
　　 ほど危険性は大である。
　4．燃焼範囲の上限界と下限界との差が等しい物質の場合は、下限界の小さい
　　 物質ほど危険性は大である。
　5．液体の比重の大きな物質ほど蒸気密度が小さくなるので、危険性は大であ
　　 る。

··

【問8】 第4類の危険物の性状について、次のうち正しいものはどれか。

☑ 1．すべて0℃で液体である。
　2．水に溶けないものが多い。
　3．燃焼下限界の大きいものほど燃焼の危険性は大きい。
　4．すべて電気の良導体で、静電気が蓄積されにくい。
　5．すべて蒸気比重は1より小さく、可燃性蒸気は拡散しやすい。

··

【問9】 次に掲げた危険物のうち、両方とも水に溶けないものはどれか。[★]

☑ | 1. | 二硫化炭素 | メタノール |
2.	クレオソート油	アセトン
3.	エチレングリコール	アニリン
4.	酸化プロピレン	ピリジン
5.	トルエン	軽油

▶ 解 説

〔問1〕正解…4（A、C、D、F）
　A．液体の比重は1より小さいものが多い。
　C．蒸気比重は1より大きい。
　D．引火点が低い物質ほど引火の危険性が大きい。
　F．一般に、引火性液体の引火点は沸点が低いものほど低い。沸点や引火点が低いと
　　 可燃性蒸気を発しやすくなるため引火の危険性が高くなる。

〔問2〕 正解…2

　　比重は次のとおり。軽油：約 0.85、二硫化炭素：1.3（水より重い）、トルエン：0.9、
　　メタノール：0.8、エチルメチルケトン：0.8。

〔問3〕 正解…4

　　3.「4. 第4類危険物の貯蔵・取扱い」345P 参照。

　　4. 引火性液体のため、すべて引火点を有する。

〔問4〕 正解…3

　　「第4類の危険物は、引火点を有する〈Ⓐ 液体〉であり、その比重は1より〈Ⓑ 小さ
　　い〉ものが多く、蒸気比重は1より〈Ⓒ 大きい〉ものが多い。また、電気の〈Ⓓ 不
　　導体〉であるものが多く、静電気が蓄積されやすい。」

〔問5〕 正解…2

　　2. 水溶性のものは、水で薄めると引火点が高くなる。すなわち、危険性が低くなる。

〔問6〕 正解…4

　　1. 例えば、ガソリンの沸点は 38 〜 220℃。

　　2. 燃焼範囲とは空気中において燃焼することができる可燃性蒸気の濃度範囲のこと
　　　をいい、可燃性蒸気は燃焼範囲より濃くても、また薄くても燃焼しない。

　　3. 酢酸は約 17℃以下、アクリル酸は約 13℃以下になると凝固する。「9. 第2石
　　　油類の性状」377P 参照。

　　4. 第4類の危険物には、高引火点（130℃以上）のものもある。

〔問7〕 正解…5

　　5. 液体の比重と危険性は直接的な関係がない。例えば、特殊引火物のジエチルエー
　　　テルの比重は 0.7 であり、第2石油類の軽油の比重は 0.85 程度である。しかし、
　　　燃焼範囲（ジエチルエーテル 1.9 〜 36vol%、軽油 1.0 〜 6.0vol%）などを比較す
　　　るとジエチルエーテルの方が危険性は大きい。

〔問8〕 正解…2

　　1. 酢酸は約 17℃以下、アクリル酸は約 13℃以下になると凝固する。

　　3. 燃焼下限界の大きいものは、濃度が大きくならないと引火しないため、燃焼の危
　　　険性は低い。　第2章「5. 燃焼範囲」199P 参照。

　　4. 非水溶性のものは電気の不導体で、静電気が発生しやすく、蓄積しやすい。

　　5. 蒸気比重は1より大きいため、可燃性蒸気は低所に滞留しやすい。

〔問9〕 正解…5

　　水溶性のもの…メタノール、エチレングリコール、アセトン、ピリジン、
　　　　　　　　　酸化プロピレン

　　非水溶性のもの…二硫化炭素、クレオソート油、アニリン、トルエン、軽油
　　　　　　　　　（水に溶けにくいものも含む）

■消火の方法

◎第4類危険物の火災における消火では、可燃物の除去消火や冷却消火が困難である。このため、空気を遮断する**窒息消火**や**燃焼の抑制**（負触媒効果）による消火が効果的である。

◎使用する消火剤は、**強化液消火剤（霧状）**、ハロゲン化物消火剤、二酸化炭素消火剤、泡消火剤、粉末消火剤などである。特に、強化液消火剤は棒状に放射すると危険物が飛散するため、**霧状**に放射しなくてはならない。

◎第4類危険物は、液体の比重が1より小さいものがほとんどである。このため、消火のために注水すると、**危険物が水に浮いて燃焼面積が広がり**、危険性が増す。

◎アルコール等の水溶性の液体は、一般の泡消火剤の泡を溶かして消してしまう特性がある。このため、水溶性液体による火災では、一般の泡消火剤は不適当である。泡が溶けない**水溶性液体用の泡消火剤**を使用する。

◎**水溶性**の主な危険物は次のとおりである。

> ① 特殊引火物 ………**アセトアルデヒド、酸化プロピレン**
> ② 第1石油類 ………**アセトン、ピリジン、エチルメチルケトン**
> ③ アルコール類 ……すべて（**メタノール、エタノール、***n* **−プロピルアルコール（1−プロパノール）**）
> ④ 第2石油類 ………**酢酸、アクリル酸、プロピオン酸**
> ⑤ 第3石油類 ………**エチレングリコール、グリセリン**

▶▶▶ 過去問題 ◀◀◀

▶消火の方法

【問1】 ベンゼンやトルエンの火災に使用する消火器として、次のうち適切でないものはどれか。［★★★］

- ☑ 1．消火粉末を放射する消火器
- 　 2．棒状の強化液を放射する消火器
- 　 3．二酸化炭素を放射する消火器
- 　 4．霧状の強化液を放射する消火器
- 　 5．泡を放射する消火器

【問2】 ガソリン火災に対する消火剤とその効果について、次のうち誤っているもの
はどれか。

☑ 1．粉末消火剤は効果がある。
　　2．二酸化炭素消火剤は効果がある。
　　3．泡消火剤は効果がある。
　　4．霧状の強化液消火剤は効果がある。
　　5．ハロゲン化物消火剤は全く効果がない。

【問3】 第4類の危険物の火災における消火効果等について、次のうち誤っているも
のはどれか。[★★]

☑ 1．重油の火災に、泡消火器は効果がある。
　　2．トルエンの火災に、ハロゲン化物消火器は効果がある。
　　3．ガソリンの火災に、二酸化炭素消火器は効果がない。
　　4．ベンゼンの火災に、リン酸塩類等の粉末消火器は効果がある。
　　5．軽油の火災に、棒状注水するのは効果がない。

【問4】 第4類の危険物の消火に際しての注意点として、次のうち適切でないものは
どれか。

☑ 1．二硫化炭素は燃焼により有毒ガスが発生する。
　　2．ガソリンの消火に水を使用すると、火災が拡大することがある。
　　3．メタノールの火炎の色は淡く認識しにくい。
　　4．灯油の消火に水を使用するときは霧状にする。
　　5．容器内で燃焼している重油に水をかけると、水が沸騰し高温の重油を飛散
　　　させる。

【問5】 舗装面または舗装道路に漏れたガソリンの火災に噴霧注水を行うことは、不
適応な消火方法とされている。次のA〜Eのうち、その主な理由に当たるもの
の組合せはどれか。[★★]

☑ 1．AとB
　　2．AとD
　　3．BとC
　　4．CとE
　　5．DとE

| A．ガソリンが水に浮き、燃焼面積を拡大させる。 |
| B．水滴がガソリンをかき乱し、燃焼を激しくする。 |
| C．水滴の衝撃でガソリンをはね飛ばす。 |
| D．水が側溝等を伝わり、ガソリンを遠方まで押し流す。 |
| E．水が激しく沸騰し、ガソリンを飛散させる。 |

▶水溶性の危険物、水溶性液体用の泡消火剤

【問6】アセトンやエチルメチルケトンの消火方法として、最も適切なものは次のうちどれか。

- ☑ 1．ハロゲン化物消火剤の放射
  2．棒状の放水
  3．水溶性液体用泡消火剤の放射
  4．二酸化炭素消火剤の放射
  5．リン酸塩類を使用する粉末消火剤の放射

:::

【問7】次のA～Eの危険物のうち、非水溶性液体用の泡消火剤では効果的に消火できない危険物の組合せはどれか。[★]

- ☑ 1．AとB
  2．AとE
  3．BとC
  4．CとD
  5．DとE

A．	トルエン
B．	ベンゼン
C．	灯油
D．	グリセリン
E．	メタノール

:::

【問8】メタノールの火災における消火方法として、次のうち適切でないものはどれか。

- ☑ 1．二酸化炭素消火剤を放射する。
  2．ハロゲン化物消火剤を放射する。
  3．粉末消火剤を放射する。
  4．水溶性液体用泡消火剤以外の泡消火剤を放射する。
  5．霧状の強化液消火剤を放射する。

:::

【問9】泡消火剤の中には、水溶性液体用泡消火剤とその他一般の泡消火剤がある。次の危険物が火災になった場合、水溶性液体用泡消火剤でなければ効果的に消火できないものの組み合わせはどれか。[★]

☑			
	1．	エチルメチルケトン	トルエン
	2．	クロロベンゼン	酸化プロピレン
	3．	ガソリン	1－プロパノール
	4．	アセトアルデヒド	ベンゼン
	5．	酢酸	エタノール

〔問1〕 **正解…2**

2．強化液を棒状に放射すると、液体の危険物を飛散させるため、霧状に放射する。

〔問2〕 **正解…5**

5．ハロゲン化物消火剤は、油火災や電気火災に適応し、燃焼の抑制効果と窒息効果により消火する。そのため、第4類危険物に対しても効果がある。

〔問3〕 **正解…3**

3．二酸化炭素消火器は、ガソリンの火災に対し窒息効果がある。

〔問4〕 **正解…4**

1．二硫化炭素は、燃焼すると二酸化炭素と有毒な二酸化硫黄（亜硫酸ガス）を発生する。「6．特殊引火物の性状」356P 参照。

2＆4．ガソリンや灯油などの第4類危険物は、液比重が1より小さいものが多いため、消火の際に水を使用すると危険物が水に浮き、燃焼面積が広がるおそれがある。霧状・棒状の放射状態の場合、水を使用しないこと。

3．メタノールやエタノールなどのアルコールは、青白い炎を出して燃えるため認識しにくい。「8．アルコール類の性状」371P 参照。

〔問5〕 **正解…2（AとD）**

イメージとして、天ぷら鍋による油火災時に水をかけて消火することを想定してはならない。設問では、舗装面に漏れたガソリンの火災に対し、噴霧注水による消火を想定している。この場合、水滴がガソリンをかき乱したり、水滴の衝撃でガソリンをはね飛ばすこともない。また、ガソリンの下に潜り込んだ水が沸騰することもない。水に浮かんだガソリンが燃焼しながら広がることになる。

〔問6〕 **正解…3**

3．アセトンとエチルメチルケトン（メチルエチルケトン）は、どちらも第1石油類に該当する水溶性の危険物である。水溶性の危険物には、水溶性液体用泡消火剤を使用するのが最も効果的である。

〔問7〕 **正解…5（DとE）**

グリセリンとメタノールは水溶性のため、水溶性液体用の泡消火剤で消火しなくてはならない。

〔問8〕 **正解…4**

4．メタノールは水溶性のため、水溶性液体用泡消火剤以外の泡消火剤を使用すると泡が溶けてしまう。このため、水溶性液体用の泡消火剤で消火しなくてはならない。

〔問9〕 **正解…5**

水溶性…エチルメチルケトン、酸化プロピレン、1－プロパノール、
　　　　アセトアルデヒド、酢酸、エタノール

非水溶性…トルエン、クロロベンゼン、ガソリン、ベンゼン

344

4 第4類危険物の貯蔵・取扱い

■貯蔵・取扱いの方法

◎火炎、高温体、火花に接近または接触しないようにする。

◎近くに粉末消火器等の第4類危険物に適応する消火器を備えておく。

◎換気を行い、蒸気の濃度は燃焼下限界の1/4以下にする。

◎容器に入れて密栓し、風通しのよい冷暗所に貯蔵する。また、気温等により液体が膨張すると容器を破損したり、栓からあふれ出ることがあるため、容器内上部に膨張のための余裕空間を確保する。

◎屋内において取扱作業を行う場合、通風・換気の確保された場所で行うこと。

◎危険物を貯蔵していた空容器は、可燃性蒸気が残留している場合があるため、ふたをしっかり締めて、通風・換気のよい屋内の床面に保管する。

◎事故等で流出したときは土嚢等で囲み、河川に流れないようにする。

◎作業者は帯電防止用の作業服や靴を着用する（絶縁性の高いものは着用しない）。

◎少量が漏えいした場合は、布で拭く等の対処をする。大量に漏えいした場合は、漏えいした危険物および場所（海上、陸上）を勘案して、回収方法（油回収装置、油吸着材など）と処理剤（油ゲル化剤、油処理剤など）を使い分けて対処する。

◎ガソリンの貯蔵及び取扱いは、以下を注意する。

> ①消防法に適合した**金属製容器等**で貯蔵や取扱いを行い、容器は必ず密栓する。
> ②火気や高温部から離れた、直射日光の当たらない**通気性の良い地面**で保管する。
> ③ガソリンの漏れやあふれが起きると容易に火災に至る危険性があることから、漏れやあふれが生じないように注意を払い、**開口前にエア抜き**等（**エア調整ねじ**や**圧力調整弁**の操作等）を行ってから、開栓作業を行う。
> ④夏季にガソリンの温度が上がって蒸気圧が高くなる可能性があるため、取扱いには、吹きこぼしが起こらないようにする。
> ⑤ガソリンを**容器いっぱいまで入れない**。必ず、容器内に空間を残すこと。

■火災予防

◎みだりに蒸気を発生させない。可燃性蒸気は空気と混合して、引火すると爆発的に燃焼し危険である。また、**酸化性**の物品とは同一の室に**貯蔵しない**。

◎詰替え等で蒸気が発生する場合、通風・換気をよくする。蒸気比重は1（空気）より大きいため、発生した蒸気は低所に滞留する。この滞留蒸気は換気装置により屋外の高所へ排出する。

◎例えば、電源スイッチの開閉（ON/OFF）時、電気火花が発生して可燃性蒸気に引火する危険性がある。このため、可燃性蒸気が滞留する恐れのある場所で使用する電気設備は、防爆構造としなければならない。

◎防爆構造とは、可燃性蒸気などによる爆発を防ぐため、電気火花や高熱が発生しない構造とするもので、規格により各種の防爆構造が定められている。第2章「4. 引火と発火　■防爆構造」195P 参照。

■静電気による火災の予防
◎注入ホースなどは、接地導線のあるものを使用する。また、タンク・容器・配管・ノズル等はできるだけ導電性のものを使用し、導体部分は接地する。
◎流動や揺動させたりすると静電気が蓄積するため、ホース等で移し替える際は、遅い流速で行う。また、ホース、配管、タンク、タンクローリーなどは接地して静電気を逃がし、帯電を防止する。流動や揺動があった後は、静置時間をおく。
◎静電気が発生する恐れのある作業を行うときは、床面に散水して湿度を高め静電気が蓄積しないようにし、タンク内部の可燃性蒸気を不活性ガスで置換する等の作業を行う。また、作業者は帯電防止処理を施した履物、作業服を着用する。

■貯蔵タンクの清掃
◎貯蔵タンクを清掃する際は、洗浄用水蒸気を低速で噴出させ静電気の発生を抑える、タンクを接地（ボンディング含む）して静電気の蓄積を防ぐ、タンク内の可燃性蒸気を窒素などの不活性ガスに置換する、作業服や靴は帯電防止のものを使用する、などの処置が必要となる。

■ボンディングと接地（アース）
◎ボンディングとは、構成物の帯電を防止するため、電位差をなくすように個々のものを金属線等の電気抵抗の小さい導体などに直接接触によってつなぐことをいう。
◎接地（アース）とは、貯蔵タンク本体や注入ノズル、ホースを地中と接続して、発生した静電気を地中に逃がすことをいう。金属線等の電気抵抗の小さい導体を用いる。

■ガソリンが入っていたタンクやドラム缶の危険性
◎ガソリンの入っていたタンクやドラム缶は、空になっても危険といわれる。これはタンク等の内部にわずかに残存するガソリンが蒸気となり、燃焼範囲内の混合気がつくられるためである。

◎ガソリンが入っていたタンクに灯油を注入する場合は注意が必要である。タンク内に残存するガソリン蒸気が、燃焼範囲の上限値を超える濃い蒸気であっても、注入された**灯油に溶解吸収**されてガソリンの蒸気濃度が下がり、燃焼範囲内の混合気となるためである。また、灯油の注入時には静電気が発生しやすいため、その放電火花により爆発が起こりやすくなる。

▶▶▶ 過去問題 ◀◀◀

▶貯蔵・取扱いの方法

【問1】第4類の危険物の貯蔵、取扱いの方法として、次のA〜Dのうち、正しいもののみの組合せはどれか。[★★★]

> A．引火点の低いものを室内で取り扱う場合には、十分な換気を行う。
> B．室内の可燃性蒸気が滞留するおそれのある場所では、その蒸気を屋外の地表に近い部分に排出する。
> C．容器に収納して貯蔵するときは、容器に通気孔を設け、圧力が高くならないようにする。
> D．可燃性蒸気が滞留するおそれのある場所の電気設備は、防爆構造のものを使用する。

☑ 1．AとB　　2．AとC　　3．AとD　　4．BとC　　5．CとD

....

【問2】次の文の（　）内のA〜Dに入る語句の組合せとして、正しいものはどれか。[★]

「第4類の危険物の貯蔵および取り扱いにあたっては、炎、火花または（A）との接近を避けるとともに、発生した蒸気を屋外の（B）に排出するか、または（C）を良くして蒸気の拡散を図る。また、容器に収納する場合は、（D）危険物を詰め、蒸気が漏えいしないように密栓をする。」

		A	B	C	D
☑	1.	可燃物	低　所	通　風	若干の空間を残して
	2.	可燃物	低　所	通　風	一杯に
	3.	高温体	高　所	通　風	若干の空間を残して
	4.	水　分	高　所	冷暖房	若干の空間を残して
	5.	高温体	低　所	冷暖房	一杯に

....

▶火災予防の方法

【問3】 静電気により引火するおそれのある危険物を取り扱う場合の火災予防対策として、次のうち誤っているものはどれか。

☑ 1．可燃性蒸気が滞留するおそれがある場所で使用する電気設備は、防爆型のものとする。

2．室内で取り扱うときは、床面に散水するなどして湿度を高くする。

3．作業者は、帯電防止処理等の加工を施した履物、作業服等を着用する。

4．危険物の流動その他により静電気が発生するおそれのある場合は、接地するなど有効に静電気を除去する。

5．貯蔵容器から他のタンク等に注入するときは、流速をなるべく大きくし、短時間に終了するようにする。

【問4】 第1石油類の危険物を取り扱う場合の火災予防について、次のうち誤っているものはどれか。

☑ 1．液体から発生する蒸気は、地上をはって離れた低いところにたまることがあるので、周囲の火気に気をつける。

2．取扱作業をする場合は、鉄びょうのついた靴は使用しない。

3．取扱場所に設けるモーター、制御器、スイッチ、電灯などの電気設備はすべて防爆構造のものとする。

4．取扱作業時の服装は、電気絶縁性を有する靴やナイロンその他の化学繊維などの衣類を着用する。

5．床上に少量こぼれた場合は、ぼろ布などできれいにふき取り、通風を良くし、換気を十分に行う。

【問5】 ガソリンを取り扱う場合、静電気による火災を防止するための一般的な処置として、次のうち誤っているものはどれか。

☑ 1．タンクや容器への注入は、できるだけ流速を小さくした。

2．移動貯蔵タンクへの注入は、移動貯蔵タンクを絶縁して行う。

3．容器に注入するホースは、接地導線のあるものを用いる。

4．作業衣は、合成繊維のものを避け、木綿のものを着用した。

5．取り扱う室内の湿度を高くした。

【問6】 第4類の危険物の火災予防の方法について、次のうち誤っているものはどれか。[★]

☑ 1．火気、加熱をさけて貯蔵し取り扱うこと。

2．酸化性の物品とは同一の室に貯蔵しないこと。

3．可燃性蒸気が発生し内圧が上昇しやすいので、容器にはガス抜き口を設けること。

4．静電気が発生するおそれがある場合は、接地して静電気を除去すること。

5．発生する蒸気の濃度が、燃焼範囲の下限値より十分低くなるよう換気すること。

....

【問7】 第1石油類を屋内で取り扱う場合、次のうち誤っているものはどれか。

☑ 1．危険物を取り扱う設備や配管のフランジなどから、危険物のにじみがないか確認する。

2．危険物を露出して取り扱う場合にのみ、静電気の蓄積防止や電気設備の防爆などの対策を行う。

3．危険物の蒸気を排出する設備の吸気口の位置は、床面近くとし、排気口は屋外の高所とする。

4．危険物の塗布されたものを乾燥する場合は、蒸気や温水を利用した温風乾燥機を使用する。

5．危険物を取り扱う設備の周囲に溝を設け、流出した危険物を安全な位置に設置された処理槽まで導く。

....

▶灯油の貯蔵・取扱い

【問8】 灯油を貯蔵し、取り扱うときの注意事項として、次のうち正しいものはどれか。[★]

☑ 1．蒸気は空気より軽いので、換気口は室内の上部に設ける。

2．静電気を発生しやすいので、激しい動揺または流動を避ける。

3．常温（20℃）で容易に分解し、発熱するので、冷所に貯蔵する。

4．直射日光により過酸化物を生成するおそれがあるので、容器に日覆いをする。

5．空気中の湿気を吸収して、爆発するので、容器に不活性ガスを封入する。

▶ 解 説

〔問1〕正解…3（AとD）

B．屋内に発生した蒸気は、換気装置により屋外の高所に排出する。

C．収納する容器は密栓とし、容器内上部に膨張のための余裕空間を確保する。

〔問2〕 正解…3

「第4類の危険物の貯蔵および取り扱いにあたっては、炎、火花または〈Ⓐ 高温体〉
との接近を避けるとともに、発生した蒸気を屋外の〈Ⓑ 高所〉に排出するか、また
は〈Ⓒ 通風〉を良くして蒸気の拡散を図る。また、容器に収納する場合は、〈Ⓓ 若
干の空間を残して〉危険物を詰め、蒸気が漏えいしないように密栓をする。」

〔問3〕 正解…5

5．流速が大きいと、ホース内の内部摩擦が激しくなり、中を通る危険物に静電気が
発生しやすくなる。このため、注入の際の流速はなるべく小さくする。

〔問4〕 正解…4

2．鉄びょうの付いた靴は、床面と擦れることで火花が生じやすくなる。

3．防爆構造とは、電気火花や高熱を発生しないようにした構造をいい、可燃性蒸気
が滞留するおそれのある場所に設置する電気設備は防爆構造のものでなければなら
ない。

4．絶縁性の高い化学繊維の衣服を着用すると、静電気が蓄積し、火花放電を起こす
危険性が高くなるため、絶縁性の高い化学繊維の服を着用して作業してはならない。

〔問5〕 正解…2

2．移動貯蔵タンクを接地（アース）するなど、絶縁状態にはしない。

〔問6〕 正解…3

3．容器には、ガス抜き口を設けてはならない。ふたをしっかり締めて密栓する。

〔問7〕 正解…2

1．フランジとは、管の端部に付いているつば、輪状の金具で、互いに密着させるこ
とで管を接合する。

2．漏れ等でも可燃性蒸気が発生するおそれがあるため、第1石油類を屋内で取り扱
う場合は、危険物の露出の有無にかかわらず、静電気対策と電気設備の防爆対策を
とる。

4．この場合、外部ボイラーなどで発生させた熱をいったん水蒸気や温水に変換して
利用する方式の温風乾燥機を使用する。乾燥機の本体内で燃料を燃焼させたり、電
熱器を使用する方式の温風乾燥機は、第1石油類及びその可燃性蒸気に引火する危
険がある。

〔問8〕 正解…2

1．灯油の蒸気比重は4.5で、空気より重い。

3．灯油は、長期間紫外線に照射されたり湿気の多い場所で貯蔵すると、変質して劣
化することがあるが、常温（20℃）で容易に分解して発熱することはない。

4．設問の内容は、ジエチルエーテル。直射日光により過酸化物を生成するおそれが
あり、生成された過酸化物は、衝撃により爆発することがある。

5．容器に不活性ガスを封入する必要があるのは、アセトアルデヒド。

▶運搬時の注意事項

【問1】 トラックの荷台に危険物の入ったドラムを鋼材と一緒に積載して運搬していたところ、ブレーキをかけたときにドラムと鋼材が接触し、危険物が流出した。このような事故が起きないための対策として、次のうち誤っているものはどれか。

☑　1．ドラムのすきまに緩衝材をはさみ、ドラム同士が接触しないようにすること。

　　2．危険物の運搬中は、容器に損傷を与えるおそれのあるものを一緒に積載して運搬しないこと。

　　3．運搬容器は、転倒防止のため収納口をすべて横向きに積載すること。

　　4．運搬容器は、著しく摩擦又は動揺を起こさないように運搬すること。

　　5．運転手は安全運転を心掛けること。

▶タンクへの注入

【問2】 移動貯蔵タンクから給油取扱所の地下専用タンク（計量口を有するもの）に危険物を注入する場合に行う安全対策として、次のうち適切でないものはどれか。[★]

☑　1．移動タンク貯蔵所に設置された接地導線を給油取扱所に設置された接地端子に取り付ける。

　　2．消火器を、注入口の近くの風上となる場所を選んで配置する。

　　3．地下専用タンクの残油量を計量口を開けて確認し、注入が終了するまで計量口のふたは閉めないようにする。

　　4．注入中は緊急事態にすぐ対応できるように、移動タンク貯蔵所付近から離れないようにする。

　　5．給油取扱所の責任者と地下専用タンクに注入する危険物の品名、数量等を確認してから作業を開始する。

【問3】 次の文の下線部分（A）～（D）のうち、事故の発生要因になると考えられるものすべてを掲げているものはどれか。

「ガソリンを貯蔵していた移動タンク貯蔵所のタンクにガソリンを注入するため、(A) 導電性の小さい作業服と靴を着用し、(B) タンク内を不活性ガスで置換した。タンク上部の注入口から注入管を入れ、(C) 注入管の先端をタンク底部から十分に離し、(D) 注入速度をできるだけ大きくしてガソリンを注入している際、タンク内から突然炎が上がった。」

☑ 1．A、B　　　　2．A、B、C　　　　3．A、C、D
　　4．B、D　　　　5．C、D

【問4】 ガソリンを貯蔵していたタンクに、そのまま灯油を入れると爆発することがあるので、その場合は、タンク内のガソリン蒸気を完全に除去してから灯油を入れなければならないとされている。この理由として、次のうち適切なものはどれか。[★]

☑ 1．タンク内のガソリン蒸気が灯油と混合して、灯油の発火点が著しく低下するから。

　　2．タンク内のガソリン蒸気が灯油の流入により断熱圧縮されて発熱し、発火点以上になることがあるから。

　　3．タンク内のガソリン蒸気が灯油と混合して熱を発生し、発火することがあるから。

　　4．タンク内に充満していたガソリン蒸気が灯油に吸収されて燃焼範囲内の濃度に下がり、灯油の流入により発生する静電気の放電火花で引火することがあるから。

　　5．タンク内のガソリン蒸気が灯油の蒸気と化合して、自然発火しやすい物質ができるから。

【問5】 次の事故の発生要因として、誤っているものはどれか。[★]

「ガソリンを貯蔵していた移動タンク貯蔵所のタンク上部から注入管でガソリンを注入している際、タンク内から突然炎が上がった。」

☑ 1．注入する前に不活性ガスでタンク内を置換していなかったため、タンク内に可燃性蒸気が残っていた。

　　2．接地導線を接続していなかったため、移動貯蔵タンクに静電気が蓄積していた。

　　3．注入速度が大きかったため、ガソリンの液面付近に静電気が蓄積していた。

4．作業員が導電性の大きい衣服と靴を着用していたため、作業員に静電気が蓄積していた。

5．注入管の先端をタンク底部に付けていなかったため、タンク内にガソリンが飛び散り静電気が蓄積した。

▶流出事故と対策・処置

【問6】次の事故事例を教訓とした今後の対策として、誤っているものはどれか。[★]

「給油取扱所において、計量口が設置されている地下専用タンクに移動貯蔵タンクからガソリンを注入する際、作業者が誤って他のタンクの注入口に注入ホースを結合したため、この地下専用タンクの計量口からガソリンが噴出した。」

☑　1．注入開始前に、移動貯蔵タンクと注入する地下専用タンクの油量を確認する。

2．注入ホースを結合する注入口に誤りがないことを確認する。

3．地下専用タンクの注入管に過剰注入防止装置を設置する。

4．地下専用タンクの計量口は、注入中は開放し常時ガソリンの注入量を確認できるようにする。

5．注入作業は、給油取扱所と移動タンク貯蔵所の両方の危険物取扱者が立会い、誤りがないことを確認し実施する。

▶屋内貯蔵所

【問7】第1石油類を貯蔵する屋内貯蔵所で、危険物の流出事故が発生した場合の処置として、適切でないものは、次のA～Eのうちいくつあるか。[★]

A．電気設備からの引火を防止するため、照明および蒸気を屋根上に排出する設備のスイッチを切った。

B．流出事故が発生したことを従業員や施設内の人たちに知らせるとともに、消防機関に通報した。

C．消火の準備をするとともに、床面に流出した危険物に乾燥砂をかけ吸い取った。

D．危険物を移動させるため、危険物の入っている金属製ドラムを引きずって屋外に運び出した。

E．貯留設備にたまった危険物をくみ上げ、ふたのある金属容器に収納した。

☑　1．1つ　　　2．2つ　　　3．3つ　　　4．4つ　　　5．5つ

▶横転した移動タンク貯蔵所

【問8】 横転した移動タンク貯蔵所からガソリンが流出し、火災のおそれがある場合の対応として、次のうち適切でないものはどれか。

- ☑ 1. 火災になった場合は除去消火や窒息消火が困難なので、冷却効果の高い消火剤を準備する。
  2. ガソリンは水に溶けずに水面を広がっていくので、土のう等により排水溝や下水道への流入を防ぐ。
  3. ガソリンの引火点は常温（20℃）より低く、可燃性混合気を形成するので、周囲の火気の使用を制限する。
  4. ガソリンの蒸気は空気より重く、周囲のくぼみや排水溝に溜まりやすいので留意する。
  5. 移動貯蔵タンク内に残存したガソリンを抜き取る際は、防爆型のポンプを使用する。

....

▶地下埋設配管の腐食

【問9】 危険物を取り扱う地下埋設配管（鋼管）が腐食して危険物が漏えいする事故が発生している。この腐食の原因として最も考えにくいものは次のうちどれか。

[★★★]［編]

- ☑ 1. 地下水位が高く、常時配管の上部が乾燥し、下部が湿っていた。
  2. 配管を埋設する際、工具が落下し被覆がはがれたのに気づかず埋設した。
  3. コンクリート中に配管を埋設した。
  4. 電気器具のアースをとるため銅の棒を地中に打ち込んだ際に、配管と銅の棒が接触した。
  5. 配管を埋設した場所の近くに直流の電気設備を設置したため、迷走電流の影響が大きくなった。
  6. 2種類の土壌にまたがって配管を埋設した。

▶ 解 説

〔問1〕 正解…3
  3. 運搬容器は、収納口を上方に向けて積載しなければならない。

〔問2〕 正解…3
  3. 地下専用タンクの計量口は、計量するとき以外は閉鎖しておく。

〔問3〕 正解…3（A、C、D）
  A. 導電性の「大きい」作業服と靴を着用する。
  C. 注入管の先端はタンク底部に「つける」。
  D. 注入速度はできるだけ「小さく」する。

〔問4〕正解…4

4. タンク内のガソリン蒸気が燃焼範囲の上限値を超える濃度であっても、灯油に溶解吸収されることで、ガソリンの蒸気濃度が下がって燃焼範囲内になることがある。また、灯油注入時に静電気が発生し、その静電気によって爆発・燃焼を起こしやすくなる。

〔問5〕正解…4

4. 導電性の大きい衣服と靴を着用している場合、静電気は蓄積しにくくなる。

〔問6〕正解…4

3. 過剰注入防止装置は、危険物の過剰な注入を防ぐためのもので、地下専用タンクの液面が規定値に達すると、弁が自動的に閉じ注入が停止するようになっている。

4. 地下専用タンクの計量口は、計量するとき以外は閉鎖しておく。

〔問7〕正解…2（A、D）

A. 排出設備のスイッチを切ってはならない。排出設備が作動しなくなると、可燃性蒸気が低所に滞留して危険である。また、スイッチの開閉（ON/OFF）により、電気火花が発生する危険がある。

D. 危険物の入った金属製ドラムを引きずってはならない。火花が発生する可能性があるほか、内部の危険物が揺動することにより静電気が発生しやすくなる。

〔問8〕正解…1

1. ガソリンによる火災の場合、ガソリンの引火点は－40℃であるため、冷却消火及び除去消火が難しい。従って、窒息効果及び燃焼の抑制効果の高い消火剤を準備する。

〔問9〕正解…3

以下、第2章「28. 金属の腐食」306 P参照。

1＆6. 乾いた土と湿った土など、土質の異なる場所にまたがって配管を埋設すると、腐食が進みやすくなる。

2. 被覆がはがれると、そこから腐食しやすくなる。

3. 正常なコンクリート中は pH12 以上の強アルカリ性環境が保たれている。この中で鋼管は表面に不動態被膜（薄い酸化被膜）を生成するため、腐食が進行しにくくなる。

4. アースの銅と鋼管の鉄では、鉄の方がイオン化傾向が大きい。従って、鋼管が腐食しやすくなる。

5. 迷走電流が鋼管を通ることで、鋼管が腐食しやすくなる。

6 特殊引火物の性状

■特殊引火物

◎特殊引火物とは、1気圧において発火点が100℃以下のもの、または、引火点が−20℃以下で沸点が40℃以下のものをいう。

◎特殊引火物は、次の特性がある。

> ①引火点が低い ⇒ 引火しやすい。
> ②沸点が低い ⇒ 蒸発しやすい。揮発性が高い。
> ③**燃焼範囲が広い** ⇒ 蒸気が燃焼しやすい。

■ジエチルエーテル（$C_2H_5OC_2H_5$）　※引火点がもっとも低い

◎無色の液体で、甘い刺激臭がある。

◎比重：0.7　　　沸点：35℃　　　引火点：−45℃　　　発火点：160℃

◎燃焼範囲：1.9〜36vol%　　　蒸気比重：2.6

◎水には少し溶け、アルコールにはよく溶ける。

◎空気との接触や日光にさらされると、**酸化されて爆発性の過酸化物を生成する。** 過酸化物は、熱や衝撃を加えると、爆発する危険性が高い。

◎電気の不導体で、静電気を発生しやすい。

◎蒸気には麻酔性がある。

◎二酸化炭素、耐アルコール泡（水溶性液体用泡消火剤）等を用いた窒息消火が有効。

◎冷暗所で貯蔵し、容器に収納した場合は密栓する。

◎アクリル樹脂など多くのプラスチック、ゴムを侵すため、それらの材質の容器は使用できない。金属製、ガラス製、テフロン製などの容器を使用する。

■二硫化炭素（CS_2）　※発火点がもっとも低い

◎純粋なものは無色だが、光があると分解が促進され、長時間日光に当てたものは黄色になる。

◎純粋なものはほとんど無臭であるが、通常は特有の不快臭がある。

◎比重：1.3　　　沸点：46℃　　　引火点：−30℃以下　　　発火点：90℃

◎燃焼範囲：1.3〜50vol%　　　蒸気比重：2.6

◎水には溶けにくく、エタノールにはよく溶ける。

◎蒸気は特に有毒である。二硫化炭素は殺虫剤にも使われている。

◎容器またはタンクに二硫化炭素を収納する場合、可燃性蒸気の発生を抑制するために、液面上に水を張って貯蔵する水没貯蔵法が用いられる。この方法は、比重が水より大きく水に難溶であることを利用している。

◎電気の不導体で、静電気を発生しやすい。

◎空気中では青い炎で燃える。燃焼すると二酸化炭素と有毒な**二酸化硫黄**（亜硫酸ガス）を発生する。

$$CS_2 + 3O_2 \longrightarrow CO_2 + 2SO_2$$

■アセトアルデヒド（CH₃CHO）　※沸点がもっとも低く、燃焼範囲が広い

◎無色の液体で、刺激臭がある。また、揮発性が高い。

◎比重：0.8　　　　沸点：21℃　　　　引火点：−39℃　　　　発火点：175℃

◎燃焼範囲：4.0 ～ 60vol%（極めて広い）　　　　　　　蒸気比重：1.5

◎水によく溶け、有機溶剤にも溶ける。

　※有機溶剤…有機溶媒ともいい、有機化合物の溶媒。水溶性ではない多くの溶質を溶かすことができる。エタノール、ジエチルエーテル、ベンゼン、アセトン、クロロホルム、ヘキサンなどがある。

◎還元性があり、人体ではエタノールの酸化によって生成され、一般に二日酔いの原因とみなされている。また更に**酸化すると酢酸**（カルボン酸に属する）となり、アセトアルデヒドが還元（水素化）されるとアルコールになる。

$$CH_3CHO + \left(\frac{1}{2}\right)O_2 \longrightarrow CH_3COOH$$

◎空気と長時間接触、または接触した状態で**加圧**すると、**爆発性の過酸化物**を生成するおそれがある。また、**熱または光で分解**し、メタン（CH₄）と一酸化炭素（CO）になる。

$$CH_3CHO \longrightarrow CH_4 + CO$$

◎容器等に貯蔵する場合は、窒素等の**不活性ガスを封入**する。また、容器やタンクの材質は**鋼製**とし、銅や銅の合金または銀を使用しないこと。銅や銀が接触すると爆発性の化合物を生じる恐れがある。

◎一般の泡消火剤は不適当。耐アルコール泡（水溶性液体用泡消火剤）、ハロゲン化物等の消火剤が有効。

■酸化プロピレン　（CH₂ − CH − CH₃）
　　　　　　　　　　　　　　＼O／

◎無色の液体で、エーテル臭がある。

◎比重：0.8　　　　沸点：35℃　　　　引火点：−37℃　　　　発火点：449℃

◎燃焼範囲：2.1 ～ 39vol%　　　　蒸気比重：2.0

◎水によく溶け、エタノール、ジエチルエーテルにも溶ける。

◎容器等に貯蔵する場合は、窒素等の**不活性ガスを封入**する。

◎一般の泡消火剤は不適当。耐アルコール泡（水溶性液体用泡消火剤）、ハロゲン化物等の消火剤が有効。

◎重合する性質があり、その際に発熱するため、火災・爆発の原因となる（特にアルカリ存在下では重合が進行する）。

▶▶▶ 過去問題 ◀◀◀

▶特殊引火物

【問1】特殊引火物の性状について、次のうち誤っているものはどれか。

☑ 1．引火点は−20℃以下のものがある。
2．水に溶けるものがある。
3．40℃以下の温度で沸騰するものがある。
4．水より重いものがある。
5．発火点が100℃を超えるものはない。

【問2】特殊引火物の性状について、次のうち誤っているものはどれか。

☑ 1．アセトアルデヒドは、沸点が低く、非常に揮発しやすい。
2．ジエチルエーテルは、特有の臭気があり、燃焼範囲が広い。
3．二硫化炭素は、無色で水に溶けやすく、比重は1より小さい。
4．酸化プロピレンは、重合反応を起こして、多量の熱を発生する。
5．二硫化炭素の発火点は100℃より低い。

▶ジエチルエーテル

【問3】ジエチルエーテルの性状について、次のうち誤っているものはどれか。

☑ 1．無色透明の液体である。　　　2．比重は1より小さい。
3．アルコールに溶ける。　　　　4．20℃では引火の危険性はない。
5．発火点は100℃より高い。

【問4】ジエチルエーテルの性状について、次のうち誤っているものはどれか。

☑ 1．蒸気比重は1より小さい。　　2．水に少し溶ける。
3．極めて引火しやすい。　　　　4．静電気が発生しやすい。
5．蒸気は麻酔性がある。

【問5】空気との接触や日光の下で、激しい爆発性の過酸化物を生成しやすいものは次のうちどれか。[★★★]

☑ 1．ジエチルエーテル　　　2．二硫化炭素　　　3．ベンゼン
4．ピリジン　　　　　　　5．エチルメチルケトン

▶二硫化炭素

【問6】容器またはタンクに危険物を収納する場合、可燃性蒸気の発生を抑制するため、液面に水を張って貯蔵する危険物は、次のうちどれか。[★★]

☑ 1．アセトアルデヒド　　　2．酸化プロピレン　　　3．二硫化炭素
4．酢酸エチル　　　　　5．クレオソート油

・・・

【問7】次の危険物のうち、発火点が最も低いものはどれか。

☑ 1．アセトン　　　　　　2．酸化プロピレン　　　3．自動車ガソリン
4．二硫化炭素　　　　　5．ベンゼン

・・・

【問8】二硫化炭素の性状について、次のA〜Dの記述のうち、誤っているもののみをすべて掲げているものはどれか。

> A．赤褐色の液体で、空気中で長時間放置すると分解して黒色に変色する。
> B．比重は1より小さく、水によく溶ける。
> C．蒸気は有害で、蒸気比重は1より大きい。
> D．40℃の水と反応し、二酸化炭素と二酸化硫黄を生じる。

☑ 1．A　　　2．A、B　　　3．B、C　　　4．C、D　　　5．A、B、D

・・・

【問9】次の危険物の性状について、次のうち誤っているものはどれか。

☑ 1．二硫化炭素の比重は1より小さく、水によく溶ける。
2．二硫化炭素は燃焼すると、有毒な二酸化硫黄を発生する。
3．ジエチルエーテルは空気中で徐々に酸化して、爆発性の過酸化物を生成することがある。
4．アセトアルデヒドは加圧下で空気に接触させると、爆発性の過酸化物を生成することがある。
5．アセトアルデヒドは、アルコールを酸化させると生成される。

・・・

【問10】ジエチルエーテルと二硫化炭素について、次のうち誤っているものはどれか。

☑ 1．どちらも燃焼範囲は極めて広い。
2．どちらも発火点はガソリンより低い。
3．どちらも比重は1より大きい。
4．ジエチルエーテルの蒸気は麻酔性があり、二硫化炭素の蒸気は毒性がある。
5．どちらも二酸化炭素、ハロゲン化物などが消火剤として有効である。

・・・

▶アセトアルデヒド

【問11】 アセトアルデヒドの性状について、次のうち誤っているものはどれか。

[★★]

☑ 1．常温（20℃）で引火の危険性がある。
2．刺激臭のある無色の液体である。
3．水や有機溶媒によく溶ける。
4．酸化するとエタノールになる。
5．燃焼範囲はガソリンよりも広い。

【問12】 アセトアルデヒドの性状について、次のうち誤っているものはどれか。[★]

☑ 1．沸点は約21℃である。
2．強力な還元剤として作用することが多い。
3．水やアルコールに溶けない。
4．熱や光により分解して、一酸化炭素などを発生する。
5．比重は1より小さい。

【問13】 アセトアルデヒドの性状について、次のA～Eのうち、誤っているものの組
合せはどれか。

> A．無色透明の液体で、特有の刺激臭がある。
> B．水、エタノールに溶けない。
> C．常温で引火の危険性はない。
> D．熱、光により分解し、メタン、一酸化炭素を発生する。
> E．空気と接触し加圧すると、爆発性の過酸化物を生成することがある。

☑ 1．AとB　　2．BとC　　3．CとD　　4．DとE　　5．AとE

▶酸化プロピレン

【問14】 酸化プロピレンの性状として、次のうち誤っているものはどれか。

☑ 1．無色透明の揮発性液体である。
2．比重は1より小さい。
3．水、エタノール、ジエチルエーテルに溶ける。
4．分解は発熱反応で、単独でも分解爆発する。
5．蒸気比重は1より小さい。

〔問1〕正解…5

　4．二硫化炭素は比重が 1.3 で、水より重い。

　5．特殊引火物だけではなく、第4類危険物の中で発火点が 100℃以下のものは 90℃の二硫化炭素のみである。他はすべて発火点が 100℃を超える。

〔問2〕正解…3

　1．アセトアルデヒドの沸点…21℃。揮発性が高い。

　2．ジエチルエーテルは甘い刺激臭があり、燃焼範囲は 1.9 ～ 36vol％と広い。

　3．二硫化炭素は、純粋なものは無色だが、長時間日光に当てたものは黄色になる。また、水に溶けにくく、比重は 1.3 で水よりも重い。

　5．二硫化炭素の発火点…90℃。

〔問3〕正解…4

　2．比重…0.7。

　4．引火点は－45℃で極めて低いため、20℃では引火の危険性が高い。

　5．発火点は 160℃で、100℃より高い。

〔問4〕正解…1

　1．蒸気比重は 2.6 で、1 より大きい。

　3．引火点は－45℃で極めて低い。

　4．電気の不導体であるため、静電気が発生しやすい。

〔問5〕正解…1

　1．生成される過酸化物は、加熱や衝撃により爆発する危険性がある。

〔問6〕正解…3

　1＆2．アセトアルデヒドと酸化プロピレンは、いずれも水によく溶ける。貯蔵する場合は、窒素ガス等の不活性ガスを封入する。

　3．二硫化炭素は水よりも重く溶けにくいため、水を張ることで可燃性蒸気を抑制する。また、蒸気は有毒である。

　4＆5．酢酸エチルは第1石油類で、クレオソート油は第3石油類である。いずれも冷暗所で貯蔵する。

〔問7〕正解…4

　4．二硫化炭素の発火点は、第4類危険物では最も低い 90℃である。

〔問8〕正解…5（A、B、D）

　A．純粋なものは無色であるが、長時間日光に当てたものは分解して黄色になる。

　B．比重は 1.3 で 1 より大きく、水には溶けにくい。

　D．燃焼すると二酸化炭素と有毒な二酸化硫黄（亜硫酸ガス）を発生する。

〔問9〕正解…1

　1．二硫化炭素の比重は 1.3 で 1 より大きく、水に溶けにくい。

〔問10〕正解…3

1．燃焼範囲⇒ジエチルエーテル…1.9～36vol%、二硫化炭素…1.3～50vol%（極めて広い）。

2．発火点⇒ガソリン…300℃、ジエチルエーテル…160℃、二硫化炭素…90℃。いずれもガソリンより低い。

3．比重⇒ジエチルエーテル…0.7（水より軽い）、二硫化炭素…1.3（特殊引火物の中では唯一、水より重い）。

〔問11〕正解…4

4．アセトアルデヒド CH_3CHO を酸化すると酢酸 CH_3COOH になる。エタノール CH_3CH_2OH（C_2H_5OH）を酸化すると、アセトアルデヒドになる。

5．燃焼範囲は、ガソリンが1.4～7.6vol%であるのに対し、アセトアルデヒドは4.0～60vol%である。

〔問12〕正解…3

3．水やアルコールによく溶ける。

5．比重は0.8で1より小さい。

〔問13〕正解…2（BとC）

B．水によく溶け、エタノールなどの有機溶剤にも溶ける。

C．引火点は−39℃のため、常温（20℃）で引火の危険性がある。

D．熱または光に対して不安定で、直射日光で分解する。分解するとメタンと一酸化炭素になる。$CH_3CHO \longrightarrow CH_4 + CO$

〔問14〕正解…5

2．比重は0.8で1より小さい。

5．蒸気比重は2.0で1より大きい。

7 第1石油類の性状

■第1石油類

◎第1石油類は、1気圧で引火点が21℃未満（特殊引火物を除く）のものをいう。

◎ガソリン、ベンゼン、トルエンなど非水溶性のものと、アセトン、ピリジンなど水溶性のものがある。

◎蒸気比重は1より大きいものが多いため、地上をはって離れた低所に滞留することがある。

■ガソリン（CmHn）

◎特有の臭気がある（付臭剤を使用していない）。

　※付臭剤…無臭のものに人工的に臭いを付ける薬剤。

◎引火点：−40℃以下　　　沸点：38 〜 220℃　　　　発火点：約300℃

◎比重：0.65 〜 0.75　　燃焼範囲：1.4 〜 7.6vol%　　蒸気比重：3〜4

◎皮膚に触れると皮膚炎を起こすことがあり、その蒸気を吸入すると頭痛やめまい等を起こす。

◎電気の不導体で、流動により静電気が発生しやすい。

◎炭素数4〜10程度の炭化水素の混合物である。また、主成分は特定しにくい。完全燃焼すると、二酸化炭素と水になる。

◎灯油や軽油と識別するため、自動車用ガソリンは着色剤（油溶性染料）によりオレンジ色に着色されている。工業用ガソリンは無色透明である。

◎日本産業（工業）規格により自動車用ガソリン、航空用ガソリン、工業用ガソリンの3種類に分けられている。ガソリンには不純物として、微量の有機硫黄化合物が含まれる。また、ガソリンは品質向上を図るため、用途によりさまざまな添加剤が加えられている。

◎ガソリン・エンジンのノッキングの起こりにくさ（耐ノック性・アンチノック性）を示す数値をオクタン価といい、高いほどノッキングが起こりにくい。自動車用ガソリンには、オクタン価向上剤としてエーテル類を添加したものがある。

◎メタノールなどのアルコールを10 〜 20%混合したアルコール混合ガソリン（ガソホール等）は、石油資源の節約、排ガス中の二酸化窒素の低減、オクタン価の向上などを目的として開発・製造されている。エーテル類やアルコール類はオクタン価が高いため、ガソリンに添加するとオクタン価が高くなる。

◎第1・6類危険物の酸化性物質（過酸化水素、硝酸など）と混合すると、酸化発熱・発火・爆発したり、爆発性の過酸化物を生成する危険性がある。

◎ガソリンは、石油からつくられた合成ゴムや樹脂、プラスチック等と親和性が高いため、それらを膨潤させる。膨潤とは、油や溶剤などが物質の分子間に入り込み、物質の体積を増加させ、外観を変化させたり、物性を劣化させたりすることをいう。

■ベンゼン（C_6H_6）

◎無色で、芳香族（芳香族炭化水素）特有の甘い香りをもつ。

◎比重：0.9　　　　　　　沸点：80℃　　　　　凝固点（融点）：5.5℃

◎引火点：－11℃　　　　　発火点：約498℃

◎燃焼範囲：1.2 〜 7.8vol%　　蒸気比重：2.8

◎水には溶けない。ただし、アルコールやジエチルエーテルなど多くの**有機溶剤には
　よく溶ける**。一般に樹脂、油脂等をよく溶かす。

◎揮発性があり、蒸気は強い**毒性**をもつ。

◎電気の不導体で、流動により**静電気**が発生しやすい。

◎冬季は固化（凝固）することがある。

■トルエン（$C_6H_5CH_3$）

◎無色で、**特有の臭気**がある。芳香族炭化水素である。

◎比重：0.9　　　沸点：111℃　　　引火点：4 ℃　　　発火点：約480℃

◎燃焼範囲：1.1 〜 7.1vol%　　蒸気比重：3.1

◎水には溶けない。ただし、アルコールやジエチルエーテルなど多くの**有機溶剤には
　よく溶ける**。一般に樹脂、油脂等をよく溶かす。

◎蒸気の**毒性**はベンゼンより弱いが、長期にわたる吸入は脳障害を負う。

◎濃硝酸（濃硝酸と濃硫酸の混酸など）と反応（ニトロ化）すると、第 5 類危険物の
　トリニトロトルエン（$C_6H_2CH_3(NO_2)_3$）を生成することがある。トリニトロトルエ
　ンは TNT 火薬の主成分である。

◎金属への腐食性はない。

■酢酸エチル（$CH_3COOC_2H_5$）

◎無色で、果実臭がある。

◎比重：0.9　　　沸点：77℃　　　引火点：－ 4 ℃　　　発火点：約426℃

◎燃焼範囲：2.0 〜 11.5vol%　　蒸気比重：3.0

◎水には少し溶け、アルコールやベンゼン、ヘキサンなどほとんどの有機溶剤に溶ける。

◎流動や揺動により静電気が発生しやすい。

■エチルメチルケトン（メチルエチルケトン）（$CH_3COC_2H_5$）

◎無色で、特異な臭気がある。

◎比重：0.8　　　沸点：80℃　　　引火点：－ 9 ℃　　　発火点：約404℃

◎燃焼範囲：1.7 〜 11vol%　　蒸気比重：2.5

◎水には少し溶け、アルコール、ジエチルエーテルなどにはよく溶ける。

◎泡消火剤は、**水溶性液体用**のものを使う。また、水を霧状に噴霧すると、冷却作用
　と希釈により消火できる。

◎直射日光を避けて、通風のよい冷暗所に貯蔵する。

■アセトン（CH₃COCH₃）

◎無色で、特異な臭気がある。

◎比重：0.8　　　沸点：56℃　　　引火点：−20℃　　　発火点：約465℃

◎燃焼範囲：2.5 〜 12.8vol%　　　蒸気比重：2.0

◎水によく溶け、アルコール、ジエチルエーテル（エーテル）、クロロホルムなどにもよく溶ける。両親媒性（水にも油にも溶ける性質）がある。

◎常温（20℃）で高い揮発性を有する。

◎第6類危険物の過酸化水素や硝酸と混ぜてはならない。混合すると、酸化作用により発火することがある。

◎マニキュアの除光液やプラスチック系接着剤、塗料の溶剤などに使われている。

◎泡消火剤は、水溶性液体用のものを使う。また、水を霧状に噴霧すると、冷却作用と希釈により消火できる。

■ピリジン（C₅H₅N）

◎無色で、特異な悪臭がある。

◎比重：0.98　　　沸点：115.5℃　　　引火点：20℃　　　発火点：約482℃

◎燃焼範囲：1.8 〜 12.4vol%　　　蒸気比重：2.7

◎水によく溶ける。これは、ピリジンの窒素原子が水と水素結合を形成しやすいためである。また、アルコール、ジエチルエーテル（エーテル）にもよく溶ける。

▶▶▶ 過去問題 ◀◀◀

▶ガソリン

【問1】自動車ガソリンの性状について、次のうち誤っているものはどれか。[★★]

☑　1．水より軽い。　　　　　　　2．オレンジ系の色に着色されている。

　　3．自然発火しやすい。　　　　4．引火点は一般に−40℃以下である。

　　5．燃焼範囲は、おおむね1 〜 8vol%である。

....

【問2】自動車ガソリンの一般的性状について、次のA〜Dのうち誤っているものの組合せはどれか。

☑　1．B

　　2．A、B

　　3．A、D

　　4．C、D

　　5．A、C、D

| A．蒸気比重は0.8 〜 1.0である。 |
| B．水と混ぜると、上層はガソリンに、下層は水に分離する。 |
| C．液温0℃では、引火の危険性は少ない。 |
| D．燃焼範囲は、おおよそ14 〜 76vol%である。 |

....

【問3】 自動車ガソリンの性状について、次のうち正しいものはどれか。

- ☑ 1．特有なにおいは付臭剤によるものである。
- 2．発火点は約300℃である。
- 3．燃焼範囲はおおむね1〜50vol％である。
- 4．蒸気比重はおおむね1〜2である。
- 5．約−30℃で凍結する。

....

【問4】 自動車ガソリンの性状について、次のうち誤っているものはどれか。

- ☑ 1．空気中で燃焼させると主として、二酸化炭素と水になる。
- 2．蒸気比重は3〜4である。
- 3．400℃の高温体との接触は、発火の原因となることがある。
- 4．プラスチック類と長時間接触させるとそれらの物性劣化の原因となることがある。
- 5．燃焼範囲は0.5〜0.9vol％である。

....

【問5】 ガソリンの一般的な性状について、次のA〜Dのうち、正しいものの組合せはどれか。

- ☑ 1．AとC
- 2．AとD
- 3．BとC
- 4．BとD
- 5．CとD

| A．種々の炭化水素の混合物である。 |
| B．すべてオレンジ色系に着色されている。 |
| C．電気の良導体である。 |
| D．使用後のドラム缶にガソリンが残留していると、引火・爆発のおそれがある。 |

....

▶ベンゼン／トルエン／酢酸エチル

【問6】 ベンゼンの性状について、次のうち誤っているものはどれか。[★★]

- ☑ 1．無色透明の液体である。
- 2．特有の芳香を有している。
- 3．水によく溶ける。
- 4．揮発性があり、蒸気は空気より重い。
- 5．アルコール、ヘキサン等の有機溶媒に溶ける。

....

【問7】 ベンゼンの性状について、次のうち誤っているものはどれか。[★]

☑ 1．芳香族特有の香りをもつ無色の液体である。
2．冬季寒冷地等で液温が低くなると、凝固することがある。
3．20℃で引火の危険性がある。
4．水にほとんど溶けない。
5．沸点は、100℃より高い。

・・

【問8】 トルエンの性状について、次のうち誤っているものはどれか。

☑ 1．無色透明の液体である。
2．金属への腐食性はない。
3．濃硝酸と反応し、トリニトロトルエンを生成することがある。
4．比重は1より大きい。
5．引火点は20℃以下である。

・・

【問9】 トルエンの性状について、次のうち誤っているものはどれか。[★]

☑ 1．エタノールに溶けるが水に溶けない。
2．蒸気は1（空気）よりも大きい。
3．引火点はベンゼンより低い。
4．芳香族特有の香りをもつ無色透明の液体である。
5．揮発性がある。

・・

【問10】 ベンゼンとトルエンの性状について、次のうち誤っている組み合わせはどれか。

☑ 1．A、E
2．B、C
3．B、D
4．C、E
5．C、D

| A．共に蒸気は有毒である。 |
| B．いずれも芳香族炭化水素である。 |
| C．いずれも蒸気の比重は1以下である。 |
| D．いずれも引火点は20℃以下である。 |
| E．いずれも水に溶けやすい。 |

・・

【問11】 酢酸エチルの性状について、次のうち誤っているものはどれか。

☑ 1．水や有機溶剤に溶けない。　　2．比重は1より小さい。
3．引火点は20℃より低い。　　4．果実のような芳香がある。
5．沸点は100℃より低い。

・・

【問12】酢酸エチルの性状について、正しいものはどれか。

☑ 1．酢酸のような刺激臭がある。
2．無色の液体である。
3．水によく溶ける。
4．引火点は常温（20℃）より高い。
5．沸点は100℃より高い。

....

▶エチルメチルケトン（メチルエチルケトン）／アセトン

【問13】エチルメチルケトンの性状について、次のうち正しいものはどれか。

☑ 1．水に溶けない。
2．無色無臭の液体である。
3．比重は1より小さい。
4．布等に染み込んだものは、自然発火しやすい。
5．引火点はエタノールより高い。

....

【問14】エチルメチルケトンの貯蔵または取扱いの注意事項として、次のうち不適切
なものはどれか。［★］

☑ 1．換気をよくする。　　　　2．貯蔵容器は通気口付きのものを使用する。
3．火気を近づけない。　　　4．日光の直射を避ける。
5．冷暗所に貯蔵する。

....

【問15】アセトンの性状について、次のうち誤っているものはどれか。

☑ 1．比重は1より小さい。　　　　2．揮発性を有する。
3．無色で特有の臭気を有する。　　4．水に溶けない。
5．蒸気比重は1より大きく、蒸気は低所に滞留する。

....

【問16】アセトンについて、次のうち誤っているものはどれか。

☑ 1．無色・無臭の液体である。
2．引火点は0℃より低い。
3．水によく溶けるほか、アルコール、ジエチルエーテルにも溶ける。
4．酸化性物質と混合すると発火することがある。
5．沸点は100℃より低い。

〔問1〕正解…3

　3．ガソリンは自然発火することがない。動植物油類の乾性油は、空気中で酸化され、
　　その熱で自然発火することがある。

〔問2〕正解…5（A、C、D）

　A．蒸気比重…3～4。

　C．引火点は－40℃以下のため、液温0℃でも引火のおそれがある。

　D．燃焼範囲…1.4～7.6vol％。

〔問3〕正解…2

　1．特有のにおいは、石油の主成分である各種炭化水素のものである。中でも芳香族
　　炭化水素は独特の臭いと揮発性がある。

　3．燃焼範囲…1.4～7.6vol％。

　4．蒸気比重…3～4。

　5．ガソリンの凝固点は約－100℃といわれているため、約－30℃で凍結することは
　　ない。

〔問4〕正解…5

　3．発火点は約300℃のため、400℃の高温体との接触は発火の原因となる。

　4．プラスチックや合成ゴムは石油からできていることもあり、ガソリンとの親和性
　　が高い。そのため物質の分子間にガソリンが入り込むとゴムや樹脂などは膨潤し、
　　外観が膨らんだり、硬度が落ちたりして物性を劣化させる。

　5．燃焼範囲…1.4～7.6vol％。

〔問5〕正解…2（AとD）

　B．オレンジ色に着色されているのは「自動車ガソリン」に限られる。工業用ガソリ
　　ンは無色透明である。

　C．ガソリンは電気の不良導体である。

〔問6〕正解…3

　3＆5．ベンゼンは水に溶けない。ただし、アルコールやヘキサンなどの有機溶媒に
　　はよく溶ける。

〔問7〕正解…5

　2．凝固点（融点）が約5.5℃であるため、冬季には固化することがある。

　3．引火点…－11℃。

　5．沸点…80℃。

〔問8〕正解…4

　3．濃硝酸と濃硫酸の混酸とトルエンを反応（ニトロ化）すると、トリニトロトルエ
　　ンを生成する。

　4．比重…0.9。

　5．引火点…4℃。

〔問9〕正解…3

2．蒸気比重は 3.1 である。

3．トルエンの引火点…4℃、ベンゼンの引火点…－11℃。

〔問10〕正解…4（C、E）

C．蒸気比重⇒ベンゼン…2.8、トルエン…3.1

D．引火点⇒ベンゼン…－11℃、トルエン…4℃

E．ベンゼンとトルエンはいずれも水に溶けない。ただし、アルコールなどの有機溶剤にはよく溶ける。

〔問11〕正解…1

1．酢酸エチルは水に少し溶け、有機溶剤に溶ける。

2．比重…0.9。

3．引火点…－4℃。

5．沸点…77℃。

〔問12〕正解…2

1．果実臭がある。

3．水に少し溶ける。

4．引火点…－4℃。

5．沸点…77℃。

〔問13〕正解…3

1．水に少し溶ける。

2．無色で、特異な臭気がある液体である。

3．比重は 0.8 で 1 より小さい。

4．布等に染み込んでも、自然発火のおそれはない。

5．引火点は、エチルメチルケトン－9℃、エタノール 13℃である。

〔問14〕正解…2

2．第4類危険物は、通気口のない貯蔵容器に入れて密栓する。

〔問15〕正解…4

1＆5．アセトンの比重…0.8、蒸気比重…2.0。

4．アセトンは水によく溶ける。

〔問16〕正解…1

1．アセトンは、無色で特異な臭気がある液体である。

2＆5．引火点…－20℃、沸点…56℃。

4．第6類危険物（酸化性液体）の過酸化水素や硝酸との混合は、酸化作用により発火のおそれがある。

8 アルコール類の性状

■メタノール（CH₃OH）

◎比重：0.8　　　　　　　沸点：64℃　　　　　　凝固点：−97℃

◎引火点：11℃　　　　　発火点：464℃

◎燃焼範囲：6.7 〜 37vol%　蒸気比重：1.1

◎**毒性が強く**、誤飲すると**失明**または**死亡**することもある。

◎アルコール類でもメタノールは、最も単純な分子構造で、分子量はその中でも**最も小さい化合物**である（分子量：$12 + 1 \times 4 + 16 = 32$）。

◎木材由来による木酢液の蒸留、天然ガス（メタン）や石炭などから製造される。

◎「メタノール」を酸化⇒「**ホルムアルデヒド**」になる。更に酸化⇒「**ギ酸**」になる。

■エタノール（C₂H₅OH）

◎比重：0.8　　　　　　　沸点：78℃　　　　　　凝固点：−114.5℃

◎引火点：13℃　　　　　発火点：363℃

◎燃焼範囲：3.3 〜 19vol%　蒸気比重：1.6

◎**毒性はない**が、**麻酔性**がある。

◎「エタノール」を酸化⇒「**アセトアルデヒド**」になる。更に酸化⇒「**酢酸**」になる。

〔エタノールの製法と用途〕

区分	合成アルコール（飲食不可）	発酵アルコール（飲食可）	
製法	石油から得られるエチレンを原料に化学合成反応によってつくられる	農作物を原料に発酵してつくられる	
主な用途	化学用品（化粧品・洗剤・塗料・医薬品・溶剤等）	食品用（食品防腐剤・香料・試薬等）	飲用（酒類）
	工業用エタノール		酒類

※合成アルコールと発酵アルコールの他に、エタノールに変性剤（メタノール、ベンゼン、イソプロパノール等の有毒なもの）を混入した「変性アルコール」がある。

▶メタノールとエタノールに共通する性状

- 無色で、**特有の芳香**がある。
- **水**や多くの**有機溶剤とよく溶け合う**。
- 水で希釈すると**引火点は高くなる**。
- **揮発性が強い**。
- 1つの**ヒドロキシ基**（ヒドロキシル基 −OH基）をもつ、**飽和1価アルコール**。
- **酸化性物質**（第1類の**三酸化クロム** CrO₃（無水クロム酸）、第6類の**硝酸** HNO₃ や**過酸化水素** H₂O₂ など）と接触・混合させると過酸化物を生成し、**発火・爆発**のおそれがある。
- **青白い炎**を出して燃えるため、明るい場所では、炎が見えにくいことがある。

- ナトリウム Na と反応させると**水素**を発生する。

> - メタノール + ナトリウム ⟶ ナトリウムメトキシド + **水素**
>   ($2CH_3OH + 2Na \longrightarrow 2CH_3ONa + H_2$)
> - エタノール + ナトリウム ⟶ ナトリウムエトキシド + **水素**
>   ($2C_2H_5OH + 2Na \longrightarrow 2C_2H_5ONa + H_2$)

■ 1-プロパノール（n-プロピルアルコール）（C_3H_7OH）

◎比重：0.8　　　　　　　　沸点：97.2℃

◎引火点：15℃　　　　　　発火点：412℃

◎燃焼範囲：2.1 〜 13.7vol%　　蒸気比重：2.1

◎無色透明の液体。

◎水、エタノール、ジエチルエーテルによく溶ける。

■ 2-プロパノール（イソプロピルアルコール）（$(CH_3)_2CHOH$）

◎比重：0.8　　　　沸点：82℃　　　　凝固点：−90℃

◎引火点：12℃　　　発火点：399℃

◎燃焼範囲：2.0 〜 12.7vol%　　蒸気比重：2.1

◎無色透明の液体で、特有の芳香がある。

◎水、エタノール、ジエチルエーテルに溶ける。

◎青白い炎を出して燃える

◎「2-プロパノール」を酸化⇒「アセトン」になる。

▶▶▶ 過去問題 ◀◀◀

▶アルコール類

【問1】アルコール類に共通する性状として、次のうち正しいものはどれか。

☐　1．無色透明で無臭の液体である。　　2．比重は水より重い。

　　3．蒸気比重は1より小さい。　　　　4．沸点は水より低い。

　　5．発火点は100℃である。

······································

▶メタノール

【問2】メタノールの性状について、次のうち誤っているものはどれか。

☐　1．20℃で引火する。　　　　　　　2．蒸気比重は1より大きい。

　　3．沸点は100℃以下である。　　　　4．有毒である。

　　5．燃焼範囲はエタノールより狭い。

【問3】 メタノールの性状について、次のA～Eのうち誤っているものの組合せはどれか。

1．A、B
2．A、E
3．B、C
4．C、D
5．D、E

A．常温（20℃）で無色透明の液体である。
B．ナトリウムと反応して酸素を発生する。
C．燃焼範囲はガソリンより狭い。
D．燃焼しても火炎の色が淡く気づきにくい。
E．酸化剤と混合すると、発火・爆発することがある。

▶エタノール

【問4】 エタノールの性状について、次のうち誤っているものはどれか。

1．比重は1より小さい。 　　　　2．蒸気比重は1より大きい。
3．特有の芳香がある。 　　　　　4．引火点は40℃以上である。
5．発火点は300℃以上である。

【問5】 エタノールの性状等について、次のA～Eのうち、正しいもののみをすべて掲げているものはどれか。[★]

1．A、C
2．A、D
3．B、C、E
4．B、D、E
5．B、C、D、E

A．凝固点は5.5℃である。
B．工業用のものには、飲料用に転用するのを防ぐために、毒性の強いメタノールが混入されているものがある。
C．燃焼範囲は 3.3 ～ 19.0vol％である。
D．ナトリウムと反応して酸素を発生する。
E．酸化によりアセトアルデヒドを経て酢酸となる。

▶共通する性状、他

【問6】 メタノールとエタノールに共通する性状について、次のうち誤っているものはどれか。

1．硝酸と混触すると、発火・爆発のおそれがある。
2．引火点は約20℃で、発火点は約400℃以上である。
3．ヒドロキシ基（ヒドロキシル基、－OH 基）を1つもつ、飽和1価アルコールである。
4．比重は水より小さく、沸点は水より低い。
5．燃焼したとき炎が見えにくいところがあり、注意が必要である。

【問7】 メタノールとエタノールの性状として、次のうち誤っているものはどれか。

☑ 1．水によく溶ける。
2．沸点は100℃より低い。
3．燃焼しても炎の色は淡く、見えないことがある。
4．引火点は0℃より低い。
5．三酸化クロムと激しく反応する。

【問8】 エタノール、メタノール及び2-プロパノールに共通する性状として、次のうち誤っているものはどれか。

☑ 1．引火点は20℃以下である。
2．比重は1より小さい。
3．水によく溶けるが、ジエチルエーテルには溶けない。
4．蒸気比重は1より大きい。
5．炭素数3までの飽和1価アルコールである。

【問9】 アセトン、二硫化炭素、エタノールの性状について、次のうち誤っているものはどれか。

☑ 1．燃焼範囲が一番広いのは二硫化炭素である。
2．発火点が一番高いのはアセトンである。
3．引火点が一番高いのはエタノールである。
4．比重が一番重いのは二硫化炭素である。
5．水溶性のものはエタノールのみである。

【問10】 自動車用ガソリンとメタノールの性質の比較について、次のうち誤っているものはどれか。

☑ 1．自動車用ガソリンはメタノールに比べ静電気が発生しやすいので、容器等に注入する場合は流速を遅くする。
2．自動車用ガソリンは非水溶性であるが、メタノールは水溶性なので、泡消火器を使用するときは水溶性液体用泡消火剤を使用する。
3．自動車用ガソリンはメタノールに比べ燃焼範囲が狭いので、窒息消火がしやすい。
4．自動車用ガソリンはメタノールに比べて蒸気比重が大きいため、低所に蒸気が滞留しやすい。
5．メタノールは燃焼すると炎の色が青白く、自動車用ガソリンを燃焼させた時と比べると日中は見えにくいため取り扱いに注意する。

〔問1〕正解…4
  1．一般に、特有の芳香を有する。
  2．比重は1より小さいため、水より軽い。例メタノール0.8、エタノール0.8
  3．蒸気比重は1より大きい。例メタノール1.1、エタノール1.6
  4．一般に、沸点は水より低い。例メタノール64℃、エタノール78℃
  5．一般に、発火点は100℃を超える。例メタノール464℃、エタノール363℃

〔問2〕正解…5
  1．引火点…11℃。
  2．蒸気比重…1.1。
  3．沸点…64℃。
  5．燃焼範囲はメタノール…6.7〜37vol%、エタノール…3.3〜19vol%。燃焼範囲はエタノールより広い。

〔問3〕正解…3（B、C）
  B．ナトリウムと反応して、ナトリウムメトキシドと水素を発生する。
  C．燃焼範囲 ⇒ メタノール…6.7〜37vol%、ガソリン…1.4〜7.6vol%。
  D．青白い炎を出して燃えるため、炎が見えにくいことがある。
  E．酸化剤などの酸化性物質と混合すると、過酸化物を生成し、発火・爆発するおそれがある。

〔問4〕正解…4
  1．比重は0.8で1より小さい。
  2．蒸気比重は1.6で1より大きい。
  4．引火点…13℃。
  5．発火点…363℃。

〔問5〕正解…3（B、C、E）
  A．エタノールの凝固点…−114.5℃。
  B．工業用エタノールには、①農作物から作られた発酵アルコール、②エチレン C_2H_4 から化学的に合成される合成アルコール、③エタノールに変性剤（メタノールなど有毒なもの）を混入した変性アルコール がある。
  D．エタノールはナトリウムと反応すると、ナトリウムエトキシドと水素を発生する。
  $2C_2H_5OH + 2Na \longrightarrow 2C_2H_5ONa + H_2$
  E．エタノール（酸化 ⇒）アセトアルデヒド（酸化 ⇒）酢酸。

〔問6〕正解…2
　1．第6類危険物（硝酸）と第4類危険物（メタノール・エタノール）を混触すると、発火・爆発のおそれがある。
　2．引火点は、メタノール…11℃、エタノール…13℃。
　　発火点は、メタノール…464℃、エタノール…363℃。
　4．液体の比重はいずれも0.8で水より小さい。沸点は、メタノール…64℃、エタノール…78℃でいずれも水の沸点100℃より低い。
　5．青白い炎のため、明るい場所では見えにくい。

〔問7〕正解…4
　2．メタノールの沸点…64℃、エタノールの沸点…78℃。
　4．メタノールの引火点…11℃、エタノールの引火点…13℃。
　5．三酸化クロムは第1類の危険物で酸化性物質のため、接触・混合させると過酸化物を生成し、発火・爆発のおそれがある。

〔問8〕正解…3
　1．引火点 ⇒ エタノール…13℃、メタノール…11℃、2-プロパノール…12℃
　2．いずれも比重は0.8。
　3．いずれも水、ジエチルエーテルに溶ける。
　4．蒸気比重 ⇒ エタノール…1.6、メタノール…1.1、2-プロパノール…2.1
　5．第4類のアルコール類は、炭素数3までの飽和1価アルコールが対象となる。

〔問9〕正解…5
アセトン…第1石油類、二硫化炭素…特殊引火物、エタノール…アルコール類。
　1．燃焼範囲 ⇒ アセトン…2.5 ～ 12.8vol%、二硫化炭素…1.3 ～ 50vol%、エタノール…3.3 ～ 19vol%
　2．発火点 ⇒ アセトン…465℃、二硫化炭素…90℃、エタノール…363℃
　3．引火点 ⇒ アセトン…－20℃、二硫化炭素…－30℃、エタノール…13℃
　4．比重 ⇒ アセトン…0.8、二硫化炭素…1.3、エタノール…0.8
　5．二硫化炭素…非水溶性、アセトンとエタノール…水溶性

〔問10〕正解…3
　1．非水溶性の危険物は水溶性の危険物より絶縁性が高いため、静電気を蓄積しやすい。このため、注入する場合の流速は遅くする。
　3．燃焼範囲と窒息消火のしやすさは、直接的な関連がない。また、燃焼範囲はガソリン…1.4 ～ 7.6vol%、メタノール…6.7 ～ 37vol%でガソリンの方が狭い。

❾ 第2石油類の性状

■第2石油類
◎第2石油類とは、1気圧において引火点が 21℃以上 70℃未満のものをいう。

◎灯油、軽油、キシレンなど非水溶性のものと、酢酸など水溶性のものがある。

■灯　油
◎無色または淡黄色で、経年変化により黄褐色のものもある。特有の臭気を放つ。

◎比重：約 0.8 　　　　　　　沸点：145 ～ 270℃

◎引火点：40℃以上 　　　　 発火点：約 220℃

◎燃焼範囲：1.1 ～ 6.0vol％ 　蒸気比重：4.5

◎灯油にガソリンを混合してはならない。引火しやすくなり、危険である。

◎霧状にして空気中に浮遊すると、空気との接触面積が広くなるため、引火しやすくなる。

◎電気の不導体で、流動により静電気が発生しやすい。

■軽　油
◎精製直後は無色であるが、出荷前に精製会社により淡黄～淡褐色や薄緑色に着色されていることがある。

◎石油臭がある。

◎比重：約 0.85 　　　　　　 沸点：170 ～ 370℃

◎引火点：45℃以上 　　　　 発火点：約 220℃

◎燃焼範囲：1.0 ～ 6.0vol％ 　蒸気比重：4.5

◎軽油に第1類危険物を触れさせたり、第6類危険物を混入してはならない。発火する危険がある。

◎電気の不導体で、流動により静電気が発生しやすい。

■キシレン（$C_6H_4(CH_3)_2$）
◎無色で、芳香族特有の臭いがある。

◎比重：約 0.9 　　　　　　　沸点：138 ～ 144℃（異性体により異なる）

◎引火点：約 32℃ 　　　　　 発火点：約 464℃

◎燃焼範囲：約 0.9 ～ 7.0vol％ 　蒸気比重：3.7

◎3種の異性体（オルトキシレン、メタキシレン、パラキシレン）が存在する。

◎水には溶けず、二硫化炭素、エタノール、ジエチルエーテルなどに溶ける。

◎蒸気には毒性がある。

■ クロロベンゼン （C_6H_5Cl）

◎特徴的な臭気のある、無色の液体。

◎比重：約 1.1　　　　　　　　　沸点：132℃

◎引火点：約 28℃　　　　　　　発火点：約 464℃

◎燃焼範囲：約 1.3 ～ 10vol%　　蒸気比重：3.9

◎水には溶けず、アルコール、エーテルなどに溶ける。

■ 1-ブタノール （$CH_3(CH_2)_3OH$）

◎無色で、刺激的な発酵した臭いがする。

◎比重：0.8　　　　　　沸点：117℃　　　　　凝固点（融点）：−90℃

◎引火点：35 ～ 37.8℃　　　発火点：約 343 ～ 401℃

◎燃焼範囲：1.4 ～ 11.2vol%　　　　　　　　蒸気比重 2.6

◎ n（ノルマル）-ブチルアルコールともいう。炭素数が 4 個であるため、法令上の「アルコール類」には該当しない。

◎4種の異性体があり、1-ブチルアルコールはその1つである。

◎水に少し溶ける（わずかに溶ける程度）。また、各種の有機溶剤によく溶ける。

◎「1-ブタノール」を酸化⇒「ブチルアルデヒドおよび酪酸」になる。また、ブチルアルデヒドを還元（水素化）すると 1-ブタノールが得られる。

◎触れると皮膚や眼などの粘膜を刺激し、薬傷を起こす。加熱や燃焼により、刺激性で腐食性のある有毒なガスを発生する。

◎消火には、耐アルコール泡消火剤、粉末消火剤、水系消火剤（霧状）が有効である。

■ 酢酸 （CH_3COOH）

◎無色で、刺激性の臭気をもつ。弱酸。

◎比重： 1.05　　　　　　沸点：118℃　　　　　凝固点（融点）：17℃

◎引火点：39 ～ 41℃　　　発火点：約 463℃

◎燃焼範囲：4.0 ～ 19.9vol%　　　　　　　　蒸気比重：2.1

◎アセトアルデヒドの酸化により得られる。

◎純度 96％以上のものは、17℃以下で氷状に結晶することから、氷酢酸という。

◎強い腐食性がある有機酸で、水溶液はコンクリートを腐食する。また、アルミニウムなどの一部金属を除き、多くの金属を腐食して可燃性ガス（水素）を発生する。

◎水溶性で、ジエチルエーテル（エーテル）、エタノール（アルコール）、ベンゼンなどの有機溶剤にも溶ける。

◎アルコール ROH と反応すると、酢酸エステル CH_3COOR を生成する（R は炭化水素）。酢酸エチル $CH_3COOC_2H_5$ は酢酸エステルの代表例。

◎食酢は、酢酸濃度 3 ～ 6 ％の水溶液である。

◎青い炎をあげて燃焼し、二酸化炭素と水（水蒸気）を発生する。

■アクリル酸（CH₂ = CHCOOH）

◎無色で、酢酸に似た刺激臭をもつ。

◎比重：1.05　　　　　　沸点：141℃　　　　　　融点：13〜13.5℃

◎引火点：51℃　　　　　発火点：約438℃

◎燃焼範囲（爆発範囲）：3.9〜20vol%　　　　　蒸気比重：2.45

◎水やエーテル、アルコールなどと任意の割合で混じり合う。

◎非常に重合しやすいため、重合防止剤を加えて貯蔵する。また、重合に伴い発熱し、その重合熱は1076kJ/kgである。過去に発火・爆発事故が数件起きている。

◎重合しやすくなる条件として、①加熱・光などの影響、②高温体・酸化性物質・過酸化物・アルカリ溶液・鉄さびとの接触や混触などがある。

◎融点が高いため凝固しやすいが、凝固したものを溶解させる際の温度設定を誤ると、重合や引火の危険性があるため、凝固させないよう保管する。

◎強い腐食性があり、皮膚に触れると火傷を起こす。また、濃い蒸気を吸入すると粘膜を刺激して炎症を起こす。

◎容器は、ガラス、ステンレス鋼、アルミニウム、ポリエチレンで被覆されたものを使用する。また、取扱い時は保護具を使用する。

▶▶▶ 過去問題 ◀◀◀

▶第2石油類

【問1】第2石油類の性状について、次のうち誤っているものはどれか。

- ☑ 1．霧状の場合は、引火点以下の温度でも、着火することがある。
- 2．蒸気比重は1より大きい。
- 3．水溶性のものはない。
- 4．発火点は100℃を超える。
- 5．15℃で凝固するものがある。

....

【問2】第2石油類の性状について、次のうち誤っているものはどれか。

- ☑ 1．引火点が20℃以下のものはない。
- 2．比重が1より大きく、水の下層に沈むものがある。
- 3．水に溶けるものがある。
- 4．蒸気比重は1より大きい。
- 5．発火点はすべて第1石油類より高く、第3石油類より低い。

....

▶灯油／軽油

【問3】 灯油の性状として、次のA～Eの記述のうち、誤っているものの組合せはどれか。

☑ 1．AとB
　 2．AとE
　 3．BとC
　 4．CとD
　 5．DとE

| A．無色無臭の液体である。 |
| B．水に溶けない。 |
| C．液比重は1より小さい。 |
| D．蒸気比重は1より大きい。 |
| E．常温（20℃）でも容易に着火する。 |

- -

【問4】 灯油の性状について、次のうち誤っているものはどれか。[★]

☑ 1．霧状となって浮遊するときは、火がつきやすい。
　 2．灯油の中にガソリンを注いでも混じりあわないため、やがて分離する。
　 3．引火点は、40℃以上である。
　 4．加熱等により引火点以上に液温が上がったときは、火花等により引火する
　　　危険がある。
　 5．ぼろ布などに染み込んだものは、火がつきやすい。

- -

【問5】 軽油の性状について、次のうち誤っているものはどれか。[★]

☑ 1．沸点は、水より高い。
　 2．水より軽く、水に不溶である。
　 3．酸化剤と混合すると、発熱・爆発のおそれがある。
　 4．ディーゼル機関の燃料に用いられる。
　 5．引火点は、40℃以下である。

- -

【問6】 軽油の性状について、次のA～Dのうち、正しいものの組合せはどれか。

| A．原油を蒸留した際に、灯油に続いて留出する炭化水素の混合物である。 |
| B．発火点は自動車のガソリンより高い。 |
| C．比重は1より小さい。 |
| D．引火点は20℃以下である。 |

☑ 1．AとB　　2．AとC　　3．BとC　　4．BとD　　5．CとD

- -

【問7】 灯油および軽油に共通する性状について、次のうち誤っているものはどれか。
[★]

☑ 1．水より軽い。　　　　　　　　2．引火点は、常温（20℃）より高い。
　 3．蒸気は、空気より重い。　　　4．発火点は、100℃より低い。
　 5．水に溶けない。

【問8】 灯油と軽油の性状について、次のうち正しいものはどれか。[★]

☑ 1．ともに精製したものは無色であるが、軽油はオレンジ色に着色されている。

2．灯油は一種の植物油であり、軽油は石油製品である。

3．ともに電気の不導体で、流動により静電気が発生しやすい。

4．ともに第3石油類に属する。

5．ともに液温が常温（20℃）付近のときでも引火する。

▶キシレン／クロロベンゼン

【問9】 キシレンの性状として、次のうち誤っているものはどれか。

☑ 1．無色透明の液体である。　　　　　　2．4つの異性体がある。

3．塗料などの溶剤として使用されている。　　4．沸点は水より高い。

5．引火点は40℃未満である。

【問10】 クロロベンゼンの性状について、次のA～Eのうち誤っているものはいくつあるか。

☑ 1．1つ

2．2つ

3．3つ

4．4つ

5．5つ

| A．蒸気比重は1より大きい。 |
| B．淡黄色の液体である。 |
| C．燃焼範囲は6～36vol％である。 |
| D．アルコールに溶けない。 |
| E．特異な臭いを有する。 |

【問11】 クロロベンゼンの性状について、次のうち正しいものはどれか。

☑ 1．比重は1より大きい。　　　　　　2．無色無臭の液体である。

3．燃焼範囲は6.0～36vol％である。　　4．水によく溶ける。

5．蒸気比重は1より小さい。

▶1-ブタノール／酢酸／アクリル酸

【問12】 1-ブタノールの性状について、次のうち誤っているものはどれか。[★]

☑ 1．酸化すると、ブチルアルデヒドおよび酪酸になる。

2．皮膚や眼を刺激し、薬傷をおこす。

3．燃焼範囲は1.4～11.2vol％である。

4．水に可溶である。

5．引火点、発火点は軽油とほぼ同じである。

【問 13】 酢酸の性状について、次のうち誤っているものはどれか。

☑　1．一般に、高純度のものは氷酢酸と呼ばれ、約 15 ～ 16℃以下で固体になる。

　　2．刺激臭を有する無色透明の液体である。

　　3．常温（20℃）で引火する危険性がある。

　　4．青い炎をあげて燃焼し、二酸化炭素と水蒸気になる。

　　5．水溶液は、腐食性を有する。

･･･

【問 14】 酢酸の性状について、次のうち誤っているものはどれか。

☑　1．20℃で無色透明の液体である。　　　2．水溶液には、腐食性はない。

　　3．20℃で引火の危険性はない。　　　　4．アルコールと任意の割合で溶ける。

　　5．青い炎をあげて燃え、二酸化炭素と水蒸気になる。

･･･

【問 15】 アクリル酸の性状について、妥当なものは次のうちどれか。

☑　1．赤褐色の液体である。　　　　2．比重は 1 より小さい。

　　3．無臭である。　　　　　　　　4．重合反応を起こしやすい。

　　5．水に溶けない。

･･･

【問 16】 アクリル酸の貯蔵・保管方法について、次のうち誤っているものはどれか。

[★]

☑　1．容器は密閉し、換気の良いところに保管する。

　　2．容器はステンレス鋼または内面をポリエチレンでライニングしたものを用いる。

　　3．融点はおよそ 14℃と高いので、通常は凍結して保管する。

　　4．皮膚に接触すると壊死するおそれがあるので、保護具を使用して取り扱う。

　　5．光・熱・過酸化物・鉄さびなどにより重合が加速するので、重合防止剤等を加えて保管する。

▶ 解 説

〔問 1〕 正解…3

　　3．酢酸やアクリル酸は水溶性である。

　　4．第 2 石油類の発火点は、おおよそ 220℃以上となる。

　　5．純度 96％以上の酢酸は、17℃以下で氷状に結晶することから、氷酢酸と呼ばれる。

〔問 2〕 正解…5

　　1．第 2 石油類は、1 気圧において引火点が 21℃以上 70℃未満のものをいう。

　　2．第 2 石油類で比重が水より重いものは、クロロベンゼン約 1.1、酢酸 1.05、アクリル酸 1.05 がある。

3．酢酸、アクリル酸、プロピオン酸は第2石油類の水溶性である。「2．第4類危険物の性状」336P 参照。

4．蒸気比重はすべて1より大きい。

5．発火点の高低は物質によって異なる。品名に関係ない。

〔問3〕正解…2（AとE）

A．灯油は無色または淡黄色に着色されている。また、特有の臭いがある。

C＆D．灯油の比重は約0.8、蒸気比重は4.5。

E．灯油の引火点は40℃以上のため、常温では容易に着火しない。

〔問4〕正解…2

1．石油ファンヒーターは灯油を霧状にして燃焼させている。また、ディーゼルエンジンは、軽油をやはり霧状にして爆発させている。引火点以下であっても、霧状にすると引火しやすくなる。

2．灯油の中にガソリンを注ぐと混じり合って、引火しやすくなる。

〔問5〕正解…5

1＆5．軽油の沸点は170〜370℃、引火点は45℃以上である。

2．軽油の比重は0.85。

〔問6〕正解…2（AとC）

A．原油の精製では、蒸留塔の中に加熱された原油が吹き込まれ、沸点の差によってさまざまな石油製品に分けられている。約35〜180℃でガソリン ⇒ 約170〜250℃で灯油 ⇒ 約240〜350℃で軽油 ⇒ 約300〜350℃以上で重油やアスファルトが分留される。また、原油の組成は、大半が炭素と水素からなる混合物で、そこから分留されるガソリンや灯油、軽油なども炭化水素の混合物である。

B．発火点は約220℃で、ガソリンの約300℃より低い。

C．比重は約0.85で1より小さい。

D．引火点は45℃以上である。

〔問7〕正解…4

1．比重は灯油が0.8で、軽油が0.85である。

2．引火点は灯油が40℃以上で、軽油が45℃以上。

3．蒸気比重はともに4.5。

4．発火点はともに約220℃である。

〔問8〕正解…3

1．灯油は無色または淡黄色で、軽油は無色または精製会社により着色されていることがある。オレンジ色に着色されているのは、自動車ガソリンである。

2．灯油と軽油は、いずれも原油の蒸留で得られる石油製品である。従って、各種炭化水素の混合物である。

4．ともに第2石油類に属する。

5．引火点は灯油が40℃以上で、軽油が45℃以上である。いずれも常温（20℃）では引火しない。

〔問9〕 正解…2

2．キシレンの異性体⇒ オルトキシレン、メタキシレン、パラキシレンの3つ。

4．沸点…約144℃（異性体により異なる）。

5．引火点…約32℃。

〔問10〕 正解…3（B、C、D）

クロロベンゼンの蒸気比重…3.9、無色の液体。燃焼範囲…1.3 ～ 10vol％、水に溶けず、アルコールやエーテルに溶ける、特有の臭いがある。

〔問11〕 正解…1

1．比重は約1.1で1より大きい。

2．特徴的な臭気のある無色の液体である。

3．燃焼範囲は約1.3 ～ 10vol％である。

4．水には溶けない。

5．蒸気比重は3.9で1より大きい。

〔問12〕 正解…5

4．水に可溶だが、微溶である。

5．引火点⇒ 1 －ブタノール…35 ～ 37.8℃、軽油…45℃以上
発火点⇒ 1 －ブタノール…約343 ～ 401℃、軽油…約220℃

〔問13〕 正解…3

3．酢酸の引火点は39 ～ 41℃であり、常温（20℃）では引火しない。

〔問14〕 正解…2

2．水溶液は、金属やコンクリートを強く腐食する。

3．引火点は39 ～ 41℃で、常温（20℃）より高い。

4．水によく溶け、エタノール、ジエチルエーテルなどにも溶ける。

〔問15〕 正解…4

1．無色の液体である。

2．比重は1.05で1より大きい。

3．酢酸に似た刺激臭を有する。

5．水、エーテル、アルコール等に任意の割合で溶ける。

〔問16〕 正解…3

1．強い腐食性のある液体で、蒸気も人体に有毒なため容器は密栓する。また、高温になると重合が促進されるため、換気の良い場所に保管する。

2．ステンレス鋼、ポリエチレンの他、アルミニウムやガラスも容器として使用できる。
（参考：ライニングとは、腐食・摩耗・汚染などから保護するために、その表面に目的に適した他の材料を比較的厚く被覆すること。）

3．融点が13 ～ 13.5℃のため凝固しやすいが、凝固したアクリル酸を溶解させる際の温度設定を誤ると重合や引火の危険性があるため、保管には凝固せず、また引火の危険がない温度での保管が望ましい。

10 第3石油類の性状

■重 油
◎褐色または暗褐色の粘性のある液体で、特有の臭いがある。

◎比重：0.9 ～ 1.0（水よりやや軽い）

　　　　（比重が1より小さいのは、第3石油類の中では重油のみ）

◎沸点：300℃以上　　　　発火点：250 ～ 380℃

◎引火点：1種（A重油）＆2種（B重油）60℃以上、3種（C重油）70℃以上

◎重油は、日本産業規格により1種（A重油）、2種（B重油）および3種（C重油）
　に分類されている。1種 ⇒ 2種 ⇒ 3種の順に粘度が大きくなる。

◎水には溶けない。不純物として含まれている硫黄Sは、燃えると有害な二酸化硫
　黄（亜硫酸ガス）SO_2になる。

■クレオソート油
◎黄色、濃黄褐色、暗緑色、黒色の粘ちゅう性の油状液体で、刺激臭がある。

◎比重：1.1　　　　沸点：200℃以上　　　　引火点：75℃　　　　発火点：335℃

◎コールタールを蒸留して得られる。木材の防腐剤や防虫剤等に用いる。

◎人体に対して有毒である。

◎水には溶けないが、アルコール、ベンゼンには溶ける。

◎ナフタレン、アントラセンなどが含まれている。

◎金属に対する腐食性はない。

■アニリン（$C_6H_5NH_2$）
◎無色または淡黄色で、特有の臭気をもつ。

◎比重：1.01　　　　沸点：185℃以上　　　　引火点：70℃　　　　発火点：615℃

◎燃焼範囲：1.2 ～ 11vol％　　　　　　　　蒸気比重：3.2

◎水には溶けにくいが、ジエチルエーテル、エタノール、ベンゼンにはよく溶ける。

■ニトロベンゼン（$C_6H_5NO_2$）
◎淡黄色～暗黄色の油状液体である。桃を腐らせたような芳香（アーモンド臭）を持
　ち、蒸気は有毒。

◎比重：1.2　　　　沸点：211℃以上　　　　引火点：88℃　　　　発火点：482℃

◎燃焼範囲：1.8 ～ 40vol％　　　　　　　　蒸気比重：4.2

◎ニトロ化合物であるが、第5類危険物のような自己反応性はなく、爆発性もない。

◎水にほとんど溶けないが、アルコールやジエチルエーテル、大部分の有機溶剤に溶
　ける。

■エチレングリコール（C₂H₄（OH）₂）

◎甘味と粘性のある無色の液体で、**吸湿性**がある。

◎比重：1.1　　　沸点：197℃以上　　　引火点：111℃　　　発火点：413℃

◎燃焼範囲：3.2 〜 15vol%　　　　　蒸気比重：2.1

◎水、エタノールに溶けるが、ベンゼンには溶けない。

◎エンジンの**不凍液**に使われる。　　　◎ナトリウムと反応して水素を発生する。

■グリセリン（C₃H₅（OH）₃）

◎甘味と粘性のある無色の液体で、**吸湿性**がある。

◎比重：1.3　　　沸点：291℃以上　　　引火点：160 〜 199℃

◎発火点：370℃　　　蒸気比重：3.2

◎ニトログリセリン（爆薬）の**原料**となる。

◎水に溶けやすく、吸湿性が強い。その保水性を生かして、化粧品、水彩絵具によく使われる。また、エタノールには溶けるが、**ジエチルエーテル**（エーテル）、二硫化炭素、ガソリン、**ベンゼン**などには**溶けにくい**。

◎アルコールはそのヒドロキシ基 −OH（水酸基）の数により、1 価アルコール、2 価アルコール、3 価アルコールに分類される。グリセリンは 3 個のヒドロキシ基（水酸基）を有していることから、**3価アルコール**となる。

▶▶▶ 過去問題 ◀◀◀

▶重油

【問1】重油の一般的な性状等について、次のうち誤っているものはどれか。

[★★]［編］

☑　1．水に溶けない。

　　2．水より重い。

　　3．日本産業規格では、1 種（A 重油）、2 種（B 重油）および 3 種（C 重油）に分類されている。

　　4．発火点は、100℃より高い。

　　5．1 種および 2 種重油の引火点は、60℃以上である。

....

【問2】重油の性状について、次のうち誤っているものはどれか。

☑　1．一般に褐色または暗褐色の粘性のある液体である。

　　2．霧状のものは燃焼しやすい。

　　3．発火点は 70 〜 150℃である。

　　4．数種類に分類されていて、それぞれ引火点が異なる。

　　5．不純物として含まれている硫黄が燃焼すると、亜硫酸ガスになる。

【問3】 灯油、軽油および重油について、次のうち誤っているものはどれか。

☑　1．引火点を比較すると一般に灯油が最も低く、次に軽油、重油の順となる。

　　2．いずれも原油の分留によって得られる。

　　3．蒸気は、いずれも空気より重い。

　　4．灯油と軽油は水より軽いが、重油は水より重い。

　　5．灯油と軽油は、第2石油類、重油は第3石油類に属する。

【問4】 灯油、軽油および重油について、次のA〜Eのうち誤っているもののみを掲げているものはどれか。

> A．いずれも引火点は常温（20℃）より高い。
>
> B．いずれも原油から分留されたもので、種々の炭化水素の混合物である。
>
> C．いずれも静電気の発生のおそれはない。
>
> D．いずれも霧状になると火がつきやすくなる。
>
> E．いずれも水に不溶であり、灯油と軽油は水より軽いが、重油は水より重い。

☑　1．AとB　　2．CとE　　3．DとE　　4．AとC　　5．BとE

▶クレオソート油・その他

【問5】 クレオソート油の性状について、次のうち誤っているものはどれか。[★]

☑　1．常温（20℃）では、黒色または濃黄褐色の粘ちゅう性の油状液体である。

　　2．アルコールなどの有機溶剤や水によく溶ける。

　　3．ナフタレン、アントラセンなどを含む混合物である。

　　4．引火点は70℃以上である。

　　5．金属に対する腐食性はない。

【問6】 クレオソート油の性状について、次のうち誤っているものはどれか。

☑　1．引火点は70℃以上である。

　　2．比重は1より大きい。

　　3．木材を腐食させる菌類に対し、防腐効力が大きい。

　　4．人体に対して毒性はない。

　　5．20℃では黒色または濃黄褐色の粘ちゅう性の油状液体である。

【問7】 ニトロベンゼンの性状について、次のうち誤っているものはどれか。

☑ 1．淡黄色または暗黄色の液体である。
   2．比重は1より大きい。
   3．自己反応性を有する。
   4．アーモンドに似た芳香を有している。
   5．燃焼下限界はおおよそ 1.8vol％である。

【問8】 ニトロベンゼンの性状について、次のうち正しいものはどれか。

☑ 1．黒色の液体である。　　　2．比重は1より小さい。
   3．自己反応性を有する。　　4．エタノールに不溶である。
   5．引火点は100℃以下である。

【問9】 グリセリンの性状として、次のうち誤っているものはどれか。

☑ 1．2価のアルコールで、刺激臭のある無色の液体である。
   2．エーテル、ベンゼンには溶けにくい。
   3．吸湿性を有している。
   4．引火点は、100℃以上である。
   5．比重は、水より大きい。

【問10】 次のA〜Dの性状をすべて有する危険物は、次のうちどれか。

☑ 1．ニトロベンゼン
   2．エチレングリコール
   3．アニリン
   4．グリセリン
   5．クレオソート油

| A．水によく溶ける。 |
| B．不凍液に利用されている。 |
| C．引火点はおおむね110℃である。 |
| D．無色、無臭の液体である。 |

▶ 解 説

〔問1〕 正解…2
   2．重油の比重は 0.9 〜 1.0 で、水よりやや軽い。
   4．発火点は 250 〜 380℃である。
   5．1種・2種の引火点は60℃以上、3種の引火点は70℃以上である。

〔問2〕 正解…3
   2．引火点以下であっても、霧状にすると引火しやすくなる。
   3．重油の発火点は 250 〜 380℃である。
   4．1種（A重油）、2種（B重油）、3種（C重油）に区分されている。

388

〔問3〕正解…4

1．引火点は、灯油 40℃以上、軽油 45℃以上、重油 60℃または 70℃以上。

3．第4類危険物の蒸気比重はすべて1より大きい。

4．液比重は、灯油 0.8、軽油 0.85、重油 0.9 〜 1.0。重油も水よりわずかに軽い。

〔問4〕正解…2（CとE）

A．引火点は、灯油 40℃以上、軽油 45℃以上、重油 60℃または 70℃以上。

C．いずれも非水溶性で電気の不導体であるため、静電気の発生のおそれがある。特に灯油と軽油は静電気が発生しやすい。

E．液比重は、灯油 0.8、軽油 0.85、重油 0.9 〜 1.0。重油も水よりわずかに軽い。

〔問5〕正解…2

2．クレオソート油はアルコールなどの有機溶剤に溶けるが、水には溶けない。

4．引火点…75℃。

〔問6〕正解…4

1．引火点…75℃。

2．比重…1.1。

4．人体に対して有毒である。

〔問7〕正解…3

2．比重…1.2。

3．ニトロ化合物であるが、第5類危険物の自己反応性はなく、爆発性もない。

5．燃焼範囲…1.8 〜 40vol％。

〔問8〕正解…5

1．無色・淡黄色〜暗黄色の油状液体である。

2．比重…1.2。

3．ニトロ化合物であるが、第5類危険物の自己反応性はなく、爆発性もない。

4．エタノールにはよく溶ける。

5．引火点…88℃。

〔問9〕正解…1

1．グリセリンは3価のアルコールで、甘みのある無色無臭の液体である。

4＆5．グリセリンの引火点…160 〜 199℃、比重…1.3（水より大きい）。

〔問10〕正解…2

すべて第3石油類の危険物である。

1．ニトロベンゼン⇒ 非水溶性／引火点 88℃／淡黄色〜暗黄色／芳香がある

2．エチレングリコール⇒ 水溶性／引火点 111℃／無色無臭／エンジンの不凍液等

3．アニリン⇒ 非水溶性／引火点 70℃／無色〜淡黄色／特有の臭気

4．グリセリン⇒ 水溶性／引火点 160 〜 199℃／無色無臭／化粧品や水彩絵具等

5．クレオソート油⇒ 非水溶性／引火点 75℃／濃黄褐色〜黒色／刺激臭がある／防腐剤や防虫剤等

■第4石油類

◎第4石油類とは、1気圧において常温（20℃）で液状であり、かつ、引火点が200℃以上250℃未満のものをいう。

◎潤滑油（ギヤー油、シリンダー油、切削油など）と可塑剤^{かそ}（リン酸トリクレジルなど）の2つに大きく分類できる。また、潤滑油は一般に第4石油類に該当するものが多い。

◎第4石油類は次の特徴がある。

> ①非水溶性で、粘度が高く、**比重が1より小さい（水より軽い）**ものが多い。
> ※リン酸トリクレジルの比重は約1.17で、**1より大きい。**
>
> ②引火点が高いため、一般に、**加熱しない限り引火の危険性は少ない。**
>
> ③燃焼温度が高く、火災時には**液温が非常に高く**なる。このため、水系の消火剤を使用すると水分が沸騰蒸発し、消火が困難になる。また、棒状での注水は、高温となった油を周囲に飛び散らせてしまう危険がある。
>
> ④**霧状**にしたもの、**布に染み込んだもの**などは空気との接触面積が大きくなるため、**引火しやすくなる。**
>
> ⑤揮発性がほとんどないため、**蒸発しにくい。**

▶▶▶ 過去問題 ◀◀◀

【問1】次の文の（ ）内のA〜Cに当てはまる語句の組合せとして、正しいものはどれか。

「第4石油類に属する物品は（A）が高いので、一般に、（B）しない限り引火する危険はないが、いったん燃え出したときは（C）が非常に高くなっているので、消火が困難になる。」

		A	B	C
☑	1.	沸点	蒸発	気温
	2.	沸点	沸騰	気温
	3.	引火点	加熱	液温
	4.	引火点	加熱	気温
	5.	蒸気密度	沸騰	液温

【問2】 第4石油類の性状について、次のA～Dのうち誤っているものの組合せはどれか。

> A．潤滑油のすべてが第4石油類に該当する。
> B．燃焼すると液温が高いため、泡消火剤等を使用すると水分が沸騰蒸発することがある。
> C．消火粉末などで窒息消火する。
> D．酸やアルカリとは反応しない。

☑　1．AとB　　2．AとD　　3．BとC　　4．BとD　　5．CとD

....

【問3】 第4石油類の性状・用途について、次のうち誤っているものはどれか。

☑　1．切削油を用いた切削作業では、単位時間あたりの注入量が少ないと摩擦熱により発火のおそれがある。
　　2．引火点が高いので、加熱しない限り引火の危険性はない。
　　3．熱処理油を用いた焼き入れ作業では、灼熱した金属を素早く油中に埋没しないと発火のおそれがある。
　　4．引火した場合には、油温を下げる効果が期待できるので、棒状の注水が有効である。
　　5．潤滑油や可塑剤として使用されるものが多い。

....

【問4】 引火点が低いものから高いものの順になっているものは、次のうちどれか。

[★]

☑

1．	自動車ガソリン	⇒	トルエン	⇒	ギヤー油
2．	自動車ガソリン	⇒	灯油	⇒	トルエン
3．	自動車ガソリン	⇒	ギヤー油	⇒	灯油
4．	トルエン	⇒	自動車ガソリン	⇒	ギヤー油
5．	トルエン	⇒	ギヤー油	⇒	灯油

....

【問5】 引火点の高いものから低いものの順になっている組み合わせは、次のうちどれか。

☑

1．	ガソリン	⇒	軽油	⇒	重油	⇒	シリンダー油
2．	軽油	⇒	ガソリン	⇒	重油	⇒	シリンダー油
3．	シリンダー油	⇒	重油	⇒	軽油	⇒	ガソリン
4．	重油	⇒	軽油	⇒	シリンダー油	⇒	ガソリン
5．	ガソリン	⇒	重油	⇒	シリンダー油	⇒	軽油

〔問1〕正解…3

　「第4石油類に属する物品は〈Ⓐ 引火点〉が高いので、一般に、〈Ⓑ 加熱〉しない限り引火する危険はないが、いったん燃え出したときは〈Ⓒ 液温〉が非常に高くなっているので、消火が困難になる。」

〔問2〕正解…2（AとD）

　A．潤滑油は多くが第4石油類であるが、第3石油類に該当するものもある。

　D．第4石油類に該当するフタル酸ジオクチル $C_{24}H_{38}O_4$ は、ポリ塩化ビニルの可塑剤として使用される。無色油状の液体で、引火点は205〜218℃である。水にはほとんど溶けないが、強酸、強アルカリとは加水分解する。

〔問3〕正解…4

　4．火災となった場合、油温が非常に高温になるため、水系の消火剤を使用すると水分が沸騰蒸発してしまう。このため、水系の消火剤は消火に適さない。また、棒状の注水は、高温となった油を周囲に飛び散らせてしまう危険があるため行ってはならない。

〔問4〕正解…1

　・第1石油類 ⇒自動車ガソリン（−40℃以下）、トルエン（4℃）

　・第2石油類 ⇒灯油（40℃以上）

　・第4石油類 ⇒ギヤー油（200〜250℃）

〔問5〕正解…3

　特殊引火物 ＜ 第1石油類 ＜ アルコール類 ＜ 第2石油類 ＜ 第3石油類 ＜ 第4石油類 ＜ 動植物油類の順に引火点は高くなる。引火点がわからなくても、物品名を品名に分けることで答えは出る。それぞれの品名と引火点は、次のとおり。

　　・第1石油類 ⇒ガソリン…−40℃

　　・第2石油類 ⇒軽油…45℃以上

　　・第3石油類 ⇒重油…60〜70℃

　　・第4石油類 ⇒シリンダー油…200〜250℃

12 動植物油類の性状

■動植物油類

◎動植物油類とは、動物の油脂等または植物の種子もしくは果肉から抽出したものであり、1気圧において引火点が250℃未満のものをいう。

◎動植物油類は次の特徴がある。

> ①**非水溶性**で、液比重が1より小さい（水より軽い）ものが多く、**約0.9**である。
>
> ②布に染み込んだものは、酸化 ⇒ 発熱し、**自然発火**する危険性がある。
>
> ③**霧状**にしたものや**布に染み込んだもの**は、空気との接触面積が大きくなるため、**引火しやすくなる**。
>
> ④蒸発しにくく引火しにくいが、火災になると燃焼温度が高くなるため、消火が非常に困難となる。
>
> ⑤一般に、**不飽和脂肪酸**を含む。

◎動植物から採れる油脂の分子量や不飽和度は、動植物の種類に応じて異なる。一般に油脂の融点は、油脂を構成する脂肪酸の炭素数が多いほど高くなる。また、同じ炭素数の脂肪酸を比較した場合、二重結合の数が多くなるほど融点は低くなる。

◎マーガリンの主な原材料は植物油（大豆油・コーン油・べに花油など）で、不飽和脂肪酸で構成された油脂に**水素を付加**して作られた**硬化油**である。

■自然発火

◎油類は、空気に触れると酸化し、その際に**酸化熱**を発生する。自然発火は、この酸化熱が蓄積され、発火点に達することで起こる。

◎油類が放置されることによる酸化は、分子内の不飽和結合（炭素どうしの二重結合 $C=C$）部分に酸素が結合することにより生じる。

◎ヨウ素価は、「油脂100gが吸収するヨウ素のグラム数」で表す。**不飽和結合がより多く存在する油脂ほど、この値が大きくなり、不飽和度が高い**。

▶乾性油の種類とヨウ素価

・**乾性油（ヨウ素価130以上）**：空気中で完全に固まる油
アマニ油、**キリ油**、べに花油、ヒマワリ油、クルミ油、ケシ油など
・半乾性油（ヨウ素価100〜130）：空気中で反応し、流動性は低下する
ナタネ油、ゴマ油、綿実油、コーン油、大豆油など
・不乾性油（ヨウ素価100以下）：空気中で固まらない油
ヤシ油、オリーブ油、ヒマシ油、ツバキ油など

◎**乾性油は乾きやすい特性があり、空気中に長時間放置すると、酸化により樹脂状に固化して、自然発火を起こしやすくなる**。

◎動植物油類が染み込んだ布や紙などを、風通しの悪い場所や換気がない室内に放置すると、酸化熱が蓄積し、自然発火を起こしやすくなる。

▶▶▶ 過去問題 ◀◀◀

【問1】動植物油類について、次のうち誤っているものはどれか。[★★★]

☑ 1．引火点以上に熱すると、火花等による引火の危険性を生じる。

2．乾性油は、ぼろ布等に染み込ませ積み重ねておくと自然発火することがある。

3．水に溶けない。

4．容器の中で燃焼しているものに注水すると、燃えている油が飛散する。

5．引火点は、300℃程度である。

・・

【問2】動植物油類の性状について、次のうち正しいものはどれか。

☑ 1．比重は1より大きい。

2．不飽和脂肪酸で構成された油脂に水素を付加して作られた油脂は、硬化油と呼ばれ、マーガリンなどの食用に用いられる。

3．オリーブ油やツバキ油は、塗料や印刷インクなどに用いられる。

4．ヨウ素価の大きい油脂は、炭素の二重結合（C＝C）が多く含まれた油脂で、空気中では酸化されにくく、固化しにくい。

5．油脂の融点は、油脂を構成する脂肪酸の炭素原子の数が少ないほど高い。

・・

▶自然発火

【問3】次の危険物のうち、ぼろ布等の繊維に染み込ませて放置すると、状況によって自然発火を起こす可能性のあるものはどれか。[★★]

☑ 1．エタノール　　2．軽油　　3．灯油　　4．ベンゼン　　5．動植物油

・・

【問4】動植物油の中で乾性油などは、自然発火することがあるが、次のうち最も自然発火を起こしやすい状態にあるものはどれか。[★★★]

☑ 1．金属製容器に入ったものが長期間、倉庫に貯蔵されている。

2．ぼろ布等に染み込んだものが長期間、通風の悪い所に積んである。

3．ガラス製容器に入ったものが長時間、直射日光にさらされている。

4．水が混入したものが屋外に貯蔵されている。

5．種々の動植物油が同一場所に大量に貯蔵されている。

【問5】 布や紙等に染み込んで大量に放置されていると自然発火する危険性が最も高い危険物は、次のうちどれか。

☑ 1．第4石油類のうちギヤー油 　　　　2．動植物油類のうち半乾性油

　 3．動植物油類のうち不乾性油 　　　　4．動植物油類のうち乾性油

　 5．第3石油類のうちクレオソート油

▶ 解 説

〔問1〕**正解…5**

　5．動植物油類は、1気圧において引火点が250℃未満のものをいう。

〔問2〕**正解…2**

　1．比重は約0.9で1より小さい。

　3．オリーブ油やツバキ油は、主に食用や化粧品に使用される。塗料や印刷インクには、大豆油、アマニ油、ヒマシ油、キリ油などが使用されている。

　4．ヨウ素価の大きい油脂は、炭素の二重結合（C＝C）が多く含まれた油脂で、空気中では酸化しやすく、固化しやすい。

　5．一般に、脂肪酸の炭素の数が多くなるほど融点は高くなる。

〔問3〕**正解…5**

　5．動植物油が染み込んだままのぼろ布などを風通しの悪い場所に長期間放置しておくと、酸化熱が蓄積されていくため、自然発火を起こしやすくなる。

〔問4〕**正解…2**

　2．ぼろ布等に乾性油が染み込んだものが長期間通風の悪い所に積んであると、酸化熱が蓄積されていくため、自然発火を起こしやすくなる。

〔問5〕**正解…4**

　ヨウ素価が大きいものほど自然発火しやすい。ヨウ素価の大きさは乾性油…130以上、半乾性油…100〜130、不乾性油…100以下、と定められている。

■乙種第4類の主な危険物

品名	物品名	水溶性	丙種	引火点℃	発火点℃	沸点℃	比重	蒸気比重	燃焼範囲vol%
特殊引火物	ジエチルエーテル	△	×	-20℃以下	-45	160	35	0.7	2.6	1.9～36
	二硫化炭素	×			-30以下	90	46	1.3	2.6	1.3～50
	アセトアルデヒド	○			-39	175	21	0.8	1.5	4.0～60
	酸化プロピレン	○			-37	449	35	0.8	2.0	2.1～39
第1石油類	ガソリン［自動車用は橙色］	×	○	21℃未満	-40以下	300	38～220	0.65～0.75	3～4	1.4～7.6
	ベンゼン	×	×		-11	498	80	0.9	2.8	1.2～7.8
	トルエン	×			4	480	111	0.9	3.1	1.1～7.1
	酢酸エチル	△			-4	426	77	0.9	3.0	2.0～11.5
	酢酸メチル	△			-10	455	56.9	0.9	2.8	3.1～16
	メチルエチルケトン（エチルメチルケトン）	△			-9	404	80	0.8	2.5	1.7～11
	アセトン	○			-20	465	56	0.8	2.0	2.5～12.8
	ピリジン	○			20	482	115.5	0.98	2.7	1.8～12.4
アルコール類	メタノール	○	×	11～25℃	11	464	64	0.8	1.1	6.7～37
	エタノール	○			13	363	78	0.8	1.6	3.3～19
	1-プロパノール（n-プロピルアルコール）	○			15	412	97.2	0.8	2.1	2.1～13.7
	2-プロパノール（イソプロピルアルコール）	○			12	399	82	0.8	2.1	2.0～12.7
第2石油類	灯油［無色～淡黄色］	×	○	21～70℃未満	40以上	220	145～270	0.8	4.5	1.1～6.0
	軽油［淡黄色～淡褐色、薄緑色］	×			45以上	220	170～370	0.85	4.5	1.0～6.0
	キシレン	×	×		32	464	138～144	0.9	3.7	0.9～7.0
	クロロベンゼン	×			28	464	132	1.1	3.9	1.3～10
	1-ブタノール（n-ブチルアルコール）	△			35～37.8	343～401	117	0.8	2.6	1.4～11.2
	酢酸（氷酢酸）	○			39～41	463	118	1.05	2.1	4.0～19.9
	アクリル酸	○			51	438	141	1.05	2.45	3.9～20
第3石油類	重油	×	○	70～200℃未満	60以上	250～380	300以上	0.9～1.0	—	—
	クレオソート油	×	×		75	335	200以上	1.1		—
	アニリン	×			70	615	185以上	1.01	3.2	1.2～11
	ニトロベンゼン	×			88	482	211以上	1.2	4.2	1.8～40
	エチレングリコール	○			111	413	197以上	1.1	2.1	3.2～15
	グリセリン	○			160～199	370	291以上	1.3	3.2	—
第4石油類	潤滑油：ギヤー油、シリンダー油、切削油、モーター油、電気絶縁油、マシン油 等	×	○	200～250℃未満	200～249	—	—	—	—
	可塑剤：リン酸トリクレジル				210		241～265	1.16～1.18		
	可塑剤：フタル酸ジオクチル				205～218		385	0.98		
動植物油類	乾性油（130以上＊）：アマニ油、キリ油、紅花油、ヒマワリ油、ケシ油 等	×	○	250℃未満					
	半乾性油（100～130＊）：ナタネ油、ゴマ油、大豆油、綿実油、コーン油 等								
	不乾性油（100以下＊）：オリーブ油、ヒマシ油、ヤシ油、ツバキ油 等								

※水溶性 ⇒ ○：溶、×：不溶、△：ほとんど溶けない～少し溶ける。
※丙種 ⇒ ○：丙種の取り扱い可、×：丙種の取り扱い不可。
※潤滑油には引火点によって一部第3石油類に該当するものがある。
※動植物油類は「動植物から抽出された油脂」をいい、「精油」を含まない。精油とは「植物が産出する揮発性の油で、それぞれ特有の芳香を持つもの」である。ハッカ油（第3石油類）やオレンジ油（第2石油類）などが該当する。
※動植物油類の＊はヨウ素価の数値を表す。

索　引

■英数字■

1－ブタノール…………………………… 14, 378
1－プロパノール…………………… 341, 372
2－プロパノール………………………… 372
6か月以上の実務経験………………… 48
ABC消火器 ……………………………… 214
A火災（普通火災）…………………… 211
B火災（油火災）……………………… 211
C火災（電気火災）…………………… 211
n－ブチルアルコール ………………… 378
n－プロピルアルコール …………… 341, 372
pH（水素イオン指数）……………… 287

■あ■

アース（接地）…………………… 231, 346
アクリル酸…………………10, 14, 341, 379
アセチレン……………………… 311, 322
アセトアルデヒド
………… 10, 14, 313, 341, 357, 371, 378
アセトン…………10, 14, 313, 341, 365, 372
アニリン ………………… 10, 14, 385
アボガドロ定数…………………………… 269
アボガドロの法則……………………… 270
アマニ油………………………… 10, 14
アミノ基………………………………… 313
アミン…………………………………… 313
アルカリ………………………………… 286
アルカリ金属…………… 133, 181, 299
アルカリ金属塩（炭酸カリウム）………… 211
アルカリ土類金属……………………… 181
アルカン………………………………… 311
アルキルアルミニウム…………… 103, 296
アルキルリチウム……………………… 6
アルキン………………………………… 311
アルケン………………………………… 311
アルコール混合ガソリン……………… 363
アルコール類
………… 6, 10, 14, 109, 312, 313, 371
アルデヒド……………………………… 313
アルデヒド基…………………………… 313
アルミニウム…………………………… 296
泡消火剤………………………… 212, 341
泡消火設備……………………… 153, 154

■い■

硫黄……… 6, 109, 126, 138, 144, 187, 266
イオン化傾向…………… 224, 303, 307
イオン化列……………………………… 303
異性体……………………… 266, 377, 378
移送………………………… 103, 146
移送取扱所……………………………… 19

移送の基準……………………………… 103
イソプロピルアルコール……………… 372
一酸化炭素…………… 181, 182, 208, 321
一臭化三フッ化メタン………………… 213
一般取扱所……………………………… 19
移動タンク貯蔵所……………… 18, 100
移動タンク貯蔵所の移送の基準………… 103
移動タンク貯蔵所の応急措置命令………… 165
イワシ油………………………………… 14
引火…………………………………… 195
引火性液体…………………… 6, 330
引火性固体………………… 6, 109, 133
引火点……………… 11, 195, 199, 337
引火と発火……………………………… 195

■う■

運搬…………………………… 103, 146
運搬と移送……………………………… 177
運搬の基準……………………………… 143

■え■

エアゾール式簡易消火具……………… 153
エーテル………………………………… 314
液化…………………………………… 241
液体の燃焼……………………………… 187
エステル………………………………… 314
エステル化……………………………… 314
エステルの加水分解…………………… 314
エタノール………… 10, 14, 266, 341, 371
エチルアルコール……………… 10, 14
エチルメチルケトン………10, 14, 341, 364
エチレン………………………………… 311
エチレングリコール………10, 14, 341, 386
エポキシ樹脂…………………… 306, 319
塩……………………………………… 288
塩化カルシウム………………………… 243
塩化窒素………………………………… 296
塩化ナトリウム………………………… 215
塩基（アルカリ）……………… 286, 287
塩基性酸化物…………………………… 287
炎色反応………………………………… 181
遠心分離………………………………… 266
延性…………………………………… 299
塩素酸アンモニウム…………………… 296
塩素酸塩類…………………… 6, 296
塩の加水分解…………………………… 288

■お■

王水…………………………………… 303
黄りん……………………… 6, 266, 296
大型消火器……………………… 153, 154
オームの法則…………………………… 223
屋外消火栓設備………………… 153, 154
屋外タンク貯蔵所……………… 18, 88

屋外貯蔵所……………………………… 18, 109
オクタン価……………………………………… 363
屋内給油取扱所………………………………… 116
屋内消火栓設備…………………………… 153, 154
屋内タンク貯蔵所………………………… 18, 91
屋内貯蔵所………………………………… 18, 85
オゾン…………………………………………… 266
オリーブ油………………………………… 10, 14
オルトキシレン………………………………… 377

■か■

解任命令………………………………………… 165
解任命令違反……………………………… 167, 178
過塩素酸………………………………………… 6
過塩素酸塩類…………………………………… 296
化学泡タイプ…………………………………… 212
化学式…………………………………………… 270
化学の基礎……………………………………… 269
化学反応式……………………………………… 270
化学平衡………………………………………… 280
化学変化………………………………………… 262
可逆反応………………………………………… 281
拡散燃焼………………………………………… 187
各種手続と申請先……………………………… 174
各種届出と届出先……………………………… 175
下限界…………………………………………… 199
化合……………………………………………… 262
化合物……………………………………… 262, 265
火災の区分……………………………………… 211
火災予防………………………………………… 345
過酸化水素
………… 6, 280, 293, 321, 363, 365, 371
過酸化ベンゾイル……………………………… 297
ガスの分解爆発………………………………… 180
可塑剤……………………………… 10, 319, 390
ガソリン………………………… 10, 14, 199, 363
ガソリンが入っていたタンクや
　ドラム缶の危険性………………………… 346
ガソリンの容器詰替え販売時における
　本人確認等………………………………… 115
価電子…………………………………………… 299
可燃性固体……………………………… 6, 330
可燃性粉体のたい積物………………………… 204
可燃物…………………………………………… 181
過マンガン酸塩類……………………… 6, 296
カリウム………………………… 6, 181, 296
仮使用承認……………………………………… 22
仮貯蔵…………………………………………… 32
仮取扱い………………………………………… 32
カルシウム……………………………………… 181
カルボキシ基…………………………………… 313
カルボン酸………………………………… 313, 314
簡易消火用具…………………………………… 214

簡易タンク貯蔵所………………………… 18, 98
還元……………………………………………… 292
還元剤…………………………………………… 292
還元性物質……………………………………… 296
環式炭化水素…………………………………… 311
完成検査………………………………………… 22
完成検査済証…………………………………… 23
完成検査前検査………………………………… 23
完成検査前使用…………………………… 166, 178
乾性油……………………………………… 204, 393
乾性油の種類とヨウ素価……………………… 393
乾燥砂………………………………… 153, 155, 214
官能基…………………………………………… 312
官能基による分類……………………………… 312

■き■

気化……………………………………………… 241
機械泡（空気泡）タイプ……………………… 212
貴ガス（希ガス）………………… 181, 299, 323
気化熱……………………………………… 190, 247
危険因子………………………………………… 191
危険等級………………………………………… 144
危険物…………………………………………… 6
危険物施設の維持・管理……………………… 64
危険物施設の応急措置命令……………… 165, 172
危険物施設の基準適合命令…………………… 165
危険物施設保安員………………………… 55, 66
危険物取扱者……………………… 35, 66, 175
危険物取扱者の制度…………………………… 35
危険物の指定数量……………………………… 14
危険物の貯蔵・取扱基準遵守命令…………… 165
危険物の品名・数量・指定数量の
　倍数の変更………………………………… 29
危険物の分類……………………………… 6, 330
危険物保安監督者………………………… 29, 48
危険物保安統括管理者…………………… 29, 53
ギ酸……………………………………………… 371
キシレン………………………… 10, 14, 377
気体の特性……………………………………… 321
気体の燃焼……………………………………… 187
起電力…………………………………………… 224
ギヤー油………………………… 10, 14, 390
逆反応…………………………………………… 281
吸熱反応…………………………………… 180, 270
給油取扱所………………………………… 18, 112
給油取扱所に設置できる建築物の用途…… 114
凝華……………………………………………… 241
強化液消火剤……………………………… 211, 341
凝固……………………………………………… 241
凝固点…………………………………………… 241
凝固点降下……………………………………… 243
強酸……………………………………………… 296
凝縮……………………………………………… 241

許可の取消‥‥‥‥‥‥‥‥‥‥‥‥‥‥ 165
許可の取消し又は使用停止命令‥‥‥‥ 166, 178
極性分子‥‥‥‥‥‥‥‥‥‥‥‥‥‥‥ 271
希硫酸‥‥‥‥‥‥‥‥‥‥‥‥‥‥‥‥ 239
緊急使用停止命令‥‥‥‥‥‥‥‥‥‥ 166
禁水性物質（禁水性物品）‥‥6, 133, 296, 330
金属火災用消火剤‥‥‥‥‥‥‥‥‥‥ 214
金属結合‥‥‥‥‥‥‥‥‥‥‥‥‥‥‥ 300
金属元素‥‥‥‥‥‥‥‥‥‥‥‥‥ 299, 300
金属のイオン化列‥‥‥‥‥‥‥‥‥‥ 303
金属の特性‥‥‥‥‥‥‥‥‥‥‥‥‥‥ 299
金属の腐食‥‥‥‥‥‥‥‥‥‥‥‥‥‥ 306
金属粉‥‥‥‥‥‥‥‥‥‥6, 133, 187, 296

■く■

空気‥‥‥‥‥‥‥‥‥‥‥‥‥‥‥‥‥ 323
クーロンの法則‥‥‥‥‥‥‥‥‥‥‥ 229
グリセリン‥‥‥‥‥‥‥‥10, 14, 341, 386
クレオソート油‥‥‥‥‥‥‥‥ 10, 14, 385
クロマトグラフィー‥‥‥‥‥‥‥‥‥ 266
クロロベンゼン‥‥‥‥‥‥‥‥10, 14, 378

■け■

軽金属‥‥‥‥‥‥‥‥‥‥‥‥‥‥‥‥ 300
掲示板‥‥‥‥‥‥‥‥‥‥‥‥‥‥‥‥ 129
警報設備‥‥‥‥‥‥‥‥‥‥‥‥‥‥‥ 163
軽油‥‥‥‥‥‥‥‥‥‥‥ 10, 11, 14, 377
ケトン‥‥‥‥‥‥‥‥‥‥‥‥‥‥‥‥ 313
ケトン基‥‥‥‥‥‥‥‥‥‥‥‥‥‥‥ 313
限界濃度‥‥‥‥‥‥‥‥‥‥‥‥‥‥‥ 199
原子‥‥‥‥‥‥‥‥‥‥‥‥‥‥‥‥‥ 269
原子量‥‥‥‥‥‥‥‥‥‥‥‥‥‥‥‥ 269
元素‥‥‥‥‥‥‥‥‥‥‥‥‥‥‥‥‥ 269
元素記号‥‥‥‥‥‥‥‥‥‥‥‥‥‥‥ 269
元素の周期表‥‥‥‥‥‥‥‥‥‥‥‥ 301
元素の分類‥‥‥‥‥‥‥‥‥‥‥‥‥‥ 299

■こ■

高圧‥‥‥‥‥‥‥‥‥‥‥‥‥‥‥‥‥ 77
高引火点危険物‥‥‥‥‥‥‥‥‥‥‥‥ 11
高級アルコール‥‥‥‥‥‥‥‥‥‥‥ 313
講習の受講期限‥‥‥‥‥‥‥‥‥‥‥‥ 43
合成界面活性剤泡消火剤‥‥‥‥‥‥‥ 212
合成抵抗‥‥‥‥‥‥‥‥‥‥‥‥‥‥‥ 224
構造式‥‥‥‥‥‥‥‥‥‥ 266, 270, 310
高分子化合物‥‥‥‥‥‥‥‥‥‥‥‥‥ 318
高分子材料の主な特性‥‥‥‥‥‥‥‥ 319
コークス‥‥‥‥‥‥‥‥‥‥‥‥‥‥‥ 187
小型消火器‥‥‥‥‥‥‥‥‥‥‥ 153, 155
顧客用固定給油設備‥‥‥‥‥‥‥‥‥ 120
顧客用固定注油設備‥‥‥‥‥‥‥‥‥ 120
黒鉛‥‥‥‥‥‥‥‥‥‥‥‥‥‥‥‥‥ 266
固形アルコール‥‥‥‥‥‥‥‥‥ 109, 187
固体・液体・気体の定義‥‥‥‥‥‥‥‥ 7
固体の燃焼‥‥‥‥‥‥‥‥‥‥‥‥‥‥ 187

ゴム状硫黄‥‥‥‥‥‥‥‥‥‥‥‥‥‥ 266
混合・かくはん帯電‥‥‥‥‥‥‥‥‥ 228
混合危険‥‥‥‥‥‥‥‥‥‥‥‥‥‥‥ 296
混合物‥‥‥‥‥‥‥‥‥‥‥‥‥‥‥‥ 265
混合物の分離‥‥‥‥‥‥‥‥‥‥‥‥ 265

■さ■

再結晶‥‥‥‥‥‥‥‥‥‥‥‥‥‥‥‥ 266
最小着火エネルギー‥‥‥‥‥‥‥ 191, 208
酢酸‥‥‥‥‥‥‥‥10, 14, 313, 341, 371, 378
酢酸エステル‥‥‥‥‥‥‥‥‥‥‥‥‥ 378
酢酸エチル‥‥‥‥‥‥‥‥‥‥ 10, 14, 364
鎖式炭化水素‥‥‥‥‥‥‥‥‥‥‥‥‥ 311
酸‥‥‥‥‥‥‥‥‥‥‥‥‥‥‥ 286, 287
酸化‥‥‥‥‥‥‥‥‥‥ 180, 190, 204, 292
酸化還元反応‥‥‥‥‥‥‥‥ 224, 238, 292
酸化剤‥‥‥‥‥‥‥‥‥‥‥‥‥‥‥‥ 292
酸化性液体‥‥‥‥‥‥‥‥‥‥ 6, 181, 331
酸化性塩類‥‥‥‥‥‥‥‥‥‥‥‥‥‥ 296
酸化性固体‥‥‥‥‥‥‥‥‥‥ 6, 181, 330
酸化性物質‥‥‥‥‥‥‥‥‥‥‥‥‥‥ 296
酸化熱‥‥‥‥‥‥‥‥‥‥‥‥‥ 204, 393
酸化反応‥‥‥‥‥‥‥‥‥‥‥‥‥‥‥ 180
酸化被膜‥‥‥‥‥‥‥‥‥‥‥‥ 303, 306
酸化物‥‥‥‥‥‥‥‥‥‥‥‥‥‥‥‥ 180
酸化プロピレン‥‥‥‥‥‥10, 14, 341, 357
三酸化クロム（無水クロム酸）‥‥‥‥‥ 371
酸性酸化物‥‥‥‥‥‥‥‥‥‥‥‥‥‥ 287
酸素‥‥‥‥‥‥‥‥‥‥‥‥ 266, 292, 321
酸素供給源‥‥‥‥‥‥‥‥‥‥‥‥‥‥ 181

■し■

自衛消防組織‥‥‥‥‥‥‥‥‥‥‥‥‥ 53
ジエチルエーテル‥‥‥‥‥‥10, 14, 314, 356
自家用給油取扱所‥‥‥‥‥‥‥‥‥‥‥ 58
脂環式炭化水素‥‥‥‥‥‥‥‥‥‥‥‥ 311
敷地内距離‥‥‥‥‥‥‥‥‥‥‥‥‥‥ 88
シクロアルカン‥‥‥‥‥‥‥‥‥‥‥‥ 311
シクロアルケン‥‥‥‥‥‥‥‥‥‥‥‥ 311
事故事例と対策‥‥‥‥‥‥‥‥‥‥‥‥ 351
自己燃焼‥‥‥‥‥‥‥‥‥‥‥‥‥‥‥ 187
事故発生時の応急措置‥‥‥‥‥‥‥‥ 172
自己反応性物質‥‥‥‥‥‥‥6, 181, 297, 331
示性式‥‥‥‥‥‥‥‥‥‥‥‥‥ 266, 270
自然発火‥‥‥‥‥‥‥‥‥‥ 204, 297, 393
自然発火性物質（自然発火性物品）
‥‥‥‥‥‥‥‥‥‥‥‥‥6, 133, 296, 330
自然発火性物質及び禁水性物質‥‥‥‥‥‥ 6
市町村長等‥‥‥‥‥‥‥‥‥‥‥‥ 22, 29
指定可燃物‥‥‥‥‥‥‥‥‥‥‥‥‥‥ 7
指定数量‥‥‥‥‥‥‥‥‥‥‥‥‥‥‥ 14
指定数量の倍数‥‥‥‥‥‥‥‥‥‥‥‥ 15
指定数量未満の危険物‥‥‥‥‥‥‥ 14, 35
自動車用ガソリン‥‥‥‥‥‥‥‥ 11, 363

ジメチルエーテル……………………… 266
斜方硫黄……………………………… 266
シャルルの法則……………………… 252
重金属………………………………… 300
重合……………… 204, 318, 358, 379
重合体………………………………… 318
重曹…………………………………… 214
自由電子……………………… 230, 300
重油………………………… 10, 14, 385
修理、改造又は移転の命令………… 165
縮合…………………………………… 318
縮合重合……………………………… 318
受講義務………………………………… 43
潤滑油……………………… 10, 390
準特定屋外貯蔵タンク………………… 88
純物質………………………………… 265
純物質と混合物……………………… 265
常温常圧……………………………… 241
昇華…………………………… 241, 266
消火器と消火剤のまとめ…………… 215
昇華（圧）曲線……………………… 242
消火剤の分類と消火効果…………… 211
消火設備…………………… 153, 157
消火設備の設置基準………………… 154
消火と消火剤………………………… 210
消火の三要素と四要素……………… 210
消火の方法…………………………… 341
蒸気圧曲線…………………………… 242
蒸気圧降下…………………………… 248
蒸気比重…………… 250, 336, 337
上限界………………………………… 199
硝酸……………… 6, 363, 365, 371
硝酸塩類………………………………… 6
使用停止命令……………… 165, 167
譲渡・引渡し…………………………… 29
蒸発…………………………………… 241
蒸発熱……………………… 190, 247
蒸発燃焼…………………… 182, 187
消防法……………… 5, 6, 14, 116, 172
蒸留…………………………………… 265
除去効果……………………………… 210
除去消火……………………………… 210
触媒………………………… 210, 280
触媒の種類…………………………… 280
所有者等………………………………… 64
所有者等の義務………………………… 64
所要単位……………………………… 153
シリンダー油……………… 10, 14, 390

■す■

水酸化ナトリウム…………………… 238
水酸化物イオン……………………… 286
水蒸気消火設備…………… 153, 154

水成膜泡消火剤……………………… 212
水素……………………… 292, 303, 322
水素イオン…………………………… 286
水素イオン濃度……………………… 286
水槽………………………… 153, 155
水没貯蔵法…………………………… 356
水溶性液体用泡消火剤…………… 212, 341
水溶性の主な危険物………………… 341
スチレン…………………………… 10, 14
ストロンチウム……………………… 181
スプリンクラー設備……… 153, 154
全てに共通する基準………………… 132

■せ■

生成熱………………………………… 271
生成物質……………………………… 270
製造所…………………………… 18, 81
製造所等………………………………… 18
製造所等の区分………………………… 18
製造所等の譲渡・引渡し……………… 29
製造所等の設置と変更の許可………… 22
製造所等の廃止………………………… 29
静電気………………………………… 227
静電気による火災の予防…………… 346
静電気の測定機器…………………… 227
静電気の特性………………………… 231
静電気力……………………………… 229
静電誘導……………………………… 230
正反応………………………………… 281
政令別表第3…………………………… 14
赤りん…………………………… 6, 266
接触帯電……………………………… 228
接地（アース）…………… 231, 346
設置と変更の許可……………………… 22
セルフ型の給油取扱所……………… 120
遷移元素……………………………… 299
選任………………………… 175, 176
選任・解任……………………………… 29
線膨張………………………………… 260
線膨張率……………………………… 260

■そ■

措置命令…………………… 165, 172
措置命令違反……………… 166, 178

■た■

タービン油………………………… 10, 14
第1種消火設備…………… 153, 154
第1石油類………… 6, 10, 14, 109, 363
第1類危険物………6, 181, 296, 330
第2種消火設備…………… 153, 154
第2石油類………… 6, 10, 14, 109, 377
第2類危険物…………… 6, 296, 330
第3種消火設備…………… 153, 154

第3石油類……………………… 6, 10, 14, 109, 385
第3類危険物………………………… 6, 296, 330
第4種消火設備………………………… 153, 154
第4石油類……………………… 6, 10, 14, 109, 390
第4類危険物…………………… 6, 10, 296, 330, 336
第4類危険物の消火………………………… 341
第4類危険物の貯蔵・取扱い………………… 345
第5種消火設備………………………… 153, 155
第5類危険物…………… 6, 181, 187, 297, 331
第6類危険物…………………… 6, 181, 296, 331
耐アルコール泡消火剤………………………… 212
耐火構造……………………… 78, 125, 153
帯電……………………… 227, 228, 231
帯電列………………………………… 228
体膨張…………………………………… 260
体膨張率……………………………… 190, 260
ダイヤモンド…………………………… 266
対流……………………………………… 257
立入検査………………………………… 167
炭化水素基……………………………… 314
炭化水素の分類………………………… 311
炭化水素類……………………………… 312
タンクローリー…………… 100, 146, 346
炭酸水素塩類…………………………… 214
炭酸水素カリウム……………………… 214
炭酸水素ナトリウム…………………… 214
単斜硫黄………………………………… 266
炭素……………………… 182, 266, 310
単体……………………………………… 265
たん白泡消火剤………………………… 212

■ち■
地下タンク貯蔵所……………………… 18, 94
窒化物…………………………………… 323
窒素……………………………………… 322
窒息効果………… 210, 212, 213, 214
窒息消火………………………… 210, 341
着火源…………………………………… 195
抽出……………………………………… 266
中和……………………………………… 286
中和熱…………………………………… 271
潮解……………………………………… 262
貯蔵所…………………………………… 18
貯蔵タンクの清掃……………………… 346
貯蔵取扱基準遵守命令違反………… 167, 178
貯蔵の基準……………………………… 137

■つ■
通気管…………… 88, 91, 94, 98, 115
■て■
定期点検………………………… 66, 176
定期点検未実施………………… 166, 178
低級アルコール………………………… 313

抵抗率…………………………………… 223
鉄粉……………………………… 6, 133
点火源…………………………… 181, 195
電荷保存の法則………………………… 227
電気素量………………………………… 227
電気の計算……………………………… 223
電気分解………………………………… 238
電気量保存の法則……………………… 227
典型元素………………………………… 299
電子……………………………………… 292
電子式…………………………………… 266
展性……………………………………… 299
電池……………………………………… 223
電池の仕組み…………………………… 224
点電荷…………………………………… 229
伝導……………………………………… 257
電離……………………………………… 286

■と■
銅………………………………………… 181
動植物油類…………… 6, 10, 14, 109, 393
同素体…………………………………… 266
導電率…………………………………… 223
灯油……………………………… 10, 14, 377
特殊引火物…………………… 6, 10, 14, 356
特定屋外貯蔵タンク…………………… 88
特別高圧………………………………… 77
取扱所…………………………………… 18
取扱いの基準（貯蔵所等）…………… 138
トリニトロトルエン…………………… 364
トルエン……………………… 10, 14, 364
ドルトンの法則………………………… 252

■な■
内部燃焼………………………………… 187
ナタネ油………………………………… 10, 14
ナトリウム…………………… 6, 181, 296
ナフタリン（ナフタレン）…… 187, 241, 385

■に■
二酸化硫黄（亜硫酸ガス）………… 357, 385
二酸化炭素…………………… 181, 321
二酸化炭素消火剤……………………… 341
二酸化炭素（不活性ガス）消火剤………… 213
ニシン油………………………………… 10, 14
ニトロ化合物………………… 6, 314, 385
ニトロ基………………………………… 314
ニトログリセリン…………… 297, 386
ニトロセルロース…………… 187, 297
ニトロベンゼン………… 10, 14, 314, 385
二硫化炭素…………………… 10, 14, 356

■ね■
熱化学方程式…………………………… 270
熱可塑性樹脂…………………………… 319

熱源‥‥‥‥‥‥‥‥‥‥‥‥‥‥‥‥‥ 181
熱硬化性樹脂‥‥‥‥‥‥‥‥‥‥‥ 319
熱伝導率‥‥‥‥‥‥‥‥‥‥‥ 190, 257
熱の移動‥‥‥‥‥‥‥‥‥‥‥‥‥ 257
熱の発生機構‥‥‥‥‥‥‥‥‥‥‥ 204
熱分解‥‥‥‥‥‥‥‥‥‥‥‥‥‥ 310
熱膨張‥‥‥‥‥‥‥‥‥‥‥‥‥‥ 260
熱容量‥‥‥‥‥‥‥‥‥‥‥ 190, 254
熱量‥‥‥‥‥‥‥‥‥‥‥‥‥‥‥ 254
熱量の計算‥‥‥‥‥‥‥‥‥‥‥‥ 254
燃焼限界‥‥‥‥‥‥‥‥‥‥‥‥‥ 199
燃焼点‥‥‥‥‥‥‥‥‥‥‥‥‥‥ 195
燃焼熱‥‥‥‥‥‥‥‥‥‥‥ 191, 271
燃焼の化学‥‥‥‥‥‥‥‥‥‥‥‥ 180
燃焼の区分‥‥‥‥‥‥‥‥‥‥‥‥ 187
燃焼の三要素‥‥‥‥‥‥‥‥‥‥‥ 181
燃焼の難易‥‥‥‥‥‥‥‥‥‥‥‥ 190
燃焼の難易に直接関係しないもの‥‥‥‥‥ 190
燃焼の抑制（負触媒効果）
‥‥‥‥‥‥‥‥ 190, 210, 214, 341
燃焼範囲‥‥‥‥‥ 187, 199, 208, 336, 346

■の■

濃硝酸‥‥‥‥‥‥‥‥‥‥‥ 296, 364
濃度‥‥‥‥‥‥‥‥‥‥‥‥‥‥‥ 271
濃度範囲‥‥‥‥‥‥‥‥‥‥‥‥‥ 199
能力単位‥‥‥‥‥‥‥‥‥‥‥‥‥ 153

■は■

配合室の構造・設備‥‥‥‥‥‥‥‥ 125
廃油タンク等‥‥‥‥‥‥‥‥‥‥‥ 113
爆発性物質‥‥‥‥‥‥‥‥‥‥‥‥ 296
爆発範囲‥‥‥‥‥‥‥‥‥‥ 199, 208
剥離帯電‥‥‥‥‥‥‥‥‥‥‥‥‥ 228
破砕帯電‥‥‥‥‥‥‥‥‥‥‥‥‥ 228
発火‥‥‥‥‥‥‥‥‥‥‥‥‥‥‥ 195
発火源‥‥‥‥‥‥‥‥‥‥‥‥‥‥ 195
発火点‥‥‥‥‥‥‥‥‥‥ 11, 195, 337
罰金または拘留となる違反‥‥‥‥‥ 166
発熱反応‥‥‥‥‥‥‥‥‥‥‥‥‥ 270
パラキシレン‥‥‥‥‥‥‥‥‥‥‥ 377
バリウム‥‥‥‥‥‥‥‥‥‥‥‥‥ 181
ハロゲン‥‥‥‥‥‥‥‥‥‥ 190, 299
ハロゲン化‥‥‥‥‥‥‥‥‥‥‥‥ 299
ハロゲン化物消火剤‥‥‥‥‥ 210, 213, 341
ハロゲン化物消火設備‥‥‥‥‥ 153, 154
反応速度‥‥‥‥‥‥‥‥‥‥‥‥‥ 280
反応熱‥‥‥‥‥‥‥‥‥‥‥‥‥‥ 270
反応物質‥‥‥‥‥‥‥‥‥‥‥‥‥ 270
販売取扱所‥‥‥‥‥‥‥‥‥‥ 18, 125

■ひ■

非金属‥‥‥‥‥‥‥‥‥‥‥‥‥‥ 300
非金属元素‥‥‥‥‥‥‥‥‥‥ 299, 300

比重‥‥‥‥‥‥‥‥‥‥‥‥ 250, 341
非水溶性と水溶性‥‥‥‥‥‥‥‥‥ 336
ヒドロキシ基‥‥‥‥‥‥ 312, 371, 386
比熱‥‥‥‥‥‥‥‥‥‥‥‥ 190, 254
氷酢酸‥‥‥‥‥‥‥‥‥‥‥‥‥‥ 378
標識・掲示板‥‥‥‥‥‥‥‥‥‥‥ 129
表面燃焼‥‥‥‥‥‥‥‥‥‥‥‥‥ 187
避雷設備が必要な施設‥‥‥‥‥‥‥ 82
ピリジン‥‥‥‥‥‥‥ 10, 14, 341, 365

■ふ■

風解‥‥‥‥‥‥‥‥‥‥‥‥‥‥‥ 262
付加‥‥‥‥‥‥‥‥‥‥‥‥‥‥‥ 318
不可逆反応‥‥‥‥‥‥‥‥‥‥‥‥ 281
付加重合‥‥‥‥‥‥‥‥‥‥‥‥‥ 318
不活性ガス‥‥‥‥‥‥‥ 181, 299, 357
不活性ガス消火設備‥‥‥‥ 153, 154, 213
不完全燃焼‥‥‥‥‥‥‥‥‥‥‥‥ 182
複数性状物品の属する品名‥‥‥‥‥ 7
負触媒効果‥‥‥‥‥‥‥‥‥‥‥‥ 210
負触媒作用‥‥‥‥‥‥‥‥‥‥‥‥ 190
フタル酸ジオクチル‥‥‥‥‥‥‥‥ 14
ブチルアルデヒド‥‥‥‥‥‥‥‥‥ 378
物質の三態‥‥‥‥‥‥‥‥‥‥‥‥ 241
物質の状態図‥‥‥‥‥‥‥‥‥‥‥ 242
物質の状態変化‥‥‥‥‥‥‥‥‥‥ 241
フッ素たん白泡消火剤‥‥‥‥‥‥‥ 212
沸点‥‥‥‥‥‥‥‥‥‥‥‥ 241, 247
沸点上昇‥‥‥‥‥‥‥‥‥‥‥‥‥ 243
物理変化‥‥‥‥‥‥‥‥‥‥‥‥‥ 262
不動態被膜‥‥‥‥‥‥‥‥‥‥‥‥ 306
不燃材料‥‥‥‥‥‥‥‥‥‥ 78, 153
不飽和結合‥‥‥‥‥‥‥‥‥ 204, 393
不飽和脂肪酸‥‥‥‥‥‥‥‥‥‥‥ 393
不飽和炭化水素‥‥‥‥‥‥‥‥‥‥ 311
プラスチックの熱特性‥‥‥‥‥‥‥ 319
プロパン‥‥‥‥‥‥‥‥‥‥‥‥‥ 311
プロピオン酸‥‥‥‥‥‥‥ 10, 14, 341
ブロモトリフルオロメタン‥‥‥‥‥ 213
分解燃焼‥‥‥‥‥‥‥‥‥‥ 182, 187
分子‥‥‥‥‥‥‥‥‥‥‥‥‥‥‥ 269
分子式‥‥‥‥‥‥‥‥‥‥‥ 266, 269
噴出帯電‥‥‥‥‥‥‥‥‥‥‥‥‥ 228
分子量‥‥‥‥‥‥‥‥‥‥‥ 269, 337
粉じん爆発‥‥‥‥‥‥‥‥‥‥‥‥ 208
粉末消火剤‥‥‥‥‥‥‥‥‥ 214, 341
粉末消火設備‥‥‥‥‥‥‥‥ 153, 154
分留‥‥‥‥‥‥‥‥‥‥‥‥‥‥‥ 265

■へ■

平衡移動の法則‥‥‥‥‥‥‥‥‥‥ 281
ヘスの法則‥‥‥‥‥‥‥‥‥‥‥‥ 271
別表第1‥‥‥‥‥‥‥‥‥‥‥‥ 6, 10

別表第3 ················· 14
変更の許可 ················· 22
変更の届出 ················· 29
変性アルコール ················· 371
ベンゼン ············· 10, 14, 311, 364

■ほ■

保安距離 ············· 74, 177
保安検査 ················· 72
保安検査未実施 ············· 166, 178
保安講習 ············· 43, 175
ボイルの法則 ················· 252
芳香族炭化水素 ············· 311, 364
防護対象物 ················· 155
放射（ふく射） ················· 257
膨潤 ················· 363
膨張真珠岩 ············· 153, 155, 214
膨張ひる石 ············· 153, 155, 214
防爆構造 ········ 81, 86, 125, 195, 346
防波板 ················· 100
法別表第1 ················· 6, 10
法別表第1 備考 ················· 7
防油堤の容量 ················· 88
飽和1価アルコール ············· 10, 371
飽和蒸気圧 ················· 247
飽和炭化水素 ················· 311
保有空地 ············· 78, 177
ホルムアルデヒド ············· 313, 371
ボンディング ················· 346
ポンプ室等 ················· 114

■ま行■

マグネシウム ············· 6, 133, 296
摩擦帯電 ················· 228
マシン油 ············· 10, 14
水消火剤 ················· 211
水バケツ ············· 153, 155, 214
水噴霧消火設備 ············· 153, 154
未選任 ············· 167, 178
無炎燃焼 ················· 180
無機化合物 ················· 310
無許可貯蔵・変更 ········· 165, 166, 178
無極性分子 ················· 271
迷走電流 ················· 306
メタキシレン ················· 377
メタノール ············· 10, 14, 341, 371
メタン ················· 311
メチルアルコール ············· 10, 14
メチルエチルケトン（エチルメチルケトン）
················· 364
免状の記載事項 ················· 39
免状の区分 ················· 35
免状の交付 ················· 174
免状の交付・書換え・再交付 ················· 39

免状の不交付 ················· 40
免状の返納命令 ············· 39, 43, 166
燃えやすい要素 ················· 190
モーター油 ············· 10, 14
モル（mol） ················· 269

■や行■

ヤシ油 ············· 10, 14
有炎燃焼 ················· 180
融解 ················· 241
融解曲線 ················· 242
有機化合物 ················· 310
有機化合物の特徴 ················· 310
有機過酸化物 ················· 6
有機物の燃焼 ················· 182
有機溶剤（有機溶媒） ············· 310, 357
融点 ················· 241
誘電分極 ················· 230
陽イオン ················· 303
溶液 ················· 243
溶解・溶解度 ················· 243
ヨウ化窒素 ················· 296
溶質 ················· 243
ヨウ素価 ············· 204, 393
溶媒 ················· 243
予混合燃焼 ················· 187
予防規程 ············· 58, 62, 176
予防規程の認可と変更命令 ············· 58, 165

■ら行■

酪酸 ················· 378
理想気体 ················· 252
リチウム ············· 181, 296
リトマス試験紙の反応 ················· 286
硫化りん ················· 6
硫酸 ················· 296
流電陽極法 ················· 307
流動帯電 ················· 228
両性酸化物 ················· 287
リン ················· 266
臨界点 ················· 242
リン酸塩類 ················· 214
リン酸トリクレジル ············· 14, 336, 390
リン酸二水素アンモニウム ················· 214
類ごとの共通基準 ················· 133
ルシャトリエの法則 ················· 281
冷却効果 ········· 210, 211, 212, 213
冷却消火 ················· 210
ろ過 ················· 265

書籍の訂正について

本書の記載内容について正誤が発生した場合は、弊社ホームページに
正誤情報を掲載しています。

株式会社公論出版 ホームページ
書籍サポート/訂正
URL：https://kouronpub.com/book_correction.html

本書籍に関するお問い合わせ

メール	問合せフォーム	FAX	03-3837-5740

必要事項
・お客様の氏名とフリガナ
・FAX番号（FAXの場合のみ）
・書籍名 ・該当ページ数 ・問合せ内容

※お問い合わせは、**本書の内容に限ります。**
　下記のようなご質問にはお答えできません。

EX：・実際に出た試験問題について　　　・書籍の内容を大きく超える質問
　　・個人指導に相当するような質問　　・旧年版の書籍に関する質問　等

また、回答までにお時間をいただく場合がございます。ご了承ください。
なお、**電話でのお問い合わせは受け付けておりません。**

乙種４類危険物取扱者試験　令和６年版
令和５年から過去10年間に出題された542問を収録

■発行所	株式会社 公論出版	
	〒110-0005	
	東京都台東区上野3-1-8	
	TEL. 03-3837-5731	
	FAX. 03-3837-5740	
■発行日	令和6年（2024年）7月5日　初版 三刷	
■定価	1,870円　■送料　300円（共に税込）	

ISBN978-4-86275-255-0